高等学校软件工程专业系列教材

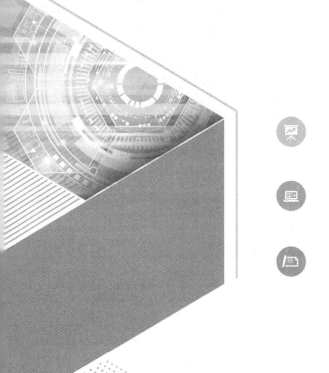

软件测试技术与实践

◎ 兰景英 编著

清华大学出版社
北京

内 容 简 介

本书从软件测试的基本原理、常用技术和实用工具出发，详细阐述了软件测试的基本概念、软件测试过程管理和缺陷管理，重点讲解了静态测试技术、黑盒测试技术和白盒测试技术，全面剖析了软件测试在单元测试、集成测试、系统测试阶段的技术和方法。本书灵活利用典型开源工具开展软件测试实践教学，涵盖软件测试流程的各阶段，其中包括测试管理工具 TestLink，缺陷管理工具 Mantis，静态分析工具 Checkstyle、FindBugs，单元测试工具 JUnit，功能测试工具 QuickTest，性能测试工具 JMeter 等。

本书可作为高等院校、高职高专院校的计算机、软件工程等相关专业的教学用书，也可作为软件测试实训的培训教材，还可供从事软件开发、项目管理或软件测试的人员参阅。

本书封面贴有清华大学出版社防伪标签，无标签者不得销售。
版权所有，侵权必究。举报: 010-62782989, beiqinquan@tup.tsinghua.edu.cn。

图书在版编目(CIP)数据

软件测试技术与实践/兰景英编著. —北京: 清华大学出版社, 2023.1(2024.1重印)
高等学校软件工程专业系列教材
ISBN 978-7-302-61018-2

Ⅰ. ①软… Ⅱ. ①兰… Ⅲ. ①软件—测试—高等学校—教材 Ⅳ. ①TP311.5

中国版本图书馆 CIP 数据核字(2022)第 097546 号

责任编辑: 贾　斌
封面设计: 刘　键
责任校对: 徐俊伟
责任印制: 刘海龙

出版发行: 清华大学出版社
　　　　网　　址: https://www.tup.com.cn, https://www.wqxuetang.com
　　　　地　　址: 北京清华大学学研大厦A座　　邮　编: 100084
　　　　社 总 机: 010-83470000　　邮　购: 010-62786544
　　　　投稿与读者服务: 010-62776969, c-service@tup.tsinghua.edu.cn
　　　　质量反馈: 010-62772015, zhiliang@tup.tsinghua.edu.cn
　　　　课件下载: https://www.tup.com.cn, 010-83470236
印 装 者: 北京嘉实印刷有限公司
经　　销: 全国新华书店
开　　本: 185mm×260mm　　印　张: 22.5　　字　数: 565 千字
版　　次: 2023 年 3 月第 1 版　　印　次: 2024 年 1 月第 2 次印刷
印　　数: 1501～2700
定　　价: 69.80 元

产品编号: 089784-01

前 言

软件测试是软件工程的一个重要分支,是软件质量保证的重要基础,也是一门动态、交叉性学科,跨越了软件工程的整个领域。目前,很多高校的计算机专业均开设了这门课程,并配有一定学时的实验。本书充分考虑了软件测试贯穿软件项目整个生命周期,需要用到大量测试技术和测试工具,对国内外主流的开源软件测试工具进行了全面的分析、研究和精选,并结合作者近十年的软件测试教学经验,精心设计了本书的理论和实验内容,方便广大读者学习测试技术,提升测试技能,增强就业竞争力。

全书共 11 章,以软件测试技术为基础,以软件测试流程为主线,以主流的开源软件测试工具为辅助,深入细致地介绍各测试阶段的技术和工具。

第 1 章软件测试基础,介绍软件质量和软件测试的相关概念,其中包括软件质量和软件测试的定义、软件测试原则、软件测试模型、软件测试流程、软件测试分类和软件测试的自动化。

第 2 章软件测试过程管理,主要介绍软件测试管理各阶段和测试管理中相关文档的撰写。在测试管理过程中,为便于软件项目相关人员之间的交流和沟通,以及测试流程的管理,一般会引入软件测试管理工具。本章以 TestLink 为例,详尽介绍了 TestLink 的安装、配置和使用。

第 3 章软件缺陷管理,主要介绍缺陷管理的相关知识,包括缺陷相关概念、缺陷管理流程、缺陷度量等。大型软件项目通常离不开缺陷管理系统。本章以 Mantis 为例,详细介绍了 Mantis 的安装、配置和使用。

第 4 章静态测试技术,介绍了静态测试的概念,以及技术评审、代码检查、静态测试工具。针对 Java 语言,本章介绍了静态测试工具 Checkstyle 和 FindBugs 的安装和使用,并以代码为例分析静态测试的过程和方法。

第 5 章黑盒测试技术,重点介绍了边界值测试、等价类测试、基于判定表的测试、因果图、正交试验法和场景测试法等。

第 6 章白盒测试技术,重点介绍了逻辑覆盖、路径测试、数据流测试等。

第 7 章软件单元测试,单元测试是提高软件质量最直接和最重要的测试阶段。本章重点介绍单元测试概述、单元测试内容、单元测试过程和单元测试工具,针对 Java 语言应用程序的单元测试,介绍了 JUnit 的技术和应用流程,以及覆盖率测试工具 EclEmma,并以案例方式展示 JUnit 的实施过程。

第 8 章软件集成测试,重点介绍了集成测试概述、集成测试策略和集成测试过程。集成测试策略包括基于功能分解的集成、基于调用图的集成和基于路径的集成。

第 9 章软件系统测试,主要介绍了系统测试概述、过程、内容和类型。

第 10 章软件专项测试,重点介绍了软件功能测试、软件性能测试和 Web 系统安全性测试,并详细介绍了性能测试工具 JMeter 的安装和使用过程。

第11章软件测试实验指导,介绍了各实验的内容、步骤和实验要求。

本书最后附有软件测试文档模板、测试工具网址等资料。

本书涉及的软件测试知识范围广泛,实验内容全面、案例丰富、方案完整、步骤详尽、过程清晰,可逐步引导读者深入实践各类测试工具。实验内容覆盖了软件测试全过程所涉及的测试工具,教师可根据教学实际情况进行剪裁或扩充。本书适合学生学习、教师指导实验,以及培训机构开展软件测试实训。

感谢清华大学出版社提供的这次合作机会,使本书能够早日与大家见面。本书的大量内容取材于互联网,由于各种原因无法找到原创者,在参考文献中无法准确标注,在此表示歉意,并对原创者表示感谢。

由于编者水平和时间的限制,书中难免会出现错误,欢迎读者及各界同仁批评指正。

作　者

2023 年 2 月

目 录

第 1 章 软件测试基础 ... 1

1.1 软件质量与软件测试 ... 1
1.1.1 软件质量的定义 ... 1
1.1.2 软件测试的定义 ... 1
1.2 软件测试原则 ... 2
1.3 软件测试模型 ... 3
1.3.1 V 模型 ... 3
1.3.2 W 模型 ... 5
1.3.3 X 模型 ... 6
1.3.4 H 模型 ... 7
1.3.5 前置模型 ... 7
1.3.6 测试模型的使用 ... 10
1.4 软件测试流程 ... 11
1.5 软件测试分类 ... 13
1.6 软件测试的自动化 ... 17
1.6.1 软件自动化测试 ... 17
1.6.2 软件测试工具 ... 19
思考题 ... 20

第 2 章 软件测试过程管理 ... 21

2.1 测试人员组织 ... 21
2.1.1 测试团队建设 ... 21
2.1.2 测试人员的能力和素养 ... 22
2.2 测试计划 ... 23
2.3 测试设计 ... 24
2.4 测试执行 ... 28
2.5 测试报告 ... 28
2.6 软件测试管理工具 ... 28
2.7 TestLink ... 31
2.7.1 XAMPP 的安装 ... 31
2.7.2 安装 TestLink ... 34
2.7.3 TestLink 简介 ... 37

2.7.4 TestLink 的使用 ·············· 38
思考题 ·············· 53

第 3 章 软件缺陷管理 ·············· 54

3.1 软件缺陷 ·············· 54
3.2 软件缺陷的属性 ·············· 54
3.3 软件缺陷的类型 ·············· 57
3.4 软件缺陷管理 ·············· 59
3.5 软件缺陷度量 ·············· 62
    3.5.1 缺陷数据分析 ·············· 62
    3.5.2 测试有效性度量 ·············· 64
3.6 软件缺陷管理工具 ·············· 65
3.7 Mantis 的安装及使用 ·············· 66
    3.7.1 Mantis 简介 ·············· 66
    3.7.2 Mantis 的安装 ·············· 69
    3.7.3 管理员的操作 ·············· 72
    3.7.4 权限用户的操作 ·············· 83
    3.7.5 指派给我的工作 ·············· 85
思考题 ·············· 87

第 4 章 静态测试技术 ·············· 88

4.1 静态测试概述 ·············· 88
4.2 技术评审 ·············· 88
    4.2.1 技术评审定义 ·············· 88
    4.2.2 评审成员 ·············· 89
    4.2.3 评审过程 ·············· 90
4.3 代码检查 ·············· 91
    4.3.1 代码检查类型 ·············· 91
    4.3.2 代码检查内容 ·············· 98
    4.3.3 编码规范检查 ·············· 99
    4.3.4 程序静态分析 ·············· 102
4.4 静态测试工具 ·············· 102
4.5 Checkstyle ·············· 105
    4.5.1 Checkstyle 简介 ·············· 105
    4.5.2 Checkstyle 规则文件 ·············· 105
    4.5.3 Checkstyle 的安装 ·············· 116
    4.5.4 Checkstyle 的应用 ·············· 117
4.6 FindBugs ·············· 123
    4.6.1 FindBugs 简介 ·············· 123

4.6.2　FindBugs 的安装 ……………………………………………………… 123
　　　4.6.3　FindBugs 的使用 ……………………………………………………… 124
　　　4.6.4　配置 FindBugs ………………………………………………………… 126
　思考题 ……………………………………………………………………………………… 129

第 5 章　黑盒测试技术 …………………………………………………………………… 130

5.1　黑盒测试概念 ……………………………………………………………………… 130
5.2　边界值测试 ………………………………………………………………………… 131
　　　5.2.1　边界条件 ………………………………………………………………… 131
　　　5.2.2　边界值分析 ……………………………………………………………… 133
　　　5.2.3　健壮性边界测试 ………………………………………………………… 134
　　　5.2.4　最坏情况测试 …………………………………………………………… 134
5.3　等价类测试 ………………………………………………………………………… 136
　　　5.3.1　等价类 …………………………………………………………………… 136
　　　5.3.2　等价类测试类型 ………………………………………………………… 138
　　　5.3.3　用等价类设计测试用例 ………………………………………………… 139
　　　5.3.4　等价类测试指导方针 …………………………………………………… 140
5.4　基于判定表的测试 ………………………………………………………………… 141
　　　5.4.1　判定表的组成 …………………………………………………………… 141
　　　5.4.2　基于判定表的测试 ……………………………………………………… 143
　　　5.4.3　基于判定表测试的指导方针 …………………………………………… 143
5.5　因果图 ……………………………………………………………………………… 147
　　　5.5.1　因果图的概念 …………………………………………………………… 147
　　　5.5.2　因果图测试法 …………………………………………………………… 148
5.6　其他黑盒测试方法 ………………………………………………………………… 152
　　　5.6.1　正交试验法 ……………………………………………………………… 152
　　　5.6.2　场景测试法 ……………………………………………………………… 153
　　　5.6.3　错误推测法 ……………………………………………………………… 157
5.7　本章小结 …………………………………………………………………………… 157
　思考题 ……………………………………………………………………………………… 158

第 6 章　白盒测试技术 …………………………………………………………………… 160

6.1　白盒测试概念 ……………………………………………………………………… 160
6.2　程序结构分析 ……………………………………………………………………… 161
　　　6.2.1　基本概念 ………………………………………………………………… 161
　　　6.2.2　程序的控制流图 ………………………………………………………… 161
6.3　逻辑覆盖 …………………………………………………………………………… 164
　　　6.3.1　语句覆盖 ………………………………………………………………… 165
　　　6.3.2　判定覆盖 ………………………………………………………………… 166

6.3.3 条件覆盖 …………………………………………………………………… 167
6.3.4 判定-条件覆盖 ……………………………………………………………… 168
6.3.5 条件组合覆盖 ………………………………………………………………… 168
6.3.6 路径覆盖 …………………………………………………………………… 169
6.4 路径测试 ………………………………………………………………………… 172
6.4.1 基路径测试 ………………………………………………………………… 172
6.4.2 循环测试 …………………………………………………………………… 177
6.5 数据流测试 ……………………………………………………………………… 179
6.6 其他白盒测试方法 ……………………………………………………………… 183
6.7 本章小结 ………………………………………………………………………… 185
思考题 …………………………………………………………………………………… 186

第 7 章 软件单元测试 ……………………………………………………………… 189

7.1 单元测试概述 …………………………………………………………………… 189
7.2 单元测试内容 …………………………………………………………………… 190
7.3 单元测试过程 …………………………………………………………………… 193
7.4 单元测试工具 …………………………………………………………………… 195
7.5 JUnit …………………………………………………………………………… 197
7.5.1 xUnit 测试框架 …………………………………………………………… 197
7.5.2 JUnit 简介 ………………………………………………………………… 198
7.5.3 JUnit 测试技术 …………………………………………………………… 200
7.5.4 JUnit 的应用流程 ………………………………………………………… 203
7.5.5 JUnit 下的代码覆盖率工具 EclEmma ………………………………… 214
7.6 单元测试案例 …………………………………………………………………… 218
7.6.1 案例介绍 …………………………………………………………………… 218
7.6.2 测试用例设计 ……………………………………………………………… 223
7.6.3 测试代码 …………………………………………………………………… 225
7.6.4 执行测试 …………………………………………………………………… 231
思考题 …………………………………………………………………………………… 231

第 8 章 软件集成测试 ……………………………………………………………… 232

8.1 集成测试概述 …………………………………………………………………… 232
8.2 集成测试策略 …………………………………………………………………… 234
8.2.1 基于功能分解的集成 ……………………………………………………… 234
8.2.2 基于调用图的集成 ………………………………………………………… 240
8.2.3 基于路径的集成 …………………………………………………………… 243
8.3 集成测试过程 …………………………………………………………………… 245
思考题 …………………………………………………………………………………… 248

第 9 章　软件系统测试 …… 249

9.1　系统测试概述 …… 249
9.2　系统测试过程 …… 249
9.3　系统测试内容 …… 251
9.4　系统测试类型 …… 255
思考题 …… 263

第 10 章　软件专项测试 …… 264

10.1　软件功能测试 …… 264
10.1.1　功能测试概念 …… 264
10.1.2　功能测试工具 …… 264
10.1.3　Unified Functional Testing …… 268
10.2　软件性能测试 …… 269
10.2.1　性能测试概念 …… 269
10.2.2　性能测试指标 …… 272
10.2.3　性能计数器 …… 276
10.2.4　性能测试工具 …… 280
10.3　JMeter …… 285
10.3.1　JMeter 基础 …… 285
10.3.2　JMeter 主要部件 …… 287
10.3.3　JMeter 基本操作 …… 294
10.3.4　Badboy 录制脚本 …… 311
10.3.5　JMeter 性能测试案例 …… 313
10.4　Web 系统安全性测试 …… 318
10.4.1　Web 常见攻击 …… 318
10.4.2　Web 安全测试简介 …… 323
10.4.3　Web 安全测试工具 …… 324
10.4.4　AppScan …… 326
思考题 …… 329

第 11 章　软件测试实验指导 …… 330

11.1　软件过程管理实验 …… 330
11.2　软件缺陷管理实验 …… 331
11.3　软件静态测试实验 …… 331
11.4　软件单元测试实验 …… 332
11.5　软件功能测试实验 …… 333

11.6 软件性能测试实验 …………………………………………………… 334
11.7 软件系统测试实验 …………………………………………………… 335

附录A 软件测试文档模板 …………………………………………………… 337

附录B 测试工具网址 ………………………………………………………… 343

参考文献 ……………………………………………………………………… 346

第 1 章 软件测试基础

1.1 软件质量与软件测试

1.1.1 软件质量的定义

1991年，软件产品质量评价国际标准 ISO9126 中定义的"软件质量"是软件满足规定的或潜在的用户需求特性的总和。具体地说，软件质量是软件符合明确叙述的功能和性能需求、文档中明确描述的开发标准，以及所有专业开发的软件都应具有的隐含特征的程度。从管理角度对软件质量进行度量，可将影响软件质量的主要因素划分为三组，分别反映用户在使用软件产品时的三种观点：正确性、健壮性、效率、完整性、可用性、风险（产品运行）；可理解性、可维修性、灵活性、可测试性（产品修改）；叫移植性、可再用性、互运行性（产品转移）。

软件质量保证（Software Quality Assurance，SQA）是建立一套有计划、有系统的方法，来向管理层保证拟定出的标准、步骤、实践和方法能够正确地被所有项目采用。软件质量保证的目的是使软件过程对于管理人员是可见的。它通过对软件产品和活动进行评审和审计来验证软件是合乎标准的。软件质量保证组在项目开始时就一起参与建立计划、标准和过程，使软件项目满足机构的方针要求。

软件质量保证的基本目标如下：

(1) 软件质量保证工作是有计划进行的。
(2) 客观地验证软件项目产品和工作是否遵循恰当的标准、步骤和需求。
(3) 将软件质量保证工作及结果通知给相关组别和个人。
(4) 使高级管理层接触到在项目内部不能解决的不符合类问题。
(5) 开展全面的测试工作来保证软件质量。

1.1.2 软件测试的定义

"测试"最早出现在工业制造、加工等行业的生产中，测试被当作一种常规的检验产品质量的手段。测试的含义为"以检验产品是否满足需求为目标"。而软件测试活动除检验软件是否满足需求外，还有一个重要的任务就是发现软件缺陷。

1979年，G.J.Myers 对软件测试的定义：程序测试是为了发现错误而执行程序的过程。

1983年，IEEE对软件测试的定义：使用人工或者自动的手段来运行或测定某个系统的过程，其目的在于检验它是否满足规定的需求或者是弄清预期结果与实际运行结果之间的差别。

1983年，B.hetzel对软件测试的定义：以评价一个程序或系统的属性为目标的任何一种活动；测试是对软件质量的度量。

2002年，测试的定义：使用人工或者自动手段来运行或测试被测试件的过程，其目的在于检验它是否满足规定的需求并弄清预期结果与实际结果之间的差别。它是帮助识别开发完成（中间或最终版本）的计算机软件（整体或部分）的正确度（correctness）、完全度（completeness）和质量（quality）的软件过程。

从上面的定义可以看出，软件测试的内涵在不断丰富，对软件测试的认识在不断深入。要完整理解软件测试，就要从不同角度去审视。软件测试就是对软件产品进行验证和确认的活动过程，其目的就是尽快尽早地发现软件产品在整个开发生命周期中存在的各种缺陷，以评估软件的质量是否达到可发布水平。软件测试是软件质量保证的关键元素，代表了需求规格说明书、设计和编码的最终检查。

软件测试是软件质量保证过程中的重要一环，同时也是软件质量控制的重要手段之一，测试工程师与整个项目团队共同努力，确保按时向客户提交满足客户要求的高质量软件产品。软件测试尽快尽早地将被测软件中所存在的缺陷找出来，促进系统分析工程师、设计工程师和程序员等尽快地解决这些缺陷，并评估被测试软件的质量水平。

1.2 软件测试原则

在软件测试中应力求遵循以下原则。

1. 所有的测试都应追溯到用户需求

软件开发的最终目的是满足用户的需求。从用户角度来看，最严重的缺陷就是那些导致软件无法满足用户需求的缺陷。如果软件实现的功能不是用户所期望的，将导致软件测试和软件开发工作毫无意义。

2. 尽早开展预防性测试

测试工作进行得越早，越有利于提高软件的质量和降低软件的质量成本，这是预防性测试的基本原则。研究数据显示，软件开发过程中发现缺陷的时间越晚，修复缺陷所花费的成本就越大。因此，在需求分析阶段就应开始进行测试工作，这样才能尽早发现和预防错误，尽量避免将软件缺陷遗留到下一个开发阶段，提高软件质量。

3. 投入/产出原则

根据软件测试的经济成本观点，在有限的时间和资源下进行完全测试，并找出软件中所有的错误和缺陷是不可能的，也是软件开发成本所不允许的。因此软件测试不能无限进行下去，应适时终止。不充分的测试是不负责任的，过分的测试是一种资源的浪费，同样也是一种不负责任的表现。因此在满足软件预期的质量标准时，应确定质量的投入/产出比。

4．注意测试中的群集现象

在所测程序段中，若发现错误数目多，则残存错误数目也比较多。这种错误群集性现象，已为许多程序的测试实践所证实。根据这个规律，应当对错误较多的程序段进行重点测试，以提高测试投入的效益。

5．考虑有效输入和无效输入

在测试软件时，一个自然的倾向就是将重点集中在有效和预期的输入情况上，而容易忽略无效和未预料到的情况。但软件产品中突然暴露出来的许多问题常常是程序以某些新的或未预料到的方式运行时发现的。因此针对未预料到的和无效输入情况设计的测试用例，似乎比针对有效输入情况的测试用例更能发现问题。

6．避免测试自己的程序

由于思维定势和心理因素等原因，开发工程师难以发现自己的错误，同时揭露自己程序中的错误也是件非常困难的事。因此，测试一般由独立的测试部门或第三方机构进行，但需要软件开发工程师的积极配合。

7．合理安排测试计划

测试时合理安排测试计划，并严格按测试计划执行测试，避免测试的随意性。测试计划应包括被测软件的功能、输入和输出、测试内容、各项测试的进度安排、资源要求、测试资料、测试工具、测试用例的选择、测试的控制方式和过程、系统组装方式、跟踪规程、调试规程、回归测试的规定以及评价标准。

8．进行回归测试

对原来的缺陷进行修改，将可能导致新的缺陷产生，因此修改缺陷后，应集中对软件的可能受影响的模块/子系统进行回归测试，以确保修改缺陷后不引入新的缺陷。回归测试在整个软件测试过程中占有很大的比重，每个测试级别都会进行多次回归测试。

1.3 软件测试模型

1.3.1 V模型

V模型是软件测试行业发展以来存在时间最长的一种测试模型。V模型最早由Paul Rook在20世纪80年代后期提出，主要目的是解决瀑布开发模型下的软件产品的开发效率问题和质量问题。V模型针对瀑布模型对软件测试过程进行了补充和完善。在该模型中，测试过程被加在开发过程的后半部分，如图1-1所示。V模型中的箭头表示开发过程中的活动走向，描述了基本的开发活动和测试活动，以及它们之间的先后关系。

V模型的右侧是测试执行阶段，依次是单元测试、集成测试、系统测试和验收测试，这些测试形成了软件测试的不同层次（级别），并与开发过程的相应阶段对应。

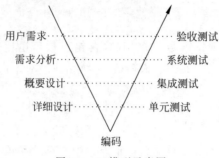

图 1-1　V 模型示意图

1. 单元测试

单元测试与详细设计对应,主要检测开发的代码是否符合详细设计的要求。单元测试主要对详细设计中的各个功能单元(函数、过程或类)代码进行结构测试和功能测试。

2. 集成测试

集成测试与概要设计对应。集成测试的主要工作是把各模块逐步集成在一起来测试数据是否能够在各模块之间正确流动,以及各模块能否正确同步。集成测试关注的是模块之间的接口。

3. 系统测试

系统测试与需求分析对应。系统测试的主要工作是测试系统的功能和非功能特性(如系统安全性、可靠性、健壮性等)是否正确实现。系统测试检测已集成在一起的产品是否符合系统规格说明书的要求。

4. 验收测试

验收测试与用户需求对应,主要验证系统是否满足用户需求。技术部门完成了所有测试工作后,由业务专家或用户进行验收测试,以确保产品能真正符合用户业务上的需要。

V 模型从左到右描述了基本的开发过程和测试过程,非常明确地标注了测试过程中存在的不同类型的测试,并清楚地描述了测试阶段和开发阶段的对应关系。

虽然 V 模型有它存在的价值,但是随着软件测试在开发中受到越来越多的重视,V 模型的局限性也在实践中慢慢体现出来。在 V 模型中,仅仅把测试活动作为编码完成之后的一个阶段,是专门针对已经完成的程序对象而查找存在的错误的活动,而没有将需求分析、概要设计、详细设计等活动考虑在测试的范围之内,忽略了静态测试的重要性,无法在早期发现需求和设计上的问题。V 模型将所有的测试活动严格地划分为几个独立的线性关系,只有完成了所有的单元测试活动之后才可以进行集成测试,容易将早期的缺陷遗漏到后期才被发现,违背了缺陷发现得越早越有利的原则。

V 模型的不足主要体现在以下几方面。

(1) 软件测试执行是在编码实现后才进行,容易导致需求、设计等阶段隐藏的缺陷一直到验收测试才被发现,从而使得发现和消除这些缺陷的代价非常高。

（2）将开发和测试过程划分为固定边界的不同阶段，使得相关人员很难跨过这些边界来采集测试所需要的信息。

（3）容易让人形成"测试是开发之后的一个阶段""测试的对象就是程序"等误解。

1.3.2 W 模型

在 V 模型中，软件测试是在编码实现后才进行，容易导致需求、设计等阶段隐藏的缺陷一直到验收测试才被发现。由于软件缺陷的发现和解决的成本具有放大性，如在需求阶段遗留的缺陷在产品交付后才发现和解决，其代价是在需求阶段发现和解决代价的 40～1000 倍。因此，软件测试工作越早进行，其发现和解决错误的代价越小，风险也越小。根据这个观点，Systeme Evolutif 公司在 V 模型基础上，提出了 W 模型，如图 1-2 所示。W 模型由两个 V 模型组成，分别代表开发过程和测试过程，将软件测试中的各项活动与开发过程各个阶段的活动相对应，明确表示出测试活动与开发活动的并行关系，体现了"尽早地和不断地进行软件测试"的原则。

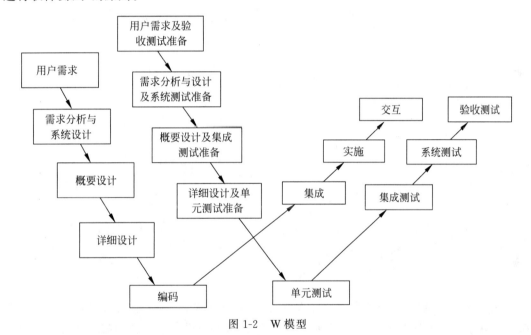

图 1-2　W 模型

W 模型明确地表示软件开发过程中各阶段可交付产品（文档、代码和可执行程序等）都要进行测试。按照 W 模型进行的软件测试实际上是对软件开发过程中各个阶段的可交付产品（即输出）的验证和确认活动。在开发过程中的各个阶段，需要进行需求评审、概要设计评审、详细设计评审，并完成相对应的验收测试、系统测试、集成测试和单元测试等工作。

W 模型树立了一种新的观点，即软件测试并不等于程序的测试，不应仅仅局限于程序测试的狭小范围内，而应贯穿于整个软件开发周期。因此，需求阶段、设计阶段和程序实现等各个阶段所得到的文档，如需求规格说明书、系统架构设计书、概要设计书、详细设计书和源代码等都应成为测试的对象。也就是说，测试与开发是同步进行的。W 模型有利于尽早地全面地发现问题。例如，需求分析完成后，测试人员就应该参与到对需求的验证和确认活动中,以尽早地找出需求方面的缺陷。同时,对需求的测试也有利于及时了解项目难度和测试风险,及早制定应对措施,这将显著减少总体测试时间,加快项目进度。

但 W 模型也存在局限性。在 W 模型中,需求、设计、编码等活动被视为线性进行的活动,同时,测试和开发活动也保持着一种线性的前后关系,只有上一阶段完全结束,才可正式开始下一个阶段工作。这样就无法支持迭代的开发模型,以及开发过程中的变更和调整。对于当前软件开发复杂多变的情况,W 模型并不能解除测试管理面临的困惑。

1.3.3 X 模型

X 模型的基本思想是由 Marick 提出的,Robin F. Goldsmith 采用了 Marick 的部分想法并经过重新组织,形成了 X 模型,如图 1-3 所示。该模型并不是为了和 V 模型相对应而选择该名称,而是 X 通常代表未知。

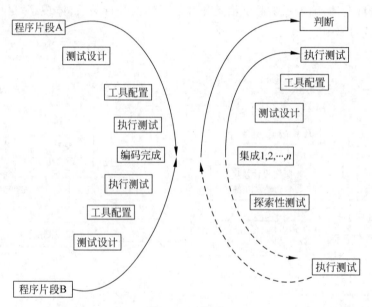

图 1-3　X 模型

Marick 对 V 模型的最主要批评是 V 模型无法引导项目的全部过程,他认为一个模型必须能处理开发的所有方面,包括交接、频繁重复的集成,以及需求文档的缺乏等。X 模型的目标是弥补 V 模型的一些缺陷。

X 模型的左侧描述的是针对单独程序片段所进行的相互分离的编码和测试,此后将进行频繁的交接,通过集成最终合成为可执行的程序。图 1-3 中右上部分这些可执行程序还需要进行测试,已通过集成测试的成品若达到发布标准,则可提交给用户,也可以作为更大规模和范围内集成的一部分。多根并行的曲线表示软件变更可以在各个部分发生。在图 1-3 中右下部分,X 模型还定位了探索性测试,这是不进行事先计划的特殊类型的测试,这种探索性测试往往能帮助有经验的测试人员在测试计划之外发现更多的软件错误。

X 模型的主要不足:X 模型从没有被文档化,其内容一开始需要从 V 模型的相关内容中进行推断,而且 X 模型没有明确的需求角色确认。

1.3.4 H 模型

V 模型和 W 模型均存在一些不足之处，如它们都把软件的开发视为需求、设计、编码等一系列串行的活动，而事实上，这些活动在大部分时间内是可以交叉进行的，所以相应的测试层次之间也不存在严格的次序关系。同时各层次的测试（单元测试、集成测试、系统测试等）也存在反复触发、迭代的关系。

为了解决以上问题，有专家提出了 H 模型，如图 1-4 所示。它将测试活动完全独立出来，形成了一个完全独立的流程，将测试准备活动和测试执行活动清晰地体现出来。

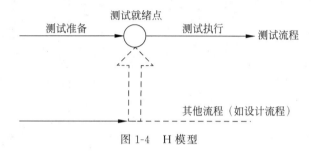

图 1-4　H 模型

图 1-4 仅仅演示了在整个生产周期中某个层次上的一次测试"微循环"，其他流程可以是任意开发流程。例如，设计流程和编码流程，也可以是其他非核心开发流程，甚至是测试流程本身。H 模型揭示了：

（1）软件测试不仅仅指测试的执行，还包括很多其他的活动；

（2）软件测试是一个独立的流程，贯穿产品整个生命周期，与其他流程并发地进行；

（3）软件测试要尽早准备，尽早执行；

（4）软件测试是根据被测软件的不同而分层次进行的。不同层次的测试活动可以是按照某个次序先后进行的，但也可能是反复的。

在 H 模型中，软件测试是一个独立的流程，贯穿于整个产品周期，与其他流程并发地进行。当某个测试时间点就绪时，软件测试即从测试准备阶段进入测试执行阶段。

1.3.5 前置模型

前置模型是由 Robin FGoldsmith 等人提出的，是一个将测试和开发紧密结合的模型，如图 1-5 所示。该模型提供了轻松的方式，可以使项目加快速度，其具有如下特点。

1. 开发和测试相结合

前置测试模型将开发和测试的生命周期整合在一起，标识了项目生命周期从开始到结束之间的关键行为，并且表示了这些行为在项目周期中的价值。如果其中有些行为没有很好地执行，那么项目成功的可能性就会因此而有所降低。如果有业务需求，则系统开发过程将更有效率。在没有业务需求的情况下进行开发和测试是不可能的，业务需求最好在设计和开发之前就被正确定义。

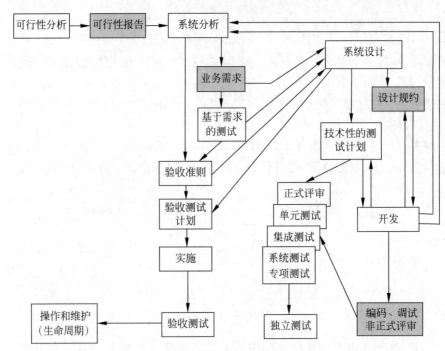

图 1-5　前置模型

2．对每一个交付内容进行测试

每一个交付的开发结果都必须通过一定的方式进行测试。源程序代码并不是唯一需要测试的内容。图 1-5 中的灰色框标识了其他一些要测试的对象,包括可行性报告、业务需求说明、设计规约等。这同 V 模型中开发和测试的对应关系是一致的,并且在其基础上有所扩展,变得更为明确。

前置测试模型包括以下 2 项测试计划技术。

（1）开发基于需求的测试用例。这并不仅仅是为以后提交上来的程序的测试做好初始化准备,也是为了验证需求是否是可测试的。这些测试可以交由用户来进行验收测试,或者由开发部门做某些技术测试。

（2）定义验收标准。在接受交付的系统之前,用户需要用验收标准来进行验证。验收标准不仅仅是定义需求,还应在前置测试之前进行定义,有利于揭示某些需求是否正确,以及某些需求是否被忽略。同样地,系统设计在投入编码实现之前也必须经过测试,以确保其正确性和完整性。

3．在设计阶段进行测试计划和测试设计

设计阶段是进行测试计划和测试设计的最好时机。很多组织要么根本不做测试计划和测试设计,要么在即将开始执行测试时才飞快地完成测试计划和设计。在这种情况下,测试只是验证了程序的正确性,而不是验证整个系统本该实现的东西。

前置模型认识到验收测试中所包含的 3 种成份,其中的 2 种都与业务需求定义相联系,即定义基于需求的测试和验收标准。但是,第 3 种则需要等到系统设计完成,因为验收测试

计划是由针对按设计实现的系统来进行的一些明确操作定义所组成。

技术测试主要是针对开发代码的测试，前置测试提示应增加静态审查，以及独立的 QA 测试。QA 测试通常跟随在系统测试之后，从技术部门的意见和用户的预期方面出发，进行最后的检查，同样还有特别测试。特别测试包括负载测试、安全性测试、可用性测试等，这些测试不是由业务逻辑和应用来驱动的。

对技术测试最基本的要求是验证代码的编写和设计的要求是否一致。一致的意思是系统确实提供了要求提供的，并且系统并没有提供不要求提供的。技术测试在设计阶段进行计划和设计，并在开发阶段由技术部门来执行。

4．测试和开发结合在一起

前置测试将测试执行和开发结合在一起，并在开发阶段以编码-测试-编码-测试的方式来体现。也就是说，程序片段一旦编写完成，就会立即进行测试。在测试计划中必须定义好这样的结合。测试的主体方法和结构应在设计阶段定义完成，并在开发阶段进行补充和版本升级。这尤其会对基于代码的测试产生影响，这种测试主要包括针对单元的测试和集成测试。不管在哪种情况下，如果在执行测试之前做一点计划和设计，都会提高测试效率，改善测试结果，而且对测试重用也更加有利。

5．验收测试和技术测试保持相互独立

验收测试应该独立于技术测试，这样可以提供双重的保险，以保证设计及程序编码能够符合最终用户的需求。验收测试既可以在实施阶段的第一步来执行，也可以在开发阶段的最后一步执行。

前置模型提倡验收测试和技术测试沿循 2 条不同的路线来进行，每条路线分别验证系统是否能够如预期的设想进行正常工作。这样，当单独设计好的验收测试完成了系统的验证，即可确信这是一个正确的系统。

6．反复交替的开发和测试

在项目中从很多方面可以看到变更的发生，例如需要重新访问前一阶段的内容，或者跟踪并纠正以前提交的内容，修复错误，排除多余的成分，以及增加新发现的功能等。开发和测试需要一起反复交替地执行。前置模型并没有明确指出参与的系统部分的大小，这一点和 V 模型中所提供的内容相似。不同的是，前置测试模型对反复和交替进行了非常明确的描述。

7．发现内在的价值

前置模型能给需要使用测试技术的开发人员、测试人员、项目经理和用户等带来很多不同于传统方法的内在的价值。与以前的方法很少划分优先级所不同的是，前置模型用较低的成本来及早发现错误，并且充分强调了测试对确保系统的高质量的重要意义。前置模型代表了整个对测试的新的不同的观念。在整个开发过程中，反复使用了各种测试技术以使开发人员、经理和用户节省其时间，简化其工作。

通常情况下，开发人员会将测试工作视为阻碍其按期完成开发进度的额外的负担。然而，当提前定义好该如何对程序进行测试以后，我们会发现开发人员将节省至少20%的时间。虽然开发人员很少意识到他们的时间是如何分配的，也许他们只是感觉到有一大块时间从重新修改中节省下来可用来进行其他的开发。保守地说，在编码之前对设计进行测试可以节省将近一半的时间，这可以从以下方面体现出来。

（1）针对设计的测试编写是检验设计的一个非常好的方法，由此可以及时避免因为设计不正确而造成的重复开发及代码修改。通常情况下，这样的测试可以使设计中的逻辑缺陷凸显出来。另外，编写测试用例还能揭示设计中比较模糊的地方。

（2）测试工作先于程序开发进行，可以明显地看到程序应该如何工作，如果等到程序开发完成后才开始测试，那么测试只是查验开发人员的代码是如何运行的。提前的测试可以帮助开发人员立刻得到正确的错误定位。

（3）在测试先于编码的情况下，开发人员可以在一完成编码时就立刻进行测试。而且，开发人员会更有效率，在同一时间内能够执行更多的现成的测试，他的思路也不会因为搜集测试数据而被打断。

（4）即使是最好的程序员，从他们各自的观念出发，也常常会对一些看似非常明确的设计说明产生不同的理解。如果他们能参考测试的输入数据及输出结果要求，就可以帮助他们及时纠正理解上的误区，使其在一开始就编写出正确的代码。

（5）前置模型定义了如何在编码之前对程序进行测试设计，开发人员一旦体会到其中的价值，就会对其表现出特别的欣赏。该模型不仅能节省时间，而且可以减少那些令开发人员十分厌恶的重复工作。

1.3.6　测试模型的使用

前面介绍了几种典型的测试模型，这些模型对指导测试工作的进行具有重要意义，但任何模型都不是完美的。在实际测试中，应该尽可能地应用模型中对项目有实用价值的方面，而不用被模型所束缚。

V模型强调了在整个软件项目开发中需要经历的若干个测试级别，而且每个级别都与一个开发级别相对应，但忽略了测试的对象不应该仅仅包括程序，还应该对软件测试需求、设计等进行测试。而这一点在W模型中得到了补充。W模型强调了测试计划等工作的先行和对系统需求及系统设计的测试，但W模型和V模型一样没有专门针对软件测试的流程予以说明。事实上，随着软件质量越来越被重视，软件测试也逐步发展成为一个独立于软件开发的部分，就每一个软件测试的细节而言，它都有一个独立的操作流程。例如，现在的第三方测试，就包含了从测试计划和测试设计到测试实施及测试报告的全过程，这个过程在H模型中得到了相应的体现，表现为测试是独立的。也就是说，只要测试前提具备了，就可以开始进行测试了。当然，X模型和前置模型又在此基础上增加了许多不确定因素的处理情况，因为在真实项目中，经常会有变更的发生，例如需要重新访问前一阶段的内容，或者跟踪并纠正以前提交的内容，修复错误，排除多余的成分，以及增加新发现的功能等。

因此，在实际工作中，需要灵活地运用各模型的优点，在W模型的框架下，运用H模型的思想进行独立测试，并将测试和开发紧密结合，寻找恰当的就绪点开始测试并反复迭代测试，最终保证按期完成预定目标。

1.4 软件测试流程

软件测试不等于程序测试,软件测试贯穿于软件开发整个生命周期。软件测试流程主要包括测试准备、测试计划、测试设计、测试开发、测试执行、测试结果分析。软件测试基本流程如图 1-6 所示。

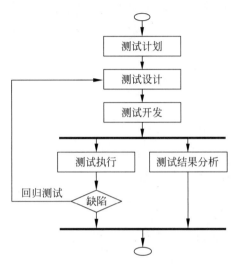

图 1-6 软件测试基本流程

1. 测试准备

测试准备阶段需要组建测试小组,参加有关项目计划、分析和设计会议,获取必要的需求分析、系统设计文档,以及相关产品/技术知识的培训。

2. 测试计划

测试计划阶段的主要工作是确定测试内容或质量特性,确定测试的充分性要求,制定测试策略和方法,对可能出现的问题和风险进行分析和估计,制定测试资源计划和测试进度计划以指导测试的执行。

3. 测试设计

软件测试设计建立在测试计划之上,通过设计测试用例来完成测试内容,以实现所确定的测试目标。软件测试设计的主要内容如下。

1) 制定测试技术方案

分析测试技术方案是否可行、是否有效、是否能达到预定的测试目标。

2) 设计测试用例

选取和设计测试用例,获取并验证测试数据。根据测试资源、风险等约束条件,确定测试用例执行顺序。分析测试用例是否完整、是否考虑边界条件、能否达到其覆盖率要求。

3) 测试开发脚本

获取测试资源,如数据、文件等。开发测试软件包括驱动模块、桩模块,用于录制和开发自动化测试脚本等。

4) 设计测试环境

建立并校准测试环境,分析测试环境是否和用户的实际使用环境接近。

5) 测试就绪审查

审查测试计划的合理性,审查测试用例的正确性、有效性和覆盖充分性,审查测试组织、环境和设备工具是否齐备并符合要求。在进入下一阶段工作之前,应通过测试就绪评审。

4. 测试开发

测试开发的主要内容如下。

1) 准备测试资源

准备工作需要考虑以下 3 个方面。

(1) 测试技术准备;

(2) 配置软件、硬件环境;

(3) 人员。

2) 获得测试数据

获得测试数据包括正常事务的测试和使用无效数据的测试。

3) 测试脚本

所谓脚本,是完整的一系列相关终端的活动。一般测试脚本有 5 个级别:单元脚本、并发脚本、集成脚本、回归脚本、强度/性能脚本。

4) 辅助测试工具

辅助测试工具包括优秀的办公处理软件、错误跟踪系统、自动测试工具、软件分析工具、好的操作系统、多样化平台。

5. 测试执行

建立和设置好相关的测试环境,准备好测试数据,执行测试用例,获取测试结果。分析并判定测试结果,根据不同的判定结果采取相应的措施。对测试过程的正常或异常终止情况进行核对。根据核对结果,对未达到测试终止条件的测试用例,决定是停止测试还是需要修改或补充测试用例集,并进一步测试。

在测试过程中,如果发现缺陷,修改后需要再进行回归测试。回归测试是指修改了代码后,重新进行测试以确认修改没有引入新的错误或导致其他代码产生错误。

测试过程中,需要对软件测试进行评估。软件测试的主要评估方法包括覆盖评测、质量评测、性能评测等。

6. 测试结果分析

测试结束后,评估测试效果和被测软件项,描述测试状态。对测试结果进行分析,以确定软件产品的质量,为产品的改进或发布提供数据和支持。在管理上,应做好测试结果的审查和分析,做好测试报告的撰写和审查工作。

1.5 软件测试分类

软件测试分类可按照软件的开发阶段、测试技术、测试执行者、测试内容等来进行划分。

1. 按照开发阶段划分

按照开发阶段划分，软件测试可分为单元测试、集成测试、系统测试和验收测试。

1) 单元测试

单元测试(Unit Testing)又称模块测试，是对软件设计的最小单元进行功能、性能、接口和设计约束等正确性进行检验，检查程序在语法、格式和逻辑上的错误，并验证程序是否符合规范，发现单元内部可能存在的各种缺陷。

单元测试的对象是软件设计的最小单位——模块、函数或者类。在传统的结构化程序设计语言(如 C 语言)中，单元测试的对象一般是函数或者过程。在面向对象设计语言(如 Java、C++)中，单元测试的对象可以是类，也可以是类的成员函数/方法。

单元测试与程序设计和编程实现密切相关，因此测试者要根据详细设计说明书和源程序清单，了解模块的 I/O 条件和模块的逻辑结构。单元测试主要采用白盒测试技术，辅之以黑盒测试，使之对任何合理和不合理的输入都能鉴别和响应。

在实际软件开发工作中，单元测试很烦琐，但经验表明单元测试可以发现大量的缺陷，并且修复成本低。因此，有效的单元测试是软件产品质量保证的重要一环。

2) 集成测试

集成测试(Integration Testing)又称为组装测试、子系统测试，是在单元测试基础之上将各模块组装起来进行的测试，其主要目的是发现单元之间的接口的问题。集成测试内容包括功能正确性验证、接口测试、全局数据结构的测试以及计算精度检测等。

集成测试的策略可以粗略地划分成非增量型集成测试和增量型(渐增式)集成测试。

非增量型集成测试是将所有软件模块统一集成后进行整体测试，也称大棒集成(Big-Bang Integrate Testing)。这种方法速度很快，但极容易出现混乱，因为测试时可能发现很多错误，错误定位和修复非常困难。对于复杂的软件系统，一般不宜采用非增量型集成测试。

增量型集成测试是从一个模块开始，每测试一次添加一个模块，边组装边测试，以发现与接口相关的问题。在测试设计实施过程中，渐增式测试模式需要编写驱动模块(Driver)或桩模块(Stub)程序。增量型集成测试可以更早发现模块间接口错误，并有利于错误的定位和纠正。增量型集成测试的实施策略有很多种，如基于功能分解的集成(自底向上集成测试、自顶向下集成测试、三明治集成测试)、基于调用图的集成(成对集成、相邻集成)、基于路径的集成、高频集成、基于进度的集成等。

3) 系统测试

系统测试(System Testing)是将已经集成好的软件系统，作为整个计算机系统的一个元素，与支持软件、计算机硬件、外设、数据、网络等其他系统元素结合在一起，在模拟实际使用环境下，对计算机系统进行一系列测试活动。

系统测试的基本测试方法是通过与系统的需求定义做比较，发现软件与系统定义不符合或与之矛盾的地方,以验证系统的功能和性能等是否满足其规约所指定的要求。为了测试出系统在真实应用环境下的运行情况,测试用例应根据需求分析说明书来设计,并在测试实施过程中尽量模拟软件实际使用环境。

系统测试除了验证系统的功能外,还会涉及系统的性能、安全性、可用性、可靠性、健壮性、可恢复性等方面的测试,而且每一种测试都有其特定的目标。

4) 验收测试

验收测试(Acceptance Testing)也称为交付测试,是在软件产品完成了单元测试、集成测试和系统测试之后,产品发布之前所进行的软件测试活动,它是技术测试的最后一个阶段。验收测试对软件产品的功能、性能、可靠性、易用性等方面做全面的质量检测,并出具相应的产品质量报告。其目的是确保软件准备就绪,并且可以让最终用户将其用于执行软件的既定功能和任务。

验收测试一般包括用户验收测试、系统管理员的验收测试(包括测试备份和恢复、灾难恢复、用户管理、任务维护、定期安全漏洞检查等)、基于合同的验收测试、α 测试和 β 测试。

2. 按照测试技术划分

按照测试技术划分,软件测试可划分为静态测试和动态测试。测试技术划分如图 1-7 所示。

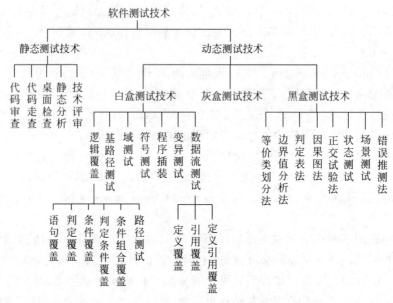

图 1-7　软件测试技术的分类

1) 静态测试

静态测试(Static Testing)是指不运行程序,通过人工或者借助专用的软件测试工具对程序和文档进行分析与检查,借以发现程序和文档中存在的问题。静态测试实际上是对软件中的需求说明书、设计说明书、程序源码等进行检查和评审。

静态测试成本低、效率较高,并且可以在软件开发早期阶段发现软件缺陷。因此静态测试是一种非常有效而重要的测试技术。

2) 动态测试

动态测试(Dynamic Testing)是指通过人工或使用工具运行被测程序,检查运行结果与预期结果的差异,并分析运行效率和健壮性等特性。动态测试一般由三部分组成:构造测试用例、执行程序、分析程序的输出结果。

动态测试分为白盒测试、黑盒测试和灰盒测试。

(1) 白盒测试(White Box Testing)。白盒测试又称为结构测试。白盒测试是按照程序内部的结构进行测试,通过测试来检测产品内部动作是否按照设计规格说明书的规定正常进行,检验程序中的每条通路是否都能按预定要求正确工作。此方法是把测试对象看作一个透明的盒子,测试人员依据程序内部逻辑结构相关信息,设计或选择测试用例,对程序所有逻辑路径进行测试,通过在不同点检查程序的状态,确定实际的状态是否与预期的状态一致。白盒测试经常用在单元测试中,可借助于测试工具来实现。

(2) 黑盒测试(Black Box Testing)。黑盒测试又称功能测试或数据驱动测试。它是已知产品所应具有的功能,通过测试来检测每个功能是否都能正常使用。黑盒测试着眼于程序外部结构,不考虑内部逻辑结构,主要针对软件界面和软件功能进行测试。在测试时,把程序看作一个不能打开的黑盒子,在完全不考虑程序内部结构和处理过程的情况下,测试者通过程序接口进行测试,检查程序是否按照需求规格说明书的规定正常运行,检查程序是否能适当地接收输入数据而产生正确的输出信息。

(3) 灰盒测试(Gray Box Testing)。灰盒测试是介于白盒测试与黑盒测试之间的测试。灰盒测试关注输出对于输入的正确性,同时也关注内部表现,但这种关注不像白盒测试那样详细、完整。灰盒测试只是通过一些表征性的现象、事件、标志来判断内部的运行状态。有时候输出是正确的,但内部其实已经错误了,对于这种情况,如果每次都通过白盒测试来检查,效率会很低,因此需要采取灰盒的方法。灰盒测试结合了白盒测试和黑盒测试的要素。

3. 按照测试执行者划分

按照测试执行者划分,软件测试可分为开发方测试、用户方测试(β测试)、第三方测试。

1) 开发方测试

开发方测试是软件开发公司人员在软件开发环境下,通过检测和提供客观证据,证实软件的实现是否满足规定的需求。

2) 用户方测试

用户方测试是在用户实际应用环境下,通过用户运行和使用软件找出软件使用过程中发现的软件的缺陷与问题,检测与核实软件实现是否符合用户的预期要求,并把信息反馈给开发者。

3) 第三方测试

第三方测试又称为独立测试,是介于软件开发方和用户方之间的测试组织开展的测试。软件第三方测试是由在技术、管理和财务上与开发方和用户方相对独立的组织进行的软件测试。一般情况下是在模拟用户真实应用环境下,进行软件确认测试。

4. 按照测试内容划分

按照测试的具体内容划分,软件测试可分为功能测试、性能测试、容量测试、健壮性测试、安全性测试、可靠性测试、兼容性测试、易用性测试、本地化测试、配置测试、安装/卸载测试、文档测试等。

1）功能测试

功能测试（Functional Testing）又称为行为测试（Behavioral Testing），是根据产品特性、操作描述和用户方案，测试一个产品的特性和可操作行为，以确定它们是否满足设计需求。

功能测试是为了确保程序以期望的方式运行而对软件进行的测试，通过对一个系统的所有的特性和功能都进行测试确保符合需求和规范。

2）性能测试

性能测试（Performance Testing）是通过自动化的测试工具模拟多种正常、峰值以及异常负载条件来对系统的各项性能指标进行测试。负载测试、压力测试和并发测试都属于性能测试，它们可以结合进行。

（1）负载测试（Load Testing）。是确定在各种工作负载下系统的性能，目标是测试当负载逐渐增加时，系统组成部分的相应输出项，例如事务通过量、响应时间、CPU负载、内存使用等来分析系统的性能。通俗地说，这种测试方法就是要在特定的运行条件下验证系统的能力状况。

（2）压力测试（Stress Testing）。是对系统不断施加压力，通过确定一个系统的瓶颈或者不能接收用户请求的性能点，来获得系统能提供的最大服务级别的测试。压力测试是为了发现在什么条件下应用程序的性能会变得不可接受。

（3）并发测试（Concurrency Testing）。是指测试多个用户同时访问同一个应用程序、同一个模块或者数据记录时是否存在死锁或者其他性能问题。并发测试用于验证系统的并发处理能力，一般是和服务器建立大量的并发连接，通过客户端的响应时间和服务器端的性能监测情况来判断系统是否达到了既定的并发能力指标。

3）容量测试

容量测试（Volume Testing）是检验系统的能力最高能达到什么程度。其目的是通过测试预先分析出反映软件系统应用特征的某项指标的极限值（如最大并发用户数、数据库记录数等），系统在其极限状态下没有出现任何软件故障或还能保持主要功能正常运行。容量测试还将确定测试对象在给定时间内能够持续处理的最大负载或工作量。

4）健壮性测试

健壮性测试（Robustness Testing）又称为容错性测试，用于测试系统在出现故障时，是否能够自动恢复或者忽略故障继续运行。健壮性测试包括以下两个方面。

（1）输入异常数据或进行异常操作，以检验系统的保护性。

（2）灾难恢复性测试：通过各种手段，让系统强制性地发生故障，然后验证系统已保存的用户数据是否丢失，系统和数据是否能尽快恢复。

5）安全性测试

安全性测试（Security Testing）是验证集成在系统内的保护机制是否能够在实际应用中保护系统不受到非法的侵入。软件系统的安全要求系统除了经受住正面的攻击，还必须能够经受住侧面的和背后的攻击。软件系统安全性一般分为三个层次，即应用程序级别的安全性、数据库管理系统的安全性，以及系统级别的安全性。

6) 可靠性测试

可靠性测试(Reliability Testing)是指在一定的环境下,在给定的时间内,系统不发生故障的概率。可靠性测试包括的内容非常广泛。通常使用以下 2 个指标来度量系统的可靠性:平均失效间隔时间是否超过规定时限;因故障而停机的时间在一年中应不超过多少时间。

7) 兼容性测试

兼容性测试(Compatibility Testing)是测试软件在特定的硬件、软件、操作系统、网络等环境下系统能否正常运行,其目的就是检验被测软件对其他应用软件或者其他系统的兼容性。例如在对一个共享资源(数据、数据文件或者内存)进行操作时,检测两个或多个系统需求能否正常工作以及相互交互使用。

8) 易用性测试

易用性测试(Usability Testing)是考查评定软件的易学易用性,各个功能是否易于完成,软件界面是否友好等方面进行测试。通常易用性包括易见、易学和易用。

易见:单单凭观察,用户就应知道设备的状态,该设备供选择可以采取的行动。

易学:不通过帮助文件或通过简单的帮助文件,用户就能对一个陌生的产品有清晰的认识。

易用:用户不翻阅手册就能使用软件。

9) 本地化测试

本地化测试(Localization Testing)是保证本地化的软件在语言、功能和界面等方面符合本地用户的最终需要。本地化测试的环境是在本地化的操作系统上安装本地化的软件。从测试方法上可以分为基本功能测试、安装/卸载测试和当地的软硬件兼容性测试。测试的内容主要包括软件本地化后的界面布局和软件翻译的语言质量,包含软件、文档和联机帮助等部分。

10) 配置测试

配置测试(Configuration testing)是指在不同的硬件配置下,在不同的操作系统和应用软件环境中,检查系统是否出现功能或者性能上的问题。从而了解不同环境对系统性能的影响程度,找到系统各项资源的最优分配。配置测试的目的是保证被测试的软件在尽可能多的硬件平台上运行。

11) 安装/卸载测试

安装/卸载测试(Installation/Uninstallation Testing)是对软件的全部、部分或升级安装/卸载处理过程的测试。其目的是检测系统的各类安装(如典型、全部、自定义、升级等)和卸载是否全面、完整,是否会影响到其他的软件系统,硬件的配置是否合理。

12) 文档测试

文档测试(Documentation Testing)是对系统提交给用户的文档进行验证,检查系统的文档是否齐全,检查文档内容是否正确、规范和一致。通过文档测试保证用户文档的正确性并使得操作手册能够准确无误。文档测试一般由单独的一组测试人员实施。

1.6 软件测试的自动化

1.6.1 软件自动化测试

随着应用软件程序规模的不断扩大,业务逻辑越来越复杂,软件系统的可靠性已无法通过手工测试来全面验证。随着软件开发技术的快速发展和软件工程的不断进步,传统的手工测试已经远远满足不了软件开发的需求,其局限性越来越多地暴露出来。手工测试面临的主要问题和挑战如下。

(1) 不适合回归测试。回归测试是软件开发测试中非常频繁的一项测试,若通过手工测试,则会耗费大量人力物力。

(2) 许多与时序、死锁、资源冲突、多线程等有关的错误,通过手工测试很难捕捉到。

(3) 进行系统负载测试时,需要模拟大量数据或大量并发用户等应用场合,这很难通过手工测试来进行。

(4) 进行系统可靠性测试时,需要模拟系统长时间(如 10 年)运行,以验证系统能否稳定运行,这也是手工测试无法模拟的。

(5) 如果有大量(几千上万)的测试用例,需要在短时间内(1 天)完成,手工测试几乎不可能做到。

软件自动化测试就是使用自动化测试工具来代替手工进行的一系列测试动作,验证软件是否满足需求,它包括测试活动的管理与实施。自动化测试主要是通过所开发的软件测试工具、脚本等来实现,其目的是减轻手工测试的工作量,节约资源(包括人力、物力等),保证软件质量,缩短测试周期,提高测试效率。

自动化测试以其高效率、重用性和一致性成为软件测试的一个主流。正确实施软件自动化测试并严格遵守测试计划和测试流程,可以达到比手工测试更有效、更经济的效果。相比手工测试,自动化测试具有如下优点。

(1) 程序的回归测试更方便;

(2) 可以运行更多更烦琐的测试;

(3) 执行手工测试很难或不可能进行的测试;

(4) 充分利用资源;

(5) 测试具有一致性和可重复性;

(6) 测试的复用性;

(7) 让产品更快面向市场;

(8) 增加软件信任度。

当然,自动化测试也并非万能,人们对自动化测试的理解也存在许多误区,认为自动化测试能完成一切工作,从测试计划到测试执行,都不需要人工干预。其实自动化测试所完成的测试功能也是有限的。自动化测试存在下列局限性。

(1) 不能完全取代手工测试;

(2) 不能期望自动化测试发现大量新缺陷;

(3) 软件自动化测试可能会制约软件开发;

(4) 软件自动化测试本身没有想象力;

(5) 自动化测试实施的难度较大;

(6) 测试工具与其他软件的互操作性问题。

综上所述,软件自动化测试的优点和收益是显而易见的,但同时它也并非万能,只有对其进行合理的设计和正确的实施才能从中获益。

1.6.2 软件测试工具

软件测试工具可以从不同的方面去分类。根据测试方法，自动化测试工具可以分为：白盒测试工具、黑盒测试工具。根据测试的对象和目的，自动化测试工具可以分为：单元测试工具、功能测试工具、负载测试工具、数据库测试工具、嵌入式测试工具、页面链接测试工具、测试管理工具等。

1. 白盒测试工具

白盒测试工具一般是针对代码进行的测试，测试所发现的缺陷可以定位到代码级。由于白盒测试通常用在单元测试中，因此又称为单元测试工具。根据测试工具工作原理的不同，白盒测试工具可分为静态测试工具和动态测试工具。

静态测试工具是在不执行程序的情况下，分析软件的特性。静态测试工具一般是对代码进行语法扫描，找出不符合编码规范的地方，根据某种质量模型评价代码的质量，生成系统的调用关系图等。

动态测试工具与静态测试工具不同，动态测试工具的一般采用"插桩"的方式，向代码生成的可执行文件中插入一些监测代码，用来统计程序运行时的数据。其与静态测试工具最大的不同就是动态测试工具要求被测系统实际运行。

常用的白盒测试工具有 Parasoft 公司的 Jtest、C++ Test、.test、CodeWizard 等，Compuware 公司的 DevPartner、BoundsChecker、TrueTime 等，IBM 公司的 Rational PurifyPlus、PureCoverage 等，Telelogic 公司的 Logiscope，开源测试工具 JUnit 等。

2. 黑盒测试工具

黑盒测试工具是在明确软件产品应具有的功能的条件下，完全不考虑被测程序的内部结构和内部特性，通过测试来检验软件功能是否按照软件需求规格的说明正常工作。

黑盒测试工具的一般原理是利用脚本的录制/回放，模拟用户的操作，然后将被测系统的输出记录下来同预先给定的预期结果进行比较。黑盒测试工具可以大大减轻黑盒测试的工作量，在迭代开发的过程中，能够很好地进行回归测试。

按照完成的职能不同，黑盒测试工具可以进一步分为功能测试工具、性能测试工具和安全测试工具。

（1）功能测试工具。用于检测程序能否达到预期的功能要求并正常运行。功能测试工具通过自动录制、检测和回放用户的应用操作，将被测系统的输出同预先给定的标准结果比较以判断系统功能是否正确实现。功能测试工具能够有效地帮助测试人员对复杂的系统的功能进行测试，提高测试人员的工作效率和质量。其主要目的是检测应用程序是否能够达到预期的功能并正常运行。

常用的功能测试工具有 HP 公司的 WinRunner 和 QuickTest Professional（高版本为 Unified Functional Testing，UFT）、IBM 公司的 Rational Robot，Segue 公司的 SilkTest，Compuware 公司的 QA Run 等。

（2）性能测试工具。用于测试和分析软件系统的性能。性能测试工具通常指用来支持压力、负载测试，能够录制和生成脚本、设置和部署场景、产生并发用户和向系统施加持续压力的工具。性能测试工具通过实时性能监测来确认和查找问题,并针对所发现问题对系统性能进行优化,确保应用的成功部署。性能测试工具能够对整个系统架构进行测试,通过这些测试工具企业能最大限度地缩短测试时间,优化性能和加速应用系统的发布周期。

常用的性能测试工具有 HP 公司的 LoadRunner,Microsoft 公司的 Web Application Stress(WAS),Compuware 公司的 QALoad,RadView 公司的 WebLoad,Borland 公司的 SilkPerformer,Apache 公司的 JMeter 等。

(3) 安全测试工具。用于发现软件的安全漏洞,进行安全评估。

常用的安全测试工具有 HP 公司的 WebInspect,IBM 公司的 Rational® AppScan,Google 公司的 Skipfish,Acunetix 公司的 Acunetix Web Vunlnerability Scanner 等。还有一些免费或开源的安全测试工具,如:Nikto、WebScarab、Websecurify、Firebug、Netsparker、Wapiti 等。

3. 测试管理工具

一般而言,测试管理工具对测试需求、测试计划、测试用例、测试实施进行管理,有些测试管理工具还包括对缺陷的跟踪管理。测试管理工具能让测试人员、开发人员或其他的 IT 人员通过一个中央数据仓库,在不同地方就能交互信息。

一般情况,测试管理工具应包括以下内容:①测试用例管理;②缺陷跟踪管理(问题跟踪管理);③配置管理。

常用的测试管理工具有 IBM 公司的 TestManager、ClearQuest,HP 公司的 Quality Center 和 TestDirector,Compureware 公司的 TrackRecord,Atlassian 公司的 JIRA,开源的 Bugzilla、TestLink、Mantis、BugFree 等。

4. 专用测试工具

除了上述的自动化测试工具外,还有一些专用的自动化测试工具,例如,针对数据库测试的 TestBytes,数据生成器 DataFactory,对 Web 系统中的链接进行测试的工具 Xenu Link Sleuth 等。

思考题

1. 什么是软件测试?软件测试的目的是什么?
2. 为什么要尽早地和不断地进行软件测试?
3. 请简述软件测试的基本原则。
4. 请简述软件测试和调试的区别。
5. 请简述对软件测试重要性的理解。
6. 请绘制出软件测试的 V 模型,并分析 V 模型的优点和缺点。
7. 请简述 W 模型的优点和缺点。
8. 在软件测试中,如何选择合适的测试模型?
9. 软件质量与哪些因素有关?

第 2 章 软件测试过程管理

2.1 测试人员组织

2.1.1 测试团队建设

俗话说"工欲善其事,必先利其器",要做好测试工作,首先需要建立并维护一个高效的测试团队。

1. 招募测试人员

在国内的软件企业中有一种普遍做法,就是把那些刚涉足软件行业的技术新手或业绩不突出的开发人员安排去做测试工作。事实上,对一个系统进行有效测试所需要的技能绝对不比进行软件开发所需要的技能少,测试从业者甚至可能面对许多开发人员都不会遇到的技术难题。

2. 测试团队制度建设

良好的制度可以规范测试团队的工作开展,同时也便于对团队成员进行业绩考评。相反,则很有可能导致人心涣散,滋长负面风气。

1) 汇报制度

团队成员汇报本周工作情况及下周工作计划、遇到的问题以及需要提供的帮助,培养团队成员的汇报及计划习惯。

2) 工作总结制度

成员每个阶段汇报上阶段工作经验和教训,并在部门例会上交流、分享经验及教训,避免同样的问题重复出现。

3) 奖惩制度

对于贡献突出的成员予以奖励,对于业绩差的提出批评,有效地保持测试团队的工作热情。

4) 测试件审核制度

对测试件进行审核,去粗存精,鼓励测试人员使用和提出改进,保证提交到测试团队知识库的测试件的质量。

5）会议制度

定期召开部门例会，讨论、解决工作中的问题，并提供部门内的学习平台。

3．测试团队内部的职责分工

明确测试团队内部各类测试人员的职责分工可以使测试团队内部各类测试人员能集中精力在较短的时间内完成特定岗位必需的知识储备和经验积累，同时也使得测试团队的管理更科学，真正做到"用其所长，避其所短"。

4．测试流程建设

测试流程，通俗地讲是指测试团队按照什么样的流程和顺序组织开展软件测试活动。通常来说，测试流程包括计划测试、设计测试、执行测试、分析测试。

计划测试阶段是根据对测试需求的分析制定测试大纲、测试计划，并对具体要采用的测试技术做大致剪裁。

设计测试阶段是对测试大纲、测试计划做进一步细化，从而形成更为细致全面的测试用例集、具体测试活动安排以及相应的测试进度。

执行测试阶段是执行相关测试用例（包括自由测试），具体落实各项测试活动。

分析测试阶段是对计划测试、设计测试、执行测试阶段的工作做出评价，评估测试的有效性。

5．团队成员能力的逐步提高

有了明确、合理的职责分工后，需要针对这些分工对团队成员进行有意识的引导，稳步提升团队成员的技能。监督和促进测试团队成员能力提高，主要做好如下 3 个方面的工作。

（1）提倡资深测试人员在测试团队内部进行经常性的培训和测试经验交流，通过该渠道帮助资历浅的测试人员大幅提升业务技能，做到新老员工之间的知识传播和继承。

（2）测试团队应充分利用好测试件知识库，对于纳入测试团队知识库的测试软件应充分消化和学习，在此基础上进一步鼓励测试团队成员对这些测试软件提出改进性意见。

（3）测试人员除了需要注重自身的测试技能提升，在条件许可的情况下还应适度学习开发部门的基本知识，以减少与开发团队协同工作时的领域障碍。

2.1.2　测试人员的能力和素养

1．计算机专业技能

计算机领域的专业技能是测试工程师应该必备的一项素质，是做好测试工作的前提条件。计算机专业技能主要包含以下 3 个方面。

1）测试专业技能

测试专业技能涉及的范围很广，既包括黑盒测试、白盒测试、测试用例设计等基础测试技术和单元测试、功能测试、集成测试、系统测试、性能测试等测试方法，还包括基础的测试流程管理、缺陷管理、自动化测试技术等知识。

2）软件编程技能

只有具有编程技能的测试工程师，才可以胜任诸如单元测试、集成测试、性能测试等难度较大的测试工作。作为测试工程师，必须能熟练使用一两种程序设计语言，如 C/C++、Java、Basic、Delphi、.NET、JavaScript 等。

3）计算机基础知识

测试人员应掌握网络、操作系统、数据库、中间件等计算机基础知识。与开发人员相比，测试人员掌握的知识具有"博而不精"的特点。例如：在网络方面，测试人员应该掌握基本的网络协议以及网络工作原理，尤其要掌握一些网络环境的配置，这些都是测试工作中经常遇到的知识；在操作系统和中间件方面，应该掌握基本的使用以及安装、配置等；在数据库方面，至少应该掌握 SQL Server、Oracle、MySQL、Sybase 等常见数据库的使用。

2. 个人能力和素养

测试工作很多时候显得有些枯燥。测试者只有热爱测试工作，才更容易做好测试工作。因此需要对测试工作有兴趣，并对测试保持适度的好奇心，还应该具有以下一些基本的个人素养。

(1) 专心。主要指测试人员在执行测试任务的时候要专心，不可一心二用。经验表明，高度集中精神不但能够提高效率，还能发现更多的软件缺陷。

(2) 细心。主要指测试人员执行测试工作时候要细心，认真执行测试，不可以忽略一些细节。某些缺陷如果不细心很难发现，例如一些界面的样式、文字等。

(3) 耐心。很多测试工作是非常枯燥的，需要很大的耐心才可以做好。如果测试者比较浮躁，就不会做到"专心"和"细心"，这将让很多软件缺陷从测试者眼前逃过。

(4) 责任心。责任心是做好工作必备的素质之一，测试工程师更应该将其发扬光大。如果测试中没有尽到责任，甚至敷衍了事，这将会把测试工作交给用户来完成，很可能引起非常严重的后果。

(5) 自信心。自信心是现在多数测试工程师都缺少的一项素质，尤其在面对需要编写测试代码等工作的时候，往往认为自己做不到。要想获得更好的职业发展，测试工程师应该努力学习，建立能"解决一切测试问题"的信心。

(6) 团队协作能力。测试人员应具有良好的团队合作能力。测试人员不仅要与测试组成员、开发人员、技术支持等产品研发人员有良好的沟通和协作能力，而且应该学会宽容待人，学会去理解"开发人员"，同时要尊重开发人员的劳动成果——开发出来的产品。

(7) 表达沟通能力。测试部门一般要与其他部门的人员进行较多的沟通，测试者必须能够同测试涉及的所有人进行有效沟通。所以要求测试工程师不但要有较强的技术能力而且要有较强的沟通能力，既可以和用户谈得来，又可以同开发人员说得上话。

2.2 测试计划

测试计划（Test Plan）是描述要进行的测试活动的目的、范围、方法、资源和进度的文档。《ANSI/IEEE 软件测试文档标准 829—1983》将测试计划定义为："一个描述了预定的测试活动的范围、途径、资源及进度安排的文档。它确认了测试项、被测特征、测试任务、人员安排,以及任何偶发事件的风险。"

测试计划是指导测试过程的纲领性文件,包含了产品概述、测试策略、测试方法、测试区域、测试配置、测试周期、测试资源、测试交流、风险分析等内容。借助软件测试计划,参与测试的项目组成员可以明确测试任务和测试方法,保持测试实施过程的顺畅沟通,跟踪和控制测试进度,应对测试过程中的各种变更。

下面是编写测试计划的 6 要素。

why:为什么要进行测试。

what:测试哪些方面,不同阶段的工作内容是什么。

when:测试不同阶段的起止时间。

where:相应文档、缺陷的存放位置,测试环境等。

who:项目有关人员组成,安排哪些测试人员进行测试。

how:如何去做,使用哪些测试工具以及测试方法进行测试。

测试计划中一般包括以下关键内容。

(1) 测试需求。明确测试的范围,估算出测试所花费的人力资源和各个测试需求的测试优先级。

(2) 测试方案。整体测试的测试方法和每个测试需求的测试方法。

(3) 测试资源。测试所需要用到的人力、硬件、软件、技术的资源。

(4) 测试组角色。明确测试组内各个成员的角色和相关责任。

(5) 测试进度。规划测试活动和测试时间。

(6) 可交付工件。在测试组的工作中必须向项目组提交的产物,包括测试计划、测试报告等。

(7) 风险管理。分析测试工作所可能出现的风险。

测试计划编写完毕后,必须提交给项目组全体成员,并由项目组中各个角色组联合评审。

测试计划模板如附表 A-1 所示。

2.3 测试设计

在软件测试过程中,有一项重要的工作就是设计测试用例。测试用例设计的优劣将直接影响测试效果。

1. 测试用例定义

测试用例(Test Case)是为某个特定测试目标而设计的,它是包含输入数据、操作过程序列、条件、期望结果及相关数据的一个特定的集合。因此,测试用例必须给出测试目标、测试对象、测试环境、测试前提、输入数据、测试步骤和预期结果。

(1) 测试目标。回答为什么测试,如测试软件的功能、性能、兼容性、安全性等。

(2) 测试对象。回答测试什么,如对象、类、函数、接口等。

(3) 测试环境。测试用例运行时所处的环境,包括系统的软硬件配置和设定等要求。

（4）测试前提。测试在满足什么条件下开始，也就是测试用例运行时所需要的前提条件。

（5）输入数据。测试时需要输入哪些测试数据，即在测试时系统所接受的各种可变化的数据组。

（6）测试步骤。运行测试用例的操作步骤序列，如先打开对话框，输入第一组测试数据，单击运行按钮等。

（7）预期结果。按操作步骤序列运行测试用例时，被测件的预期运行结果。

测试用例的设计和编制是软件测试活动中最重要的工作内容。测试用例是测试工作的指导，是软件测试必须遵守的准则，更是软件测试质量稳定的根本保障。

测试用例设计就是将软件测试的行为做一个科学化的组织归纳。常用的测试用例设计技术有黑盒测试技术和白盒测试技术。

2．测试用例设计原则

设计测试用例时，应遵循以下原则。

（1）基于测试需求的原则。应按照测试类别的不同要求设计测试用例。例如，单元测试依据详细设计说明，集成测试依据概要设计说明，配置项测试依据软件需求规格说明，系统测试依据用户需求（系统/子系统设计说明、软件开发计划等）。

（2）基于测试方法的原则。应明确所采用的测试用例设计方法，为达到不同的测试充分性要求，应采用相应的测试方法，如等价类划分、边界值分析、错误推测法、因果图等。

（3）兼顾测试充分性和效率的原则。测试用例集应兼顾测试的充分性和测试的效率，每个测试用例的内容也应完整，具有可操作性。

（4）测试执行的可再现性原则。应保证测试用例执行的可再现性。

3．测试用例要素

每个测试用例都包括下列要素。

（1）名称和标识。每个测试用例应有唯一的名称和标识。

（2）测试追踪。说明测试所依据的内容来源，如系统测试依据的是用户需求，配置项测试依据的是软件需求，集成测试和单元测试依据的是软件设计。

（3）用例说明。简要描述测试的对象、目的和所采用的测试方法。

（4）测试的初始化要求。应考虑下述初始化要求。

① 硬件配置。被测系统的硬件配置情况，包括硬件条件或电气状态。

② 软件配置。被测系统的软件配置情况，包括测试的初始条件。

③ 测试配置。测试系统的配置情况，如用于测试的模拟系统和测试工具等的配置情况。

④ 参数设置。测试开始前的设置，如标志、第一断点、指针、控制参数和初始化数据等的设置。

⑤ 其他对于测试用例的特殊说明。

（5）测试的输入。在测试用例执行中发送给被测对象的所有测试命令、数据和信号等。对于每个测试用例应提供如下内容。

① 每个测试输入的具体内容(如确定的数值、状态或信号等)及其性质(如有效值、无效值、边界值等)。

② 测试输入的来源(例如测试程序产生、磁盘文件、通过网络接收、人工键盘输入等),以及选择输入所使用的方法。

③ 测试输入是真实的还是模拟的。

④ 测试输入的时间顺序或事件顺序。

(6) 期望测试结果。说明测试用例执行中由被测软件所产生的期望测试结果,即经过验证,认为正确的结果。必要时,应提供中间的期望结果。期望测试结果应该有具体内容,如确定的数值、状态或信号等,不应是不确切的概念或笼统的描述。

(7) 评价测试结果的准则。判断测试用例执行中产生的中间和最后结果是否正确的准则。对于每个测试结果,应根据不同情况提供下列信息。

① 实际测试结果所需的精度。

② 实际测试结果与期望结果之间的差异允许的上限、下限。

③ 时间的最大和最小间隔,或事件数目的最大和最小值。

④ 实际测试结果不确定时,再测试的条件。

⑤ 与产生测试结果有关的出错处理。

⑥ 上面没有提及的其他准则。

(8) 操作过程。实施测试用例的执行步骤。把测试的操作过程定义为一系列按照执行顺序排列的相对独立的步骤,对于每个操作应提供下列信息。

① 每一步所需的测试操作动作、测试程序的输入、设备操作等。

② 每一步期望的测试结果。

③ 每一步的评估标准。

④ 程序终止伴随的动作或错误指示。

⑤ 获取和分析实际测试结果的过程。

(9) 前提和约束。在测试用例说明中施加的所有前提条件和约束条件,如果有特别限制、参数偏差或异常处理,应该标识出来,并要说明它们对测试用例的影响。

(10) 测试终止条件。说明测试正常终止和异常终止的条件。

4. 测试用例设计步骤

1) 测试需求分析

测试需求分析是测试工作的第一步。经过需求分析,对原始需求列表中的每一个需求点找到需要测试的测试要点。针对所确定的测试要点,分析测试执行时对应的测试方案/方法。

测试需求应该在软件需求基础上进行归纳、分类或细分,方便测试用例设计。测试用例中的测试用例集与测试需求的关系是多对一的关系,即一个或多个测试用例集对应一个测试需求。

2) 业务流程分析

软件测试不单纯是基于功能的测试,还需要对软件的内部处理逻辑进行测试。为了不遗漏测试点,需要清楚地了解软件产品的业务流程。建议在做复杂的测试用例设计前,先画出软件的业务流程。如果设计文档中已经有业务流程设计,可以从测试角度对现有流程进行补充。如果无法从设计中得到业务流程,测试工程师应通过阅读设计文档,与开发人员交流,最终画出业务流程图。业务流程图可以帮助理解软件的处理逻辑和数据流向,从而指导测试用例的设计。

从业务流程上,应得到以下信息:主流程是什么,条件备选流程是什么,数据流向是什么,以及关键的判断条件是什么。

3) 测试用例设计

完成了测试需求分析和业务流程分析后,开始着手设计测试用例。在设计测试用例的时候可以使用软件测试用例设计方法,结合前面的需求分析和业务流程分析进行设计。

4) 测试用例评审

测试用例设计完成后,为了确认测试过程和方法是否正确,是否有遗漏的测试点,需要进行测试用例的评审。

测试用例评审一般是由测试主管安排,参加的人员包括测试用例设计者、测试主管、项目经理、开发工程师、其他相关开发测试工程师。测试用例评审完毕,测试工程师根据评审结果,对测试用例进行修改,并记录修改日志。

5) 测试用例更新完善

测试用例编写完成之后需要不断完善。软件产品新增功能或更新需求后,测试用例必须配套修改更新。测试过程中发现设计测试用例时考虑不周,需要对测试用例进行修改完善。测试中发现软件缺陷,软件修改后需要回归测试,需根据软件修改情况增加测试用例。在软件交付使用后客户反馈的软件缺陷,而缺陷又是因测试用例存在漏洞造成,则需要对测试用例进行完善。一般小的修改完善可在原测试用例文档上修改,但文档要有更改记录。软件的版本升级更新后,测试用例一般也应随之升级更新版本。

测试用例是"活"的,在软件的生命周期中不断更新与完善。

5. 测试用例编写要求

(1) 功能或流程划分时,一定要简单、清晰,一个测试用例只检查一个功能点或一个流程。

(2) 测试用例要有一个简单直观的名字,有助于读者对测试用例的理解。

(3) 测试用例的步骤描述要简单、清晰。

(4) 测试用例的数据要明确,特别是输入数据和期望结果。

(5) 测试用例需要保障唯一性,即功能用例之间不存在重叠,流程用例不存在包含关系。

(6) 描述清晰,包括特定的场合、对象和术语,没有含糊的概念和一般性的描述。

(7) 测试用例中需要有充分的异常测试数据,并考虑大数据量测试时的数据准备。

(8) 测试用例应确保覆盖详细设计中的所有功能。

(9) 对于无输入的操作,应该详细描述其具体的操作步骤和结果。

(10) 测试用例需要保障数据的正确性和操作的正确性。

6. 测试用例

测试用例模板如附表 A-2 所示。

2.4 测试执行

当测试用例设计和测试脚本开发完成,开发组提交测试版本后,部署好测试环境,就可以开始执行测试。执行测试可以手工进行,也可以使用自动化测试工具执行。

手工测试是在合适的测试环境中,按照测试用例的条件、执行步骤和测试数据,对系统进行操作,比较实际结果和测试用例所描述的期望结果,以确定系统是否正常运行或正常表现。

自动化测试是通过测试工具,运行测试脚本,获得测试结果。

在测试执行过程中,对测试的管理一般会碰到下列问题:

(1) 如何确保测试环境满足测试用例所描述的要求?
(2) 如何保证每个测试人员清楚自己的测试任务?
(3) 如何保证每个测试用例得到百分百的执行?
(4) 如何保证所报告的 Bug 正确、清晰、没有遗漏?
(5) 如何跟踪 Bug 处理进度,严重的 Bug 是否及时得到解决?

2.5 测试报告

测试报告是组成测试后期工作文档的最重要的技术文档。测试报告必须包含以下重要内容。

(1) 测试概述。简述测试的一些声明、测试范围、测试目的、测试方法、测试资源等。
(2) 测试内容和执行情况。描述测试内容和测试执行情况。
(3) 测试结果摘要。分别描述各个测试需求的测试结果,产品实现了哪些功能点,哪些还没有实现。
(4) 缺陷统计与分析。按照缺陷的属性分类进行统计和分析。
(5) 测试覆盖率。覆盖率是度量测试完整性的一个手段,是测试有效性的一个度量。测试报告中需要分析代码覆盖情况和功能覆盖情况。
(6) 测试评估。从总体对项目质量进行评估。
(7) 测试建议。从测试组的角度为项目组提出工作建议。

测试报告模板如附表 A-3 所示。

2.6 软件测试管理工具

测试管理工具是指在软件开发过程中对测试需求、测试计划、测试用例和实施过程进行管理,并对软件缺陷进行跟踪处理的工具。通过使用测试管理工具,测试人员和开发人员可以更方便地记录和监控测试活动、阶段结果,找出软件的缺陷和错误,记录测试活动中发现的缺陷和改进建议。通过使用测试管理工具,测试用例可以被多个测试活动或阶段复用,可以输出测试分析报告和统计报表。有些测试管理工具可以支持协同操作,共享中央数据库,支持并行测试和记录,从而大大提高测试效率。

目前市场上主流的软件测试管理工具有 Quality Center(HP)、TestManager(IBM)、SilkCentral Test Manager(Borland)、QADirector(Compuware)、TestCenter(泽众软件)、TestLink(开源组织)和 QATraq(开源组织)。

1. Quality Center

HP 公司的 Quality Center 是一个基于 Web 的测试管理工具,可以组织和管理应用程序测试流程的所有阶段,包括指定测试需求、计划测试、执行测试和跟踪缺陷。通过 Quality Center 还可以创建报告和图来监控测试流程。

Quality Center 是一个强大的测试管理工具,合理地使用 Quality Center 可以提高测试的工作效率,节省时间,起到事半功倍的效果。利用 HP-Mercury Quality Center,可以实现下列功能。

(1) 制定可靠的部署决策。
(2) 管理整个质量流程并使其标准化。
(3) 降低应用程序部署风险。
(4) 提高应用程序质量和可用性。
(5) 通过手动和自动化功能测试管理应用程序变更影响。
(6) 确保战略采购方案中的质量。
(7) 存储重要应用程序质量项目数据。
(8) 针对功能和性能测试面向服务的基础架构服务。
(9) 确保支持所有环境,包括 J2EE、.NET、Oracle 和 SAP。

Quality Center 的前身是美科利(Mercury Iterative)公司的 TestDirector(TD),后被 HP 公司收购,正式起名为 HP Quality Center。

网站地址为 http://www8.hp.com/us/en/software/enterprise-software.html。

2. TestManager

IBM 公司的 TestManager 是一个开放的、可扩展的框架,它将所有的测试工具、工件和数据组合在一起,帮助团队制定并优化其质量目标。其工作流程主要支持测试计划、测试设计、测试实现、测试执行和测试评估等几个测试活动。

TestManager 可以创建和运行测试计划、测试设计和测试脚本,可以插入测试用例目录和测试用例,进行测试用例设计,对迭代阶段、环境配置和测试输入进行有效的关联。TestManager 可以创建和打开测试报告,其中有测试用例执行报告、性能测试报告,以及很多其他类的报告。除此以外,TestManager 还有很多辅助的设置,其中包括:创建和编辑构造版本、迭代阶段、计算机列表、配置属性、数据池、数据类型、测试输入类型、测试脚本类型等,还可以定制系统需要的属性。

TestManager 是针对测试活动管理、执行和报告的中央控制台,在整个项目生命周期中提供流程自动化、测试管理以及缺陷和变更跟踪功能。TestManager 具有下列功能和特性。

(1) 支持所有的测试类型。
(2) 定制的测试管理。
(3) 支持本地和远程测试执行。

(4) 建立和管理可跟踪性。

(5) 详细的测试评估。

(6) 生成有意义的报告。

网站地址为 http://www.ibm.com/software/rational。

3. TestLink

TestLink 是基于 Web 的测试管理和执行系统,是 sourceforge 的开放源代码项目之一。通过使用 TestLink 提供的功能,可以将测试过程从测试需求和测试设计到测试执行完整地管理起来。同时,它还提供了多种测试结果的统计和分析,使我们能够简单地开始测试工作和分析测试结果。TestLink 可以和 Bugzilla、Mantis、JIRA 等缺陷管理工具进行集成。

TestLink 的主要功能包括:测试需求管理、测试用例管理、测试用例对测试需求的覆盖管理、测试计划的制定、测试用例的执行、大量测试数据的度量和统计功能。

TestLink 的详细使用过程将在后面章节介绍。

网站地址为 http://www.testlink.org/。

4. SilkCentral Test Manager

SilkCentral Test Manager 是一种全面的测试管理系统,能够提高测试流程的质量和生产力,加速企业应用成功上市的速度。用户可以使用这一工具对整个测试周期进行计划、记录和管理,包括获取和组织主要业务需求、跟踪执行情况、设计最佳测试计划、调度自主测试、监视手工和自动测试的进度、查找功能缺陷以及对应用进行上市前评估。

软件开发中约 80% 的成本用于解决应用缺陷。SilkCentral Test Manager 帮助用户解决降低成本、加速缺陷等问题。它能促成灵活多变的工作流,能够很好地与业务流程配合,将问题自动引导向下一阶段,从而优化了缺陷跟踪流程。基于 Web 的用户接口便于对中央储存器上的缺陷信息进行 24×7×365 的访问,极大地方便了分散在不同地点的工作团队的使用,促进不同部门之间的协作。同时,富有见地的报告帮助用户确定项目的进展情况。

网站地址为 http://www.borland.com/Products/Software-Testing/Test-Management/SilkCentral。

5. QADirector

Compuware 公司的 QADirector 用于分布式应用的高级测试管理。QADirector 分布式的测试能力和多平台支持,能够使开发和测试团队跨越多个环境控制测试活动。QADirector 允许开发人员、测试人员和 QA 管理人员共享测试资产、测试过程和测试结果,以及当前的和历史的信息,从而为客户提供了最完全彻底的、一致的测试。

QADirector 协调整个测试过程,并提供以下功能:

(1) 计划和组织测试需求;

(2) 用多种多样的开发工具和自动测试工具执行测试;

(3) 在测试过程中允许使用手动测试;

(4) 观察和分析测试结果;

(5) 方便地将信息加载到缺陷跟踪系统;

(6) 针对需求验证应用测试；
(7) 将分析过程与测试过程结合；
(8) 确保测试计划符合最终用户需求。

网站地址为 www.Compuware.com。

2.7 TestLink

2.7.1 XAMPP 的安装

XAMPP 是一个功能强大的集成软件包，包含 Apache、MySQL、PHP 和 Perl。

Apache 是世界使用排名第一的 Web 服务器软件，由于其跨平台和安全性被广泛使用，是最流行的 Web 服务器端软件之一。

MySQL 是小型的关系型数据库管理系统，体积小、速度快、免费，适合中小型网站开发。

PHP 即超文本预处理器，是一种通用开源脚本语言，适用于 Web 开发领域。

1．下载 XAMPP

在网上下载 XAMPP 最新版本，下载地址：https://www.apachefriends.org/zh_cn/index.html。

2．安装和配置

1）运行安装包

运行 XAMPP 的安装包，选择需要安装的内容：Apache、MySQL、PHP、Perl、phpMyAdmin，如图 2-1 所示。按照每一步的提示进行操作，即可成功安装 XAMPP。

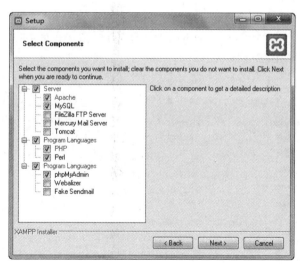

图 2-1　选择安装组件

2）运行 XAMPP

单击 XAMPP→XAMPP Control Panel 即可启动 XAMPP，如图 2-2 所示。

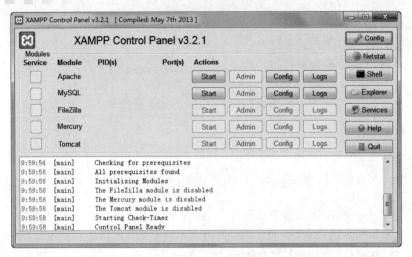

图 2-2　XAMPP 界面

【说明】 MySQL 的默认端口为 3306，Apache 的默认端口为 80。由于计算机自带的 IIS 服务的默认端口也是 80，所以 Apache 往往会启动失败。如果 80 端口被其他应用程序占用，则需要更改 Apache 的端口。单击图 2-2 中的 Config 按钮，选择第 1 项（Apache(httpd.conf)），将会打开一个文本文件。在此文件中搜索 Listen 80，找到下列文字。

```
#
#Listen 12.34.56.78:80
Listen 80
```

对端口号进行更改，将其中的 80 改为 8080，或者改为其他未使用的端口号。修改后，保存文本。再次回到 XAMPP 控制面板，启动 Apache。请记住这个端口号，以后登录 XAMPP 和 TestLink 时会用到。

分别单击 Apache 和 MySQL 后面的 Start 按钮，启动 Apache 和 MySQL。Apache 和 MySQL 启动后，界面如图 2-3 所示。

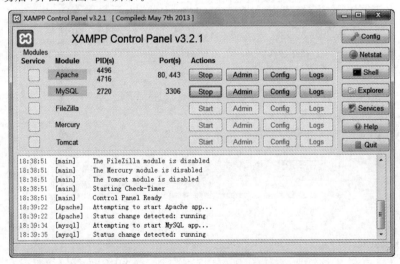

图 2-3　启动 Apache 和 MySQL

单击 Admin 按钮,可以登录 XAMPP for Windows 界面,如图 2-4 所示。登录后可以很直观地进行相关操作。安装 TestLink 之前,需要在 MySQL 中新建数据库。

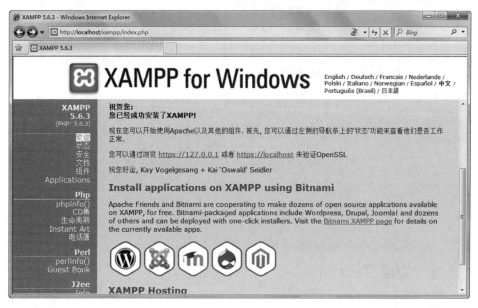

图 2-4　XAMPP for Windows

3) 新建数据库

在图 2-4 所示的页面中,单击左侧导航栏中的 phpmyadmin,进入数据库图形化操作界面,如图 2-5 所示。

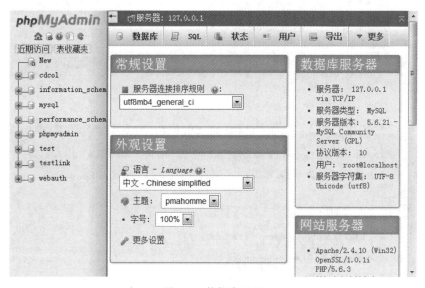

图 2-5　数据库界面

单击"数据库"标签,在"新建数据库"文本框中,输入要创建的数据库的名称(如 testlink),单击"创建"按钮,将创建一个新的数据库。数据库新建完成后,在左侧列表中会显示出数据库名(如 testlink),如图 2-6 所示。

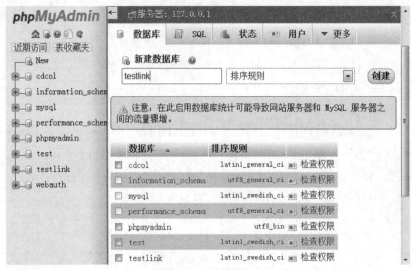

图 2-6　新建数据库

2.7.2　安装 TestLink

在 XAMPP 的安装目录中的 htdocs 文件夹(C:\xampp\htdocs)中新建一个文件夹,文件名为 testlink(路径为 C:\xampp\htdocs\testlink),将 Testlink 的安装文件复制到此文件夹中。

打开 IE 浏览器,在地址栏中输入"http://127.0.0.1/testlink/install/index.php"或者"http://localhost/testlink/index.php",此时将进入 TestLink 的安装页面,如图 2-7 所示。

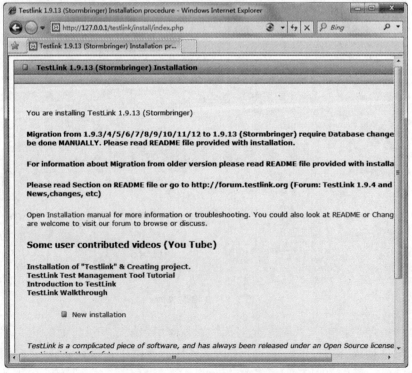

图 2-7　TestLink 安装界面(1)

【注意】 如果 Apache 的端口不是 80 端口,则需要在地址中加上端口号,例如"http://localhost:8080/testlink/index.php"。

在页面中,选择 I agree to the terms set out in this license,然后单击 Continue 按钮,TestLink 将检查安装环境。其中标注为 OK 的组件表示通过,标注为 Failed! 表示失败,如图 2-8 所示。

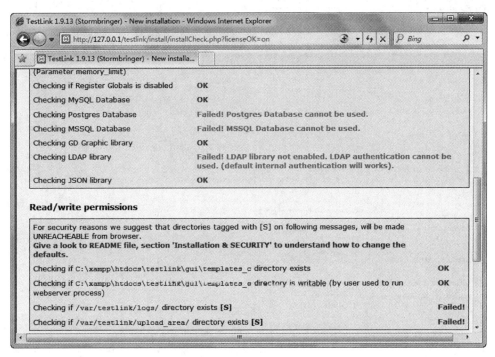

图 2-8　TestLink 安装界面(2)

安装页面中标注为 Failed! 的需要进行额外的配置。打开 C:\xampp\htdocs\testlink 路径下的 config.inc.php 文件。用 Notepad++ 软件打开文件后,按以下方法操作。

(1) $tlCfg->log_path='/var/testlink/logs/';/* unix example。

注释掉这行语句(即在该句最前面加上//)。

另起一行,添加下列内容:

$tlCfg->log_path = 'C:\xampp\htdocs\testlink/logs/';

(2) $g_repositoryPath='/var/testlink/upload_area/';/* unix example。

注释掉这行语句(即在该语句最前面加上//)。

另起一行,添加下列内容:

$g_repositoryPath = 'C:\xampp\htdocs\testlink/upload_area/';

【说明】 在本例中,C:\xampp\htdocs\testlink 就是 testlink 的安装目录。

修改好之后,保存文件,然后刷新 TestLink 的安装页面,此时所有的标注变为 OK。单击 Continue 按钮,进入数据库配置页面,如图 2-9 所示。

安装过程中参数填写说明如下。

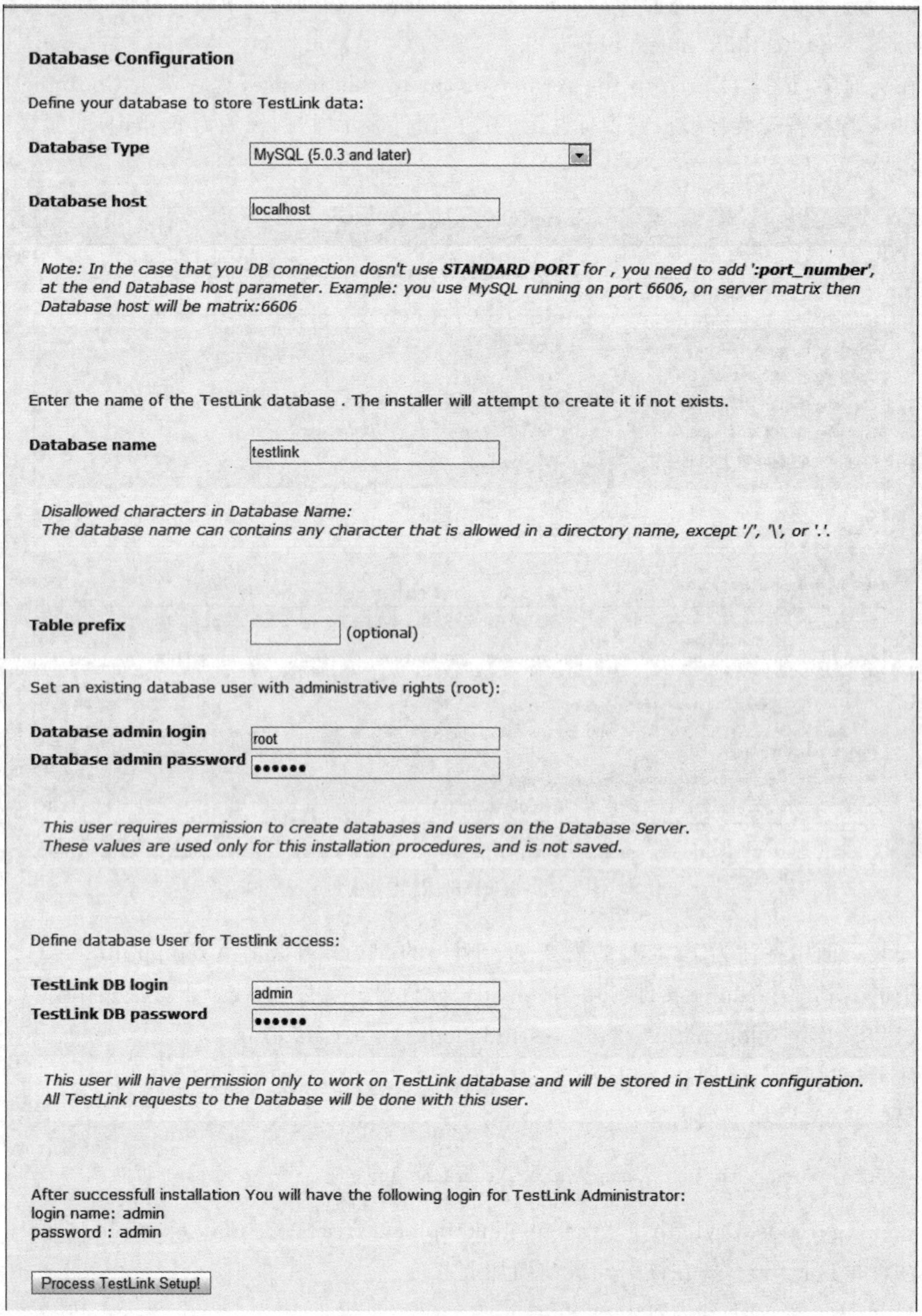

图 2-9 TestLink 安装界面(3)

Database Type：按默认的(不要修改)。
Database host：localhost。
Database name：为 TestLink 创建的数据库的名称(在 XAMPP 中创建的数据库)。
Table prefix：不填。

Database admin login：root(不要修改)。
Database admin password：数据库管理员的密码。
TestLink DB login：admin。
TestLink DB password：TestLink 数据库管理员的密码。

【注意】 TestLink Administrator(即 TestLink 的系统管理员)的用户名为 admin，密码为 admin。

单击 Process TestLink Setup 按钮，完成 TestLink 的安装。

首次登录 TestLink 时页面会有一个提示："There are warning for your consideratio."。可以在 TestLink 的目录中找到 config.inc.php 文件，将其中的语句：

```
$tlCfg->config_check_warning_mode = 'FILE';
```

改为：

```
$tlCfg->config_check_warning_mode = 'SILENT';
```

修改完成后保存文件，然后刷新一下登录页面，TestLink 即可恢复正常模式，如图 2-10 所示。

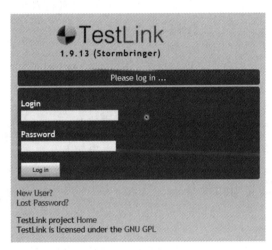

图 2-10　TestLink 登录界面

2.7.3　TestLink 简介

1. TestLink

TestLink 是 sourceforge 开放源代码项目之一，是基于 PHP 开发的、Web 方式的测试管理系统，用于进行测试过程中的管理。通过使用 TestLink 提供的功能，可以将测试过程从测试需求和测试设计到测试执行完整地管理起来。同时，它还提供了多种测试结果的统计和分析，使我们能够简单地开始测试工作和分析测试结果。而且，TestLink 可以关联多种 Bug 跟踪系统，如 Bugzilla、Mantis 和 JIRA 等。

用户可以在 sourceforge 的官方网站上下载 TestLink 软件，其下载地址为 https://sourceforge.net/projects/testlink/。

TestLink 的功能可以分为管理和计划执行两部分。管理部分包括产品管理、用户管理、测试需求管理和测试用例管理。计划执行部分包括制定测试计划、执行测试计划,最后显示相关的测试结果分析和测试报告。

TestLink 具有下列特点。

(1) 支持多产品或多项目经理,按产品、项目来管理测试需求、计划、用例和执行等,并且使项目之间保持独立性。

(2) 测试用例不仅可以创建模块或测试套件,而且可以进行多层次分类,形成树状管理结构。

(3) 可以自定义字段和关键字,极大地提高了系统的适应性,可满足不同用户的需求。

(4) 同一项目可以制定不同的测试计划,可以将相同的测试用例分配给不同的测试计划,支持各种关键字条件过滤测试用例。

(5) 可以很容易地实现和多达 8 种流行的缺陷管理系统(如 Mantis、Bugzilla、JIRA、Readme 等)的集成。

(6) 可设定测试经理、测试组长、测试设计师、资深测试人员和一般测试人员等不同角色,而且可自定义具有特定权限的角色。

(7) 测试结果可以导出多种格式,如 HTML、MS Excel、MS Word 和 Email 等。

(8) 可以基于关键字搜索测试用例,测试用例也可以通过拷贝生成等。

2. TestLink 测试管理流程

TestLink 测试管理流程如图 2-11 所示。

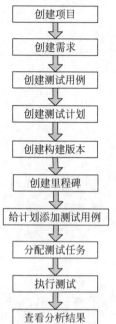

图 2-11 TestLink 测试管理流程

2.7.4 TestLink 的使用

1. 设置用户

TestLink 系统提供了 6 种角色,分别是 guest、tester、test designer、senior tester、leader、admin。各角色对应的功能权限如下。

guest:可以浏览测试规范、关键词、测试结果以及编辑个人信息。

tester:可以浏览测试规范、关键词、测试结果以及编辑测试执行结果。

test designer:编辑测试规范、关键词和需求规约。

senior tester:允许编辑测试规范、关键词、需求以及测试执行和创建发布。

leader:允许编辑测试规范、关键词、需求、测试执行、测试计划(包括优先级、里程碑和分配计划)以及发布。

admin:一切权力,包括用户管理。

1) 添加用户

以管理员的账号登录 TestLink,管理界面如图 2-12 所示。

在管理员的工作页面中,单击工具栏上的"用户管理"按钮,将打开"用户管理"页面。在

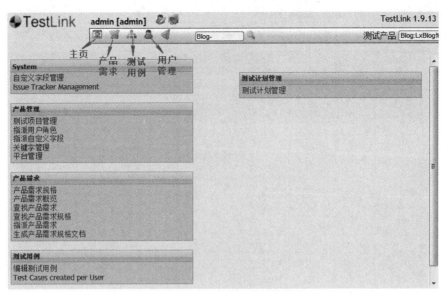

图 2-12 TestLink 主界面

"用户管理"页面中,单击"创建"按钮,将打开"新增用户"页面,如图 2-13 所示。在"用户详细信息"栏中填写用户信息。

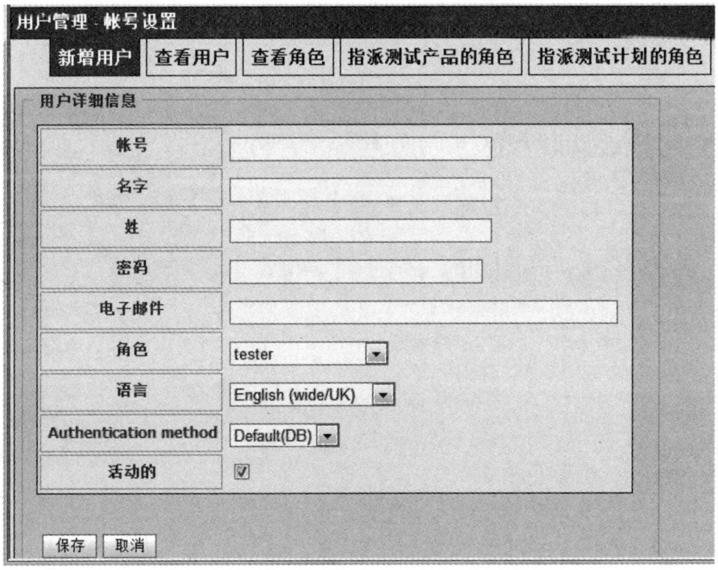

图 2-13 用户管理

创建用户时,应选择"活动的"复选框,否则用户无效。账号建议选择内网邮箱账号,电子邮件选择内网邮箱地址。

2)角色设置

单击"查看角色"标签,将打开"角色管理"页面,可以看到系统中已经存在的角色,如图 2-14 所示。

单击"创建"按钮,将打开"定义角色"页面,在这里可以添加新的角色。如果不增加新的

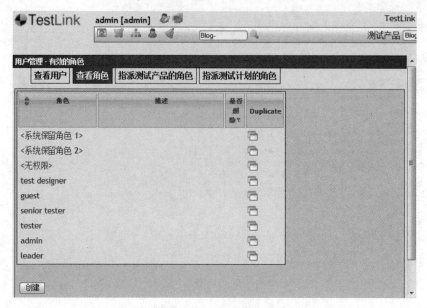

图 2-14 查看角色

角色,可以修改已有角色的权限。单击角色框中的任何一个角色,将看到此角色所具有的权限,可以对权限进行编辑(增加或删除一些权限),如图 2-15 所示。

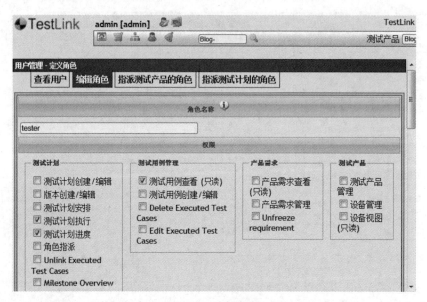

图 2-15 编辑角色

3) 指派测试产品的角色

单击"指派测试产品的角色"标签,将打开"指派角色"页面,在这里可以设置用户在产品中的角色,如图 2-16 所示。如果已经建立测试计划,可以指派测试计划的角色。

4) 设置个人信息

管理员创建用户后,用户本人可以登录 TestLink 系统,在个人账号中编辑个人信息,如图 2-17 所示。

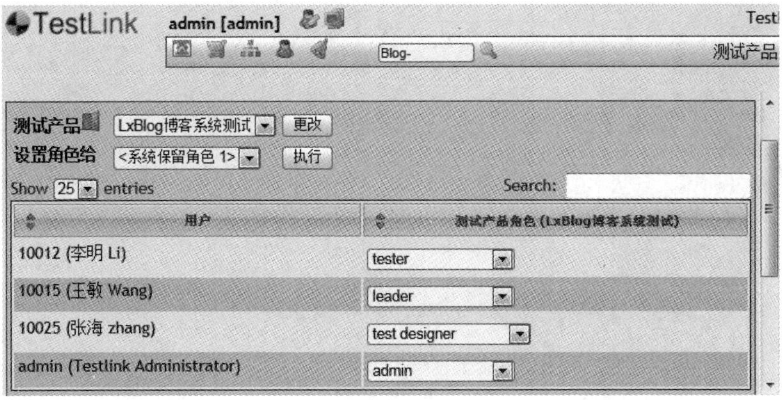

图 2-16　指派角色

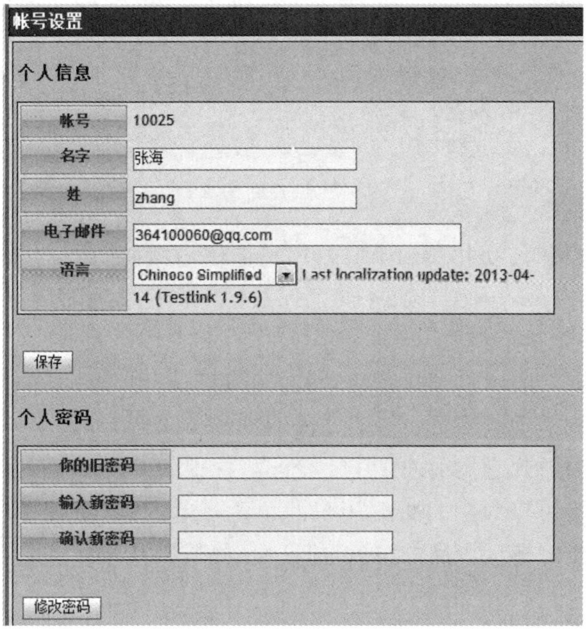

图 2-17　设置个人信息

2．创建项目

TestLink 可以对多项目进行管理,而且各个测试项目之间是独立的,不能分享数据。TestLink 支持对每个产品设置不同的背景色,以便于项目的管理。

只有 admin 级别的用户可以设置项目。admin 进行项目设置后,测试人员就可以进行测试需求、测试用例、测试计划等相关管理工作了。

单击主页中"产品管理"菜单栏中的"测试项目管理"菜单项,将进入"测试项目管理"页面,在页面中单击"创建"按钮,将打开"创建新的测试项目"页面,如图 2-18 所示。

如果选中"启用产品需求功能"复选框,该测试项目的主页将会显示产品需求区域。默认情况下是未选中。

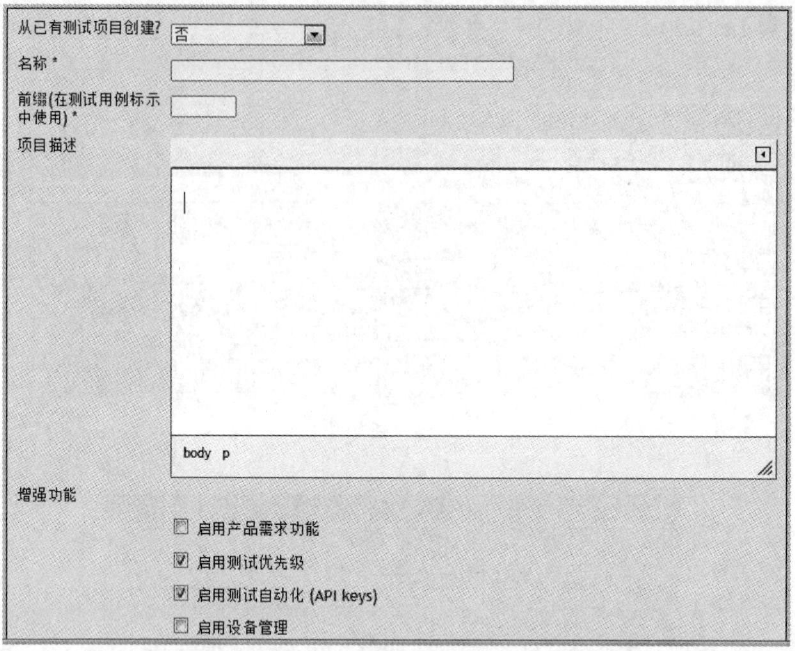

图 2-18　创建新的项目

如果选中"启用测试自动化（API keys）"复选框，在创建测试用例时，会出现"测试方式"下拉选择框，包括"手工"和"自动的"两个选项；如果不选，则不会出现该下拉选择框，所有的测试用例都是手工执行类型。

如果选中"活动的"，表示该项目是活动的。非管理员用户只能在首页右上角的"测试项目"下拉选择框中看到活动的项目。对于非活动的测试项目，管理员会在首页右上角的"测试项目"下拉选择框中看到它们前面多了一个 * 号标识。

项目设定好之后，可以为项目指派用户的角色。单击"产品管理"栏中的"指派用户角色"菜单项，将打开"指派测试产品的角色"的页面（如图 2-16 所示）。

3．测试需求管理

测试需求是开展测试的依据。首先，对产品的测试需求进行分解和整理。一个产品项目可以包含多个测试需求规格，一个测试需求规格可以包含多个测试需求。测试需求规格的描述比较简单，其内容包含名称、范围。测试需求包含需求 ID、名称、范围、需求的状态，以及覆盖需求的案例。

1）创建需求规格

新建测试需求规格的步骤是：登录 TestLink，单击主页中"产品需求"菜单栏中的"产品需求规格"菜单项，将打开"产品需求规格"页面，单击"新建产品需求规格"按钮，将打开"创建产品需求规格"窗口，如图 2-19 所示。

文档 ID：文档的编号。

标题：需求规约的标题。

范围：需求包括的范围。

图 2-19　创建产品需求规格

类型：选择用户需求规格、系统需求规格或者条款。

根据测试项目依次填写上述内容，然后单击"保存"按钮，即可创建测试需求规格。

2）创建测试需求

单击主页中"产品需求"菜单栏中的"产品需求规格"菜单项，将打开"产品需求规格"页面，在左侧的"导航-产品需求规格"窗格中，选择某项产品需求规格，在右侧的窗格中将显示产品需求规格信息。单击"动作"按钮（齿轮状的图标），将打开操作界面，如图 2-20 所示。

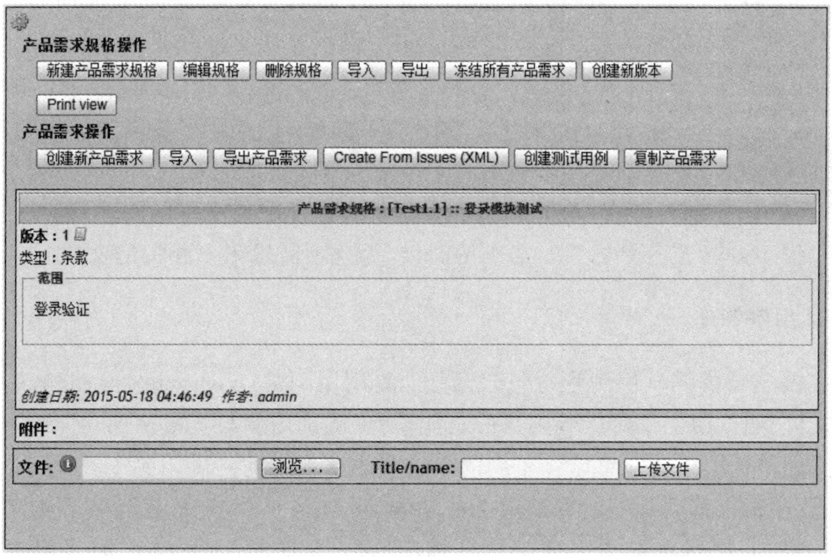

图 2-20　产品需求规格信息

单击"创建新产品需求"按钮,将打开"创建产品需求"页面,如图 2-21 所示。

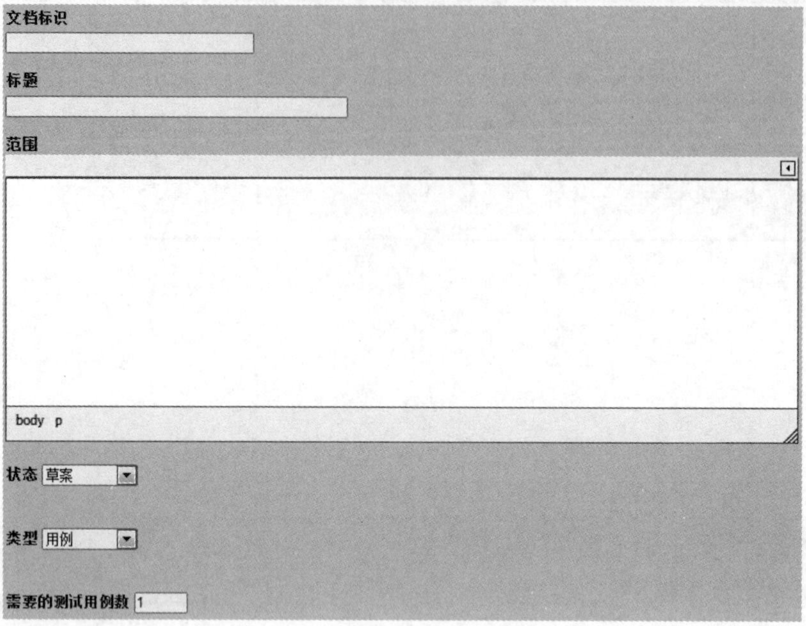

图 2-21　创建产品需求规格

其中,测试需求内容包含文档标识、标题、范围、状态、类型和需要的测试用例数。

状态的选择项有草案、审核、修正、完成、实施、有效的、不可测试的、过期的。

类型的选择项有信息的、功能、用例、界面、不可使用的、约束、系统功能。

需要的测试用例数是指这项需求包含的测试总数。在结果统计的时候会有一种根据需求覆盖率进行统计的方式。

图 2-22　测试需求结构

依次添加各测试需求。完成后的测试需求结构如图 2-22 所示。

TestLink 提供了从文件导入测试需求的功能,支持的文件类型有 CSV、CSV(Doors)、XML 和 DocBook 4 种。同时 TestLink 也提供了将需求导出的功能,支持的文件类型是 XML。

TestLink 还提供上传文件的功能,可以在创建测试需求的时候,为这项需求附上相关的文档。

4. 测试用例管理

TestLink 支持的测试用例管理包含两层:测试用例集(Test Suites)和测试用例(Test Case)。可以把测试用例集对应到项目的功能模块,测试用例与各模块的功能相对应。

使用测试用例搜索功能可以从不同的项目和成百上千的测试用例中查到我们需要的测试用例,并且还提供移动和复制测试用例的功能,可以将一个测试用例移动或复制到别的项目中。如果勾选"每次操作完成都更新树"选项,添加、删除或编辑测试用例后将自动更新。

1）创建用例集

单击主页中"测试用例"菜单栏中的"编辑测试用例"菜单项,将打开"测试用例管理"页面,如图 2-23 所示。

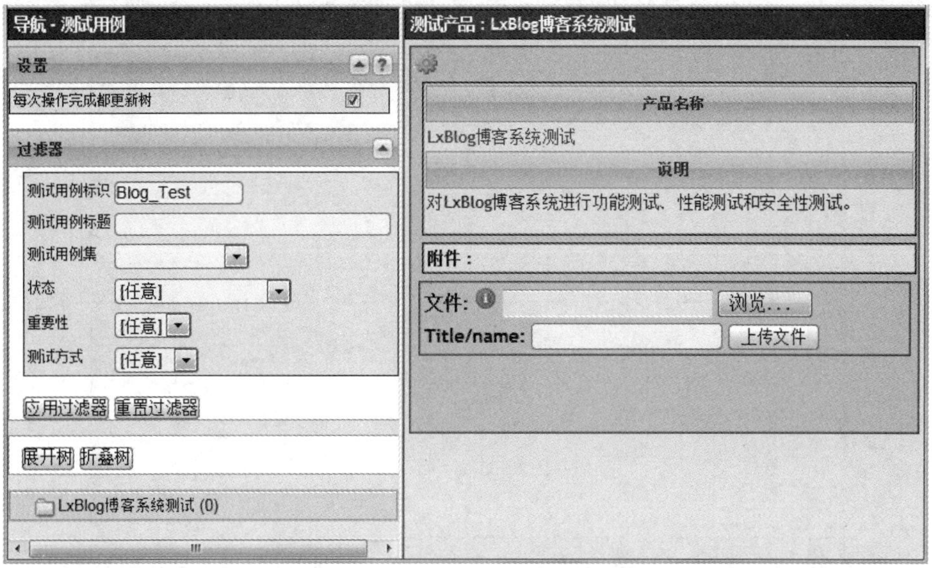

图 2-23　测试用例管理

单击左侧窗格中的"LxBlog 博客系统测试",在右侧窗格中单击"动作按钮",将打开"测试用例集操作"页面,单击"新建测试用例集"按钮,将打开"创建测试用例集"页面,如图 2-24 所示。

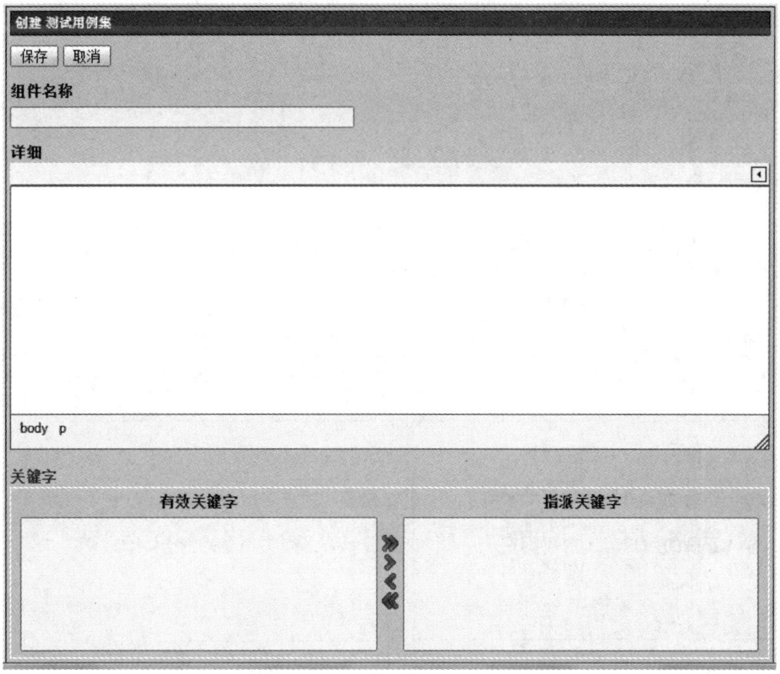

图 2-24　创建测试用例集

在页面中填写相应内容,然后单击"保存"按钮,将保存该测试用例集。

2) 添加测试用例

选择创建好的测试用例集,在右侧窗格中将显示该测试用例集的基本信息。单击"操作"按钮,然后再单击"创建测试用例"按钮,将打开"创建测试用例"页面,如图 2-25 所示。

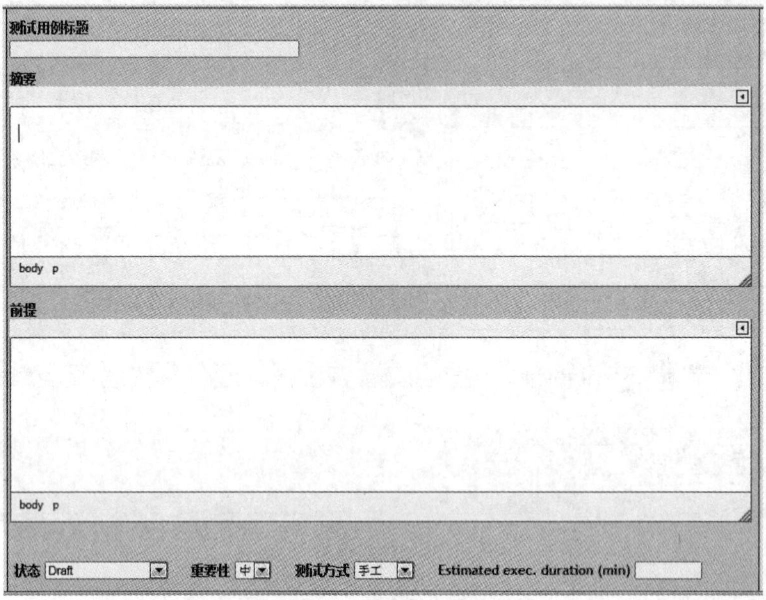

图 2-25 创建测试用例

填写好相关内容后,单击"创建"按钮,将创建该测试用例。选择创建好的测试用例,单击"创建步骤",将打开"创建步骤"页面,如图 2-26 所示。

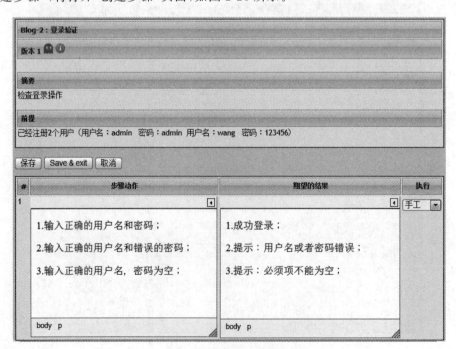

图 2-26 创建测试步骤

在"步骤动作"和"期望的结果"栏中填写相关内容,并选择执行的方式(手工或者自动的),然后单击"保存"按钮,保存测试步骤。

创建好测试用例后,在测试用例导航的窗格中,将以树的形式显示测试用例集和测试用例的结构,如图2-27所示。

3)需求关联

在测试管理中,测试用例对测试需求的覆盖率是我们非常关心的,从需求规格说明书中提取出测试需求之后,TestLink提供管理测试需求与测试用例的对应关系的功能。

分配需求给测试用例的目的是用户可以设置测试套件和需求规约之间的关系。设计者可以把测试套件和需求规约一一关联。一个测试用例可以被关联到零个、一个、多个测试套件,反之亦然。这些可追踪的模型可以帮助我们研究测试用例对需求的覆盖情况,并且找出测试用例是否通过的情况。这些分析用来验证测试的覆盖程度是否达到预期的结果。

图 2-27　测试用例结构

用户可以通过主页中的"指派产品需求"功能来把需求指派给测试用例。单击主页中"产品需求"菜单栏中的"指派产品需求"菜单项,进入"指派需求"页面。单击要指派的测试用例,进行测试需求的指派,如图2-28所示。

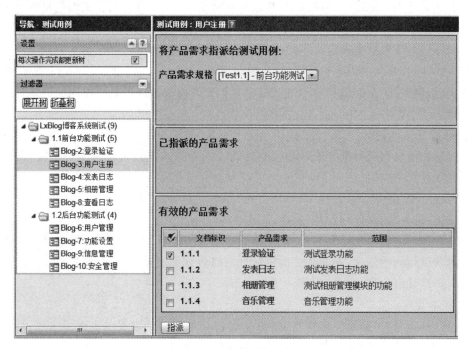

图 2-28　指派测试用例

在右侧窗格中,选择产品需求规格,在"有效的产品需求"栏中选择需要指派的产品需求,然后单击"指派"按钮,即可把需求指派给测试用例。

完成指派工作后,可以查看已经指派的测试用例。单击"产品需求"菜单栏中的"产品需求规格"菜单项,将打开"产品需求规格"页面,双击某个产品需求,将显示产品需求的详细信息,如图 2-29 所示。在"覆盖率"信息栏中,可以看到该产品需求对应的测试用例。

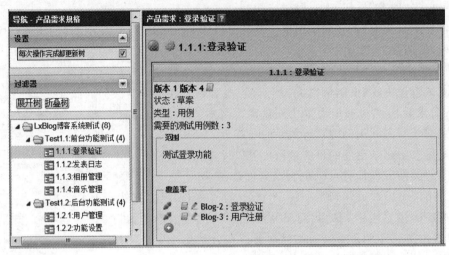

图 2-29　产品需求

5. 创建测试计划

测试计划是执行测试用例的基础,测试计划由测试用例组成,而测试用例是在特定的时间段输入产品中的。

测试计划应该包括明确定义了时间范围和内容的任务。可以从已建立的测试来创建一个新的测试计划,复制的内容包括:版本、测试用例、优先级、里程碑和用户权限。测试计划可以被禁用,例如,正在编辑和修改测试结果时不允许修改测试计划。禁用的测试计划仅可以通过"报告"来查看。

1) 创建测试计划

根据系统需求和项目进度安排相应的测试计划。测试计划只能由主管创建,但也可以从其他测试计划中产生。

单击主页中"测试计划管理"菜单栏中的"测试计划管理"菜单项,在出现的页面中单击"创建"按钮,进入"测试计划创建"页面,如图 2-30 所示。

测试计划的内容包括计划名称、计划描述,以及是否从已有的测试计划创建。如果选择从已有的测试计划中创建,则新创建的测试计划将包含所选择的已有测试计划的相关信息,例如已有测试计划分配的测试用例。

2) 版本管理

测试计划做好后,需要制定版本,例如 Ver1.1。如果测试过程中发现了缺陷,修改之后就产生了 Ver1.2。这时就需要追加版本,相应地,接下来未完成的测试和降级测试都应该在新的版本上完成。所有测试都应该在新的版本上完成。所有测试完成后,可以统计在各个版本上测试了哪些用例,每个版本上是否都进行了降级测试等。

单击主页中"测试计划管理"菜单栏中的"版本管理"菜单项,在出现的页面中单击"创建"按钮,进入创建一个新版本的页面。版本信息包括版本标识、版本的说明、发布日期,以及"活动"选项和"打开"选项。如果选择"活动"选项,表示当前版本可以被使用,否则该版本

图 2-30　创建测试计划

不可用。停止的版本不会出现在用例执行和报告中。如果选择"打开"选项,表示当前版本是打开的。一个打开版本的测试结果可以被修改,关闭的版本则无法修改测试结果。

在 TestLink 中,"执行"由版本和测试用例组成。如果在一个项目中没有创建版本,执行页面将不允许执行,度量页面则完全是空白的,版本通常不能被编辑或删除。

3）创建测试里程碑

单击主页中"测试计划管理"菜单栏中的"编辑/删除里程碑"菜单项,在出现的页面中,单击"创建"按钮,进入"创建里程碑"页面,如图 2-31 所示。

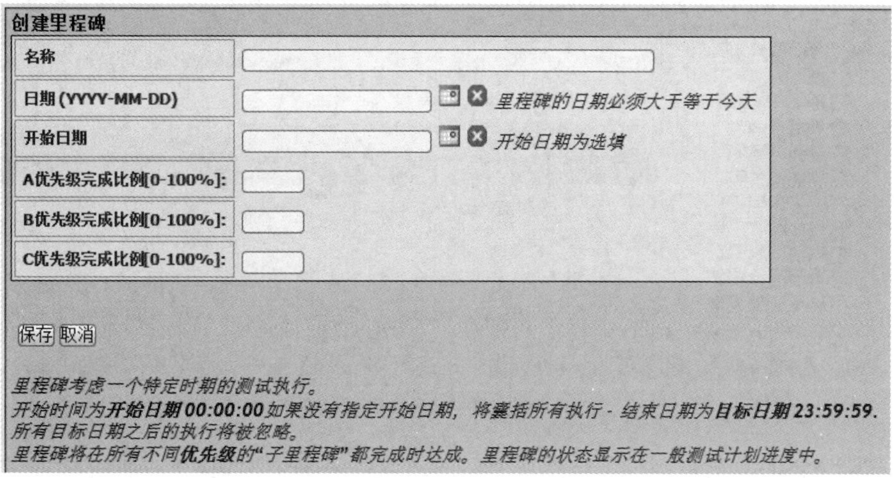

图 2-31　创建测试里程碑

里程碑的内容包括名称、日期、开始日期和优先级。

4）添加测试用例到测试计划

单击主页中"测试用例集"菜单栏中的"添加/删除测试用例到测试计划"菜单项，选择左侧窗格中的测试用例集，在右侧窗格中即可添加或删除测试用例到测试计划，如图 2-32 所示。

图 2-32　添加测试用例到测试计划

在"添加时分配给用户"下拉列表中选择用户，在"添加版本时分配"下拉列表中选择版本信息，在测试用例集中选择要添加的测试用例，然后单击"增加选择的测试用例"按钮，即可将测试用例添加到测试计划中。

5）给测试人员分派测试任务

单击主页中"测试用例集"菜单栏中的"指派执行测试用例"菜单项，进入指派测试用例页面，为当前测试计划中所包含的每个测试用例指定执行人员，如图 2-33 所示。

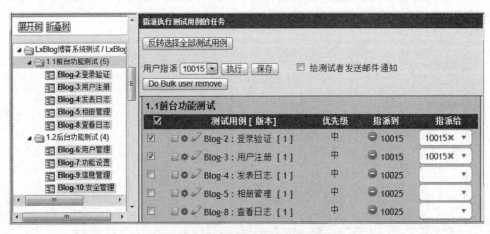

图 2-33　指派执行测试用例的任务

在左侧窗格的测试用例树中选择某个测试用例集或测试用例，在右侧窗格中将会出现下拉列表以供选择用户。选择好合适的用户后，选中测试用例前面的复选框，单击"保存"按钮即可完成测试用例的指派工作。

在这里也可以进行批量指定。在右侧窗格的最上方，有一个下拉列表可以选择用户，下面的测试用例列表中选择要指派给该用户的用例,然后单击后面的"执行"按钮即可完成将多个用例指派给一个人的操作。

6．测试执行

单击主页中"测试执行"菜单栏中的"执行测试"菜单项,进入"执行测试"页面,如图 2-34 所示。在左侧窗格的测试用例树中选择要测试的测试用例,在右侧窗格中将显示用例的详细信息,包括用例的摘要、前提、编号(♯)、步骤动作、期望结果、执行方式、执行说明(Execution notes)和结果(Result)。

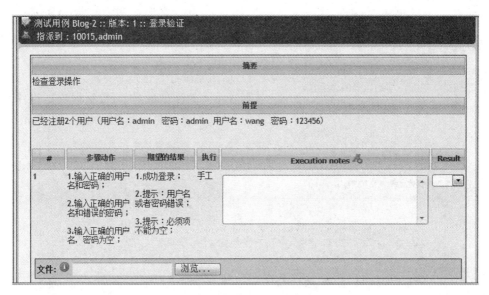

图 2-34　执行测试用例

执行测试用例,按照对每个 build 版本的执行情况,记录测试结果。测试结果有下列 4 种情况可以选择。

(1) 通过(Pass):该测试用例通过。

(2) 失败(Failed):该测试用例执行失败,此时需要向缺陷管理系统提交 Bug。

(3) 锁定(Blocked):由于其他用例失败,导致此用例无法执行,被阻塞。

(4) 尚未执行(Not Run):如果某个测试用例没有执行,则在最后的度量中标记为"尚未执行"。

该部分填写完成以后,在用例的开始部分会对这个结果有所记录。

7．测试报告

执行测试用例的过程中一旦发现 Bug,需要立即把其报告至缺陷管理系统(缺陷跟踪系统)中。

8．测试结果分析

TestLink 根据测试过程中记录的数据,提供了较为丰富的度量统计功能,可以直观地得到测试管理过程中需要进行分析和总结的数据。单击主页中"测试执行"菜单栏中的"测

图 2-35 测试结果

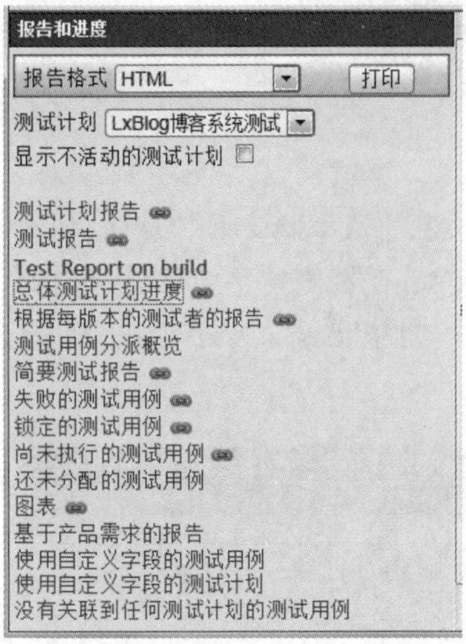

试报告和进度”菜单项，即可进入“测试结果报告”页面，如图 2-35 所示。左侧一栏列出了可以选择的度量方式，所有度量是以构建为前提进行查询的。度量的报表格式分为下列 3 种类型。

(1) HTML：选择该类型后，报表在页面右侧显示。

(2) MS Word：选择该类型后，报表以 Word 形式显示。

(3) HTML Email：选择该类型后，如果 TestLink 配置了邮件功能，则报表以 Email 的形式发送到邮箱。

1）总体测试计划进度

查看总体的测试情况，可以根据测试组件、测试用例拥有者、关键字进行查看，如图 2-36 所示。

测试产品：LxBlog博客系统测试
测试计划：LxBlog博客系统测试

- 每个版本的测试结果进度

版本标识	指派的	尚未执行	[%]	通过	[%]	失败	[%]	锁定	[%]	已完成[%]
V1.0	9	7	77.8	2	22.2	0	0.0	0	0.0	22.2

- 每个版本的测试结果进度 日期是根据版本分派了测试人员的测试用例计算得出。

上级测试用例集的测试结果

组件	总数	尚未执行	[%]	通过	[%]	失败	[%]	锁定	[%]	已完成[%]
1.1前台功能测试	5	3	60.0	2	40.0	0	0.0	0	0.0	40.0
1.2后台功能测试	4	4	100.0	0	0.0	0	0.0	0	0.0	0

此报告显示所有顶级测试用例集的结果。子测试用例集的结果也被考虑在内。

根据测试用例的优先级显示测试结果

优先级	总数	尚未执行	[%]	通过	[%]	失败	[%]	锁定	[%]	已完成[%]
中	9	7	77.8	2	22.2	0	0.0	0	0.0	22.2

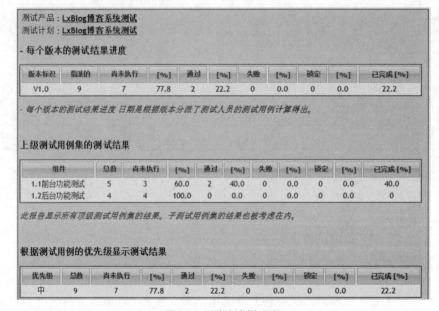

图 2-36 测试计划进度

2）根据每版本的测试者的报告

3）失败的测试用例

统计所有当前测试结果为失败的测试用例。

4）阻塞的测试用例

统计所有当前测试结果为阻塞的测试用例。

5）尚未执行的测试用例

统计所有尚未执行的测试用例。

6）图表

单击图表，可以看到以图表的形式生成的报告，非常直观。

7) 基于产品需求的报告

通过该报告,可以查看需求覆盖情况,如图 2-37 所示。报告中具体有以下几个度量。

(1) 需求概况:需求相关的信息。

(2) 通过的需求:测试通过的需求。

(3) 错误的需求:测试失败的需求。

(4) 锁定的需求:测试锁定的需求。

(5) 尚未执行的需求:未执行测试的需求。

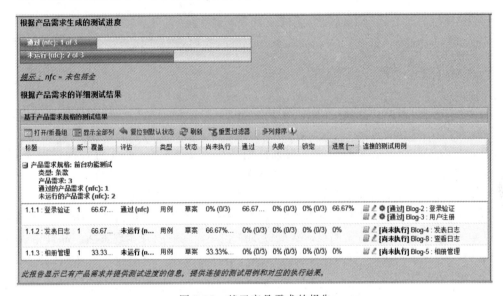

图 2-37 基于产品需求的报告

9. 与 Bug 跟踪系统集成

TestLink 提供了与多种缺陷管理系统关联的接口配置。目前支持的缺陷管理系统有 Bugzilla、Mantis、JIRA。配置管理的相关方法参照帮助文档。

如果 TestLink 与 JIRA 集成,在执行完测试后,测试结果中会多出一项 Bug 管理的项。它是一个小虫子的标记,单击小虫子标记后,会出现一个记录 Bug 编号的输入框。

思考题

1. 一个优秀的测试工程师应该具备哪些基本素质和专业素质?
2. 软件测试分为哪几个阶段?简述各个阶段应重点测试的内容。
3. 什么是测试用例?测试用例必须包含哪些内容?
4. 怎样的测试用例才算是一个好的测试用例?
5. 为什么需要设计测试用例?
6. 简述软件测试过程与软件开发过程的关系。
7. 在实际项目中,如何对软件测试过程进行有效管理?

第 3 章 软件缺陷管理

3.1 软件缺陷

软件缺陷（Software Defect），常常被叫作 Bug。软件缺陷是对软件产品预期属性的偏离现象。缺陷的存在会导致软件产品在某种程度上不能满足用户的需求。IEEE729-1983 对缺陷的定义是：从产品内部看，缺陷是软件产品在开发和维护过程中存在的错误、缺点等问题；从产品外部来看，缺陷是系统所需要实现的某种功能的失效或违背。

缺陷的表现形式不仅体现在功能的失效方面，还体现在其他方面。主要类型有：软件没有实现产品规格说明所要求的功能模块；软件中出现了产品规格说明指明不应该出现的错误；软件实现了产品规格说明没有提到的功能模块；软件没有实现虽然产品规格说明没有明确提及但应该实现的目标；软件难以理解，不容易使用，运行缓慢，或从测试员的角度看，最终用户会认为不好。

软件缺陷是影响软件质量的重要因素之一，发现并排除缺陷是软件生命周期中的一项重要工作。

3.2 软件缺陷的属性

软件缺陷的属性包括缺陷标识、缺陷类型、缺陷严重级别、缺陷优先级、缺陷起源和缺陷状态等。

1．缺陷标识

缺陷标识是标记某个缺陷的唯一标识，可通过该标识来跟踪缺陷。

2．缺陷类型

缺陷的类型包括功能、用户界面、性能、接口、兼容性、文档、软件包等。

3．缺陷严重级别

软件缺陷一旦被发现，就应该设法找出引起这个缺陷的原因，并分析对软件产品质量的影响程度，然后确定处理这个缺陷的优先顺序。一般来说，问题越严重，其处理的优先级越高，越需要得到及时的修复。

缺陷严重级别是指因缺陷引起的故障对被测试软件的影响程度。在软件测试中，缺陷的严重级别应该从软件最终用户的观点出发来判断，考虑缺陷对用户使用所造成的后果的严重性。由于软件产品应用的领域不同，因此软件企业对缺陷严重级别的定义也不尽相同。软件缺陷一般包括 5 个级别，如表 3-1 所示。

表 3-1　缺陷严重级别示例

缺陷级别	描　　述
严重缺陷（Critical）	不能执行正常工作功能或重要功能，使系统崩溃或资源严重不足。如： 1. 由程序所引起的死机，非法退出 2. 死循环 3. 数据库发生死锁 4. 错误操作导致的程序中断 5. 严重的计算错误 6. 与数据库连接错误 7. 数据通讯错误
较严重缺陷（Major）	严重地影响系统要求或基本功能的实现，且没有办法更正（重新安装或重新启动该软件不属于更正办法）。如： 1. 功能不符 2. 程序接口错误 3. 数据流错误 4. 轻微数据计算错误
一般缺陷（Average Severity）	影响系统要求或基本功能的实现，但存在合理的更正办法。如： 1. 界面错误（附详细说明） 2. 打印内容、格式错误 3. 简单的输入限制未放在前台进行控制 4. 删除操作未给出提示 5. 数据输入没有边界值限定或不合理
次要缺陷（Minor）	使操作者不方便或遇到麻烦，但它不影响执行工作或功能实现。如： 1. 辅助说明描述不清楚 2. 显示格式不规范 3. 系统处理未优化 4. 长时间操作未给用户进度提示 5. 提示窗口文字未采用行业术语
改进型缺陷（Enhancement）	1. 对系统使用的友好性有影响，例如名词拼写错误、界面布局或色彩问题、文档的可读性、一致性等 2. 改进建议

缺陷的严重级别可根据项目的实际情况制定，一般在系统需求评审通过后，由开发人员、测试人员等组成相关人员共同讨论，达成一致，为后续的系统测试的 Bug 级别判断提供依据。

4. 缺陷优先级

缺陷的优先级是指缺陷必须被修复的紧急程度。一般地，严重级别高的缺陷具有较高的优先级。严重性高说明缺陷对软件造成的质量危害大，需要优先处理，而严重性低的缺陷可能只是软件的一些局部的、轻微的问题，可以稍后处理。但是，严重级别和优先级并不总是一一对应的。有时候严重级别高的缺陷，优先级不一定高，而一些严重级别低的缺陷却需要及时处理，因此具有较高的优先级。

缺陷优先级如表3-2所示。

表3-2 缺陷优先级示例

缺陷优先级	描 述
Ⅰ级(Resolve Immediately)	缺陷必须被立即解决
Ⅱ级(Normal Queue)	缺陷需要正常排队等待修复或列入软件发布清单
Ⅲ级(Not Urgent)	缺陷可以在方便时被纠正

5. 缺陷起源

缺陷起源是指缺陷引起的故障或事件第一次被检测到的阶段。缺陷起源如表3-3所示。

表3-3 缺陷起源示例

缺陷起源	描 述	缺陷起源	描 述
需求(Requirement)	在需求阶段发现的缺陷	代码(Code)	在编码阶段发现的缺陷
架构(Architecture)	在架构阶段发现的缺陷	测试(Test)	在测试阶段发现的缺陷
设计(Design)	在设计阶段发现的缺陷		

6. 缺陷状态

缺陷状态是指缺陷通过一个跟踪修复过程的进展情况。缺陷管理过程中的主要状态如表3-4所示。

表3-4 缺陷状态示例

缺 陷 状 态	描 述
新缺陷(New)	已提交到系统中的缺陷
接受(Accepted)	经缺陷评审委员会的确认，认为缺陷确实存在
已分配(Assigned)	缺陷已分配给相关的开发人员进行修改
已打开(Open)	开发人员开始修改缺陷，缺陷处于打开状态
已拒绝(Rejected)	拒绝已经提交的缺陷，不需修复或不是缺陷或需重新提交
推迟(Postpone)	推迟修改
已修复(Fixed)	开发人员已修改缺陷
已解决(Resolved)	缺陷被修改，测试人员确认缺陷已修复
重新打开(Reopen)	回归测试不通过，再次打开状态
已关闭(Closed)	已经被修改并测试通过，将其关闭

除了以上主要状态外，在缺陷管理过程中，还存在其他一些状态。

Investigate(研究)：当缺陷分配给开发人员时，开发人员并不是都直接可以找到相关的解决方案的。开发人员需要对缺陷和引起缺陷的原因进行调查研究，这时候我们可以将缺陷状态改为研究状态。

Query & Reply(询问/回答)：负责缺陷修改的开发工程师认为相关的缺陷描述信息不够明确，或希望得到更多和缺陷相关的配置和环境条件，或引起缺陷时系统产生的调试命令和信息等。

Duplicate(重复)：缺陷评审委员会认为这个缺陷和某个已经提交的缺陷是同一个问题，因此设置为重复状态。

Reassigned(再分配)：缺陷需要重新分配。

Unplanned(无计划)：在用户需求中没有要求或计划。

Wontfix(不修复)：问题无法修复或者不用修复。

3.3 软件缺陷的类型

根据缺陷的自然属性来划分，缺陷可分为：功能问题、接口问题、逻辑问题、计算问题、数据问题、用户界面问题、兼容性问题等。缺陷类型的详细描述如表 3-5 所示。

表 3-5 软件缺陷的类型

编号	缺陷类型	描述	子类型	
			编号	名称
01	功能问题 F-Function	影响了重要的特性、用户界面、产品接口、硬件结构接口和全局数据结构，并且设计文档需要正式的变更。如指针、循环、递归、功能等缺陷	0101 0102 0103 0104 0105	功能错误 功能缺失 功能超越 设计二义性 算法错误
02	接口问题 I-Interface	与其他组件、模块或设备驱动程序、调用参数、控制模块或参数列表相互影响的缺陷	0201 0202 0203	模块间接口 模块内接口 公共数据使用
03	逻辑问题 L-Logic	需要进行逻辑分析，进行代码修改，如循环条件等	0301 0302 0303 0304 0305 0306 0307 0308 0309 0310	分支不正确 重复的逻辑 忽略极端条件 不必要的功能 误解 条件测试错误 循环不正确 错误的变量检查 计算顺序错误 逻辑顺序错误

续表

编号	缺陷类型	描 述	子类型	
			编号	名 称
04	计算问题 C-Computation	等式、符号、操作符或操作数错误，精度不够、不适当的数据验证等缺陷	0401	等式错误
			0402	缺少运算符
			0403	错误的操作数
			0404	括号用法不正确
			0405	精度不够
			0406	舍入错误
			0407	符号错误
05	数据问题 A-Assignment	需要修改少量代码，如初始化、控制块、声明、重命名、范围、限定等缺陷	0501	初始化错误
			0502	存取错误
			0503	引用的错误变量
			0504	数组引用越界
			0505	不一致的子程序参数
			0506	数据单位不正确
			0507	数据维数不正确
			0508	变量类型不正确
			0509	数据范围不正确
			0510	操作符数据错误
			0511	变量定位错误
			0512	数据覆盖
			0513	外部数据错误
			0514	输出数据错误
			0515	输入数据错误
			0516	数据检验错误
06	用户界面问题 U-User Interface	人机交互特性：屏幕格式、确认用户输入、功能有效性、页面排版等方面的缺陷	0601	界面风格不统一
			0602	屏幕上的信息不可用
			0603	屏幕上的错误信息
			0604	界面功能布局和操作不合常规
07	文档问题 D-Document	影响发布和维护，包括注释等缺陷	0701	描述含糊
			0702	项描述不完整
			0703	项描述不正确
			0704	项缺少或多余
			0705	项不能验证
			0706	项不能完成
			0707	不符合标准
			0708	与需求不一致
			0709	文字排版错误
			0710	文档信息错误
			0711	注释缺陷
08	性能问题 P-Performance	不满足系统可测量的属性值，如执行时间、事务处理速率等缺陷		

续表

编号	缺陷类型	描述	子类型	
			编号	名称
09	配置问题 B-Build/ package/merge	由配置库、变更管理或版本控制引起的错误	0901	配置管理问题
			0902	编译打包缺陷
			0903	变更缺陷
			0904	纠错缺陷
10	标准问题 N-Norms	不符合各种标准的要求,如编码标准、设计符号等缺陷	1001	不符合编码标准
			1002	不符合软件标准
			1003	不符合行业标准
11	环境问题 E-Environments	由于设计、编译和运行环境引起的问题	1101	设计、编译环境
			1102	运行环境
12	兼容性问题	软件之间不能正确地交互和共享信息	1201	操作平台不兼容
			1202	浏览器不兼容
			1203	分辨率不兼容
13	其他问题 O-Others	以上问题不包含的其他问题		

3.4 软件缺陷管理

软件缺陷管理(Defect Management)是在软件生命周期中识别、管理、沟通任何缺陷的过程(从缺陷的识别到缺陷的解决和关闭),确保缺陷被跟踪管理而不丢失。缺陷管理主要实现以下目标:

(1) 及时了解并跟踪每个被发现的缺陷;
(2) 确保每个被发现的缺陷都能被处理;
(3) 收集缺陷数据并根据缺陷趋势曲线识别测试过程阶段;
(4) 收集缺陷数据并在其上进行数据分析,作为组织过程的财富。

一般地,软件缺陷管理需要跟踪管理工具来帮助进行缺陷全流程管理。

1. 缺陷管理中的角色

在缺陷管理中涉及测试人员和开发人员,他们在缺陷管理中扮演着不同的角色,完成相应的工作。

1) 项目测试负责人

项目测试负责人负责制定缺陷管理计划和流程,将测试工程师发现的问题指派给指定开发工程师,协调缺陷管理流程中的问题。

2) 测试工程师

测试工程师将发现的问题提交到缺陷管理系统中,写明问题的描述、严重程度,以及问题重现方法,并负责重新测试开发工程师修改过的缺陷。

3)开发工程师

开发工程师需要确认并修改指定给自己的软件缺陷。

4)质量工程师

质量工程师监控项目组缺陷管理规程执行情况。

2. 缺陷管理流程

为正确跟踪软件中缺陷的处理过程,通常将软件测试中发现的缺陷作为记录输入到缺陷跟踪管理系统。在缺陷管理系统中,缺陷的状态主要有提交、确认、拒绝、修正和已关闭等。缺陷的生命周期一般要经历从被发现和报告,到被打开和修复,再到被验证和关闭等过程。缺陷的跟踪和管理一般借助于工具来实施。缺陷管理的一般流程如图 3-1 所示。

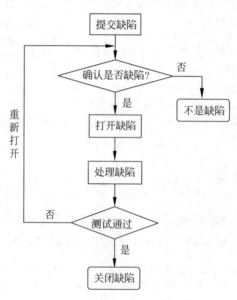

图 3-1　缺陷管理的一般流程

缺陷管理的流程说明如下。

(1)测试人员发现软件缺陷,提交新缺陷入库,缺陷状态设置为 New。

(2)软件测试经理或高级测试经理对新提交的缺陷进行确认。若确认是缺陷,则分配给相应的开发人员,将缺陷状态设置为 Open 状态。若不是缺陷(或缺陷描述不清楚),则拒绝,设置为 Declined 状态。

(3)开发人员对标记为 Open 状态的缺陷进行确认,若不是缺陷,状态修改为 Declined,若是缺陷,则进行修复,修复后将缺陷状态改为 Fixed。对于不能解决的缺陷,提交到项目组会议评审,以做出延期或进行修改等决策。

(4)测试人员查询状态为 Fixed 的缺陷,然后通过测试(即回归测试)验证缺陷是否已解决。如果缺陷已经解决,则将此缺陷的状态置为 Closed。如果缺陷依然存在或者还引入了新的缺陷,则置缺陷状态为 Reopen。

异常过程:对于被验证后已经关闭的缺陷,由于种种原因被重新打开,测试人员将此类缺陷标记为 Reopen,重新经历修正和测试等阶段。

在缺陷管理过程中,应加强测试人员与开发人员之间的交流,对于那些不能重现的缺陷或很难重现的缺陷,可以请测试人员补充必要的测试用例,给出详细的测试步骤和方法。同时,还需要注意下列细节。

(1) 软件缺陷跟踪过程中的不同阶段是测试人员、开发人员、配置管理人员和项目经理等协调工作的过程,要保持良好的沟通,尽量与相关的各方人员达成一致。

(2) 测试人员在评估软件缺陷的严重性和优先级上,要根据事先制定的相关标准或规范来判断,应具独立性、权威性,若不能与开发人员达成一致,由产品经理来裁决。

(3) 当发现一个缺陷时,测试人员应分给相应的开发人员。若无法判断合适的开发人员,应先分配给开发经理,由开发经理进行二次分配。

(4) 一旦缺陷处于修正状态,需要测试人员的验证,而且应围绕该缺陷进行相关的回归测试,并且包含该缺陷修正的测试版本是从配置管理系统中下载的,而不是由开发人员私下给的测试版本。

(5) 只有测试人员有关闭缺陷的权限,开发人员没有这个权限。

3. 缺陷描述

测试人员发现缺陷后,需要对缺陷进行翔实的描述。对缺陷的描述一般包含以下内容。

(1) 缺陷 ID。唯一的缺陷标示符,可以根据该 ID 追踪缺陷。

(2) 缺陷标题。描述缺陷的名称。

(3) 缺陷状态。标明缺陷所处的状态,如"新建""打开""已修复""关闭"等。

(4) 缺陷的详细说明。对缺陷进行详细描述,说明缺陷复现的步骤等。对缺陷描述的详细程度直接影响开发人员对缺陷的修改,描述应该尽可能详细。

(5) 缺陷的严重程度。指因缺陷引起的故障对软件产品的影响程度。

(6) 缺陷的紧急程度。指缺陷必须被修复的紧急程度(优先级)。

(7) 缺陷提交人。缺陷提交人的名字。

(8) 缺陷提交时间。缺陷提交的时间。

(9) 缺陷所属项目/模块。缺陷所属的项目和模块,最好能较精确地定位至模块。

(10) 缺陷解决人。最终解决缺陷的人。

(11) 缺陷处理结果描述。对处理结果的描述,如果对代码进行了修改,要求在此处体现出修改的内容。

(12) 缺陷处理时间。缺陷被修正的时间。

(13) 缺陷复核人。对被处理缺陷复核的验证人。

(14) 缺陷复核结果描述。对复核结果的描述(通过、不通过)。

(15) 缺陷复核时间。对缺陷复核的时间。

(16) 测试环境说明。对测试环境的描述。

(17) 必要的附件。对于某些文字很难表达清楚的缺陷,使用图片等附件是必要的。

除上述描述项外,配合不同的统计角度,还可以添加"缺陷引入阶段""缺陷修正工作量"等属性。

4. 缺陷报告原则

缺陷报告是测试过程中提交的最重要的东西,它的重要性丝毫不亚于测试计划,并且比测试过程中产生出的其他文档对产品质量的影响更大。对缺陷的描述要求准确、简洁、步骤清楚、有实例、易再现、复杂问题有据可查(截图或其他形式的附件)。

有效的缺陷报告需要做到以下几点。

(1) 单一。每个报告只针对一个软件缺陷。

(2) 完整。提供完整的缺陷描述信息。

(3) 简洁。使用专业语言,清晰而简短地描述缺陷,不要添加无关的信息。确保所包含信息是最重要的,而且是有用的,不要写无关信息。

(4) 客观。用中性的语言客观描述事实,不带偏见,不用幽默或者情绪化的语言。

(5) 可再现。不要忽视或省略任何一项操作步骤,特别是关键性的操作一定要描述清楚,确保开发人员按照所描述的步骤可以再现缺陷。

(6) 特定条件。必须注明缺陷发生的特定条件。

5. 缺陷报告模板

软件缺陷报告是软件测试过程中最重要的文档。它记录了缺陷发生的环境,如各种资源的配置情况、Bug 的再现步骤以及 Bug 性质的说明。更重要的是它还记录着 Bug 的处理进程和状态。Bug 的处理进程从一定角度反映了测试的进程和被测软件的质量状况以及改善过程。

缺陷报告模板如附表 A-4 所示。

3.5 软件缺陷度量

3.5.1 缺陷数据分析

通过对缺陷的分析,可以了解更多的产品质量信息。同时可以根据缺陷的状态来判断测试的进展情况和开发人员的编程质量,修正缺陷的进度等。另外,通过对缺陷的分析,还可以完成对产品质量的评估,确定测试是否到达结束的标准,也即软件的质量是否达到可发布水平。最常用的缺陷分析方法可以分为两类:缺陷趋势分析和缺陷分布分析。

1. 缺陷趋势分析

缺陷趋势分析是在时间轴上对缺陷进行分析,有助于进度控制和测试过程的管理。缺陷趋势分析主要考察缺陷随时间变化的趋势,如将缺陷的各种状态的数量作为时间的函数进行二维显示。

在一个成熟的软件开发过程中,缺陷趋势一般会遵循一种和预测比较接近的模式向前发展。在测试初期,缺陷数量的增长率较高,但达到峰值后,缺陷将随时间以较低速率降低,如图 3-2 所示。

从图中可以看到,当每天发现的新缺陷的数量呈下降趋势(假定工作量是恒定的),则每发现一个缺陷所消耗的成本会呈现出上升的趋势。所以,到某个点以后,继续进行测试的成本将会超过进行额外测试所需要的成本。发布日期的确定就是对这种情况的时间进行估计。在进行发布日期估计过程中,要考虑以下因素:

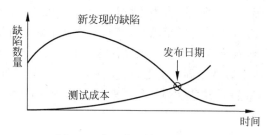

图 3-2 合理的缺陷趋势分布图

(1) 未发现 Bug 的级别是未知的,这可采用基于风险的技术,可在一定程度上弥补其中的不足。

(2) 测试中所发现 Bug 级别的趋势,采用基于风险的技术,能期待缺陷发现率下降,还能期待发现的缺陷的严重级别也在下降。若没有这种趋势,则说明系统还不能交付使用,即没有达到可发布标准。

2. 缺陷分布分析

缺陷分布是缺陷的横向分布,即空间上的分布。缺陷分布分析可以针对一个或多个缺陷分类进行缺陷分析。定义缺陷分类可能有多个维度,分析时可以将发现的缺陷按照所属功能模块、缺陷严重程度、缺陷来源、缺陷类型、注入阶段、发现阶段、修复阶段、缺陷性质等方面进行分类和统计,计算各种缺陷的分布情况。

按缺陷所属功能模块分析,可以了解哪些功能模块处理比较难,了解哪些功能模块程序的质量比较差等。分析缺陷分布,不仅可以帮助测试经理决定哪些功能领域和性能领域需要增强测试,而且还可以使开发人员的注意力集中到频繁产生缺陷的模块或单元。

按缺陷来源分析,可以帮助找出缺陷产生的根本原因,从而可以更新相关检查列表。

总之,通过缺陷分布分析,可以进一步优化测试时间的分配,以及改进软件开发流程等,有重点地避免缺陷发生,提高软件产品的质量。

3. 缺陷密度分析

根据缺陷集群的原则,在测试中发现缺陷多的地方,其潜在的缺陷也会更多。这个原则背后原因在于:在发现缺陷多的地方,漏掉的缺陷可能性也会大,或者说测试效率没有被显著改善之前,在纠正缺陷时将引入较多的错误。其数学表达就是缺陷密度的度量——缺陷密度。缺陷密度越低意味着产品质量越高。

缺陷密度(Dd)是以每千行代码的缺陷数(Defects/KLOC)来测量的,其测量单位是 defects/KLOC。缺陷密度的定义如下:

$$缺陷密度 = 缺陷数量 / 代码行 \tag{3-1}$$

可按照以下步骤来计算一个程序的缺陷密度:

(1) 统计开发过程中每个阶段发现的缺陷总数(D)。

(2) 统计程序中新开发的和修改的代码行数(N)。

(3) 计算每千行的缺陷数 $Dd = 1000 \times D/N$。例如,一个 10 万行的源程序总共有 50 个缺陷,则缺陷密度是:$Dd = 1000 \times 50/100000 = 0.2 defects/KLOC$。

缺陷密度是软件缺陷的基本度量,可用于设定产品质量目标,支持软件可靠性模型预测潜伏的软件缺陷,进而对软件质量进行跟踪和管理,支持基于缺陷计数的软件可靠性增长模型,对软件质量目标进行跟踪并评判能否结束软件测试。

如果缺陷密度跟上一个版本相同或更低,就应该分析当前版本的测试效率是不是降低了?如果不是,意味着质量的前景是乐观的;如果是,那么就需要额外的测试,还需要对开发和测试的过程进行改善。

如果缺陷密度比上一个版本高,那么就应该考虑在此之前是否为显著提高测试效率进行了有效的策划,并在本次测试中得到实施?如果是,虽然需要开发人员更多的努力去修正缺陷,但质量还是得到更好的保证;如果没有,意味着质量恶化,质量很难得到保证。这时,要保证质量,就必须延长开发周期或投入更多的资源。

3.5.2 测试有效性度量

如何对软件测试工程师的工作进行考核,业界一直在进行探索和思考。有的企业采用测试工程师发现的缺陷数量作为绩效考核的指标之一。采用此方法很容易导致开发工程师和测试工程师的对立,同时对缺陷的严重级别如何划定更容易造成测试工程师和开发工程师的对立,从而导致测试工程师不去真正重视测试的质量,而仅仅重视缺陷发现的数量。

对测试有效性的度量通常采用缺陷消除率(DRE)和缺陷损耗等指标来进行。

1. 缺陷消除率

对于一个软件工作产品,软件缺陷可以分为通过评审或测试等方法发现的已知缺陷(Known Defect)和尚未发现的潜在缺陷(Latency Defect)两种。

将测试期间发现的缺陷和尚未发现的缺陷两个缺陷指标,可以构造一个测试有效性的度量指标,即缺陷消除率:

$$\text{DRE} = \frac{\text{测试期间发现的缺陷数量}}{\text{测试期间发现的缺陷数量} + \text{未发现的缺陷数量}} \tag{3-2}$$

未发现的缺陷数量通常等于客户发现的缺陷数量(尽管客户也不可能发现所有的缺陷)。DRE是测试有效性的一个非常好的度量,但必须考虑以下问题。

(1) 缺陷的严重级别和分布状况。

(2) 观察客户在以前项目或版本中报告的缺陷趋势,以确定客户发现"绝大多数的"缺陷所需要的时间。

(3) 虽然这种度量属于马后炮性质的度量,对当前项目的测试有效性度量毫无裨益,但对自己所在组织的测试有效性的长期趋势进行度量就非常有意义。

(4) 计算缺陷数量时,在计算过程中采用同一起点,以便于比较。

DRE有时还用来度量某一特定测试等级的有效性,如系统测试的DRE,这时就应把在系统测试中发现的缺陷数作为分子,并把这个数与系统测试中未发现的缺陷数之和作为分母。

2. 缺陷损耗

测试有效性的另外一个有用的度量是缺陷潜伏期,通常也称为阶段潜伏期。缺陷潜伏期是一种特殊类型的缺陷分布度量。从软件测试的原则中可知,发现缺陷的时间越晚,则该缺陷带来的损失就越大,修复该缺陷的成本也就越高。表 3-6 显示了某个项目度量缺陷潜伏期的尺度。需要注意的是,在不同的组织和项目,可对这个尺度进行适当调整,以反映企业所在项目开发过程各个阶段、各个测试等级的数量和名称。

表 3-6 某项目的缺陷潜伏期尺度

缺陷造成阶段	发现阶段								
	需求	概要设计	详细设计	编码	单元测试	集成测试	系统测试	β测试	产品推广
需求	0	1	2	3	4	5	6	7	8
概要设计		0	1	2	3	4	5	6	7
详细设计			0	1	2	3	4	5	6
编码				0	1	2	3	4	5

缺陷损耗是修复缺陷所耗费的成本的一种度量。缺陷损耗可定义为

$$损耗 = \frac{缺陷数量 \times 发现的阶段潜伏期尺度}{缺陷总量} \tag{3-3}$$

一般而言,损耗的数值越低,说明缺陷的发现过程就越有效,最理想的数值应是 1。作为一个绝对值,损耗几乎没有任何意义,但用损耗来度量测试有效性的长期趋势时,就显示出它的价值。

3.6 软件缺陷管理工具

1. ClearQuest

IBM 公司的 ClearQuest 提供基于活动的变更和缺陷跟踪。ClearQuest 以灵活的工作流管理所有类型的变更要求,包括缺陷、改进、问题和文档变更,能够方便地定制缺陷和变更请求的字段、流程、用户界面、查询、图表和报告,并提供了预定义的配置和自动电子邮件通知和提交。ClearQuest 与 Rational ClearCase 一起提供完整的 SCM 解决方案,拥有"设计一次,到处部署"的能力,从而可以自动改变任何客户端界面(Windows、Linux、UNIX 和 Web)。ClearQuest 可与 IBM WebSphereStudio、Eclipse 和 Microsoft .NET IDE 进行紧密集成,从而可以即时访问变更信息。支持统一变更管理,以提供经过验证的变更管理过程支持。易于扩展,因此无论开发项目的团队规模、地点和平台如何,均可提供良好支持。包含并集成于 IBM Rational Suite 和 IBM Rational Team Unifying Platform,提供生命周期变更管理。

网站地址为 http://www.ibm.com/software/rational。

2. Mantis

Mantis 是一个基于 PHP 技术的轻量级的开源缺陷跟踪系统,以 Web 操作的形式提供项目管理及缺陷跟踪服务。在功能上和实用性上足以满足中小型项目的管理及跟踪。

Mantis 易于安装,易于操作,基于 Web,支持任何可运行 PHP 的平台(Windows、Linux、Mac、Solaris、AS400/i5 等),支持多个项目,为每一个项目设置不同的用户访问级别,跟踪缺陷变更历史,定制我的视图页面,提供全文搜索功能,内置报表生成功能(包括图形报表),通

过 Email 报告缺陷，用户可以监视特殊的 Bug，附件可以保存在 Web 服务器上或数据库中（还可以备份到 FTP 服务器上），自定义缺陷处理工作流，支持输出格式包括 csv、Microsoft Excel、Microsoft Word，集成源代码控制（SVN 与 CVS），集成 WiKi 知识库与聊天工具（可选/可不选），支持多种数据库（MySQL、MS SQL、PostgreSQL、Oracle、DB2），提供 Web Service（SOAP）接口，提供 Wap 访问。

网站地址为 http://www.mantisbt.org/。

3. Bugzilla

Bugzilla 是一个开源免费的 Bug 管理工具。作为一个产品缺陷的记录及跟踪工具，它能够建立一个完善的 Bug 跟踪体系，包括报告 Bug、查询 Bug 记录并产生报表、处理解决、管理员系统初始化和设置 4 部分。Bugzilla 具有如下特点。

（1）基于 Web 方式，安装简单，运行方便快捷，管理安全。

（2）有利于缺陷的清楚传达。该系统使用数据库进行管理，提供全面详尽的报告输入项，产生标准化的 Bug 报告。提供大量的分析选项和强大的查询匹配能力，能根据各种条件组合进行 Bug 统计。

（3）系统灵活，强大的可配置能力。Bugzilla 工具可以对软件产品设定不同的模块，并针对不同的模块设定开发人员和测试人员，这样可以实现提交报告时自动发给指定的责任人，并可设定不同的小组，权限也可划分。设定不同的用户对 Bug 记录的操作权限不同，可有效进行管理。允许设定不同的严重程度和优先级在 Bug 的生命期中管理 Bug，从最初的报告到最后的解决，确保了 Bug 不会被忽略，同时可以使注意力集中在优先级和严重程度高的 Bug 上。

（4）自动发送 Email，通知相关人员。根据设定的不同责任人，自动发送最新的动态信息，有效地帮助测试人员和开发人员进行沟通。

网站地址为 https://www.bugzilla.org/download/。

4. JIRA

JIRA 是 Atlassian 公司出品的项目与事务跟踪工具，被广泛应用于缺陷跟踪、客户服务、需求收集、流程审批、任务跟踪、项目跟踪和敏捷管理等工作领域。JIRA 配置灵活、功能全面、部署简单、扩展丰富，多语言支持，界面友好和其他系统（如 CVS、Subversion（SVN）、Perforce、邮件服务等）整合得相当好，文档齐全，安装配置简单，可用性以及可扩展性方面都十分出色，拥有完整的用户权限管理。

JIRA 推出云服务和下载版，均提供 30 天的免费试用期。

网站地址为 https://www.atlassian.com/software/jira。

3.7 Mantis 的安装及使用

3.7.1 Mantis 简介

Mantis 是一个开源的 Bug 管理系统，基于 PHP＋MySQL，可以运行在 Windows/

UNIX 平台上。Mantis 是 B/S 结构的 Web 系统，可以配置到 Internet 上，实现异地 Bug 管理。

1. Mantis 基本特性

(1) 个人可定制的 Email 通知功能，每个用户可根据自身的工作特点只订阅相关缺陷状态邮件。

(2) 支持多项目。

(3) 权限设置灵活，不同角色有不同权限，每个项目可设为公开或私有状态，每个缺陷可设为公开或私有状态，每个缺陷可以在不同项目间移动。

(4) 主页可发布项目相关新闻，方便信息传播。

(5) 具有方便的缺陷关联功能，除重复缺陷外，每个缺陷都可以链接到其他相关缺陷。

(6) 缺陷报告可打印或输出为 CSV 格式，支持可定制的报表输出，可定制用户输入域。

(7) 有各种缺陷趋势图和柱状图，为项目状态分析提供依据，如果不能满足要求，可以把数据输出到 Excel 中进一步分析。

(8) 流程定制方便且符合标准，满足一般的缺陷跟踪。

(9) 可以实现与 CVS 集成，将缺陷和 CVS 仓库中文件实现关联。

(10) 可以对历史缺陷进行检索。

2. Mantis 系统中缺陷状态的转换

缺陷状态是描述软件缺陷处理过程所处阶段的一个重要属性。对应于不同的状态，软件测试人员能确定对该问题的处理已经进展到什么阶段，还需要进行哪些工作，需要哪些人员的参与等信息。在缺陷跟踪管理过程中，将缺陷记录划分为不同的阶段和状态来进行标记。Mantis 系统将缺陷的处理状态分为 New(新建)、Feedback(反馈)、Acknowledged(认可)、Confirmed(已确认)、Assigned(已分派)、Resolved(已解决)、Closed(已关闭) 7 种，如图 3-3 所示。

New(新建)：一个新的缺陷被提交。

Feedback(反馈)：对此 Bug 存有异议，就将其反馈。由测试人员和开发人员讨论评估后，决定是否将其关闭。

Acknowledged(认可)：经理认为报告员提交的问题是个 Bug，对这个 Bug 表示认可。

Confirmed(已确认)：开发人员确认存在此 Bug，并准备修改，将其设为已确认。

Assigned(已分派)：经理将认可的问题单分派给某个开发人员。

Resolved(已解决)：被分派的开发人员已经进行修改，测试人员可以进行验证测试，确认 Bug 已经解决。

Closed(已关闭)：Bug 修改后，经过验证或项目经理同意后，可以关闭。处于关闭状态的缺陷报告可表现为已改正、符合设计、不能重现、不能改正、由报告人撤回。

3. Mantis 用户角色及权限的管理

在一个测试项目中，存在各种不同的身份，例如项目经理、测试经理、开发经理、程序员、测试员等。不同身份的用户使用系统时可以执行的操作权限不同。

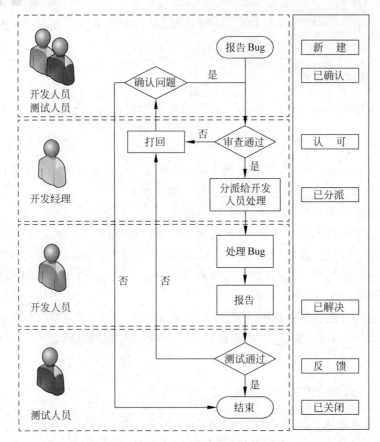

图 3-3 Mantis 缺陷状态转换图

在 Mantis 系统中,分别有下列几种角色:管理员、开发经理、开发人员、修改人员、报告人员、查看人员。

Mantis 中用户角色和权限如表 3-7 所示。权限的从大到小依次排列是:管理员→项目经理→开发人员→修改人员→报告人员→查看人员。

表 3-7 Mantis 中用户角色和权限

用　　户	权　　限
管理员(Administrator)	管理和维护整个系统
开发经理(Manager)	对整个软件项目进行管理
开发人员(Developler)	负责软件项目的开发
修改人员(Updater)	负责修改 Issue(问题)
报告人员(Reporter)	负责提交 Bug 报告
查看人员(Viewer)	查看 Bug 流程及情况

在一个项目组或团队中,不同的人有不同的职责和分工,在 Mantis 中对应不同的角色,其角色和权限可以由管理员进行设置。

4. Mantis 软件缺陷属性的定义

Mantis 的软件缺陷属性的定义如下。

（1）缺陷编号。缺陷的唯一标识。

（2）模块信息。缺陷涉及的模块信息，包括模块名称、缺陷处理负责人、模块版本。

（3）测试版本。描述的是发现该缺陷的测试版本号。

（4）对应用例编号。发现该缺陷时运行的测试用例编号，通过该编号可以建立起测试用例和缺陷之间的联系。

（5）缺陷状态。缺陷的即时状态，如新建、反馈、已分派、已确认、已关闭等。

（6）报告者。报告缺陷的测试人员的编号或用户名。

（7）报告日期。缺陷填报的日期。

（8）重现性。可重现或不可重现。

（9）重现步骤。和测试用例相关，描述的是发现这个缺陷的步骤。

（10）严重等级。可定制，默认为 4 级，Pl（致命）、P2（严重）、P3（一般）、P4（轻微）。

（11）缺陷类型。可定制，默认分为功能缺陷、用户界面缺陷、边界值相关缺陷、初始化缺陷、计算缺陷、内存相关缺陷、硬件相关缺陷、文档缺陷。

（12）缺陷优先级（报告者）。可定制，默认分为必须修复、立即修复、应该修复、考虑修复。

3.7.2　Mantis 的安装

1. 安装 Mantis

安装 Mantis 之前需要安装 Apache 服务器、MySQL 和 PHP 运行环境，本书采用 XAMP 集成环境，其安装步骤见 2.7.1 节。Mantis 的安装与 TestLink 的安装类似。

在 Mantis 官方网站（http://www.mantisbt.org/）上下载最新版本软件系统，这里下载的是 mantisbt-1.2.19。

安装好 XAMP 之后，将 Mantis 的安装文件解压到"C:\xampp\htdocs"目录下，并将文件名改为 mantis。打开 IE 浏览器，在地址栏中输入"http://localhost/mantis"，即可进入安装页面，如图 3-4 所示。

在 Password(for Database)输入框中输入密码，然后单击 Install/Upgrade Database 按钮，进入安装检查页面。如果后面的状态栏全部为绿色，则安装成功。注：Password(for Database)的密码是安装 XAMP 时设置的数据库密码。

在 IE 地址栏中输入"http://localhost/mantis/"，即可进入登录页面，如图 3-5 所示。

首次进入登录页面，会出现下列提示。

Warning：You should disable the default 'administrator' account or chang its password.（警告：建议禁止缺省管理员账号或修改账号密码。）

Warning：Admin directory should be removed.（警告：建议删除 admin 的目录。）

使用 Mantis 默认的用户名（administrator）和密码（root）登录系统，进入我的账户（My Account），修改密码，然后退出 Mantis 系统。将 Mantis 安装路径 C:\xampp\htdocs\mantis 中的 admin 文件夹删除。重新打开 Mantis 登录页面，此时页面中将不再有警告信息。

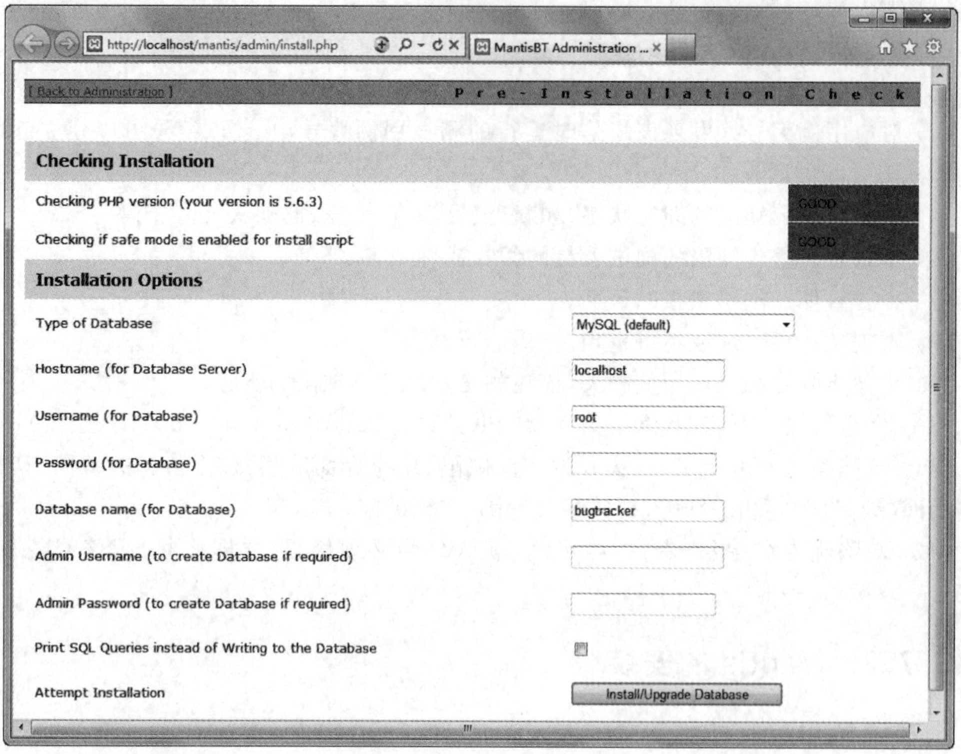

图 3-4　Mantis 安装页面

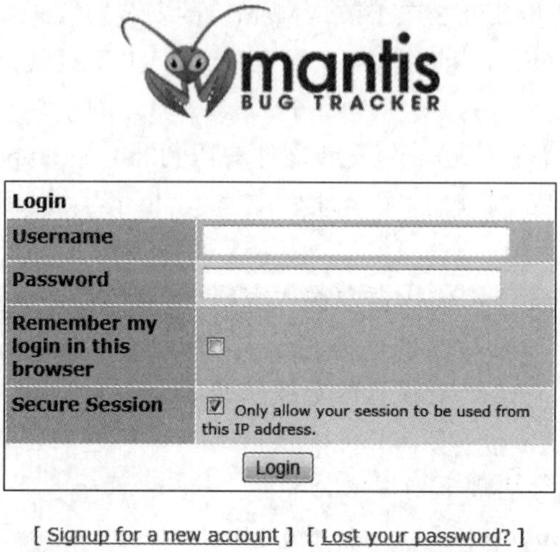

图 3-5　Mantis 登录页面

2．配置

在 mantis 目录下新建配置文件 config_inc.php，在里面进行数据库配置、邮件服务配置和语言配置。配置文件加载顺序：先加载 config_defaults_inc.php，后加载 config_inc.php。config_inc.php 中的值会覆盖 config_defaults_inc.php。在 config_inc.php 中撰写下列代码。

```
1   ################################
2   # Database Configuration    数据库配置
3   ################################
4   $ g_hostname = 'localhost';
5   $ g_db_type = 'mysql';
6   $ g_database_name = 'mantis';
7   $ g_db_username = 'root';
8   $ g_db_password = '';                    #以上内容由系统自动生成,不用修改
9   ################################
10  # Mantis Email Configuration    邮件服务配置
11  ################################
12  $ g_phpMailer_method = PHPMAILER_METHOD_SMTP;
13  # select the method to mail by:   0 - mail()   1 - sendmail   2 - SMTP
14  $ g_phpMailer_method     = 2;             #以 smtp 发送邮件
15  $ g_smtp_host        = 'smtp.163.com:25';  #邮件服务器的地址,后面加上端口号 25
16  $ g_smtp_username       = 'xxxxx';         #邮箱的用户名
17  $ g_smtp_password       = '*****';         #邮箱的密码
18  $ g_administrator_email = 'xxxx@163.com';  # xxxx@xxx.com 是要修改为相应的邮箱名称
19  $ g_webmaster_email = 'xxxx@163.com';      # xxxx@xxx.com 是要修改为相应的邮箱名称
20  $ g_from_name       = 'Mantis Bug Tracker';
21  # the 'From: ' field in emails
22  $ g_from_email        = 'xxxx@163.com';    # xxxx@xxx.com 是要修改为相应的邮箱名称
23  # the return address for bounced mail
24  $ g_return_path_email = 'xxxx@163.com';    # xxxx@xxx.com 是要修改为相应的邮箱名称
25  $ g_email_receive_own = OFF;
26  $ g_email_send_using_cronjob = OFF;
27  # allow email notification
28  $ g_enable_email_notification = ON;
29  ################################
30  # Language Configuration    语言设置
31  ################################
32  $ g_default_language = 'chinese_simplified';  #设置语言为中文
```

邮件系统的配置建议用 SMTP 方式。一般公司都有自己的邮件服务器,让管理员提供一个 Mantis 的专用信箱。本例采用的是 163 邮件服务。

【注】 如果 Mantis 不使用邮件系统(Email),修改配置文件 config_inc.php 中的语句:

$ g_enable_email_notification = ON;

将其改为:

$ g_enable_email_notification = OFF;

然后保存此文件。

如果不使用邮件系统,用户创建和管理的方法如下。

(1) 以管理员身份登录 Mantis 系统,输入账号和真实姓名,创建用户。此时新创建用户的密码为空,可以由新创建的用户登录 Mantis 系统后自行修改。

(2) 如果用户忘记了密码,可以让管理员登录 Mantis 系统,进入管理→用户管理→选择用户→重设密码,则该用户的密码将被置为空,由该用户登录后修改。

3.7.3 管理员的操作

管理员是管理整个系统运作的工作人员,他不仅是整个系统操作流程中权限最高的工作人员,而且还可以对项目和用户账户进行创建和管理等,下面将详细说明。管理员登录到系统之后,可以先进入自己的主界面,然后再根据工作要求,选择页面上方的菜单栏来进入相应的界面。

1. 我的视图

在系统界面,单击菜单栏中的"我的视图"项,管理员将会看到以下界面,如图 3-6 所示。

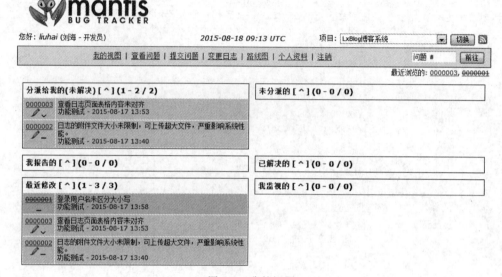

图 3-6 我的视图

从页面上看,Bug 根据其工作状态被分类成几个表格来显示,符合这些工作状态的 Bug 都被一一罗列。

(1) 分派给我的(未解决的)(assigned)。

(2) 未分派的(unassigned)。

(3) 我报告的(reported by me)。

(4) 已解决的(resolved)。

(5) 最近修改(recently modified)。

(6) 我监视的(monitored by me)。

在页面上还可以进行下列操作。

(1) 切换项目。单击页面右上角"项目"的下拉式菜单,选择其中的项目,然后单击"切换"按钮,来切换所选项目。

(2) 跳转到某问题。在页面右上角,"问题♯"文本框中输入问题编号,单击"前往"按钮,可根据问题编号进行查询,直接进入该问题的详细信息界面,可进行相应操作。

(3) 转向其他操作界面。单击主页面上方的菜单栏,即可进入到相应的操作界面。

2. 查看问题

1）查看问题

在系统界面，单击菜单栏中的"查看问题"项，可以进入问题查询结果页面，如图3-7所示。

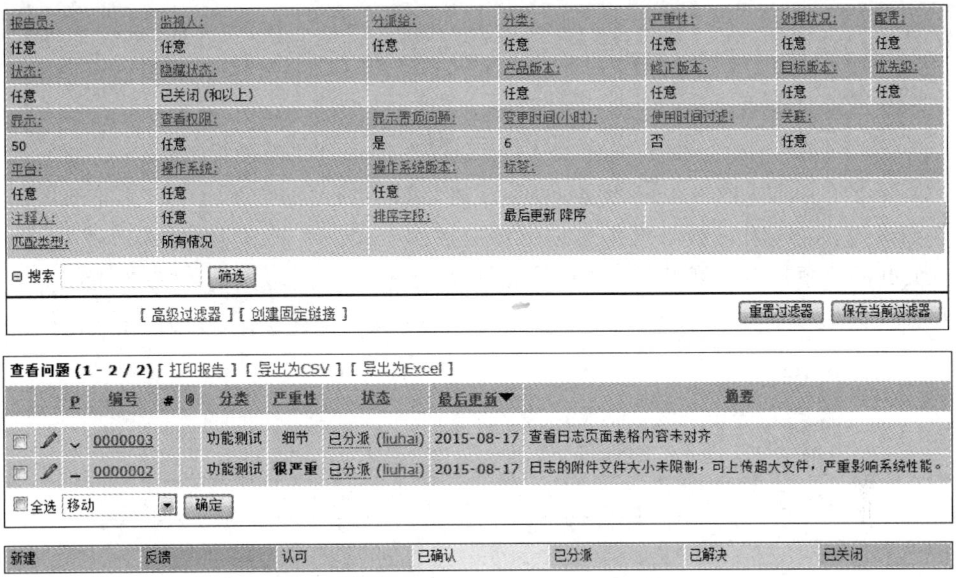

图3-7 查看问题

页面上部相当于一个过滤器，页面下部是根据过滤器显示 Bug 的数据列表。如果管理员没有对给予的参数选择设置，那么默认就是没有对数据进行过滤，则页面下部则显示所有 Bug 数据。此外，还可以在搜索框中输入 Bug 编号直接查询，那么在页面下部就会出现查询结果。

用户可以自己创建过滤器。在对参数进行设置完成后，可对当前的过滤设置进行保存，如图3-8所示。填入相应内容后即可保存下来。如果标记为公有，则其他工作人员（除了查看人员）都能共享这个过滤器。

图3-8 创建过滤器

在显示 Bug 的数据列表中可以看到，页面下部的表格头部显示查看问题的当前数量，并且在旁边提供了"打印报告""导出为 CSV"和"导出为 Excel"功能链接。在 Bug 表中显示了下列信息：Bug 优先级、Bug 编号、Bug 分类、Bug 严重性、Bug 状态、最后更新、Bug 摘要。

在此表格还可以进行下列操作。

（1）打印报告。单击"打印报告"进入打印报告页面，如图3-9所示。在页面中列出了需要导出打印的 Bug 列表，可以根据需要通过复选框选中需要打印的 Bug。在选择完毕后，根据需要单击 Word 图标或网页图标，Bug 数据便相应地导出到该类型的文件中，实现打印输出的需求。

（2）导出为 CSV 或者导出为 Excel。单击功能链接，可将报告保存为相应格式文件，并下载存储到本地。

图 3-9　打印报告

（3）按指定方式排序。单击标题栏的列属性，可以进行排列，并出现上三角形图标或下三角形图标代表是按升序或降序排列。

（4）更新问题属性。可以通过选中 Bug 列表的复选框，也可以选中"全选"的复选框，然后选择下拉列表中的操作命令，再单击"确定"按钮，则可以对这些 Bug 进行相应操作，如图 3-10 所示。

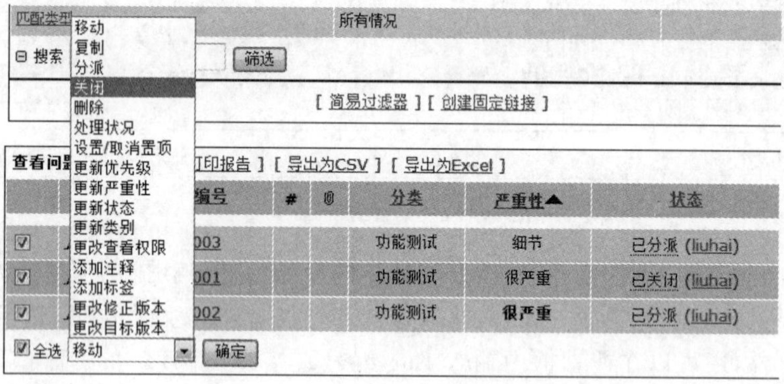

图 3-10　更新问题属性

① 移动。可以把选中的 Bug 从当前项目转移到别的项目中。
② 复制。可以把选中的 Bug 从当前项目复制到别的项目中。
③ 分派。可以把选中的 Bug 直接分派给指定的工作人员。
④ 关闭。当被选中的 Bug 确认已解决，或确认不是 Bug，管理员可以直接采用这个命令将 Bug 状态设为关闭。
⑤ 删除。当被选中的 Bug 是垃圾数据，在整理数据的时候可以直接进行删除。
⑥ 解决。如果 Bug 确认已经解决，则选中将其状态置为"解决"。但是如果 Bug 当前状态为"已解决"或以上状态，则不能进行此项操作。
⑦ 更新优先级。使用这项操作，可以更新选中 Bug 的优先级。
⑧ 更新状态。使用这项操作，可以更新选中 Bug 的流程状态。
⑨ 更新视图状态。使用这项操作，可以将选中的 Bug 重新设置为公共或私有状态。

【注】　对上述命令的操作和当前用户的权限有关系，如果不能进行该命令的操作，系统会出现"你无权执行这项操作"的提示性语句。而对于管理员来说，他具有完全的权限。

（5）在 Bug 列表中，在每个 Bug 编号的前面，有一个编辑图标 ✎，可以单击此图标进入这个 Bug 信息的修改界面。注意：是否能出现这个图标和权限有关系。

(6)单击 Bug 编号可以直接进入其详细信息界面。

(7)单击注释数目可以直接进入对应 Bug 的详细信息界面,并将界面焦点定位在 Bug 注释信息。

2)问题更新

单击页面中的问题编号,可进入该问题的详细页面,并对该问题进行修改,图 3-11 所示。

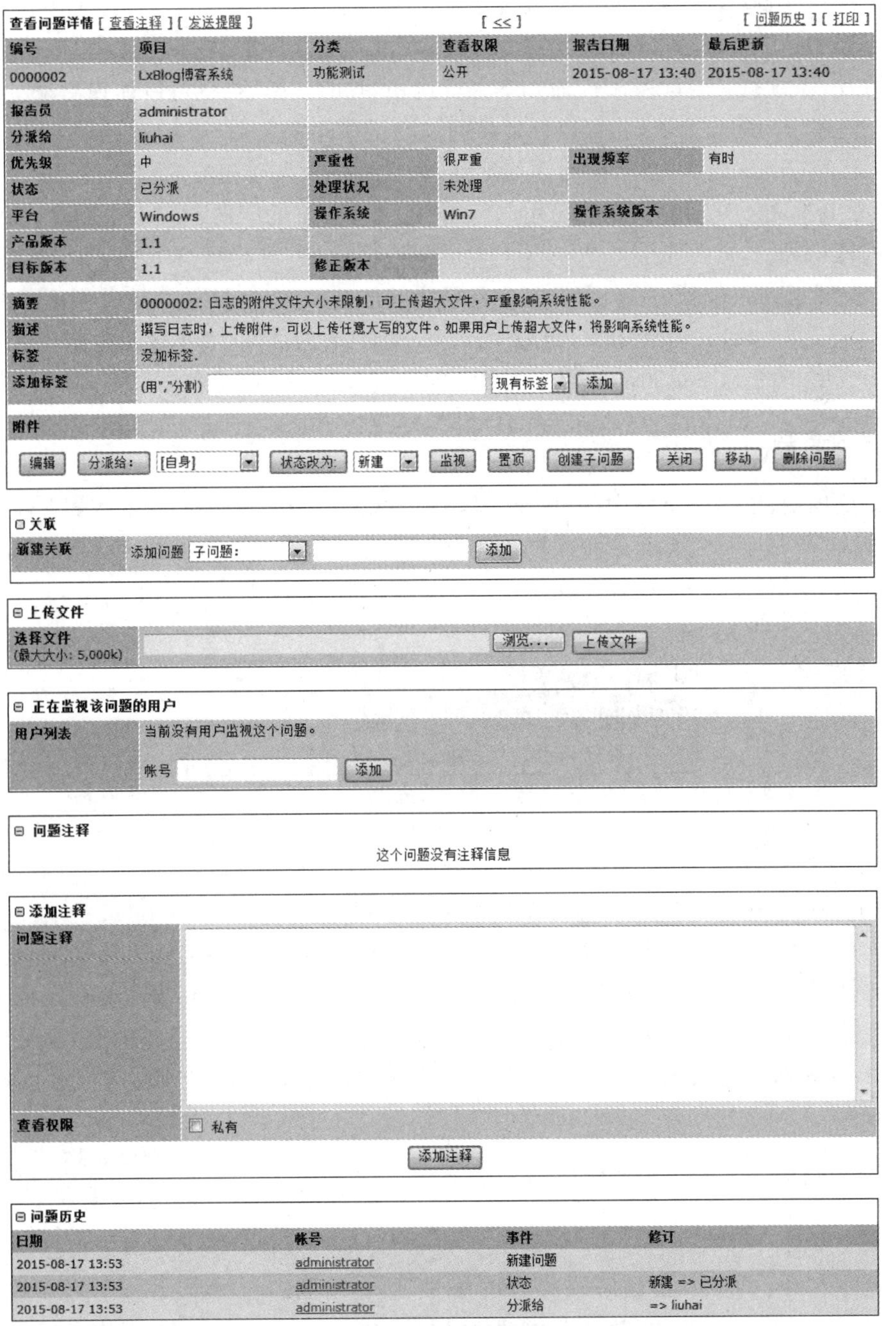

图 3-11　问题更新

在这里可进行下列操作。

(1) 编辑(Edit)。修改问题的各项基本属性,并添加注释。

(2) 分派给(Assign To)。将问题分派给某个开发人员处理,分派之后系统将自动向被分派人发送邮件通知,被分派人打开 Mantis 之后将在"我的视图"页面看到被分派的问题。

(3) 状态改为(Change Status to)。这里是指问题状态的转变。状态包括新建、反馈、认可、已确认、已解决和已关闭。这是 Mantis 比较重要的一个功能,问题的每次变动都会发生状态的改变,以此来标记问题的处理情况。

(4) 监视(Monitor)。单击此按钮后,用户就可以对该问题进行监视,也就是说只要该问题有改动,系统就会自动发邮件通知本人。这在"我的视图"页也可以体现出来。

(5) 创建子问题(Clone)。可以创建该问题的子项问题。

(6) 移动(Move)。可以将该问题移动到别的项目中(需要相应的权限)。

(7) 删除问题(Delete)。删除无用的问题,已处理完毕的问题建议不必删除,关闭即可,以保留问题记录。

(8) 关联(Relationships)。可以指定问题之间的关联关系,具体关联方式见下拉菜单。

(9) 上传文件(Upload File)。可以上传与问题相关的文件,大小暂时限制为 5MB。

(10) 问题历史(Issue History)。此项为问题处理的历史记录。

3. 提交问题

在系统界面,单击菜单栏中的"提交问题"项,进入问题录入界面。如果单击前,右上角项目选择为"所有项目",那么填报问题前,需要先选择要填报的项目,如图 3-12 所示。可以选择"设为默认值"复选框,这样每次填报进入该界面时,就为默认项目了。

图 3-12 选择项目

单击"选择项目"按钮后,进入问题填报界面,如图 3-13 所示。页面中可以看到一个提交 Bug 的表单,根据具体情况填写后提交即可。

在提交报告时请注意,带 * 号的填写项是必填项,页面还提供文件上传功能,只要是低于 2MB 的文件都允许上传,支持 doc、xls、zip 等格式的文件。这样在报告 Bug 的时候,可以上传相关的文件,为 Bug 的解决提供更多的信息。全部填写完毕之后,单击"提交报告"按钮,即可提交报告。之后系统会提示用户操作成功。返回"我的视图"中查看,就可以看到新提交的报告。

4. 修改日志

在系统界面,单击菜单栏中的"变更日志"项,则直接进入预设项目的日志信息,如图 3-14 所示。页面列出了该项目下已解决的 Bug 编号、所属组别、Bug 摘要以及该项目产品的版本号变化,单击 Bug 编号还可进入其详细信息页面。

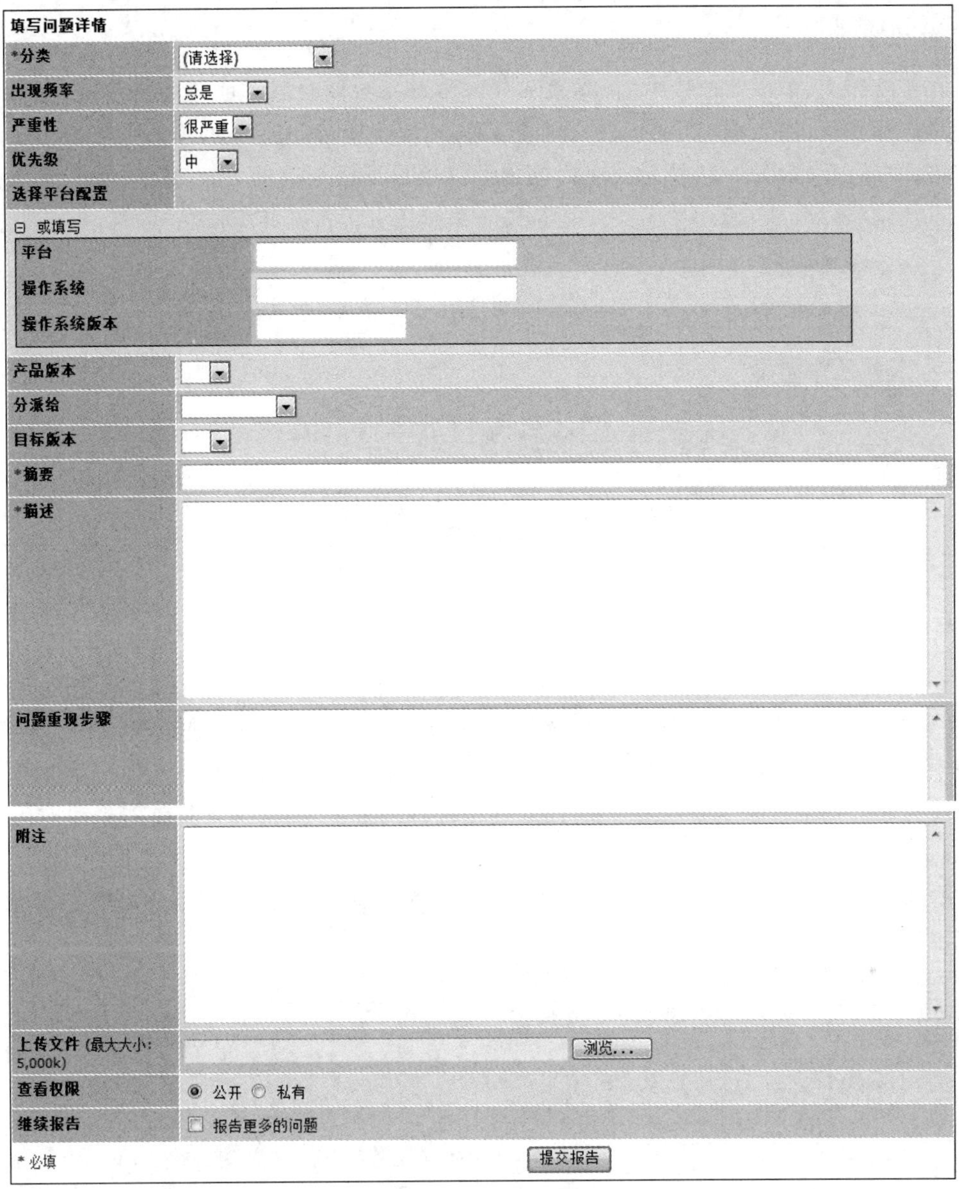
填写问题详情
*分类
(请选择)
出现频率
总是
严重性
很严重
优先级
中
选择平台配置
⊟ 或填写
平台
操作系统
操作系统版本
产品版本
分派给
目标版本
*摘要
*描述
问题重现步骤
附注
上传文件 (最大大小: 5,000k)
浏览...
查看权限
公开 私有
继续报告
报告更多的问题
* 必填
提交报告

图 3-13　填写问题信息

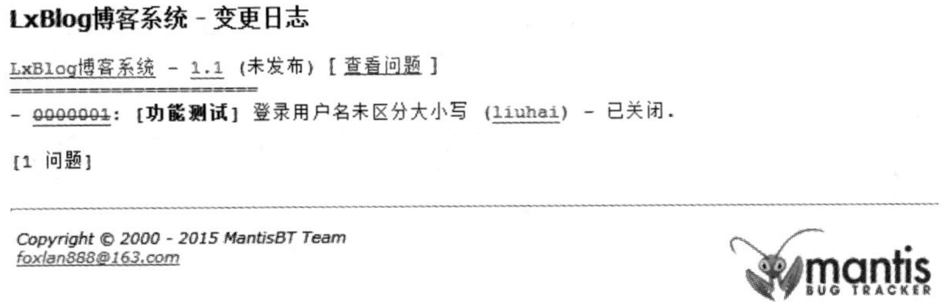
LxBlog博客系统 - 变更日志
LxBlog博客系统 - 1.1 (未发布) [查看问题]
====================
- 0000001: [功能测试] 登录用户名未区分大小写 (liuhai) - 已关闭.
[1 问题]
Copyright © 2000 - 2015 MantisBT Team
foxlan888@163.com
mantis BUG TRACKER

图 3-14　日志信息

5. 路线图

在系统界面，单击菜单栏中的“路线图”项，如果开始没有指定项目的情况下，则首先进入项目选择界面，如果指定了默认值，则直接进入默认项目的路线图。路线图相当于一个Bug的日志信息，如图3-15所示。页面列出了该项目下已解决的Bug编号、所属组别、Bug摘要以及该项目产品的版本号变化，单击Bug编号还可进入其详细信息页面。

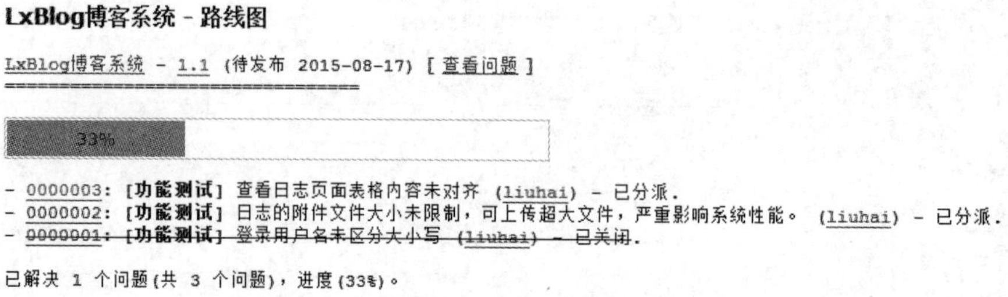

LxBlog博客系统 - 路线图

LxBlog博客系统 - 1.1 (待发布 2015-08-17) [查看问题]

33%

- 0000003: [功能测试] 查看日志页面表格内容未对齐 (liuhai) - 已分派.
- 0000002: [功能测试] 日志的附件文件大小未限制，可上传超大文件，严重影响系统性能。 (liuhai) - 已分派.
- ~~0000001: [功能测试] 登录用户名未区分大小写 (liuhai) - 已关闭~~.

已解决 1 个问题(共 3 个问题)，进度(33%)。

图 3-15 路线图

6. 统计报表

在系统界面，单击菜单栏中的“统计报表”项，将会出现一个包含所有Issue报告的综合报表，页面上还提供了“打印报告”和“统计报表”的功能链接，如图3-16所示。在这个综合报表中，按照Bug报告详细资料中的项目，将所有的报告按照不同的分类进行了统计。这个统计报表有助于管理员及经理掌握Bug报告处理的进度，而且很容易就能把没有解决的问题与该问题的负责人、监视人联系起来，提高了工作效率。这个页面中还提供了按不同要求分类的统计图表，如按状态统计、按优先级统计、按严重性统计、按项目分类统计和按处理状况统计。

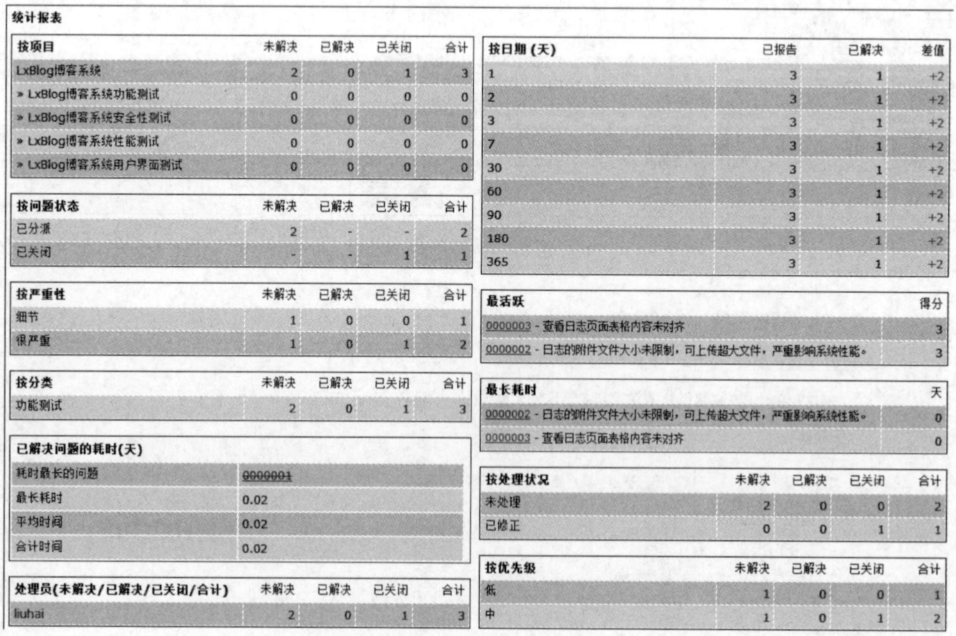

统计报表

按项目	未解决	已解决	已关闭	合计
LxBlog博客系统	2	0	1	3
» LxBlog博客系统功能测试	0	0	0	0
» LxBlog博客系统安全性测试	0	0	0	0
» LxBlog博客系统性能测试	0	0	0	0
» LxBlog博客系统用户界面测试	0	0	0	0

按问题状态	未解决	已解决	已关闭	合计
已分派	2	-	-	2
已关闭	-	-	1	1

按严重性	未解决	已解决	已关闭	合计
细节	1	0	0	1
很严重	1	0	1	2

按分类	未解决	已解决	已关闭	合计
功能测试	2	0	1	3

已解决问题的耗时(天)	
耗时最长的问题	~~0000001~~
最长耗时	0.02
平均时间	0.02
合计时间	0.02

处理员(未解决/已解决/已关闭/合计)	未解决	已解决	已关闭	合计
liuhai	2	0	1	3

按日期(天)	已报告	已解决	差值
1	3	1	+2
2	3	1	+2
3	3	1	+2
7	3	1	+2
30	3	1	+2
60	3	1	+2
90	3	1	+2
180	3	1	+2
365	3	1	+2

最活跃	得分
0000003 - 查看日志页面表格内容未对齐	3
0000002 - 日志的附件文件大小未限制，可上传超大文件，严重影响系统性能。	3

最长耗时	天
0000002 - 日志的附件文件大小未限制，可上传超大文件，严重影响系统性能。	0
0000003 - 查看日志页面表格内容未对齐	0

按处理状况	未解决	已解决	已关闭	合计
未处理	2	0	0	2
已修正	0	0	1	1

按优先级	未解决	已解决	已关闭	合计
低	1	0	0	1
中	1	0	1	2

图 3-16 统计报表

如果需要，还可以单击界面上方的"打印报告"，将所有的 Bug 显示出来。

7．个人资料

在系统界面，单击菜单栏中的"个人资料"项，即进入了账户管理界面，如图 3-17 所示。此页面中包含个人资料、更改个人设置、管理列和管理平台配置的功能操作，当前默认界面为个人账户编辑页面。

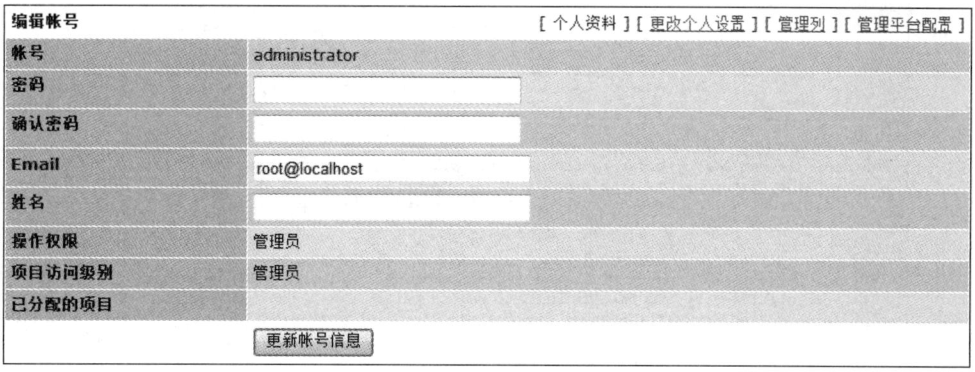

图 3-17　个人资料

1）个人资料

在个人资料页面，可设置个人信息，其中包括修改密码、Email、姓名等信息。

2）更改个人设置

单击"更改个人设置"，进入个人设置页面，如图 3-18 所示。在这里可对页面相关项进行重新设置。

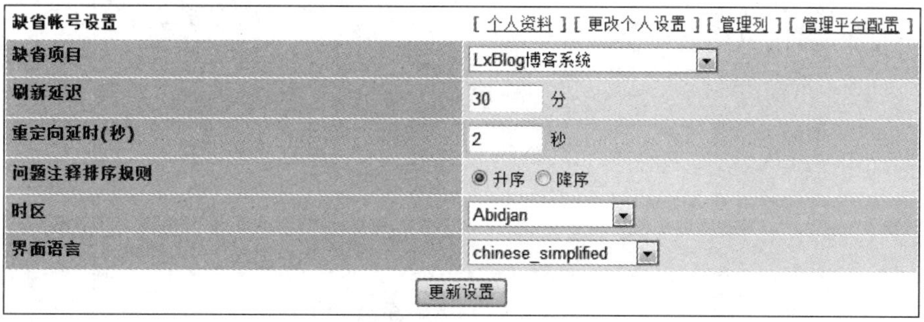

图 3-18　更改个人设置

3）管理列

管理列的信息如图 3-19 所示。

4）管理平台配置

通过管理平台可以增加平台设置，也可以对现有的平台数据进行编辑或删除。这样，在自己报告 Bug 的时候，采用"高级报告"的报告报表就可以直接选用对应的平台数据而不需要自行输入，节省工作时间。管理平台配置的内容如图 3-20 所示。

【注】　管理平台配置的内容只限于本人采用。

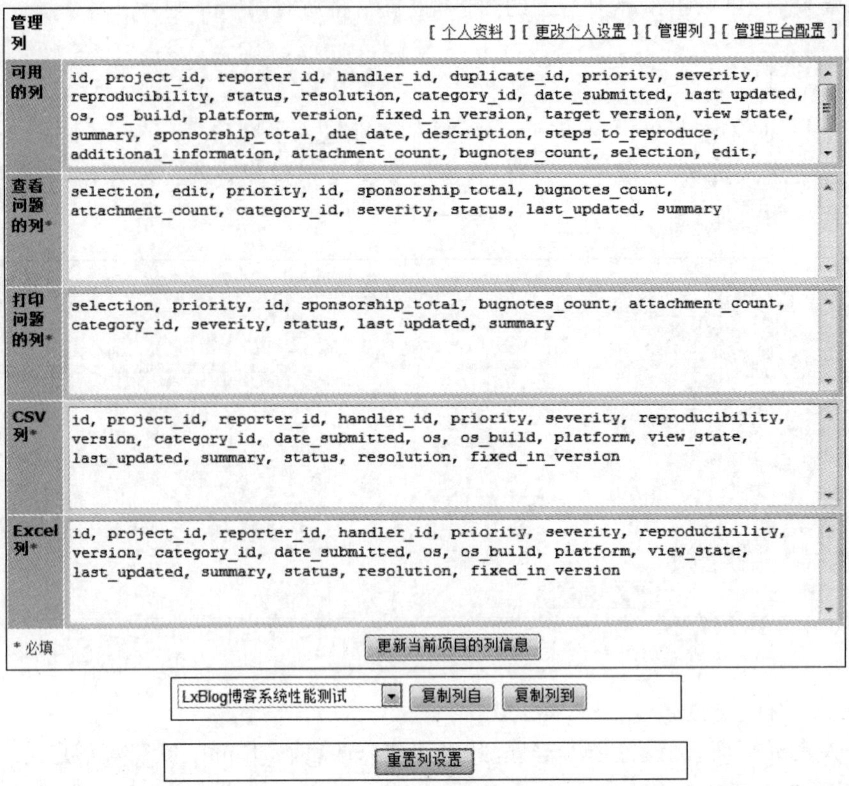

图 3-19　管理列

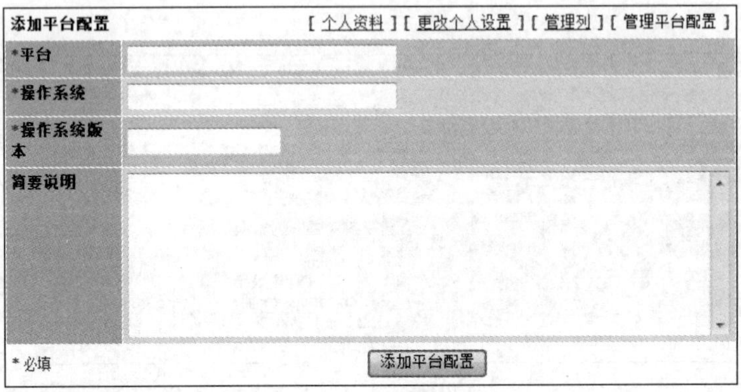

图 3-20　管理平台

8. 管理

在系统界面,单击菜单栏中的"管理"项,即可进入管理界面,管理界面包含用户管理、项目管理和自定义字段管理等内容。

1) 用户管理

用户管理页面是"管理"功能的默认页面,如图 3-21 所示。管理者可以按用户账号的字母顺序筛选用户,修改用户权限和信息,也可以单击"创建新账号"按钮来建立新账户。

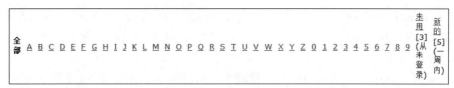

图 3-21　用户管理

(1) 新的(新的账号)。显示一周之内添加到该项目的新用户。

(2) 未用(从未登录)。显示目前存在却至今从未登录过的用户,对此用户可以单击"清理账号"功能链接将其清除。

(3) 管理账号。在这里可以添加新用户和更新已有用户。单击"创建新账号"按钮,就可以添加新的用户,并指定其工作身份。单击现有账号名称,就可以对当前账号的资料进行更新,更新之后单击"重置"按钮,系统就接受更新信息了。

建立新账户时,可以设置是否启用账户,以及账户操作权限。用户权限包括报告员、复查员、修改员、开发员、经理和管理员。各用户的操作权限可以定制。

2) 项目管理

在系统界面,单击菜单栏中的"项目管理"项,即可查看当前的所有项目。

(1) 创建新项目。

单击"创建新项目"按钮,进入新项目创建页面,如图 3-22 所示。添加项目时,可以设定

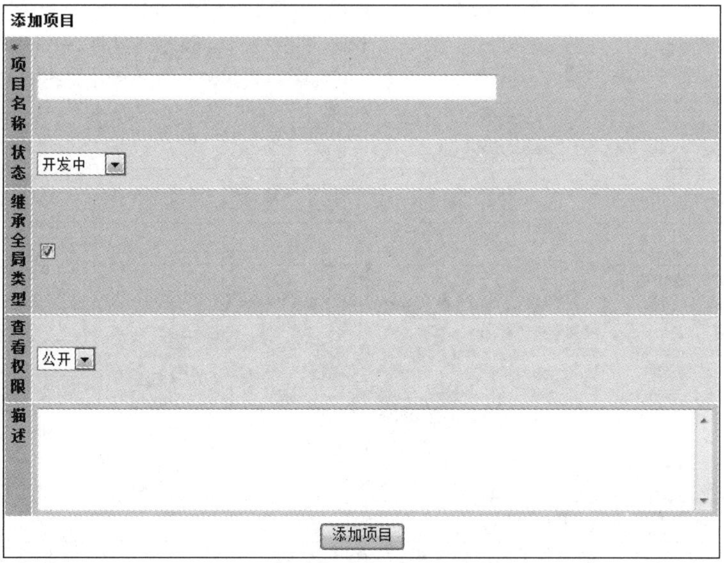

图 3-22　添加项目

新项目的状态,状态包括开发中(development)、发布(release)、稳定(stable)和停止维护(obsolete)。填写好项目资料后,单击"添加项目"按钮,新的项目就添加到系统中了。

(2) 管理项目。

在系统界面,单击菜单栏中的"项目管理"项,将进入项目管理页面,如图 3-23 所示。在

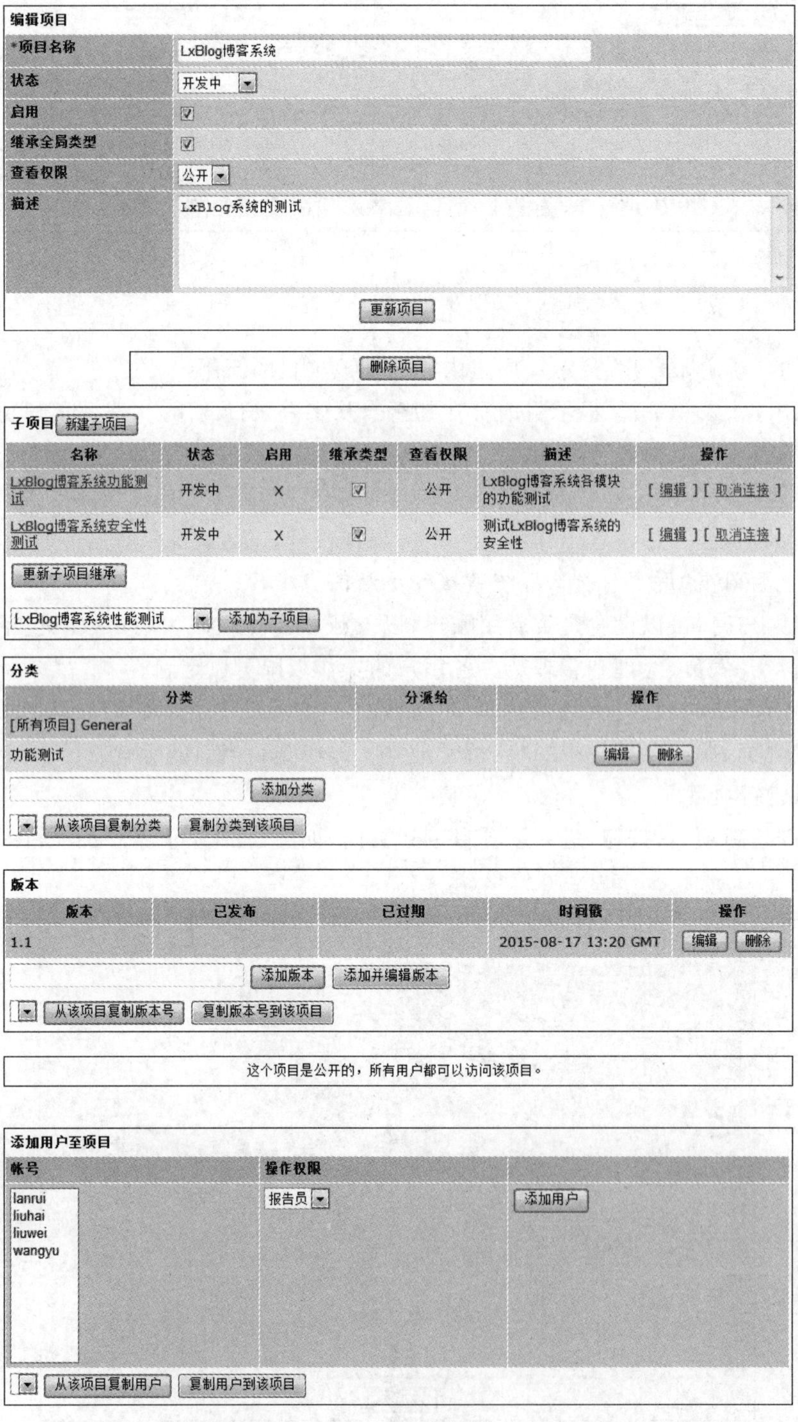

图 3-23 管理项目

弹出的页面中，可以看到已经创建的项目列表，列表中包括各个项目的名称、状态、查看状态以及说明列属性。单击列表中的项目名称，就可以看到项目的具体情况。在这个页面上可以进行下列操作。

① 编辑项目。在这里经理可以对项目的名称、状态、查看状态、上传文件的存放路径以及说明等内容进行更新。

② 删除项目。单击"删除"按钮，即可将当前项目从库里删除。

③ 子项目。可以创建属于该项目的子项目，或者指定某个项目为该项目的子项目。

④ 添加分类。填入类别名称，单击"添加分类"便可在当前项目里增加类别。

⑤ 编辑分类。单击"编辑"按钮，进入类别编辑页面，可以将当前的类别分配给指定的工作人员，这样会在该项目下提交一个新 Bug 的时候，直接分派给该指定的工作人员处理。

⑥ 删除分类。单击"删除"按钮，即可删除当前的分类。

⑦ 版本。可以对已有的项目版本进行更新或者删除，也可以添加新的版本。

⑧ 自定义字段。可以从已存在的自定义字段中选择出所需要的添加到该项目中的自定义字段里，也可以删除已添加的自定义字段。自定义字段添加至项目后，在"提交问题"中会显示为必填字段。

⑨ 添加用户至项目。将与项目相关的用户添加进来。

⑩ 管理账号。对该项目中所有的相关人员的账号进行管理，可以删去那些在项目中不需要的账号。

3）自定义字段管理

自定义字段管理是用于在提交问题的时候，系统给予的填写项不满足实际需求，这样可以自行在这个功能页面里定义自己需要的字段，以便能更好地描述 Bug 的情况，而且在过滤器中也会增加这个字段的属性，可以根据其进行数据过滤。

在管理页面中，单击"自定义字段管理"菜单项，即可进入自定义字段管理页面，在这里可以新建自定义字段、修改已有的自定义字段。

自定义域的类型有字符串（String）、数值（Numeric）、浮点型（Float）、枚举类型（Enumeration）、电子邮件（Email）、选择框（Checkbox）、列表（List）、多选列表（Multiselection List）、日期（Date）等。

新建自定义字段时，可以设置类型、可能取值、默认取值、是否在报告、更新、解决、关闭页面显示和必填，是否仅在高级查询条件页面显示，并且可以设置关联自定义字段到项目。

4）插件管理

在系统界面，单击菜单栏中的"插件管理"项，进入插件管理页面，如图 3-24 所示。在这里可以看到已装插件和可用插件。在可用插件的右侧单击"安装"按钮，可以安装相应的插件。

5）注销

在系统界面，单击菜单栏中的"注销"项，即可退出登录，返回至初始登录界面。

3.7.4 权限用户的操作

1. 经理

经理是整个软件开发过程中较为重要的管理人员。经理在该系统下的使用权限比管理

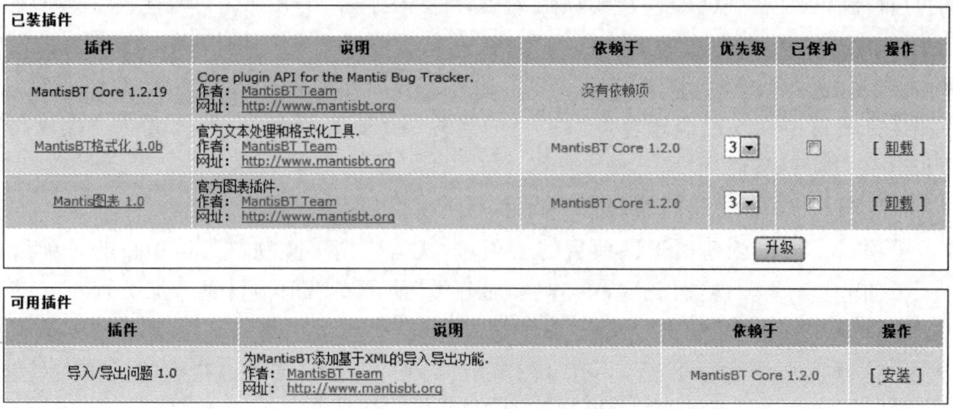

图 3-24　插件管理

员稍微低一些，由于前面已经详细说明了各个菜单功能的使用，因而这里主要说明经理在本系统所能使用的功能与管理员有什么不同。

对于前面提及的菜单功能，经理在使用的时候和管理员基本相同，但存在以下几个差异。

（1）只能对自己的过滤器进行操作，对于管理员设为共有的过滤器只能使用而不能进行操作。

（2）在"查看问题"时，可以通过复选框来对某条 Bug 进行命令操作，但经理级别的工作人员不能执行"删除"操作。如果执行"删除"操作，系统会提示：你无权执行该项操作。

（3）在"管理"功能中，不能对用户进行管理，包括新建、删除用户等，也不能新建项目，只能管理现有项目的信息。

2．开发人员

开发人员是负责整个软件开发的工作人员。使用 Mantis 缺陷跟踪管理系统，开发人员可以及时地发现和解决软件缺陷。在该系统中，开发人员的权限比经理的权限低一些，从开始登录进入系统就能看出来，其主菜单栏的功能相对少一些。比起经理和管理员的菜单栏，少了"统计报表"和"管理"功能。

前面已经详细说明了各个菜单功能的使用，这里主要说明开发人员在本系统所能使用的功能与管理员的不同之处。

（1）开发人员只能设置私有的过滤器，可以共享管理员和经理创建的且属性设置为公有的过滤器。

（2）在"查看问题"的时候，可以通过复选框来对某条 Bug 进行命令操作，但开发人员不能执行"删除"操作。如果执行"删除"操作，系统会提示：你无权执行该项操作。

3．修改人员

修改人员是负责修改问题的工作人员。修改人员的主菜单和开发人员的一样，但其使用权限还是比开发人员稍低一些，下面来具体说明操作区别。

（1）不能创建过滤器，但是可以使用由其他工作人员创建且属性被设为公有的过滤器。

（2）在"查看问题"的时候，可以通过复选框来对某条 Bug 进行命令操作，修改人员只能进行"复制""更新优先级""更新状态""更新视图状态"操作，对于其他的命令操作则无权执行。

（3）在"我的视图"页面，没有"分派给我的（尚未解决）"状态的 Bug 数据列表，因为对于修改人员来说，不能将 Bug 直接指派给他。因此，相应的界面上没有这类数据的显示。

4. 报告人员

报告人员是专门负责提交 Bug 报告的工作人员。报告人员的主菜单与开发人员和修改人员的一样，但是其使用权限比修改人员低一些。下面来具体说明操作区别。

（1）不能创建过滤器，但是可以使用由其他工作人员创建且属性被设为公有的过滤器。

（2）在"查看问题"的时候，对 Bug 数据列表不能进行任何命令操作。

（3）在"我的视图"页面，没有"分派给我的（尚未解决）"状态的 Bug 数据列表，因为对于报告人员来说，也不能将 Bug 直接指派给他。因此，相应的界面上没有这类数据的显示。

5. 查看人员

查看人员，顾名思义就是只具有查看权限的工作人员，在 Mantis 系统中，其权限最低，功能主菜单也相应更少。查看人员对于 Mantis 系统的操作功能基本上没有使用权限（除了个人资料的功能外），而只能查看各个项目的 Bug 流程及具体情况。

3.7.5 指派给我的工作

当工作人员登录系统后，在"我的视图"界面，单击"分派给我的（未解决）"中的问题编号链接，将进入分派任务的问题界面。在这个页面，将问题的信息分为 7 个数据块来显示。

1. 查看问题详细信息

在页面上的第一个数据块显示问题（Issue）的详细资料，在这个数据表格可以进行下列操作。

（1）查看注释。单击此链接，则直接跳转到该页面的注释数据。

（2）发送提醒。单击此链接，则可以对某个工作人员发送提醒，直接在该工作人员的监视 Issue 视图里生成，并在该 Issue 的注释里也增加一条记录。注意：这个功能除了查看人员之外，其他工作人员都可以使用。

（3）问题历史。单击此链接，则直接跳转到该页面的问题历史数据。

（4）打印。单击此链接，则直接在网页上生成这个问题的详细数据，可以通过浏览器提供的打印功能进行打印。

（5）编辑。如果问题的信息需要修改，则单击"编辑"按钮，直接进入问题编辑页面。然后单击"更改信息"按钮，根据需要修改信息，如果不修改，可以单击"返回到问题"按钮，回到前面的页面。注意：修改问题信息只有管理员、经理、开发人员和修改人员能使用。

（6）分派给。这个功能可以把当前的问题直接分派给选定的工作人员。注意：分派功能只有管理员、经理、开发人员以及修改人员具有，而且只有管理员才能指派给自身。

（7）状态改为。这个功能可以当前的问题流程状态进行修改。注意：修改状态功能只有管理员、经理、开发人员可以使用。

(8) 监视。这个功能可以把当前这个问题置为所监视的问题范围之内。注意：这个功能除了查看人员之外，其他工作人员都可以使用。

(9) 创建子问题。这个功能主要是创建与当前问题相关的问题。单击"创建"按钮进入如图 3-25 所示的页面。在"与上级问题关联"中设定创建子项后和当前问题的关系。同时在"关联"数据块中会增加一条记录。注意：创建子项功能只有管理员、经理、开发人员以及修改人员才能使用。

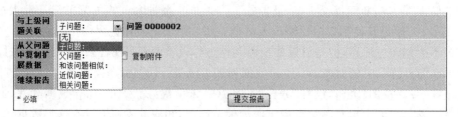

图 3-25　创建子问题

(10) 移动。单击"移动"按钮，将打开如图 3-26 所示的页面。选择下拉列表中的项目，然后单击"移动问题"按钮，即可以将该问题转移到所选的项目中。注意：移动功能只有管理员、经理、开发人员才能使用。

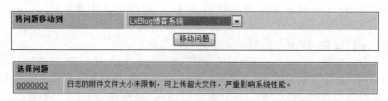

图 3-26　移动问题

(11) 关闭。将该问题关闭，不再修改、讨论。注意：关闭功能只有管理员、经理才能使用。

(12) 删除问题。单击"删除问题"按钮，将直接删除该问题。注意：只有管理员才有这个权限。

2. 关联

关联主要是描述当前问题是否和别的问题有什么关系。在此界面可以进行如下操作。

(1) 增加关联。增加与当前问题有关联的问题，选择关系，输入问题编号，单击"添加"按钮即可完成添加。注意：只有管理员、经理、开发人员和修改人员才能使用这项功能。

(2) 查看相关问题。单击关联列表的问题编号链接，可以直接查看该关联问题的详细信息。

(3) 删除关联。对已经存在的关联数据进行删除操作。注意：只有管理员、经理、开发人员和修改人员才能使用这项功能。

3. 上传文件

在报告问题时，可以上传文件。如果当时没有上传，可以在此处重新上传。上传文件则显示在"查看问题资料"的附件属性的表格中。注意：这个功能除了查看人员之外，其他工作人员都可以使用。

4．正在监视这个 Issue 的用户

如果当前问题被工作人员列入监视范围内，在此处则显示这些工作人员的账户。

5．添加注释

在此处可以为当前问题增加注释，添加完毕后直接在之后的"问题注释"中增加一条记录。注意：这个功能除了查看人员之外，其他工作人员都可以使用。

6．Issue 注释

在此处显示该问题的所有公共注释，问题提醒发送的信息也作为注释记录陈列在下面。

7．Issue 历史记录

此处陈列了当前问题根据时间升序排列的所有历史操作记录。其中记录了操作时间、工作人员、对于字段的操作，以及 Issue 的改变。

思考题

1. 测试人员发现缺陷后，能直接交给开发人员吗？请说明理由。
2. 进行完善的软件测试后，能否确保软件中没有缺陷？为什么？
3. 在缺陷管理系统中，缺陷具有哪些状态？
4. 请简述缺陷管理的一般流程。
5. 测试后，需要从哪些方面分析缺陷？
6. 使用缺陷管理系统有哪些优势？
7. 缺陷的严重级别和优先级是一一对应的吗？
8. 如何运用缺陷管理工具对缺陷进行有效管理？

第4章 静态测试技术

4.1 静态测试概述

静态测试(Static Testing)是指不运行被测试程序,仅通过分析或检查源程序的语法、结构、过程、接口等来检查程序的正确性。因为静态测试方法并不真正运行被测程序,只进行特性分析,所以,静态测试常常称为"静态分析"。静态测试是对被测程序进行特性分析方法的总称。

静态测试包括技术评审、代码检查、静态分析、程序质量度量等。静态测试可以完成下列工作。

(1) 发现程序中的下列错误。错用局部变量和全局变量,未定义的变量,不匹配的参数,不适当的循环嵌套或分支嵌套,死循环,不允许的递归,调用不存在的子程序,遗漏标号或代码。

(2) 找出以下问题的根源。从未使用过的变量,不会执行到的代码,从未使用过的标号,潜在的死循环。

(3) 提供程序缺陷的间接信息。所用变量和常量的交叉应用表,是否违背编码规则,标识符的使用方法和过程的调用层次。

(4) 为进一步查找错误做好准备。

(5) 为测试用例选取提供指导。

(6) 进行符号测试。

静态测试是一种非常有效而重要的测试技术。相对于动态测试而言,静态测试成本低、效率较高,并且可以在软件开发早期阶段发现软件缺陷。静态测试可以由人工进行,充分发挥人的逻辑思维优势,也可以借助软件工具自动进行。

4.2 技术评审

4.2.1 技术评审定义

技术评审(Technical Review)的目的是尽早地发现工作成果中的缺陷,并帮助开发人员及时消除缺陷,从而有效地提高产品的质量。技术评审最初是IBM公司为了提高软件质量和提高程序员生产率而倡导的,现已经被业界广泛采用并收到了很好的效果。技术评审被普遍认为是软件开发的最佳实践之一。

技术评审能够在任何开发阶段执行,它可以比测试更早地发现并消除工作成果中的缺陷。技术评审的优点在于以下几个方面。

(1) 通过消除工作成果的缺陷而提高产品的质量。

(2) 尽早消除缺陷,降低开发成本。

(3) 开发人员能够及时地得到同行专家的帮助和指导,加深对工作成果的理解,更好地预防缺陷,在一定程度上提高了开发生产率。

技术评审有两种类型:正式技术评审和非正式技术评审。正式技术评审要求比较严格,需要举行评审会议,参加评审会议的人员比较多。非正式技术评审形式比较灵活,通常在同伴之间展开,不必举行评审会议,评审人员比较少。

理论上讲,为了确保产品的质量,产品的所有工作成果都应当接受技术评审。现实中,为了节约时间,允许人们有选择地对工作成果进行技术评审。技术评审方式也视工作成果的重要性和复杂性而定。

评审的形式包括同行评审、独立评审、组内评审、相关项目成员评审。

同行评审(Peer Review):也称作"同级评审"或"对等审查"等。由软件开发文档的编写者的同事对软件文档进行系统的检查,以发现错误和检查修改过的区域,并提供改进的建议。

独立评审:安排一些人对成果进行个别检查,以单独完成对成果的评审,评审人员相互之间暂时不进行讨论。

组内评审:项目团队内部组织的对成果的评审。

相关项目成员评审:相关项目成员可以分为横向和纵向两类,所谓横向,指与本项目同时进行的项目的成员;所谓纵向,指历史上已经开发与这个系统有关的软件系统项目的成员。在必要时,也可以请规划中即将建设的软件项目的成员参加,主要是在软件的技术和设计风格上进行统一的规划,以充分利用软件复用技术来提高效率和易维护性,充分考虑各系统之间的接口、兼容性和界面一致性。

4.2.2 评审成员

评审小组至少由 3 人组成(包括被审材料的作者),一般为 4 至 7 人。通常,概要性的设计文档需要较多评审人员,涉及详细技术的评审只需要较少的评审人员。

评审小组应包括评审员(Reviewer/Inspector)、主持人(Moderator)、宣读员(Reader)、记录员(Recorder)和作者(Author)。

1. 评审员

评审小组中的每一成员,无论他(她)是否是主持人、作者、宣读员、记录员,都是评审员。他们的职责是在会前准备阶段和会上检查被审查材料,找出其中的缺陷。

合适的评审员人选包括被审材料在生命周期中的前一阶段、本阶段和下一阶段的相关开发人员。例如,需求分析评审员可以包括客户和概要设计者,详细设计和代码的评审员可以包括概要设计者、相关模块开发人员、测试人员。

2. 主持人

主持人的主要职责在评审会前负责正规技术评审计划和会前准备的检查；在评审会中负责调动每一个评审员在评审会上的工作热情，把握评审会方向，保证评审会的工作效率；在评审会后负责对问题的分类及问题修改后的复核。

3. 宣读员

宣读员的任务是在评审会上通过朗读和分段来引导评审小组遍历被审材料。除了代码评审可以选择作者作为宣读员外，其他评审最好选择直接参与后续开发阶段的人员作为宣读员。

4. 记录员

记录员负责将评审会上发现的软件问题记录在"技术评审问题记录表"中。在评审会上提出的但尚未解决的任何问题以及前序工作产品的任何错误都应加以记录。

5. 作者

被审材料的作者负责在评审会上回答评审员提出的问题，以避免明显的误解被当作问题。此外，作者须负责修正在评审会上发现的问题。

4.2.3 评审过程

正规技术评审活动过程包括下列活动。

1. 计划

由项目经理指定的主持人检查作者提交的被审材料是否齐全，是否满足评审条件，例如，代码应通过编译后才能参加评审。主持人确定评审小组成员及职责，确定评审会时间、地点。主持人向评审小组成员分发评审材料。评审材料应包括被审材料、检查要点列表和相关技术文档。

2. 预备会

如果评审小组不熟悉被审材料和有关背景，主持人可以决定是否召开预备会。在预备会上，作者介绍评审理由、被审材料的功能、用途及开发技术。

3. 会前准备

在评审会之前，每一位评审员应根据检查要点逐行检查被审材料，对发现的问题做好标记或记录。主持人应了解每一位评审员会前准备情况，掌握在会前准备中发现的普遍问题和需要在评审会上加以重视的问题。会前准备是保证评审会效率的关键之一。如果会前准备不充分，主持人应重新安排评审会日程。

4. 评审会

评审会由主持人主持，由全体评审员共同对被审材料进行检查。宣读员逐行朗读或逐段讲解被审材料。评审员随时提出在朗读或讲解过程中发现的问题或疑问,记录员将问题写入"技术评审问题记录表"。必要时,可以就提出的问题进行简短的讨论。如果在一定时间内(由主持人控制)讨论无法取得结果,主持人应宣布该问题为"未决"问题,由记录员记录在案。在评审会结束时,由全体评审员形成评审结论。主持人在评审会结束后对"技术评审问题记录表"中问题进行分类。

5. 修正错误

作者对评审会上提出的问题进行修正。

6. 复审

如果被审材料存在较多的问题或者较复杂的问题,主持人可以决定由全体评审员对修正后的被审材料再次举行评审会。

7. 复核

主持人或主持人委托他人对修正后的被审材料进行复核,检查评审会提出的并需要修正的问题是否得到解决。主持人完成"技术评审总结报告"。

4.3 代码检查

代码检查包括桌面检查、代码审查、代码走查和技术评审等,主要检查代码的设计是否一致、代码是否遵循标准性和可读性、代码的逻辑表达是否正确,以及代码结构是否合理等;发现违背程序编写标准的问题,程序中不安全、不明确和模糊的部分,找出程序中不可移植部分、违背程序编程风格的问题,包括变量检查、命名和类型审查、程序逻辑审查、程序语法检查和程序结构检查等内容。

4.3.1 代码检查类型

1. 桌面检查

桌面检查(Desk Checking)是人工查找错误的一种传统的方法,可视为由单人进行的代码检查或代码走查。桌面检查通过对源程序代码进行分析、检验来发现程序中的错误。桌面检查关注的是变量的值和程序逻辑,所以执行桌面检查要严格按照程序中的逻辑顺序,并记录检查结果。

比较正式的桌面检查可以使用表格的形式来记录检查的结果,表格的设计如下:

(1) 第一列是行号(Line Num),在桌面检查中标明正在检查的行,可以使检查过程清晰明了。

(2) 待检查程序中使用的每个变量占据一列。变量名作为列标题,随着程序流程的执行,新的变量值填入对应的表格中。

(3) 条件列(Condition)。条件的结果可能为真(T)或者假(F)。随着程序的执行,条件值被计算出来并记录到表格中。这可以用在任何需要计算条件值的地方——if、while 和

for 语句都有计算条件值的含义。

（4）输入输出（Input/Output）列。这列用来记录需要用户输入的数据和程序输出的结果。输入数据可以表示为变量名＋"？"＋变量值，例如 count？100；输出结果可以表示为变量名＋"＝"＋变量值，例如 sum＝2000。

下面通过实例来说明如何使用桌面检查技术。

例 4-1 输入年份，判断其是否为闰年。

```
    /**
     * 判断年份是否是闰年
     */
1   public boolean isleap(year){
2       boolean flag = false;
3       if((year % 4 == 0 && year % 100!= 0 )||( year % 400 == 0)){
4           flag = true;
5       }
6       return flag;
7   }
```

测试数据

输入：year＝2000。

正确结果：函数的返回值为 true。

第一列 Line Num 表示代码行号，最后一列 Input/Output 表示输入数据/输出结果，倒数第二列 Condition 记录代码中出现的各个条件表达式的值，中间各列为代码中出现的变量名。测试结果过程如表 4-1 所示。

表 4-1 例 4-1 的桌面检查过程

Line Num	year	flag	Condition	Input/Output
1	2000			
2		false		
3			year%4==0? isT year%100!=0? isF year%400==0? isT	
4		true		
5				
6				true

例 4-2 输入两个数，计算最大公约数。下列程序使用辗转相减法计算两个数的最大公约数。

```
    /**
     * 更相减损法计算最大公约数
     */
1   public int divisor (int a, int b){
2       if (a <= 0 || b <= 0){
3           return -1;
```

```
4            }
5       while (a != b){
6            if( a > b )
7                 a = a - b;
8            else
9                 b = b - a;
10           }
11      return a;
12   }
```

测试数据

输入：a = 8, b = 6。

正确结果：函数返回值为 2。

第一列 Line Num 表示代码行号，最后一列 Input/Output 表示输入数据/输出结果，倒数第二列 Condition 记录代码中出现的各个条件表达式的值，中间各列为代码中出现的变量名。测试结果过程如表 4-2 所示。

表 4-2　例 4-2 的桌面检查过程

Line Num	a	b	Condition	Input/Output
1	8	6		
2			a <= 0?is F b <= 0?is F	
3				
4				
5			a != b?is T	
6			a > b?is T	
7	8-6=2			
10				
5			a != b?is T	
6			a > b?is F	
8				
9		6-2=4		
10				
5			a != b?is T	
6			a > b?is F	
8				
9		4-2=2		
10				
5			a != b?is F	
10				
11				2

桌面检查一般由程序员检查自己编写的程序。程序员在程序通过编译之后，进行单元测试设计之前，对源程序代码进行分析、检验，并补充相关的文档，目的是发现程序中的错误。由于程序员熟悉自己的程序及其程序设计风格，可以节省很多的检查时间，但应避免主观片面性。这种检查应在软件开发早期实施，最好在设计编码之后使用。桌面检查的文档是一种过渡性的文档，不是公开的正式文档。通过编写文档，也是对程序的一种下意识的检查和测试，可以帮助程序员发现和抓住更多的错误。管理部门也可以通过审查桌面检查文档，了解模块的质量、完整性、测试方法和开发人员的能力。

2. 代码审查

代码审查（Code Review）是由若干程序员和测试员组成一个会审小组，通过阅读、讨论和争议，对程序进行静态分析的过程。

1) 代码审查小组

审查小组通常由 4 类角色组成：主持人、作者、评论员和记录员。审查的一个关键特征就是每个人都要扮演某一个明确的角色。

主持人负责审查以既定的速度进行，使其既能保证效率，又能发现尽可能多的错误。主持人还负责管理审查的其他方面，例如分派审查代码的任务、分发审查所需要的核对表、预定会议室、报告审查结果以及负责跟踪审查会议上指派的任务。

作者是直接参与代码设计和编写的人，该角色在审查中扮演相对次要的角色。审查的目标之一就是让代码本身能够表达自己。如果有不够清晰的部分，那么就需要向作者分配任务，使其更加清晰。除此之外，作者的责任就是解释代码中不清晰的部分。如果参与评论的人对项目不熟悉，作者还需要陈述项目的概况，为审查会议做准备。

评论员同代码有直接关系，但又不是作者本人，测试人员或者高层架构师也可以参与。评论员的责任是找出缺陷。他们通常在审查会议的准备阶段就已经找出了部分的缺陷，然后随着审查会议中对代码的讨论，他们应该能够找出更多的缺陷。

记录员将审查会议期间发现的错误，以及指派的任务记录下来。

一般来说，参与审查的人数不应少于 3 人，少于 3 人就不可能有单独的主持人、作者和评论员了，而这三种角色不应该被合并。一般建议参与审查的人数在 6 人左右。

2) 代码审查的内容

代码审查一般包括下列内容：

（1）检查代码和设计的一致性；

（2）检查代码的可读性以及对软件设计标准的遵循情况；

（3）检查代码逻辑表达的正确性；

（4）检查代码结构的合理性；

（5）检查程序中不安全、不明确和模糊的部分；

（6）检查编程风格方面的问题等。

3) 代码审查的步骤

（1）计划（Plan）。作者将代码提交给主持人，由主持人决定哪些人参与复查，并决定会议在什么时候、什么地点召开。接下来主持人将代码以及与会者需注意的核对表发给各人。材料需打印出来，每行代码应当有行号，以便会议中更快标识出错误的位置。

（2）概述（Overview Meeting）。当评论员不熟悉他们要审查的项目时，作者可以花一定时间来描述代码的技术背景。加入概述也会有一定风险，因为这可能会导致被检查的代码中不清晰的地方被掩饰。代码本身应该可以自我表达，在概述中不应该谈论它们。

（3）准备（Preparation）。每个评论员独立地对代码进行审查，找出其中的错误。评论员使用核对表来指导他们对材料的审查。

（4）审查会议（Inspection Meeting）。主持人选出除作者之外的某个人来阅读代码。所有的逻辑都应当有解释，包括每个逻辑结构的每个分支。在此过程中，其他小组成员可以提出问题，展开讨论，审查错误是否存在。实践证明，作者在讲解过程中能发现许多原来自己没有发现的错误，而讨论则促进了问题的暴露。在陈述期间，记录员需要记录发现的错误，但所有的讨论应当在确认这是一个错误的时候停止。当记录员将错误的类型和严重程度记录下来后，审查工作继续向下进行。

不要在审查的过程中讨论解决方案，小组应该把注意力保持在识别缺陷上。某些审查小组甚至不允许讨论某个缺陷是否确实是一个缺陷。他们认为如果某个人对某个问题有困惑，那么就应该认为是一个缺陷，设计、代码或者文档应该进一步清理。

（5）审查报告（Report）。审查会议之后，主持人要写出一份审查报告，列出每个缺陷，包括它的类型和严重级别。审查报告有助于确保所有的缺陷都得到修正，还可以用来开发一份核对表，强调与该类项目相关的特定问题。

（6）返工（Rework）。主持人将缺陷分配给相关人员（通常是作者）来修复。得到任务的人负责修复表中的每个缺陷。

（7）跟进（Follow-up）。主持人负责监督检查过程中分配的返工任务。根据发现错误的数量和这些错误的严重级别，跟踪工作进展的情况，让评论员重新审查整个工作成果，或者让评论员只重新审查修复的部分，或者允许作者只完成修改而不做任何跟进。

审查过程除了能够发现代码中的缺陷，还有下列有益的效果：

① 作者通常会获得关于编程风格、算法选择和编程技巧方面的反馈。其他与会者也会从暴露出的问题中获得经验。

② 审查过程在早期就确定了程序中容易出错的部分，有助于在以后的自动测试过程中对这些部分重点关注。

4）审查核对表

在代码审查过程中一个重要的部分是使用一个核对表来检查程序中的常见错误。表4-3给出的核对表是从多年实践中总结出来的程序中的常见错误。它把程序中可能发生的各种错误进行分类，对每一种类型列举出尽可能多的典型错误。核对表基本与编程语言无关，其中大多数错误都可能在任何语言中出现。测试者也可以根据所使用的编程语言和编程实践经验补充核对表内容。

3. 代码走查

代码走查（Code Walkthrough）就是对软件文档进行书面检查。代码走查通过人工模拟执行源程序的过程，检查软件设计的正确性。人工模拟也像计算机执行那样，可以仔细推敲、校验和核实每一步的执行结果，进而确定其执行逻辑、控制模型、算法和使用参数与数据的正确性。

表 4-3 核对表示例

类别	核对项
数据引用错误	1. 变量使用前是否赋值或初始化？变量未赋值或未初始化容易引起变量使用错误，特别是对于指针或引用变量。 2. 数组下标的范围和类型是否正确？ 3. 数组下标是否越界？ 4. 通过指针引用的内存单元是否存在（虚调用）？如在函数返回局部变量的指针或引用时会产生虚调用错误。 5. 被引用的变量或内存的属性是否与编译器预期的一致？如 A 类型的指针或引用是否指向的是非 A 类型对象。 6. 当分配的内存空间比可寻址的内存单元小时，是否有明显或不明显的寻址问题？ 7. 使用指针或引用变量时，是否与引用的值具有相同的类型？ 8. 当一个数据结构在多子程序中使用时，该数据结构是否在每个子程序中定义一致？ 9. 对字符串进行读写操作或引用数组下标时，是否有超出了字符串或数组末尾而导致的 off-by-one 错误？ 10. 对于面向对象的语言，所有的继承条件是否都在实现类中满足？
数据声明错误	1. 是否所有变量都已声明？ 2. 默认的属性（默认值）是否正确？ 3. 变量的初始化是否正确？ 4. 变量的初始化是否与数据类型一致？ 5. 每个变量是否都有正确的长度、类型和存储类别？ 6. 不同变量是否存在相似的名字？
运算错误	1. 是否存在非算术变量之间的运算？ 2. 是否存在混合模式的运算？（如 int 与 float 类型） 3. 是否存在不同字长变量之间的运算？（如 int 与 long 类型） 4. 目标变量大小是否小于所赋值的大小？（精度损失或越界错误） 5. 计算表达式过程中是否上溢或下溢？ 6. 是否存在除 0 错误？ 7. 操作符的优先顺序是否正确？ 8. 整数除法是否正确？（精度问题，如 2*(i/2)==i） 9. 是否会有不准确的计算结果？ 10. 由多个操作符构成的表达式中，对计算的顺序和操作符优先级的假设是否正确？
比较错误	1. 是否有不同类型数据的比较运算？（如日期与数字） 2. 是否有混合模式或不同长度数据的比较运算？ 3. 比较运算符是否正确？（如至多、至少、不小于） 4. 布尔表达式（与、或、非）是否正确？ 5. 比较运算符是否与布尔表达式相混合？ 6. 是否存在浮点数的比较？ 7. 在多个布尔操作符构成的表达式中，计算的优先顺序是否正确？（例如 if((a==2) && (b==2) || (c==3))) 8. 编译器计算布尔表达式的方式是否影响程序？

续表

控制流程错误	1. 是否所有循环都能终止？（循环结束条件是否能满足，递归的终止条件是否能满足？） 2. 是否存在由于入口条件不满足而使某些循环从来不会被执行？（do-while 循环） 3. 是否存在仅差一个的循环错误？（如 for(int i=0;i<=10;i++){}） 4. 程序结构中括号是否匹配？if、else 是否匹配？do、while 是否匹配？try、catch 是否匹配？ 5. 每个程序、模块或子程序是否会终止？ 6. 是否存在没考虑到的情况？
接口错误	1. 形参和实参的数量是否相等？ 2. 形参的属性是否与实参的属性相匹配？ 3. 形参的顺序是否与实参的顺序相匹配？ 4. 形参的单位是否和实参匹配？ 5. 调用内置函数时，参数的数目、类型和顺序是否正确？ 6. 子程序是否改变了某个仅作为输入值的形参？（C++中的 const 关键字） 7. 如果使用了全局变量，在所有引用它们的子程序中是否具有一致的定义？ 8. 常数是否作为参数传入？
输入输出错误	1. 文件是否被显示地声明？文件属性是否正确？ 2. 打开文件的语句是否正确？ 3. 文件的格式规范是否和 I/O 语句中的信息一致？ 4. 缓冲区、内存大小是否足够来保留程序将读取的文件？ 5. 文件在使用前是否打开了？ 6. 文件在使用后是否关闭了？ 7. 文件结束条件是否被正确处理？ 8. 是否处理了 I/O 错误？ 9. 打印或输出的文本信息中是否存在拼写或语法错误？
其他检查	1. 是否存在未引用过的变量？ 2. 每个变量的属性和赋予的默认值是否一致？ 3. 编译通过的程序是否存在"警告"或"提示"信息？ 4. 程序或模块是否对输入的合法性进行了检查？ 5. 程序是否遗漏了某个功能？

代码走查以小组方式进行，代码走查组包括组长、秘书和测试人员。

组长，类似代码审查组长。秘书，负责记录发现的错误。测试人员，应是具有经验的程序设计人员，或精通程序设计语言的人员，或从未介入被测试程序的设计工作的技术人员（这样的人没有被已有的设计框住，就不会被原设计思路约束，比较容易发现问题）。

代码走查分以下两步进行。

（1）提前把材料发给走查小组每个成员，让他们认真研究程序，然后再开会。开会的程序与代码会审不同，不是简单地读程序和对照错误检查表进行检查，而是让与会者"充当"计算机。即首先由测试组成员为被测程序准备一批有代表性的测试用例，提交给走查小组。走查小组开会，集体扮演计算机角色，让测试用例沿着程序的逻辑运行一遍，随时记录程序的踪迹，供分析和讨论用。

（2）人们借助于测试用例的媒介作用，对程序的逻辑和功能提出各种疑问，结合问题开展热烈的讨论和争议,能够发现更多的问题。

当然用例数量不能太多、太复杂,因为人"执行"程序的速度要比计算机慢很多。用例本身并不起主要作用,它们只是作为媒介来向代码作者提出有关程序设计和逻辑方面的问题。

代码走查可以减少查找错误的时间,提高解决 Bug 的效率,提高开发效率的同时降低后期的维护成本。经过走查的代码能够迅速被其他成员看懂,这样有利于项目其他成员更全面地了解业务,促进成员之间交流。代码走查过程也是总结提高的过程,可以有效提高开发人员的技术水平以及业务素养。

经验表明,代码检查能快速找到缺陷。使用代码审查和代码走查能够优先发现 30%~70% 的逻辑设计和编码错误。IBM 使用代码审查方法表明,错误的检测效率高达全部查出错误的 80%。Myers 的研究发现代码审查和代码走查平均查出全部错误的 70%。但是代码检查非常耗费时间,而且代码检查需要知识和经验的积累。代码检查也可以借助测试工具进行自动化测试,以提高测试效率,降低劳动强度。

在实际工作,不要被概念所束缚,而应根据项目的实际情况来决定采取哪种静态测试形式,不用严格去区分到底是代码走查,代码审查,还是技术评审。

4.3.2　代码检查内容

代码检查主要涉及下列内容。

(1) 检查变量的交叉引用表。重点检查未说明的变量和违反了类型规定的变量。对照源程序,逐个检查变量的引用、变量的使用序列、临时变量在某条路径上的重写情况,局部变量、全局变量与特权变量的使用。

(2) 检查标号的交叉引用表。验证所有标号的正确性,检查所有标号的命名是否正确,转向指定位置的标号是否正确。

(3) 检查子程序、宏、函数。验证每次调用与所调用位置是否正确,确认每次所调用的子程序、宏、函数是否存在,检验调用序列中调用方式与参数顺序、个数、类型上的一致性。

(4) 等价性检查。检查全部等价变量的类型的一致性,解释所包含的类型差异。

(5) 常量检查。确认常量的取值和数制、数据类型,检查常量每次引用及它的取值、数制和类型的一致性。

(6) 标准检查。用标准检查工具软件或手工检查程序中违反标准的问题。

(7) 风格检查。检查发现程序在设计风格方面的问题。

(8) 比较控制流。比较由程序员设计的控制流图和由实际程序生成的控制流图,寻找和解释每个差异,修改文档并修正错误。

(9) 选择、激活路径。在程序员设计的控制流图上选择路径,再到实际的控制流图上激活这条路径。如果选择的路径在实际控制流图上不能激活,则源程序可能有错。

(10) 对照程序的规格说明,详细阅读源代码,逐字逐句进行分析和思考,比较实际的代码和期望的代码,从它们的差异中发现程序的问题和错误。

(11) 补充文档。桌面检查的文档是一种过渡性的文档,不是公开的正式文档。通过编写文档,也是对程序的一种下意识的检查和测试,可以帮助程序员发现和抓住更多的错误。管理部门也可以通过审查桌面检查文档,了解模块的质量、完全性、测试方法和程序员的能力。

测试中,可以根据检查内容编制编码规则、规范和错误或缺陷检查表等作为代码检查的依据和基础。

4.3.3 编码规范检查

编码规范是程序编写过程中必须遵循的规则,一般会详细规定代码的语法规则、语法格式等。编码规范对于程序员而言尤为重要,主要有以下几个原因。

(1) 一个软件的生命周期中,80%的花费在于维护。

(2) 几乎没有任何一个软件,在其整个生命周期中,均由最初的开发人员来维护。

(3) 编码规范可以改善软件的可读性,可以让程序员尽快而彻底地理解新代码。

(4) 如果将源码作为产品发布,就需要确认它是否被很好地打包并且清晰无误,一如已构建的其他任何产品。

为了执行规范,每个软件开发人员必须一致遵守编码规范。

下面以 Java 编码规范为例,说明编码规范。本规范的内容包括代码布局、注释、命名规则、声明、表达式与语句、类与接口等。

1. 代码布局

代码布局的目的是显示出程序良好的逻辑结构,提高程序的准确性、连续性、可读性、可维护性。更重要的是,统一的代码布局和编程风格,有助于提高整个项目的开发质量,提高开发效率,降低开发成本。同时,对于普通程序员来说,养成良好的编程习惯有助于提高自己的编程水平,提高编程效率。

1) 基本格式

【规则 1-1-1】 源代码文件(.java)的布局顺序是:包、import 语句、类。

【规则 1-1-2】 遵循统一的布局顺序来书写 import 语句,不同类别的 import 语句之间用空行分隔。

【规则 1-1-3】 if、else、else if、for、while、do、switch 等语句独占一行,执行语句不得紧跟其后。不论执行语句有多少都要加'{}'。

2) 对齐

【规则 1-2-1】 一般禁止使用制表符,必须使用空格进行缩排。缩进为 4 个空格。

【规则 1-2-2】 程序的分界符'{'和'}'应独占一行,'}'同时与引用它们的语句左对齐。'{}'之内的代码块使用缩进规则对齐。

【规则 1-2-3】 多维的数组如果在定义时初始化,按照数组的矩阵结构分行书写。

3) 空行空格

【规则 1-3-1】 不同逻辑程序块之间要使用空行分隔。

【规则 1-3-2】 一元操作符如"++""——""!""~"等前后不加空格。"[]"".""这类操作符前后不加空格。

【规则 1-3-3】 多元运算符和它们的操作数之间至少需要一个空格。

【规则 1-3-4】 方法名之后不要留空格。

【规则 1-3-5】 '('向后紧跟')',','和';'向前紧跟,紧跟处不留空格。',' 之后要留空格。';'不是行结束符号时其后要留空格。

4）断行

【规则 1-4-1】 长表达式（超过 120 列）要在低优先级操作符处拆分成新行，操作符放在新行之首（以便突出操作符）。拆分出的新行要进行适当的缩进，使排版整齐。

【规则 1-4-2】 方法声明时，修饰符、类型与名称不允许分行书写。

2. 注释

注释有助于理解代码，有效的注释是指在代码的功能、意图层次上进行注释，提供有用、额外的信息，而不是代码表面意义的简单重复。

1）实现注释

实现注释用以注释代码或者实现细节。

【规则 2-1-1】 块注释之首应该有一个空行，用于把块注释和代码分割开。

【规则 2-1-2】 注释符与注释内容之间要用一个空格进行分隔。

【规则 2-1-3】 注释应与其描述的代码相近，对代码的注释应放在其上方（需与其上面的代码用空行隔开）或右方（对单条语句的注释）相邻位置，不可放在下面。

【规则 2-1-4】 单行注释与所描述内容进行同样的缩进。

【规则 2-1-5】 若有多个尾端注释出现于大段代码中，它们应该具有相同的缩进。

【规则 2-1-6】 包含在{ }中代码块的结束处要加注释，便于阅读。特别是多分支、多重嵌套的条件语句或循环语句。

【规则 2-1-7】 对分支语句（条件分支、循环语句等）必须编写注释。

2）文档注释

文档注释从实现自由的角度描述代码的规范。文档注释是 Java 独有的，并由 / ** … * /界定，注释内容里包含标签。

【规则 2-2-1】 注释使用中文注释。与 doc 有关的标准英文单词标签保留。

【规则 2-2-2】 类、接口头部必须进行注释。

【规则 2-2-3】 公共方法前面应进行文档型注释。

3. 命名规则

好的命名规则能极大地增加可读性和可维护性。同时，对于一个有上百个人共同完成的大项目来说，统一命名约定也是一项必不可少的内容。

【规则 3-1】 标识符要采用英文单词或其组合，便于记忆和阅读，切忌使用汉语拼音来命名。

标识符只能由 26 个英文字母、10 个数字及下画线的一个子集来组成，并严格禁止使用连续的下画线。用户定义的标识符下画线不能出现在标识符的头尾，数字也不能出现在标识符的头部。

标识符应当使用完整的英文描述，标识符的命名应当符合 min-length && max-information 原则，谨慎使用缩写。

【规则 3-2】 采用应用领域相关的术语来命名。

【规则 3-3】 程序中不要出现仅靠大小写区分的相似的标识符。

【规则 3-4】 用正确的反义词组命名具有互斥意义的变量或相反动作的函数等。

【规则 3-5】 类名和接口使用类意义完整的英文描述,每个英文单词的首字母使用大写,其余字母使用小写的大小写混合法。

【规则 3-6】 属性名使用意义完整的英文描述,第一个单词的字母使用小写,剩余单词首字母大写,其余字母小写的大小写混合法。属性名不能与方法名相同。

【规则 3-7】 方法名使用类意义完整的英文描述:第一个单词的字母使用小写,剩余单词首字母大写,其余字母小写的大小写混合法。

【规则 3-8】 方法中,存取属性的方法采用 set 和 get 方法,动作方法采用动词和动宾结构。

【规则 3-9】 常量名使用全大写的英文描述,英文单词之间用下画线分隔开,并且使用 static final 修饰。

4. 声明

【规则 4-1】 一行只声明一个变量。

【规则 4-2】 一个变量有且只有一个功能,不能把一个变量用于多种用途。

5. 表达式与语句

表达式是语句的一部分,它们是不可分割的。表达式和语句虽然看起来比较简单,但使用时隐患比较多。下面归纳了正确使用表达式和 if、for、while、switch 等基本语句的一些规则。

【规则 5-1】 每一行应该只包括一个语句。

【规则 5-2】 在表达式中使用括号,使表达式的运算顺序更清晰。在逻辑简单的情况下可以不加。

【规则 5-3】 当复合语句作为控制流程的一部分时,应该用'{ }'把所有的复合语句括起来,即使只有一句简单语句。

【规则 5-4】 不可将浮点变量用"=="或"!="与任何数字比较。

【规则 5-5】 在 switch 语句中,每一个 case 分支必须使用 break 结尾,最后一个分支必须是 default 分支。

【建议 5-1】 避免在 if 条件中赋值。

【建议 5-2】 带值的返回语句不需要用括号'()'。

【建议 5-3】 循环嵌套次数不大于 3 次。

【建议 5-4】 do while 语句和 while 语句仅使用一个条件。

【建议 5-5】 在多重循环中,如果有可能,应当将最长的循环放在最内层,最短的循环放在最外层,以减少 CPU 跨切循环层的次数。

【建议 5-6】 不可在 for 循环体内修改循环变量,防止 for 循环失去控制。

6. 类与接口

【规则 6-1】 类内部的代码布局顺序是:类变量、属性、构造函数、方法。

【建议 6-1】 功能相关的方法放在一起。

【建议 6-2】 保证内部类定义成 private,提高类的封装性。

【建议6-3】 嵌套内部类不能超过两层。
【建议6-4】 一个接口可以有多个实现类,实现类共同的变量在接口里声明。
【建议6-5】 函数的参数个数不宜超过4个。
【建议6-6】 使程序结构体现程序的目的。

4.3.4 程序静态分析

程序静态分析(Program Static Analysis)是指在不运行代码的方式下,通过词法分析、语法分析、控制流、数据流分析等技术对程序代码进行扫描,验证代码是否满足规范性、安全性、可靠性、可维护性等指标的一种代码分析技术。目前静态分析技术向模拟执行的技术发展已能够发现更多传统意义上动态测试才能发现的缺陷,例如符号执行、抽象解释、值依赖分析等,并采用数学约束求解工具进行路径约减或者可达性分析以减少误报增加效率。程序静态分析的目标不是证明程序完全正确,而是作为动态测试的补充,在程序运行前尽可能多地发现其中隐含的错误,提高程序的可靠性和健壮性,但并不能完全代替动态测试。

常用静态分析技术如下。

(1) 词法分析。从左至右逐个字符地读入源程序,对构成源程序的字符流进行扫描,通过使用正则表达式匹配方法将源代码转换为等价的符号(Token)流,生成相关符号列表,Lex为常用词法分析工具。

(2) 语法分析。判断源程序结构上是否正确,通过使用上下文无关语法将相关符号整理为语法树,Yacc为常用工具。

(3) 抽象语法树分析。将程序组织成树形结构,树中相关节点代表了程序中的相关代码,目前已有JavaCC/Antlra等抽象语法树生成工具。

(4) 语义分析。对结构上正确的源程序进行上下文有关性质的审查。

(5) 控制流分析。生成有向控制流图,用节点表示基本代码块,节点间的有向边代表控制流路径,反向边表示可能存在的循环;还可生成函数调用关系图,表示函数间的嵌套关系。

(6) 数据流分析。对控制流图进行遍历,记录变量的初始化点和引用点,保存切片相关数据信息。

(7) 污点分析。基于数据流图判断源代码中哪些变量可能受到攻击,是验证程序输入、识别代码表达缺陷的关键。

(8) 无效代码分析,根据控制流图可分析孤立的节点部分为无效代码。

程序静态分析可以帮助软件开发人员、质量保证人员查找代码中存在的结构性错误、安全漏洞等问题,从而保证软件的整体质量。程序静态分析还可以用于帮助软件开发人员快速理解文档残缺的大规模软件系统以及系统业务逻辑抽取等系统文档化的领域。静态分析越来越多地被应用到程序优化、软件错误检测和系统理解领域。

4.4 静态测试工具

静态测试工具直接对代码进行分析,不需要运行代码,也不需要对代码编译链接生成可执行文件。静态测试工具一般是对代码进行语法扫描,找出不符合编码规范的地方,根据某种质量模型评价代码的质量,生成系统的调用关系图等。

下面介绍几款常用的静态测试工具。

1. PC-Lint

PC-Lint 是 GIMPEL SOFTWARE 公司开发的 C/C++ 软件代码静态分析工具,它的全称是 PC-Lint/FlexeLint for C/C++。PC-Lint 能够在 Windows、MS-DOS 和 OS/2 平台上使用,以二进制可执行文件的形式发布,而 FlexeLint 运行于其他平台,以源代码的形式发布。PC-Lint 在全球拥有广泛的客户群,许多大型的软件开发组织都把 PC-Lint 检查作为代码走查的第一道工序。PC-Lint 不仅能够对程序进行全局分析,识别没有被适当检验的数组下标,报告未被初始化的变量,警告使用空指针以及冗余的代码,还能够有效地提出许多程序在空间利用、运行效率上的改进点。

网站地址为 http://www.gimpel.com/html/index.htm。

2. Checkstyle

Checkstyle 是 SourceForge 下的一个项目,提供了一个帮助 Java 开发人员遵守某些编码规范的工具。它能够自动化代码规范检查过程,从而使得开发人员从枯燥的任务中解脱出来。Checkstyle 可以有效检视代码,以便更好地遵循代码编写标准,特别适用于小组开发时彼此间的编码规范和统一。Checkstyle 提供了高可配置性,以便适用于各种代码规范,除了使用它提供的几种常见标准之外,也可以定制自己的标准。

网站地址为 http://checkstyle.sourceforge.net。

3. Logiscope

Logiscope 是 IBM Rational(原 Telelogic)推出的专用于软件质量保证和软件测试的产品。其主要功能是对软件做质量分析和测试以保证软件的质量,并可做认证、反向工程和维护,特别是针对要求高可靠性和高安全性的软件项目和工程。Logiscope 支持四种源代码语言:C、C++、Java 和 ADA。

Logiscope 工具集包含了三个功能组件。

Logiscope RuleChecker:根据工程中定义的编程规则自动检查软件代码错误,可直接定位错误。RuleChecker 包含大量标准规则,用户也可定制创建规则,自动生成测试报告。

Logiscope Audit:定位错误模块,可评估软件质量及复杂程度。Audit 提供代码的直观描述,并自动生成软件文档。

Logiscope TestChecker:测试覆盖分析,显示没有测试的代码路径,基于源码结构分析。TestChecker 直接反馈测试效率和测试进度,协助进行衰退测试,既可在主机上测试,也可在目标板上测试,支持不同的实时操作系统,并支持多线程。

4. FindBugs

FindBugs 是由马里兰大学提供的一款开源 Java 静态代码分析工具。FindBugs 通过检查类文件或 JAR 文件,将字节码与一组缺陷模式进行对比从而发现代码缺陷,完成静态代码分析。FindBugs 既提供可视化 UI 界面，同时也可以作为 Eclipse 插件使用。

FindBugs 可以简单高效全面地发现程序代码中存在的 Bug、Bad Smell，以及潜在隐患。针对各种问题，它提供了简单的修改意见供重构时进行参考。通过使用 FindBugs，可以一定程度上降低代码审查的工作量，并且会提高审查效率。

网站地址为 http://findbugs.sourceforge.net/。

5. Splint

Splint 是一个 GNU 免费授权的 Lint 程序，是一个动态检查 C 语言程序安全弱点和编写错误的程序。Splint 会进行多种常规检查，包括未使用的变量，类型不一致，使用未定义变量，无法执行的代码，忽略返回值，执行路径未返回，无限循环等错误。

网站地址为 http://www.splint.org/。

6. CppCheck

CppCheck 是一个 C/C++ 代码缺陷静态检查工具，用来检查代码缺陷，如数组越界、内存泄漏等。不同于 C/C++ 编译器及其他分析工具，CppCheck 只检查编译器检查不出来的 Bug，不检查语法错误。

CppCheck 作为编译器的一种补充检查，对产品的源代码执行严格的逻辑检查。CppCheck 执行的检查如下。

（1）Out of bounds checking：边界检查，如数组越界检查。

（2）Memory leaks checking：内存泄漏检查。

（3）Detect possible null pointer dereferences：空指针引用检查。

（4）Check for uninitialized variables：未初始化的变量检查。

（5）Check for invalid usage of STL：异常 STL 函数使用检查。

（6）Checking exception safety：异常处理安全性检查。

（7）Warn if obsolete or unsafe functions are used：过期的函数或不安全的函数调用检查。

（8）Warn about unused or redundant code：未使用的或冗余的代码检查。

（9）Detect various suspicious code indicating bugs：代码中可能存在的各种 Bug 检查。

（10）Check for auto variables：自动变量检查。

网站地址为 http://cppcheck.sourceforge.net/。

7. Cobot

Cobot（库博）是由北京大学软件工程中心研发的静态分析工具，能够支持编码规则、语义缺陷的程序分析，以及 C/C++ 数千条规则和缺陷的检测，是我国唯一可以称得上静态分析产品的商业化工具。由于其自主知识产权，对国内的操作系统、编码标准支持得较好，检测精度也基本与上述工具持平，所以也得到了很多用户的认可。2015 年通过美国 CWE-Compatible 认证，是中国首个也是唯一一个通过该认证的安全检测产品。

网站地址为 http://www.cobot.net.cn/。

4.5 Checkstyle

4.5.1 Checkstyle 简介

Checkstyle 是 SourceForge 下的一个项目,提供了一个帮助 Java 开发人员遵守某些编码规范的工具。Checkstyle 可以根据设置好的编码规则来检查代码,例如符合规范的变量命名、良好的程序风格等。它能够自动化代码规范检查过程,从而使开发人员从这项重要而枯燥的任务中解脱出来。

Checkstyle 是一款检查 Java 程序代码样式的工具,可以有效检查代码以便更好地遵循代码编写标准,特别适用于小组开发时彼此间的样式规范和统一。

Checkstyle 提供了高可配置性,以便适用于各种代码规范。可以只检查一种规则,也可以检查几十种规则,可以使用 Checkstyle 自带的规则,也可以自己增加检查规则。Checkstyle 支持几乎所有主流 IDE,包括 Eclipse、IntelliJ、NetBeans、JBuilder 等 11 种。

需要强调的是,Checkstyle 只能做检查,而不能修改代码。

Checkstyle 检验的主要内容如下。

(1) Annotations(注释);
(2) Javadoc Comments(Javadoc 注释);
(3) Naming Conventions(命名约定);
(4) Headers(文件头检查);
(5) Imports(导入检查);
(6) Size Violations(检查大小);
(7) Whitespace(空白);
(8) Modifiers(修饰符);
(9) Blocks(块);
(10) Coding Problems(代码问题);
(11) Class Design(类设计);
(12) Duplicates(重复);
(13) Metrics(代码质量度量);
(14) Miscellaneous(杂项)。

4.5.2 Checkstyle 规则文件

1. Checkstyle 原理

Checkstyle 配置是通过指定 modules 来应用到 java 文件的。modules 是树状结构,以一个名为 Checker 的 module 作为 root 节点,一般的 Checker 都会包括 TreeWalker 子 module。可以参照 Checkstyle 中的 sun_checks.xml,这是根据 Sun 的 Java 语言规范写的配置。

在 XML 配置文件中通过 module 的 name 属性来区分 module,module 的 properties 可

以控制如何去执行这个 module,每个 property 都有一个默认值,所有的 check 都有一个 severity 属性,用它来指定 check 的 level。TreeWalker 为每个 Java 文件创建一个语法树,在节点之间调用 submodules 的 Checks。

2. Checkstyle 检查项

1) Annotations

(1) Annotation Use Style(注解使用风格):这项检查可以控制要使用的注解的样式。

(2) Missing Deprecated(缺少 deprecad):检查 java.lang.Deprecated 注解或 @deprecated 的 Javadoc 标记是否同时存在。

(3) Missing Override(缺少 override):当出现{@inheritDoc}的 Javadoc 标签时,验证 java.lang.Override 注解是否出现。

(4) Package Annotation(包注解):这项检查可以确保所有包的注解都在 package-info.java 文件中。

(5) Suppress Warnings(抑制警告):这项检查允许用户指定不允许 Suppress Warnings 抑制哪些警告信息。还可以指定一个 TokenTypes 列表,其中包含了所有不能被抑制的警告信息。

2) Javadoc Comments

(1) Package Javadoc(包注释):检查每个 Java 包是否都有 Javadoc 注释。

(2) Method Javadoc(方法注释):检查方法或构造器的 Javadoc。

(3) Style Javadoc(风格注释):验证 Javadoc 注释,以便于确保它们的格式。可以检查接口声明、类声明、方法声明、构造器声明、变量声明等注释。

(4) Type Javadoc(类型注释):检查方法或构造器的 Javadoc。

(5) Variable Javadoc(变量注释):检查变量是否具有 Javadoc 注释。

(6) Write Tag(输出标记):将 Javadoc 作为信息输出。

3) Naming Conventions

(1) Abstract Class Name(抽象类名称):检查抽象类的名称是否遵守命名规约。

(2) Class Type Parameter Name(类的类型参数名称):检查类的类型参数名称是否遵守命名规约。

(3) Constant Names(常量名称):检查常量(用 static final 修饰的字段)的名称是否遵守命名规约。

(4) Local Final Variable Names(局部 final 变量名称):检查局部 final 变量的名称是否遵守命名规约。

(5) Local Variable Names(局部变量名称):检查局部变量的名称是否遵守命名规约。

(6) Member Names(成员名称):检查成员变量(非静态字段)的名称是否遵守命名规约。

(7) Method Names(方法名称):检查方法名称是否遵守命名规约。

(8) Method Type Parameter Name(方法的类型参数名称):检查方法的类型参数名称是否遵守命名规约。

(9) Package Names(包名称):检查包名称是否遵守命名规约。

(10) Parameter Names(参数名称)：检查参数名称是否遵守命名规约。

(11) Static Variable Names(静态变量名称)：检查静态变量(用 static 修饰,但没用 final 修饰的字段)的名称是否遵守命名规约。

(12) Type Names(类型名称)：检查类型名称是否遵守命名规约。

4) Headers

(1) Header(文件头)：检查源码文件是否开始于一个指定的文件头。

(2) Regular Expression Header(正则表达式文件头)：检查 Java 源码文件头部的每行是否匹配指定的正则表达式。

5) Imports

(1) Avoid Star (Demand) Imports(避免通配符导入)：检查是否有 import 语句使用 * 符号。从一个包中导入所有的类会导致包之间的紧耦合,当一个新版本的库引入了命名冲突时,这样就有可能导致问题发生。

(2) Avoid Static Imports(避免静态导入)：检查没有静态导入语句。

(3) Illegal Imports(非法导入)：检查是否导入了指定的非法包。

(4) Import Order Check(导入顺序检查)：检查导入包的顺序/分组。

(5) Redundant Imports(多余导入)：检查是否存在多余的导入语句。

如果一条导入语句满足以下条件,那么就是多余的：①它是另一条导入语句的重复,也就是一个类被导入了多次；②从 java.lang 包中导入类,例如,导入 java.lang.String；③从当前包中导入类。

(6) Unused Imports(未使用导入)：检查未使用的导入语句。

Checkstyle 使用一种简单可靠的算法来报告未使用的导入语句。如果一条导入语句满足以下条件,那么就是未使用的：①没有在文件中引用；②它是另一条导入语句的重复；③从 java.lang 包中导入类；④从当前包中导入类；⑤可选,即在 Javadoc 注释中引用它。

(7) Import Control(导入控制)：控制允许导入每个包中的哪些类。可用于确保应用程序的分层规则不会违法,特别是在大型项目中。

6) Size Violations(尺寸超标)

(1) Anonymous inner classes lengths(匿名内部类长度)：检查匿名内部类的长度。

(2) Executable Statement Size(可执行语句数量)：将可执行语句的数量限制为一个指定的限值。

(3) Maximum File Length(最大文件长度)：检查源码文件的长度。

(4) Maximum Line Length(最大行长度)：检查源码每行的长度。

(5) Maximum Method Length(最大方法长度)：检查方法和构造器的长度。

(6) Maximum Parameters(最大参数数量)：检查一个方法或构造器的参数的数量。

(7) Outer Type Number(外层类型数量)：检查在一个文件的外层(或根层)中声明的类型的数量。

(8) Method Count(方法总数)：检查每个类型中声明的方法的数量。

7) Whitespace

(1) Generic Whitespace(范型标记空格)：检查范型标记<和>的周围的空格是否遵守标准规约。

（2）Empty For Initializer Pad（空白 for 初始化语句填充符）：检查空的 for 循环初始化语句的填充符，也就是空格是否可以作为 for 循环初始化语句空位置的填充符。如果代码自动换行，则不会进行检查。

（3）Empty For Iterator Pad（空白 for 迭代器填充符）：检查空的 for 循环迭代器的填充符，也就是空格是否可以作为 for 循环迭代器空位置的填充符。

（4）No Whitespace After（指定标记之后没有空格）：检查指定标记之后没有空格。若要禁用指定标记之后的换行符，将 allowLineBreaks 属性设为 false 即可。

（5）No Whitespace Before（指定标记之前没有空格）：检查指定标记之前没有空格。若要允许指定标记之前的换行符，将 allowLineBreaks 属性设为 true 即可。

（6）Operator Wrap（运算符换行）：检查代码自动换行时，运算符所处位置的策略。

（7）Method Parameter Pad（方法参数填充符）：检查方法定义、构造器定义、方法调用、构造器调用的标识符和参数列表的左圆括号之间的填充符。如果标识符和左圆括号位于同一行，那么就检查标识符之后是否需要紧跟一个空格。如果标识符和左圆括号不在同一行，那么就报错，除非将规则配置为允许使用换行符。想要在标识符之后使用换行符，将 allowLineBreaks 属性设置为 true 即可。

（8）Paren Pad（圆括号填充符）：检查圆括号的填充符策略，也就是在左圆括号之后和右圆括号之前是否需要有一个空格。

（9）Typecast Paren Pad（类型转换圆括号填充符）：检查类型转换的圆括号的填充符策略。也就是在左圆括号之后和右圆括号之前是否需要有一个空格。

（10）File Tab Character（文件制表符）：检查源码中没有制表符（'\t'）。

（11）Whitespace After（指定标记之后有空格）：检查指定标记之后是否紧跟了空格。

（12）Whitespace Around（指定标记周围有空格）：检查指定标记的周围是否有空格。

8）Regexp

（1）RegexpSingleline（正则表达式单行匹配）：检查单行是否匹配一条给定的正则表达式。可以处理任何文件类型。

（2）RegexpMultiline（正则表达式多行匹配）：检查多行是否匹配一条给定的正则表达式。可以处理任何文件类型。

（3）RegexpSingleLineJava（正则表达式单行 Java 匹配）：用于检测 Java 文件中的单行是否匹配给定的正则表达式。它支持通过 Java 注释抑制匹配操作。

9）Modifiers

（1）Modifier Order（修饰符顺序）：检查代码中的标识符的顺序是否符合指定的顺序。

正确的顺序应当如下：public、protected、private、abstract、static、final、transient、volatile、synchronized、native、strictfp。

（2）Redundant Modifier（多余修饰符）：检查是否有多余的修饰符需要检查的部分如下：

① 接口和注解的定义；② final 类的方法的 final 修饰符；③ 被声明为 static 的内部接口声明。接口中的变量和注解默认就是 public、static、final 的，因此，这些修饰符也是多余的。因为注解是接口的一种形式，所以它们的字段默认也是 public、static、final 的。定义为 final 的类是不能被继承的，因此，final 类的方法的 final 修饰符也是多余的。

10) Blocks

（1）Avoid Nested Blocks（避免嵌套代码块）：找到嵌套代码块，也就是在代码中无节制使用的代码块。

（2）Empty Block（空代码块）：检查空代码块。

（3）Left Curly Brace Placement（左花括号位置）：检查代码块的左花括号的放置位置。通过 property 选项指定验证策略。

（4）Need Braces（需要花括号）：检查代码块周围是否有大括号，可以检查 do、else、if、for、while 等关键字所控制的代码块。

（5）Right Curly Brace Placement（右花括号位置）：检查 else、try、catch 标记的代码块的右花括号的放置位置。通过 property 选项指定验证策略。

11) Coding Problems

（1）Avoid Inline Conditionals（避免内联条件语句）：检测内联条件语句。

（2）Covariant Equals（共变 equals()方法）：检查定义了共变 equals()方法的类中是否同样覆盖了 equals(java.lang.Object)方法。

（3）Default Comes Last（默认分支置于最后）：检查 switch 语句中的 default 是否在所有的 case 分支之后。

（4）Declaration Order Check（声明顺序检查）：根据 Java 编程语言的编码规约，一个类或接口的声明部分应当按照以下顺序出现。

① 类（静态）变量。首先是 public 类变量，然后是 protected 类变量，接下来是 package 类变量（没有访问标识符），最后是 private 类变量。

② 实例变量。首先是 public 类变量，然后是 protected 类变量，接下来是 package 类变量（没有访问标识符），最后是 private 类变量。

③ 构造器。

④ 方法。

（5）Empty Statement（空语句）：检测代码中是否有空语句（也就是单独的；符号）。

（6）Equals Avoid Null（避免调用空引用的 equals()方法）：检查 equals()比较方法中，任意组合的 String 常量是否位于左边。

（7）Equals and HashCode（equals()方法和 hashCode()方法）：检查覆盖了 equals()方法的类是否也覆盖了 hashCode()方法。

（8）Explicit Initialization（显式初始化）：检查类或对象的成员是否显式地初始化为成员所属类型的默认值（对象引用的默认值为 null，数值和字符类型的默认值为 0，布尔类型的默认值为 false）。

（9）Fall Through（跨越分支）：检查 switch 语句中是否存在跨越分支。如果一个 case 分支的代码中缺少 break、return、throw 或 continue 语句，那么就会导致跨越分支。

（10）Illegal Catch（非法异常捕捉）：从不允许捕捉 java.lang.Exception、java.lang.Error、java.lang.RuntimeException 的行为。

（11）Illegal Throws（非法异常抛出）：这项检查可以用来确保类型不能声明抛出指定的异常类型。从不允许声明抛出 java.lang.Error 或 java.lang.RuntimeException。

（12）Illegal Tokens（非法标记）：检查不合法的标记。

(13) Illegal Type(非法类型)：检查代码中是否有在变量声明、返回值、参数中都没有作为类型使用过的特定类。包括一种格式检查功能，默认情况下不允许抽象类。

(14) Inner Assignment(内部赋值)：检查子表达式中是否有赋值语句，例如 String s=Integer.toString(i=2);。

(15) JUnit Test Case(JUnit 测试用例)：确保 setUp()、tearDown()方法的名称正确，没有任何参数，返回类型为 void，是 public 或 protected 的。同样确保 suite()方法的名称正确，没有参数，返回类型为 junit.framework.Test，并且是 public 和 static 的。

(16) Magic Number(幻数)：检查代码中是否含有"幻数"，幻数就是没有被定义为常量的数值文字。默认情况下，−1,0,1,2 不会被认为是幻数。

(17) Missing Constructor(缺少构造器)：检查类(除了抽象类)是否定义了一个构造器，而不是依赖于默认构造器。

(18) Missing Switch Default(缺少 switch 默认分支)：检查 switch 语句是否含有 default 子句。

(19) Modified Control Variable(修改控制变量)：检查确保 for 循环的控制变量没有在 for 代码块中被修改。

(20) Multiple String Literals(多重字符串常量)：检查在单个文件中，相同的字符串常量是否出现了多次。

(21) Multiple Variable Declaration(多重变量声明)：检查每个变量是否使用一行一条语句进行声明。

(22) Nested For Depth(for 嵌套深度)：限制 for 循环的嵌套层数(默认值为 1)。

(23) Nested If Depth(if 嵌套深度)：限制 if-else 代码块的嵌套层数(默认值为 1)。

(24) Nested Try Depth(try 嵌套深度)：限制 try 代码块的嵌套层数(默认值为 1)。

(25) No Clone(没有 clone()方法)：检查是否覆盖了 Object 类中的 clone()方法。

(26) No Finalize(没有 finalize()方法)：验证类中是否定义了 finalize()方法。

(27) Package Declaration(包声明)：确保一个类具有一个包声明，并且(可选地)包名要与源代码文件所在的目录名相匹配。

(28) Parameter Assignment(参数赋值)：不允许对参数进行赋值。

(29) Redundant Throws(多余的 throws)：检查 throws 子句中是否声明了多余的异常，例如重复异常、未检查的异常或一个已声明抛出的异常的子类。

(30) Require This(需要 this)：检查代码是否使用了"this."，也就是说，在默认情况下，引用当前对象的实例变量和方法时，应当显式地通过"this.varName"或"this.methodName(args)"这种形式进行调用。

(31) Return Count(return 总数)：限制 return 语句的数量，默认值为 2。可以忽略检查指定的方法(默认忽略 equals()方法)。

(32) Simplify Boolean Expression(简化布尔表达式)：检查是否有过于复杂的布尔表达式。现在能够发现诸如 if(b==true)、b||true、!false 等类型的代码。

(33) Simplify Boolean Return(简化布尔返回值)：检查是否有过于复杂的布尔类型 return 语句。

(34) String Literal Equality(严格的常量等式比较)：检查字符串对象的比较是否使用

了==或!=运算符。

(35) SuperClone(父类 clone()方法)：检查一个覆盖的 clone()方法是否调用了 super.clone()方法。

(36) SuperFinalize(父类 finalize()方法)：检查一个覆盖的 finalize()方法是否调用了 super.finalize()方法。参考：清理未使用对象。

(37) Trailing Array Comma(数组尾随逗号)：检查数组的初始化是否包含一个尾随逗号。例如：

```
int[] a = new int[] {
         1, 2, 3, };
```

如果左花括号和右花括号都位于同一行，那么这项检查允许不添加尾随逗号。如：

```
return new int[] { 0 };
```

(38) Unnecessary Parentheses(不必要的圆括号)：检查代码中是否使用了不必要的圆括号。

(39) One Statement Per Line(每行一条语句)：检查每行是否只有一条语句。
下面的一行将会被标识为出错：

```
x = 1; y = 2; // 一行中有两条语句
```

12) Class Design

(1) Designed For Extension(设计扩展性)：检查类是否具有可扩展性。更准确地说，它强制使用一种编程风格，父类必须提供空的"句柄"，以便子类实现它们。
确切的规则是，类中可以由子类继承的非私有、非静态方法必须是：abstract()方法，或 final()方法，或有一个空的实现。

(2) Final Class(final 类)：检查一个只有私有构造器的类是否被声明为 final。

(3) Inner Type Last(最后声明内部类型)：检查嵌套/内部的类型是否在当前类的最底部声明(在所有的方法/字段的声明之后)。

(4) Hide Utility Class Constructor(隐藏工具类构造器)：确保工具类(在 API 中只有静态方法和字段的类)没有任何公有构造器。

(5) Interface Is Type(接口是类型)：Bloch 编写的 $Effective\ Java$ 中提到，接口应当描述为一个类型。因此，定义一个只包含常量，但是没有包含任何方法的接口是不合适的。

(6) Mutable Exception(可变异常)：确保异常(异常类的名称必须匹配指定的正则表达式)是不可变的。

(7) Throws Count(抛出计数)：将异常抛出语句的数量配置为一个指定的限值(默认值为 1)。

(8) Visibility Modifier(可见性标识符)：检查类成员的可见性。只有 static final 的类成员可以是公有的，其他类成员必须是私有的，除非设置了 protectedAllowed 属性或 packageAllowed 属性。

13) Duplicates

Strict Duplicate Code(严格重复代码)：逐行地比较所有的代码行，如果有若干行只有缩进有所不同,那么就报告存在重复代码。Java 代码中的所有的 import 语句都会被忽略,任何其他的行(包括 Javadoc、方法之间的空白行等)都会被检查。

14) Metrics

(1) Boolean Expression Complexity(布尔表达式复杂度):限制一个表达式中的 &&、||、&、|、^ 等逻辑运算符的数量。

(2) Class Data Abstraction Coupling(类的数据抽象耦合):这项度量会测量给定类中的其他类的实例化操作的次数。

(3) Class Fan Out Complexity(类的扇出复杂度):一个给定类所依赖的其他类的数量。这个数量的平方还可以用于表示函数式程序(基于文件)中需要维护总量的最小值。

(4) Cyclomatic Complexity(循环复杂度):检查循环复杂度是否超出了指定的限值。该复杂度由构造器、方法、静态初始化程序、实例初始化程序中的 if、while、do、for、?:、catch、switch、case 等语句,以及 && 和 || 运算符的数量所测量。它是遍历代码的可能路径的一个最小数量测量,因此也是需要的测试用例的数量。通常 1~4 是很好的结果,5~7 较好,8~10 就需要考虑重构代码了,如果大于 11,则需要马上重构代码。

(5) Non Commenting Source Statements(非注释源码语句):通过对非注释源码语句(NCSS)进行计数,确定方法、类、文件的复杂度。这项检查遵守 Chr. Clemens Lee 编写的 *JavaNCSS-Tool* 中的规范。

(6) NPath Complexity(NPath 复杂度):NPATH 度量会计算遍历一个函数时,所有可能的执行路径的数量。它会考虑嵌套的条件语句,以及由多部分组成的布尔表达式(例如,A && B,C || D,等等)。

解释:在 Nejmeh 的团队中,每个单独的例程都有一个取值为 200 的非正式的 NPATH 限值;超过这个限值的函数可能会进行进一步的分解,或者至少一探究竟。

15) Miscellaneous

(1) Array Type Style(数组类型风格):检查数组定义的风格。有的开发者使用 Java 风格为 public static void main(String[] args);有的开发者使用 C 风格为 public static void main(String args[])。

(2) Descendent Token Check(后续标记检查):检查在其他标记之下的受限标记。

警告:这是一项非常强大和灵活的检查,但是与此同时,它偏向于底层技术,并且非常依赖于具体实现,因为,它的结果依赖于我们用来构建抽象语法树的语法。

(3) Final Parameters(final 参数):检查方法/构造器的参数是否是 final 的。

(4) Indentation(代码缩进):检查 Java 代码的缩进是否正确。

(5) New Line At End Of File(文件末尾的新行):检查文件是否以新行结束。

(6) Todo Comment(TODO 注释):这项检查负责 TODO 注释的检查。

(7) Translation(语言转换):这是一项 FileSetCheck 检查,通过检查关键字的一致性属性文件,它可以确保代码的语言转换的正确性。可以使用两个描述同一个上下文环境的属性文件来保证一致性,如果它们包含相同的关键字。

(8) Uncommented Main(未注释 main()方法):检查源码中是否有未注释的 main()方法(调试的残留物)。

(9) Upper Ell(大写 L):检查 long 类型的常量在定义时是否由大写的 L 开头。注意,是 L,不是 l。

（10）Regexp（正则表达式）：这项检查可以确保指定的格式串在文件中存在，或者允许出现几次，或者不存在。

（11）Outer Type File Name（外部类型文件名）：检查外部类型名称是否与文件名称匹配。例如，类 Foo 必须在文件 Foo.java 中。

16）Other

（1）Checker（检查器）：每个 checkstyle 配置的根模块，不能被删除。

（2）TreeWalker（树遍历器）：FileSetCheck TreeWalker 会检查单个的 Java 源码文件，并且定义了适用于检查这种文件的属性。

17）Filters

（1）Severity Match Filter（严重度匹配过滤器）：根据事件的严重级别决定是否要接受审计事件。

（2）Suppression Filter（抑制过滤器）：在检查错误时，Suppression Filter 过滤器会依照一个 XML 格式的策略抑制文件，选择性地拒绝一些审计事件。

（3）Suppression Comment Filter（抑制注释过滤器）：使用配对的注释来抑制审计事件。

（4）Suppress With Nearby Comment Filter（抑制附近注释过滤器）：使用独立的注释来抑制审计事件。

3. Checkstyle 规则文件示例

Checkstyle 自带了几个配置文件，如 sun_checks.xml、sun_checks_eclipse.xml、google_checks.xml 等。sun_checks.xml 是严格符合 Sun 编码规范的，只是这些配置文件的检查太过严格，任何一个项目都会检查出上千个 Warning。

用户可以根据自己的需要来撰写配置文件。

下面是一个 Checkstyle 配置文件示例。

```xml
<?xml version = "1.0" encoding = "UTF-8"?>
  <!DOCTYPE module PUBLIC
        "-//Puppy Crawl//DTD Check Configuration 1.2//EN"
        "http://www.puppycrawl.com/dtds/configuration_1_2.dtd">
  <module name = "Checker">
      <property name = "severity" value = "warning"/>
    <module name = "StrictDuplicateCode">
      <property name = "charset" value = "utf-8" />
    </module>

    <module name = "TreeWalker">
        <!-- javadoc 的检查 -->
        <!-- 检查所有的 interface 和 class -->
        <module name = "JavadocType" />
        <!-- 命名方面的检查 -->
        <!-- 局部的 final 变量，包括 catch 中的参数的检查 -->
        <module name = "LocalFinalVariableName" />
        <!-- 局部的非 final 型的变量，包括 catch 中的参数的检查 -->
        <module name = "LocalVariableName" />
```

```xml
<!-- 包名的检查(只允许小写字母) -->
<module name="PackageName">
    <property name="format" value="^[a-z]+(\.[a-z][a-z0-9]*)*$"/>
</module>
<!-- 仅仅是static型的变量(不包括static final型)的检查 -->
<module name="StaticVariableName"/>
<!-- 类型(Class或Interface)名的检查 -->
<module name="TypeName"/>
<!-- 非static型变量的检查 -->
<module name="MemberName"/>
<!-- 方法名的检查 -->
<module name="MethodName"/>
<!-- 方法的参数名 -->
<module name="ParameterName "/>
<!-- 常量名的检查 -->
<module name="ConstantName"/>
<!-- 没用的import检查 -->
<module name="UnusedImports"/>


<!-- 长度方面的检查 -->
<!-- 文件长度不超过1500行 -->
<module name="FileLength">
    <property name="max" value="1500"/>
</module>
<!-- 每行不超过150个字 -->
<module name="LineLength">
    <property name="max" value="150"/>
</module>
<!-- 方法不超过150行 -->
<module name="MethodLength">
    <property name="tokens" value="METHOD_DEF"/>
    <property name="max" value="150"/>
</module>
<!-- 方法的参数个数不超过5个.并且不对构造方法进行检查 -->
<module name="ParameterNumber">
    <property name="max" value="5"/>
    <property name="tokens" value="METHOD_DEF"/>
</module>


<!-- 空格检查 -->
<!-- 允许方法名后紧跟左边圆括号"(" -->
<module name="MethodParamPad"/>
<!-- 在类型转换时,不允许左圆括号右边有空格,也不允许右圆括号左边有空格 -->
<module name="TypecastParenPad"/>


<!-- 关键字 -->
<!--
    每个关键字都有正确的出现顺序.
    例如public static final XXX是对一个常量的声明.如果使用static public final 就是错误的.
-->
```

```xml
-->
<module name="ModifierOrder" />
<!-- 多余的关键字 -->
<module name="RedundantModifier" />

<!-- 对区域的检查 -->
<!-- 不能出现空白区域 -->
<module name="EmptyBlock" />
<!-- 所有区域都要使用大括号 -->
<module name="NeedBraces" />
<!-- 多余的括号 -->
<module name="AvoidNestedBlocks">
    <property name="allowInSwitchCase" value="true" />
</module>

<!-- 编码方面的检查 -->
<!-- 不许出现空语句 -->
<module name="EmptyStatement" />
<!-- 不允许魔法数 -->
<module name="MagicNumber">
    <property name="tokens" value="NUM_DOUBLE, NUM_INT" />
</module>
<!-- 多余的 throw -->
<module name="RedundantThrows" />
<!-- String 的比较不能用!= 和 == -->
<module name="StringLiteralEquality" />
<!-- if 最多嵌套 3 层 -->
<module name="NestedIfDepth">
    <property name="max" value="3" />
</module>
<!-- try 最多被嵌套 2 层 -->
<module name="NestedTryDepth">
    <property name="max" value="2" />
</module>
<!-- clone 方法必须调用了 super.clone() -->
<module name="SuperClone" />
<!-- finalize 必须调用了 super.finalize() -->
<module name="SuperFinalize" />
<!-- 不能 catch java.lang.Exception -->
<module name="IllegalCatch">
    <property name="illegalClassNames" value="java.lang.Exception" />
</module>
<!-- 确保一个类有 package 声明 -->
<module name="PackageDeclaration" />
<!-- 一个方法中最多有 3 个 return -->
<module name="ReturnCount">
    <property name="max" value="3" />
    <property name="format" value="^$" />
</module>
<!--
```

```xml
根据 Sun 编码规范,class 或 interface 中的顺序如下:
1.class 声明 2.变量声明 3.构造函数 4.方法
-->
<module name = "DeclarationOrder" />
<!-- 同一行不能有多个声明 -->
<module name = "MultipleVariableDeclarations" />
<!-- 不必要的圆括号 -->
<module name = "UnnecessaryParentheses" />


<!-- 杂项 -->
<!-- 禁止使用 System.out.println -->
<module name = "GenericIllegalRegexp">
    <property name = "format" value = "System\.out\.println" />
    <property name = "ignoreComments" value = "true" />
</module>
<!-- 检查并确保所有的常量中的 L 都是大写的.因为小写的字母 l 跟数字 1 太像了 -->
<module name = "UpperEll" />
<!-- 检查数组类型的定义是 String[] args,而不是 String args[] -->
<module name = "ArrayTypeStyle" />
<!-- 检查 java 代码的缩进 默认配置:
        基本缩进 4 个空格,新行的大括号:0。新行的 case 4 个空格
-->
<module name = "Indentation" />
</module>
</module>
```

4.5.3 Checkstyle 的安装

Checkstyle 可以在 Eclipse 中直接通过网络更新,其安装步骤如下。

(1) 启动 Eclipse。

(2) 在菜单中单击 Help→Install New Software,将弹出 Install 对话框,单击 Add 按钮,将弹出 Add Repository 对话框。

(3) 在 Add Repository 对话框的 Name 文本框中输入 Checkstyle,在 Location 文本框中输入"http://eclipse-cs.sourceforge.net/update",如图 4-1 所示。

图 4-1 Add Repository 对话框

(4) 单击 OK 按钮,将打开 Available Software 窗口,如图 4-2 所示。
选择 Checkstyle 复选框,然后单击 Next 按钮。按照提示依次完成后面的安装步骤。

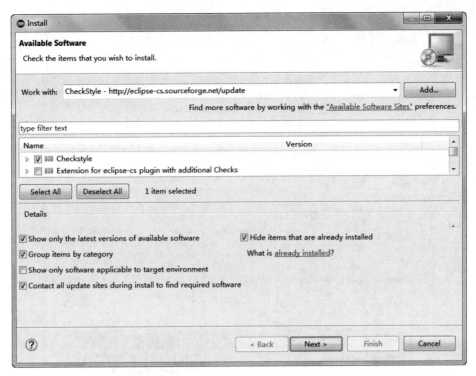

图 4-2　Available Software 窗口

安装软件需要一定时间，请耐心等待。

（5）安装完成后，重新启动 Eclipse，单击菜单栏中的 Windows→Preferences，在弹出的窗口中将看到 Checkstyle 选项。

Checkstyle 的下载地址为 http://sourceforge.net/projects/checkstyle/files/checkstyle/。

Checkstyle 的官方网址为 http://checkstyle.sourceforge.net。

4.5.4　Checkstyle 的应用

1. 设置规范文件

启动 Eclipse，单击菜单栏中的 Windows→Preferences，在弹出的窗口中将看到 Checkstyle 选项。单击 Checkstyle，在右侧窗格中将显示 Checkstyle 的相关信息，如图 4-3 所示。

单击 New 按钮，将打开 Check Configuration Properties 对话框，如图 4-4 所示。

首先选择文件类型，其中包括 Internal Configuration、External Configuration File、Remote Configuration、Project Relative Configuration 4 种类型。

Internal Configuration：内建于 eclipse 的 workspace 中，位于 C:/Eclipse/plugins/net.sf.eclipsecs.core 目录下（本例中是将 Eclipse 放在 C 盘根目录下的），无法在项目目录中看到。文件内容可从已有的规范文件中导入。单击右下方的 Import 按钮，找到相应的规范文件即可，此时是将外部配置文件复制到 C:/Eclipse/plugins/plugins/net.sf.eclipsecs.core 目录下，重新命名。

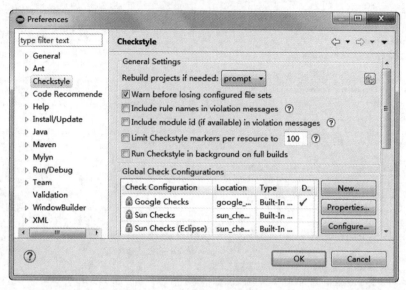

图 4-3　设置规范文件

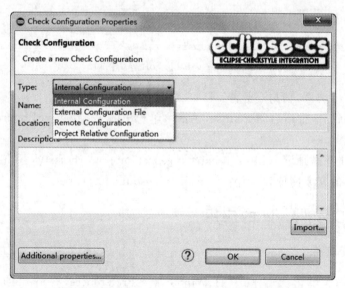

图 4-4　Check Configuration Properties 对话框

External Configuration File：直接在项目中引用外部代码规范文件，并可以通过对规范进行配置来修改外部文件，适合团队协作开发。选择 Protect Checkstyle Configuration File 选项，以防止源文件被改写。

Remote Configuration：连接到远程代码规范文件，需要提供地址、用户名和密码。选择 Cache Configuration File 选项，来对远程文件进行缓存处理。此文件的配置不可修改，否则经过配置后会修改原规范文件，删除掉原规范文件的所有注释。

Project Relative Configuration：当代码规范配置文件已经存在于 workspace 中的项目里时，适合于使用此选项。此处可以在确定配置类型后，直接从已有的规范文件中导入，单击 Import 按钮，找到相应的文件即可。

2．代码规范配置选项

在代码规范配置中,不同的逻辑内容被划分为不同的 module,每个 module 下面有不同的子项目,如图 4-5 所示。

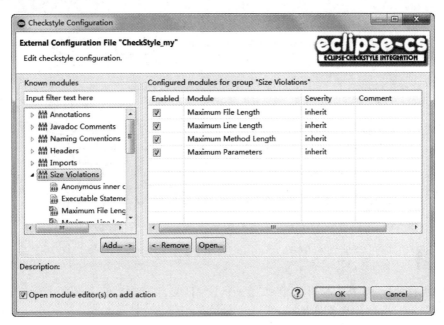

图 4-5　Checkstyle Configuration 窗口

从左侧条目数中,选择一个配置选项,单击 Add 按钮,弹出 module 编辑框,如图 4-6 所示。

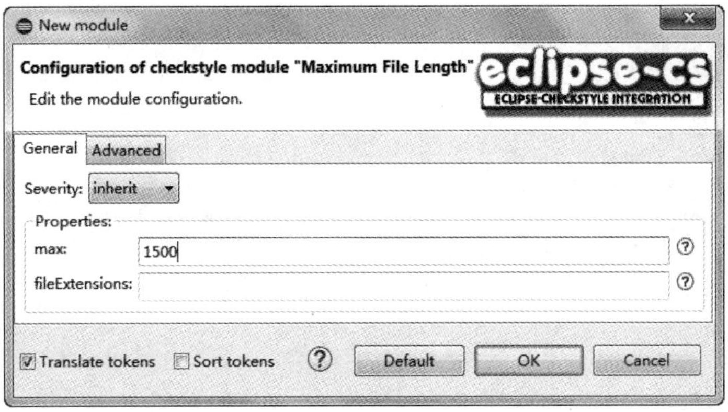

图 4-6　module 配置示意图(1)

【注意】　系统中自带的规则文件不能配置,只有用户引入的或新建的才能配置。

在 New module 配置对话框中的 General 选项卡里,Severity 表示所出现的问题的严重性,选项值有 inherit、ignore、info、warning、error 5 个不同的等级。在下面的 Properties(属性)栏里,不同的 module 具有不同的属性。

Advanced 选项卡如图 4-7 所示。在 Advanced 选项卡中,Comment 中的内容为对该规范的说明信息。Id 属性用于定义同一个检查类型的不同实例,可以定义不同的检查条件。Custom check messages 是自定义的检查信息,即在发现代码不符合规范时,出现在 Problems 选项卡中 warnings 下的信息,以及将鼠标悬停在代码区域右侧的小放大镜上时出现的信息。底部的两个选项 Translated tokens 和 Sorted tokens 默认选中。

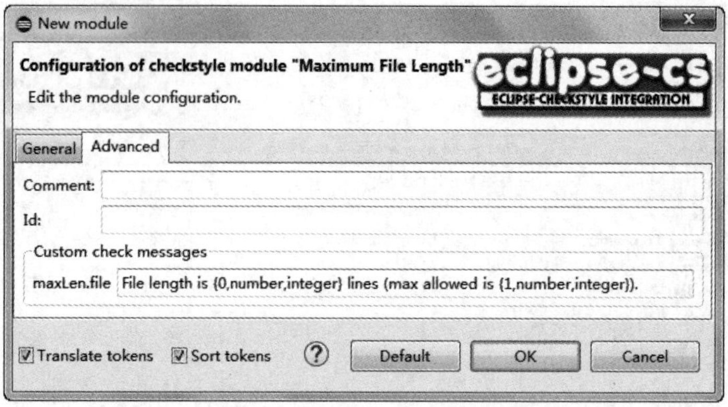

图 4-7 module 配置示意图(2)

配置完毕后即可添加到右侧的 module 集合中,并且在配置的条目图标上会有小的对号标识。

上面所有的配置,其实都可以导出为一个 XML 文件。该文件中保存了所有经过配置的 module 信息,方便配置文件的导入导出。

3. 执行规范检查

配置好代码检查规范后,即可使用 Checkstyle 进行检查。

右击要进行代码规范检查的项目,选择 Checkstyle 之后会出现子菜单,如图 4-8 所示。

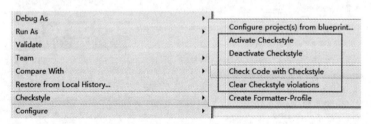

图 4-8 Checkstyle 弹出菜单

Activate Checkstyle:激活 Checkstyle。激活之后,就是开始动态检测。例如输入一行代码之后,这行代码如果不符合之前定义的规则,这行代码就会变成红色,并且会提示当前代码是什么问题。

Deactivate Checkstyle:不启用 Checkstyle 检查。

Check Code With Checkstyle:检测代码是否符合 Checkstyle 的规则。

Clear Checkstyle violation:清空当前所有的检测结果。

选择 Check Code With Checkstyle 菜单项,即可完成代码检查。检查后,Checkstyle 对有问题的代码会使用警告或错误标识,如图 4-9 所示。在编辑窗格下面的 Problems 选项卡中,可以看到问题的详细描述信息。

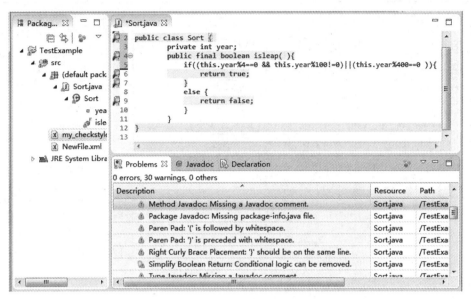

图 4-9　Checkstyle 检查信息

如果代码有问题,在左侧会显示小圆圈标记。将鼠标移动到小圆圈上面时将给出提示信息,如图 4-10 所示。

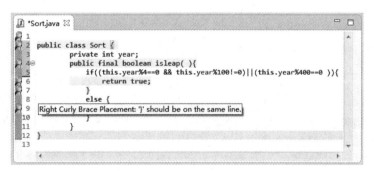

图 4-10　查看错误信息

4. Checkstyle 常见的错误提示

表 4-4 中列举了一些常见的错误提示及解决办法。

表 4-4　Checkstyle 错误提示

序号	Checkstyle 错误提示信息	说　　明	解 决 办 法
1	Type is missing a javadoc commentClass	缺少类型说明	增加 javadoc 说明
2	"{" should be on the previous line	"{" 应该位于前一行	把"{"放到上一行
3	Methods is missing a javadoc comment	方法前面缺少 javadoc 注释	添加 javadoc 注释

续表

序号	Checkstyle 错误提示信息	说　　明	解　决　办　法
4	Expected @throws tag for "Exception"	在注释中希望有@throws 的说明	在方法前的注释中添加这样一行：* @throws Exception if has error(异常说明)
5	"." is preceded with whitespace	"."前面不能有空格	把"."前面的空格去掉
6	"." is followed by whitespace	"."后面不能有空格	把"."后面的空格去掉
7	"=" is not preceded with whitespace	"="前面缺少空格	在"="前面加个空格
8	"=" is not followed with whitespace	"="后面缺少空格	在"="后面加个空格
9	"}" should be on the same line	"}"应该与下条语句位于同一行	把"}"放到下一行的前面
10	Unused @param tag for "unused"	没有参数"unused"，不需注释	"* @param unused parameter additional(参数名称)"把这行 unused 参数的注释去掉
11	Variable "CA" missing javadoc	变量"CA"缺少 javadoc 注释	在"CA"变量前添加 javadoc 注释：/** CA. */
12	Line longer than 80 characters	行长度超过 80	把它分成多行写
13	Line contains a tab character	行含有"tab"字符	删除 tab
14	Redundant "public" modifier	冗余的"public" modifier	删除冗余的 public
15	Final modifier out of order with the JSL suggestion	Final modifier 的顺序错误	调整其顺序
16	Avoid using the ".*" form of import	import 格式避免使用".*"	
17	Redundant import from the same package	从同一个包中 import 内容	
18	Unused import-java.util.list	import 进来的 java.util.list 没有被使用	去掉导入的多余的类
19	Duplicate import to line 13	重复 import 同一个内容	去掉导入的多余的类
20	Import from illegal package	从非法包中 import 内容	
21	"while" construct must use "{}"	"while"语句缺少"{}"	给 while 循环体加上"{}"
22	Variable "ABC" must match pattern "^[a-z][a-zA-Z0-9]*$"	变量"ABC"不符合命名规则"^[a-z][a-zA-Z0-9]*$"	把这个命名改成符合规则的命名"aBC"
23	"(" is followed by whitespace	"("后面不能有空格	把"("后面的空格去掉
24	")" is proceeded by whitespace	")"前面不能有空格	把")"前面的空格去掉
25	Line matches the illegal pattern 'X'	含有非法字符	修改非法字符
26	Line has trailing spaces	多余的空行	删除这行空行
27	Must have at least one statement	至少有一个声明	try{}catch(){}中的异常捕捉里面不能为空，在异常里面加上语句
28	Switch without "default" clause	switch 语句判断没有 default 的情况处理	在 switch 中添加 default 语句
29	Redundant throws: 'NameNotFoundException' is subclass of 'NamingException'	'NameNotFoundException '是'NamingException'的子类重复抛出异常	如果抛出两个异常，一个异常类是另一个的子类，那么只需要写父类

续表

序号	Checkstyle 错误提示信息	说明	解决办法
30	Parameter docType should be final	参数 docType 应该为 final 类型	在参数 docType 前面加个 final
31	Expected @param tag for 'dataManager'	缺少 dataManager 参数的注释	在注释中添加 @param dataManager DataManager

4.6 FindBugs

4.6.1 FindBugs 简介

FindBugs 是由马里兰大学提供的一款开源 Java 静态代码分析工具。FindBugs 通过检查类文件或 JAR 文件,将字节码与一组缺陷模式进行对比从而发现代码缺陷,完成静态代码分析。FindBugs 既提供可视化 UI 界面,同时也可以作为插件使用。使用 FindBugs 有很多种方式,从 GUI、从命令行、使用 Ant、作为 Eclipse 插件程序和使用 Maven,甚至作为 Hudson 持续集成的插件。

FindBugs 可以简单高效全面地发现程序代码中存在的 Bug、Bad Smell,以及潜在隐患。针对各种问题,提供了简单的修改意见供重构时进行参考。通过使用 FindBugs,可以一定程度上降低代码审查的工作量,并且会提高审查效率。

FindBugs 定义了一系列的检测器,1.3.9 版本的检测器有 83 种 Bad practice(不好的习惯),133 种 Correctness(正确性),2 种 Experimental(实验性问题),1 种 Internationalization(国际化问题),12 种 Malicious code vulnerability(恶意的代码),41 种 Multithreaded correctness(线程问题),27 种 Performance(性能问题),9 种 Security(安全性问题),62 种 Dodgy(狡猾的问题)。

4.6.2 FindBugs 的安装

单击 Eclipse 菜单栏上的 Help→Eclipse Marketplace,将打开 Eclipse Marketplace 窗口,如图 4-11 所示。在 Find 输入框中输入 FindBug,并按回车键。Eclipse 将搜索出 FindBugs

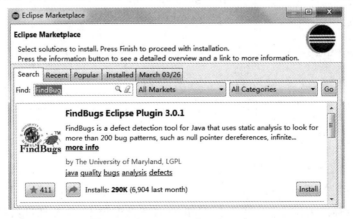

图 4-11 Eclipse Marketplace 窗口

Eclipse Plugin 3.0.1。

单击 Install 按钮，Eclipse 将弹出 Confirm Selected Features 对话框，如图 4-12 所示。

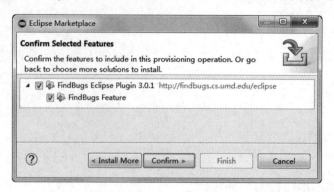

图 4-12 Confirm Selected Features 对话框

确认 FindBugs Eclipse Plugin 3.0.1 http://findbugs.cs.umd.edu/eclipse 复选框已经选中，然后单击 Confirm 按钮，Eclipse 将准备安装 FindBugs 插件。按照 Eclipse 的提示进行相应的操作，即可完成安装。

4.6.3 FindBugs 的使用

下面简要介绍 Eclipse 中使用 FindBugs 进行简单测试的例子。

首先，创建练习工程 FindBugsTest，然后创建测试类 NextDateFrame。待测试代码如下。

```java
import java.awt.*;
import java.awt.event.*;
import java.lang.Character;

public class NextDateFrame extends WindowAdapter implements ActionListener {
    Frame frame;
    Label lab0, lab1, lab2, lab3,lab4;
    TextField text1, text2, text3,text4;
    Button b1,b2;
    Dialog dlg1 = new Dialog(frame, "输入的日期无效",true);
    Dialog dlg2 = new Dialog(frame, "输入不能为空",true);
    Dialog dlg3 = new Dialog(frame, "输入非数字的字符",true);
    FlowLayout flayout;
    NextDate today;
    … …
```

这个类里面有错误，以便测试用。代码写好之后，右击类名，将弹出右键菜单，如图 4-13 所示。

选择 Find Bugs→Find Bugs 菜单项，FindBugs 将进行静态测试。如果代码中有缺陷，测试完成后，将在编辑框中有错误的代码行上显示 Bug 图标（臭虫标志），如图 4-14 所示。

不同严重级别的 Bug，图标的颜色不同。Bug 图标的颜色有三种：黑色、红色和橘黄色。黑色的臭虫标志表示分类。红色的臭虫标志表示严重 Bug，发现后必须修改代码。橘

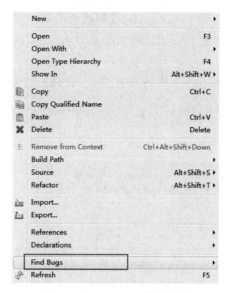

图 4-13　Find Bugs 右键菜单

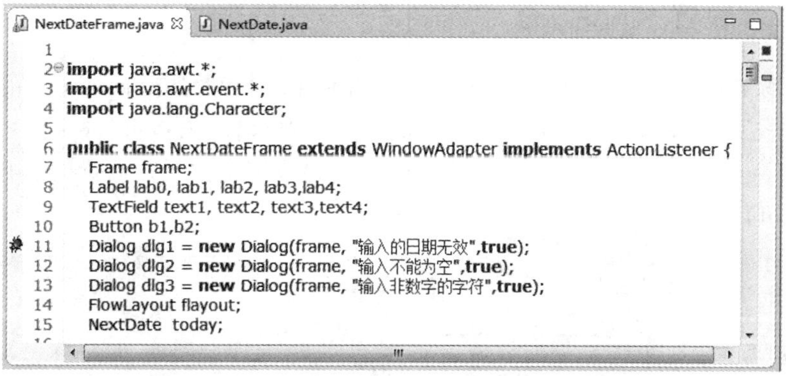

图 4-14　执行 FindBugs 检查

黄色的臭虫标志表示潜在警告性 Bug，应尽量修改。

用鼠标双击代码左侧的 Bug 图标，将在编辑窗口的下面显示 Bug 的详细信息，如图 4-15 所示。

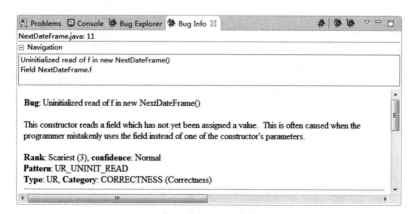

图 4-15　Bug 详细信息

根据详细的信息，可以看到 FindBugs 对代码报告的错误信息，以及相应的处理办法，根据它的提示，可以快速方便地进行代码修改。如果双击问题，系统会自动跳转到相对应的问题所在行。

打开 Bug Explorer，将看到所查出的 Bug 层次结构，如图 4-16 所示。

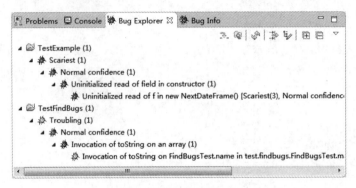

图 4-16　Bug Explorer

4.6.4　配置 FindBugs

如果执行 Find Bugs 菜单命令时，没有发现任何 Bug，可能是没有启动 FindBugs 检查。单击菜单 Project→Properties，将打开项目属性设置，如图 4-17 所示。选择 Enable project specific settings 和 Run automatically 复选框，然后单击 OK 按钮。重新执行 Find Bugs 菜单命令，即可启动 FindBugs 检查。

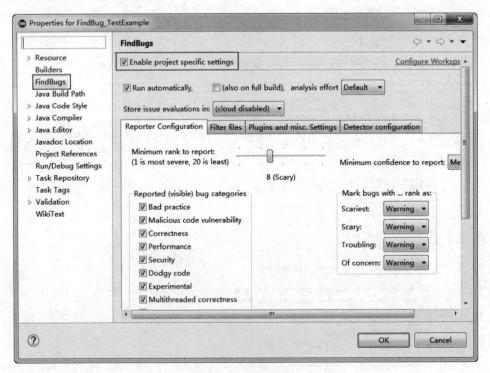

图 4-17　项目属性设置

下面介绍各设置项的内容。

1. Reported(visible) bug categories

Reporter Configuration 选项卡下的 Reported(visible) bug categories 有下列选项。
(1) Bad practice：关于代码实现中的一些不好的习惯。
(2) Malicious code vulnerability：关于恶意破坏代码相关方面的。
(3) Correctness：关于代码正确性相关方面的。
(4) Performance：关于代码性能相关方面的。
(5) Security：关于代码安全性防护的。
(6) Dodgy code：关于代码运行期安全方面的。
(7) Experimental：关于实验性问题的。
(8) Multithreaded correctness：关于代码多线程正确性相关方面的。
(9) Internationalization：关于代码国际化相关方面的。

例如，如果把 Performance 的检查框去掉(不选中它)，那么与 Performance 分类相关的警告信息就不会显示了。其他的与此类似。

2. Run automatically

当此项选中后，FindBugs 将会在用户修改 Java 类时自动运行。如果设置了 Eclipse 自动编译开关后，修改完 Java 文件并保存，FindBugs 就会运行，并将相应的信息显示出来。
当此项没有选中，只能每次在需要的时候自己去运行 FindBugs 来检查代码。

3. Minimum priority to report

Reporter Configuration 选项卡下的 Minimum priority to report 选择项是让用户选择哪个级别的信息进行显示，有 Low、Medium、High 三个选择项可以选择。
选择 High 选项时，只有是 High 级别的提示信息才会被显示。
选择 Medium 选项时，只有 Medium 和 High 级别的提示信息才会被显示。默认情况下选择的是 Medium。
选择 Low 选项时，所有级别的提示信息都会被显示。

4. Detector Configuration

在这里可以选择所要进行检查的相关的 Bug Pattern 条目。
可以从 Bug codes、Detector name、Detector description 中看到相应的要检查的内容，可以根据需要选择或去掉相应的检查条件。

5. FindBugs 检测器

1) Bad practice(坏的实践)
一些不好的实践，下面列举几个。
HE：类定义了 equals()，却没有 hashCode()；或类定义了 equals()，却使用 Object.hashCode()；或类定义了 hashCode()，却没有 equals()；或类定义了 hashCode()，却使用

Object.equals()；类继承了 equals()，却使用 Object.hashCode()。

SQL：Statement 的 execute()方法调用了非常量的字符串；或 Prepared Statement 是由一个非常量的字符串产生。

DE：方法终止或不处理异常，一般情况下，异常应该被处理或报告，或被方法抛出。

2）Malicious code vulnerability（可能受到的恶意攻击）

如果代码公开，可能受到恶意攻击的代码，下面列举几个。

FI：一个类的 finalize()应该是 protected，而不是 public 的。

MS：属性是可变的数组；属性是可变的 Hashtable；属性应该是 package protected 的。

3）Correctness（一般的正确性问题）

可能导致错误的代码，下面列举几个。

NP：空指针被引用；在方法的异常路径里，空指针被引用；方法没有检查参数是否 null；null 值产生并被引用；null 值产生并在方法的异常路径被引用；传给方法一个声明为@NonNull 的 null 参数；方法的返回值声明为@NonNull 而实际是 null。

Nm：类定义了 hashcode()方法，但实际上并未覆盖父类 Object 的 hashCode()；类定义了 tostring()方法，但实际上并未覆盖父类 Object 的 toString()；很明显的方法和构造器混淆；方法名容易混淆。

SQL：方法尝试访问一个 Prepared Statement 的 0 索引；方法尝试访问一个 ResultSet 的 0 索引。

UwF：所有的 write 都把属性置成 null，这样所有的读取都是 null，这样这个属性是否有必要存在；或属性从没有被 write。

Internationalization 国际化：当对字符串使用 upper 或 lowercase 方法，如果是国际的字符串，可能会不恰当地转换。

4）Performance（性能问题）

可能导致性能不佳的代码，下面列举几个。

DM：方法调用了低效的 Boolean 的构造器，而应该用 Boolean.valueOf(…)；用类似 Integer.toString(1)代替 new Integer(1).toString()；方法调用了低效的 float 的构造器，应该用静态的 valueOf()方法。

SIC：如果一个内部类想在更广泛的地方被引用，它应该声明为 static。

SS：如果一个实例属性不被读取，考虑声明为 static。

UrF：如果一个属性从没有被 read，考虑从类中去掉。

UuF：如果一个属性从没有被使用，考虑从类中去掉。

5）Dodgy（危险的）

具有潜在危险的代码，可能运行期产生错误。下面列举几个。

CI：类声明为 final，但声明了 protected 的属性。

DLS：对一个本地变量赋值，但却没有读取该本地变量；本地变量赋值成 null，却没有读取该本地变量。

ICAST：整型数字相乘结果转化为长整型数字，应该将整型先转化为长整型数字再相乘。

INT：没必要的整型数字比较，如 X <= Integer.MAX_VALUE。

NP：对 readline() 的直接引用，而没有判断是否 null；对方法调用的直接引用，而方法可能返回 null。

REC：直接捕获 Exception，而实际上可能是 RuntimeException。

ST：从实例方法里直接修改类变量，即 static 属性。

6）Multithreaded correctness（多线程的正确性）

多线程编程时，可能导致错误的代码，下面列举几个。

ESync：空的同步块，很难被正确使用。

MWN：错误使用 notify()，可能导致 IllegalMonitorStateException 异常；或错误地使用 wait()。

No：使用 notify() 而不是 notifyAll()，只是唤醒一个线程而不是所有等待的线程。

SC：构造器调用了 Thread.start()，当该类被继承时可能会导致错误。

思考题

1. 简述静态的对象和内容。
2. 简述走查的过程。
3. 程序员为什么要遵循编码规范？
4. 从软件开发过程的角度分析静态测试的作用。

第 5 章 黑盒测试技术

5.1 黑盒测试概念

黑盒测试(Black Box Testing)也称功能测试或数据驱动测试。它是已知产品所应具有的功能,通过测试来检测每个功能是否都能正常使用。在测试时,把程序看作一个不能打开的黑盒子,在完全不考虑程序内部结构和内部特性的情况下进行测试,测试者仅依据程序功能的需求规范考虑确定测试用例和推断测试结果的正确性。黑盒测试试图发现以下类型的错误:

(1) 检查程序功能能否按需求规格说明书的规定正常使用,测试各功能是否有遗漏,测试性能等特性是否满足。

(2) 检查人机交互是否正确,检测数据结构或外部数据库访问是否错误,检测程序是否能适当地接收输入数据而产生正确的输出结果,并保持外部信息(如数据库或文件)的完整性。

(3) 检测程序初始化和终止方面的错误。

黑盒测试意味着在软件的接口处进行测试,它着眼于程序外部结构,主要针对软件界面和软件功能进行测试。因此可以说黑盒测试是站在用户的角度,从输入数据与输出结果的对应关系出发进行的测试。黑盒测试的模型如图 5-1 所示。

图 5-1 黑盒测试的模型

黑盒测试直观的想法是:既然程序被规定做某些事,就看它是否在任何情况下都做得对。换言之,使用黑盒测试发现程序中的错误,必须在所有可能的输入条件和输出结果下确定测试数据,检查程序是否正确。很显然这是不可能的,因为穷举测试数量太大,不仅要测试所有合法的输入,还要对那些不合法的输入进行测试。因此,黑盒测试的难点在于如何构造有效的测试数据。由于输入空间通常是无限的,穷举测试显然行不通。因此进行黑盒测试时,需要寻找最小最重要的用例集合以精简测试复杂性,提高测试效率。为此黑盒测试也有一套产生测试用例的方法,用以产生有限的测试用例而覆盖足够多的情况。

进行黑盒测试时,根据软件需求规格说明书设计测试用例,在被测试程序上执行测试用例的数据(输入数据/操作步骤),根据输出结果判断程序是否正确,以检测程序是否存在问题。使用黑盒测试技术进行测试的一般过程如图 5-2 所示。

黑盒测试用例设计的主要依据是软件系统需求规格说明书,因此,在进行黑盒测试用例设计之前需要确保说明书是经过评审的,其质量达到了既定的要求。

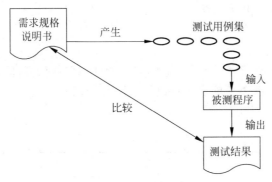

图 5-2 黑盒测试流程

在黑盒测试中,关键的步骤是设计测试用例。常用的黑盒测试用例设计方法有边界值测试、等价类测试、基于判定表的测试、因果图、正交试验法、场景测试法、错误推测法等。下面将详细介绍各测试方法。

5.2 边界值测试

任何一个程序都可以看作是一个函数,程序的输入构成函数的定义域,程序的输出构成函数的值域。人们从长期的测试工作经验中得知,大量的错误是发生在定义域或值域(输出)的边界上,而不是在其内部。对于软件缺陷,有句谚语:"缺陷遗漏在角落里,聚集在边界上"。

例如,在做三角形计算时,要输入三角形的三条边长:A、B 和 C。这三个数值应当满足 A>0、B>0、C>0、A+B>C、A+C>B、B+C>A,才能构成三角形。但如果把 6 个不等式中任何一个大于号">"错写成大于等于号"≥",那就不能构成三角形。问题常常出现在容易被疏忽的边界附近。类似的例子还有很多,如:计数器常常"少记一次";循环条件应该是"≤"时错误地写成了"<";数组下标越界(在 C 语言中数组下标是从零开始,可能错误地认为是从 1 开始,从而使最后一个元素的下标越界)等。

边界值测试背后的基本原理是错误更可能出现在输入变量的极值附近。边界值分析关注的是输入空间的边界,从中标识测试用例。因此针对各种边界情况设计测试用例,可以查出更多的错误。

5.2.1 边界条件

边界条件就是一些特殊情况。一般地,在条件 C 下,软件执行一种操作,对任意小的值 σ,在条件 C+σ 或 C−σ 下就会执行另外的操作,则 C 就是一个边界。

在多数情况下,边界条件是基于应用程序的功能设计而需要考虑的因素,可以从软件的规格说明或常识中得到。例如程序要对学生成绩进行处理,要求输入数据的范围是[0,100],很明显输入条件的边界是 0 和 100。

然而,在测试用例设计过程中,某些边界条件是不需要呈现给用户的,或者说是用户很难注意到的,但同时确实属于检验范畴内的边界条件,称为内部边界条件或次边界条件。

内部边界条件主要有下面几种。

1. 数值的边界值

计算机是基于二进制进行工作的,因此,软件的任何数值运算都有一定的范围限制。例如1字节由8位组成,1字节所能表达的数值范围是[0,255]。表5-1列出了计算机中常用数值的范围。

表 5-1 二进制数值的边界

术　　语	范 围 或 值
bit(位)	0 或 1
byte(字节)	0～255
word(字)	0～65 535(单字)或 0～4 294 967 295(双字)
int(32 位)	−2 147 483 648～2 147 483 647
K(千)	1024
M(兆)	1 048 576
G(千兆)	1 073 741 824

2. 字符的边界值

在计算机软件中,字符也是很重要的表示元素。其中,ASCII 和 Unicode 是常见的编码方式。表 5-2 中列出了一些常用字符对应的 ASCII 码值。如果要测试文本输入或文本转换的软件,在定义数据区间包含哪些值时,就可以参考以下 ASCII 码表,找出隐含的边界条件。

表 5-2 部分 ASCII 码值表

字　　符	ASCII 码值	字　　符	ASCII 码值
Null(空)	0	A	65
Space(空格)	32	a	97
/(斜杠)	47	Z	90
0(零)	48	z	122
:(冒号)	58	'(单引号)	96
@	64	{(大括号)	123

3. 其他边界条件

有一些边界条件容易被人忽略,如在文本框中不是没有输入正确的信息,而是根本就没有输入任何内容,然后就单击"确认"按钮。这种情况常常被遗忘或忽视了,但在实际使用中却时常发生。因此在测试时还需要考虑程序对默认值、空白、空值、零值、无输入等情况。

在进行边界值测试时,如何确定边界条件的取值呢?一般情况下,确定边界值应遵循以下几条原则。

(1) 如果输入条件规定了值的范围,则应取刚达到这个范围的边界的值,以及刚刚超越这个范围边界的值作为测试输入数据。

（2）如果输入条件规定了值的个数，则用最大个数、最小个数、比最小个数少1、比最大个数多1的数作为测试数据。

（3）如果程序的规格说明给出的输入域或输出域是有序集合，则应选取集合的第一个元素和最后一个元素作为测试数据。

（4）如果程序中使用了一个内部数据结构，则应当选择这个内部数据结构的边界上的值作为测试数据。

（5）分析规格说明，找出其他可能的边界条件。

5.2.2 边界值分析

为便于理解，以下讨论涉及两个输入变量 x_1 和 x_2 的函数 F。假设 x_1 和 x_2 分别在下列的范围内取值：$a \leqslant x_1 \leqslant b$；$c \leqslant x_2 \leqslant d$。函数 F 的输入空间如图 5-3 所示。阴影矩形中的任何一点都是函数 F 的有效输入。

边界值分析的基本思想是使用输入变量的最小值、略高于最小值、正常值、略低于最大值和最大值设计测试用例。通常用 min、min+、nom、max− 和 max 来表示。

当一个函数或程序有两个及两个以上的输入变量时，就需要考虑如何组合各变量的取值。可根据可靠性理论中的单缺陷假设和多缺陷假设来考虑。单缺陷假设是指"失效极少是由两个或两个以上的缺陷同时发生引起的"。因此依据单缺陷假设来设计测试用例，只需让一个变量取边界值，其余变量取正常值。多缺陷假设是指"失效是由两个或两个以上缺陷同时作用引起的"。因此依据多缺陷假设来设计测试用例，要求在选取测试用例时同时让多个变量取边界值。

在边界值分析中，用到了单缺陷假设，即选取测试用例时仅仅使得一个变量取极值，其他变量均取正常值。对于有两个输入变量的程序 P，其边界值分析的测试用例如下：

$\{< x_{1nom}, x_{2min} >, < x_{1nom}, x_{2min+} >, < x_{1nom}, x_{2nom} >, < x_{1nom}, x_{2max-} >, < x_{1nom}, x_{2max} >, < x_{1min}, x_{2nom} >, < x_{1min+}, x_{2nom} >, < x_{1max-}, x_{2nom} >, < x_{1max}, x_{2nom} >\}$

对于有两个输入变量的程序 P，其边界值分析的测试用例在图中的位置如图 5-4 所示。

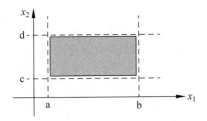 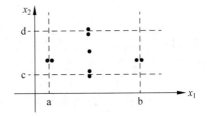

图 5-3　两个变量函数的输入域　　　　图 5-4　两个变量函数的边界值分析

例如，有一个二元函数 $f(x, y)$，要求输入变量 x, y 分别满足：$x \in [1, 12]$，$y \in [1, 31]$。采用边界值分析法设计测试用例，可以选择下面一组测试数据：$\{<1,15>, <2,15>, <11,15>, <12,15>, <6,15>, <6,1>, <6,2>, <6,30>, <6,31>\}$。

对于一个含有 n 个输入变量的程序，使除一个以外的所有变量取正常值，使剩余的那个变量依次取最小值、略高于最小值、正常值、略低于最大值和最大值，对每个变量都重复进行。因此，对于有 n 个输入变量的程序，边界值分析会产生 $4n+1$ 个测试用例。

例如，有一个三元函数 $f(x,y,z)$，其中 $x\in[0,100], y\in[1,12], z\in[1,31]$，对该函数采用边界值分析法设计的测试用例将会得到 13 个测试用例，根据边界分析的原理，可得到下列测试数据：$\{<50,6,1>,<50,6,2>,<50,6,30>,<50,6,31>,<50,1,15>,<50,2,15>,<50,11,15>,<50,12,15>,<0,6,15>,<1,6,15>,<99,6,15>,<100,6,15>,<50,6,15>\}$。

5.2.3 健壮性边界测试

健壮性是指在异常情况下，软件还能正常运行的能力。健壮性可衡量软件对于规范要求以外的输入情况的处理能力。所谓健壮的系统，是指对于规范要求以外的输入能够判断出这个输入不符合规范要求，并能有合理的处理方式。软件设计的健壮与否直接反映了分析设计和编码人员的水平。

健壮性边界测试是边界值分析的一种简单扩展。在使用该方法设计测试用例时，既要考虑有效输入，也要考虑无效的输入。除了按照边界值分析方法选取的五个取值（min、min+、nom、max－、max），还要选取略小于最小值（min－）和略大于最大值（max+）的取值，以观察输入变量超过边界时程序会有什么表现。对于有两个变量的程序 P，其健壮性测试的测试用例如图 5-5 所示。

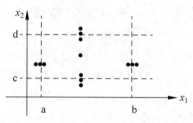

图 5-5 两个变量函数的健壮性测试用例

对于一个输入变量为 n 的程序，进行健壮性边界测试时，使除一个以外的所有变量取正常值，使剩余的那个变量依次取略小于最小值、最小值、略高于最小值、正常值、略低于最大值、最大值和略高于最大值，并对每个变量重复进行。因此其健壮性测试会产生 $6n+1$ 个测试用例。

例如，有一个二元函数 $f(x,y)$，要求输入变量 x,y 分别满足：$x\in[0,100], y\in[1000,3000]$，对其进行健壮性测试，则需要设计 13 个测试用例。根据健壮性测试的原理，可以得到下面一组测试数据：$\{<-1,1500>,<0,1500>,<1,1500>,<50,1500>,<99,1500>,<100,1500>,<101,1500>,<50,999>,<50,1000>,<50,1001>,<50,2999>,<50,3000>,<50,3001>\}$。

健壮性测试最关心的是预期的输出，而不是输入。健壮性测试的最大价值在于观察处理异常情况，它是检测软件系统容错性的重要手段。

5.2.4 最坏情况测试

最坏情况测试拒绝单缺陷假设，它关心的是当多个变量取极值时出现的情况。最坏情况测试中，对每一个输入变量首先获得包含最小值、略高于最小值、正常值、略低于最大值、最大值的 5 个元素集合的测试，然后对这些集合进行笛卡儿积计算，以生成测试用例。

对于有两个变量的程序 P，其最坏情况测试的测试用例如图 5-6 所示。

显然，最坏情况测试更加彻底，因为边界值分析测试是最坏情况测试用例的真子集。进行最坏情况测试意味着更多的测试工作量：n 个变量的函数，其最坏情况测试将会产生 5^n 个测试用例，而边界值分析只产生 $4n+1$ 个测试用例。

健壮最坏情况测试是最坏情况测试的扩展,这种测试使用健壮性测试的 7 个元素集合的笛卡儿积,将会产生 7^n 个测试用例。图 5-7 给出了两个变量函数的最坏情况测试用例。

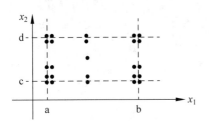

图 5-6　两个变量函数的最坏情况测试用例

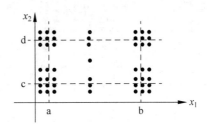

图 5-7　两个变量函数的健壮最坏情况测试用例

例 5-1　NextDate 程序。

程序有三个输入变量 month、day、year(month、day 和 year 均为整数值,并且满足:$1 \leqslant$ month $\leqslant 12, 1 \leqslant$ day $\leqslant 31, 1900 \leqslant$ year $\leqslant 2050$),分别作为输入日期的月份、日、年份,通过程序可以输出该输入日期在日历上下一天的日期。例如,输入为 2000 年 12 月 31 日,则该程序的输出为 2001 年 1 月 1 日。请用健壮性测试法设计测试用例。

下面用健壮性测试法设计测试用例,按照下列步骤进行:

(1) 分析各变量的取值。

健壮性测试时,各变量分别取:略小于最小值、最小值、略高于最小值、正常值、略低于最大值、最大值和略大于最大值。

month:$-1,1,2,6,11,12,13$。

day:$-1,1,2,15,30,31,32$。

year:$1899,1900,1901,1975,2049,2050,2051$。

(2) 测试用例数。

有 n 个变量的程序,其边界值分析会产生 $6n+1$ 个测试用例。这里有 3 个变量,因此会产生 19 个测试用例。

(3) 设计测试用例,如表 5-3 所示。

表 5-3　NextDate 函数测试用例

测试用例	输入数据			预期输出
	mouth	day	year	
1	6	15	1899	year 超出[1900,2050]
2	6	15	1900	1900.6.16
3	6	15	1901	1901.6.16
4	6	15	1975	1975.6.16
5	6	15	2049	2049.6.16
6	6	15	2050	2050.6.16
7	6	15	2051	year 超出[1900,2050]
8	6	-1	1975	day 超出[1⋯31]
9	6	1	1975	1975.6.2
10	6	2	1975	1975.6.3

续表

测试用例	输入数据			预期输出
	mouth	day	year	
11	6	30	1975	1975.7.1
12	6	31	1975	输入日期超界
13	6	32	1975	day 超出[1…31]
14	−1	15	1975	Mouth 超出[1…12]
15	1	15	1975	1975.1.16
16	2	15	1975	1975.2.16
17	11	15	1975	1975.11.16
18	12	15	1975	1975.12.16
19	13	15	1975	Mouth 超出[1…12]

NextDate 函数的复杂性来源于两个方面：一是输入域的复杂性（即输入变量之间逻辑关系的复杂性），二是确定闰年的规则。但是在进行健壮性测试时，没有考虑输入变量之间的逻辑关系，也没有考虑和闰年相关的问题，因此在设计测试用例时存在遗漏问题，例如和判断闰年相关的日期：2008.2.29、1999.2.28 等。

5.3 等价类测试

软件测试有一个致命的缺陷，即测试的不完全和不彻底性。任何程序只能进行少量（相对于穷举的巨大数量而言）的和有限的测试。在测试时，既要考虑到测试的效果，又要考虑到软件测试的经济性，为此我们引入等价类的思想。使用等价类划分的目的是在有限的测试资源的情况下，用少量有代表性的数据得到比较好的测试效果。

等价类测试是把所有可能的输入数据，即程序的输入域划分成若干部分（子集），然后从每一个子集中选取少数具有代表性的数据作为测试用例。该方法是一种重要的、常用的黑盒测试用例设计方法。

5.3.1 等价类

1. 等价类的划分

等价类的重要问题是它们构成集合的划分。划分是指互不相交的一组子集，这些子集的并是整个集合。划分可定义为：给定集合 B，以及 B 的一组子集 A_1、A_2、…、A_n，这些子集是 B 的一个划分，当且仅当 $A_1 \cup A_2 \cup \cdots \cup A_n = B$，且 $i \neq j$ 时 $A_i \cap A_j = \Phi$。

划分对于测试有非常重要的意义：①各个子集的并是整个集合，这提供了一种形式的完备性；②各个子集的交是空，这种互不相交保证了一种形式的无冗余性。因此采用划分可保证某种程度的完备性，并减少冗余。

等价类划分是将输入定义域进行一个划分，并且划分的各个子集是由等价关系决定的。这里的等价关系是指：在子集合中，各个输入数据对于揭露程序中的错误都是等效的。并合理地假定：测试某等价类的代表值就等于对这个类中其他值的测试。也就是说，如果等价类中某个输入条件不能导致问题发生,那么用该等价类中其他输入条件进行测试也不可能发现错误。

等价类划分有两种不同的情况:有效等价类和无效等价类。

有效等价类是指对于程序的规格说明是合理的、有意义的输入数据构成的集合。利用有效等价类可检验程序是否实现了规格说明中所规定的功能和性能。

无效等价类与有效等价类的定义恰巧相反。无效等价类是指对程序的规格说明是不合理的或无意义的输入数据所构成的集合。对于具体的问题,无效等价类至少应有一个,也可能有多个。

在设计测试用例时,要同时考虑这两种等价类。因为用户在使用软件时,有意或无意输入一些非法的数据是常有的事情。软件不仅要能接收合理的数据,也要能经受意外的考验,这样的测试才能确保软件具有更高的可靠性。

2. 划分等价类的方法

等价类测试的思想就是把全部输入数据合理划分为若干等价类,在每一个等价类中取一个具有代表性的数据作为测试的输入条件,这样可以用少量的测试数据取得较好的测试效果。

在等价类测试中,划分等价类是非常关键的。如果等价类划分合理,可以大大减少测试用例,并能保证达到要求的测试覆盖率。那如何划分等价类呢?一般来讲,等价类划分首先要分析程序所有可能的输入情况,然后按照下列规则对其进行划分。

(1) 按照区间划分。在输入条件规定了取值范围或值的个数的情况下,则可以确立 1 个有效等价类和 2 个无效等价类。例如,程序的输入是学生成绩,其范围是 0~100,则输入条件的等价类如图 5-8 所示。

图 5-8 学生成绩的等价类

其有效等价类为 0≤成绩≤100;无效等价类为成绩<0,成绩>100。

(2) 按照数值划分。在规定了输入数据的一组值(假定 n 个),并且程序要对每一个输入值分别处理的情况下,可确立 n 个有效等价类和 1 个无效等价类。

例如,程序输入 x 取值于一个固定的枚举类型{1,2,4,12},并且程序中对这 4 个数值分别进行了处理,则有效等价类为 $x=1, x=2, x=4, x=12$,无效等价类为 1,2,4,12 以外的值构成的集合。

又如,在教师上岗方案中规定对教授、副教授、讲师和助教分别处理。那么可以确定 4 个有效等价类:教授、副教授、讲师和助教;1 个无效等价类,它是所有不符合以上职称的人员构成的集合。

(3) 按照数值集合划分。在输入条件规定了输入值的集合或者规定了"必须如何"的情况下,可确立 1 个有效等价类和 1 个无效等价类。例如,某程序中有标识符,其输入条件规定"标识符应以字母开头……",则可以这样划分等价类:"以字母开头者"作为有效等价类,"以非字母开头"作为无效等价类。

(4) 在输入条件是一个布尔量的情况下,可确定 1 个有效等价类和 1 个无效等价类。例如验证码,在登录各种网站时经常使用。验证码是一种布尔型取值,True 或者 False。在这里可划分出 1 个有效等价类和 1 个无效等价类。

(5) 进一步细分等价类。在确知已划分的等价类中各元素在程序处理中的方式不同的情况下,则应再将该等价类进一步地划分为更小的等价类。例如,程序用于判断几何图形的形状,则可以首先根据边数划分出三角形、四边形、五边形、六边形等。然后对于每一种类型,做进一步的划分,例如三角形可以进一步分为等边三角形、等腰三角形、一般三角形。

(6) 等价类划分还应特别注意默认值、空值、NULL、0 等的情形。

3. 等价类的特点

按划分等价类的规则划分出的等价类具有下列特点:

(1) 完备性。划分出的各个等价类(子集)的并是输入/输出的全集,即程序的定义域/值域。

(2) 无冗余性。各个等价类是互不相交的一组子集。

(3) 等价性。划分的各个子集是由等价关系决定的,即各个输入数据对于揭露程序中的错误都是等效的。因此我们可以从等价类中选择一个具有代表性的数据进行测试就可以达到测试目的。

5.3.2 等价类测试类型

等价类划分既实现了完备性测试,又避免了冗余。在实际使用等价类方法测试时,需要考虑等价类测试的程度,不同程度的测试将得到不同的测试效果。基于单缺陷假设还是基于多缺陷假设,产生弱等价类与强等价类测试之分;是否考虑无效等价类(即是否进行无效数据的处理),产生健壮与一般等价类测试之分。等价类测试分为 4 种形式:弱一般等价类、强一般等价类、弱健壮等价类和强健壮等价类。

为便于讨论,下面以一个具有两个变量 x_1 和 x_2 的函数 F 为例。输入变量 x_1 和 x_2 的边界以及边界内的区间为:$a \leqslant x_1 \leqslant d$,区间为 $[a,b)$,$[b,c)$,$[c,d]$;$e \leqslant x_2 \leqslant g$,区间为 $[e,f)$,$[f,g]$。

此函数的区间划分如图 5-9 所示。

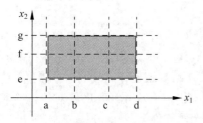

图 5-9 两个变量的边界及边界内区间划分

1. 弱一般等价类测试

弱一般等价类测试遵循单缺陷假设,要求选取的测试用例覆盖所有的有效等价类。两个变量的弱一般等价类测试用例如图 5-10 所示。

2. 强一般等价类测试

强一般等价类测试基于多缺陷假设,要求将每个变量的有效等价类做笛卡儿积,设计测试用例覆盖笛卡儿积的每个元素。两个变量的强一般等价类测试用例如图 5-11 所示。

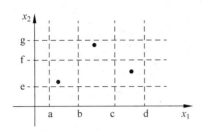

图 5-10　弱一般等价类测试用例

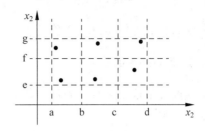

图 5-11　强一般等价类测试用例

3. 弱健壮等价类测试

这里的"弱"是指等价类测试基于单缺陷假设，而"健壮"是考虑了无效值。采用弱健壮等价类测试时，对有效输入，使用每个有效等价类的一个值；对无效输入，测试用例将拥有一个无效值，并保持其余的值都是有效的。

进行弱健壮等价类测试也就是将弱一般等价类中的 5 个要素增添为 7 个要素，补充输入域边界以外的值(略小于最小值 min－1，略大于最大值 max＋1)，涵盖了有效测试和无效测试。两个变量的弱健壮等价类测试用例如图 5-12 所示。

4. 强健壮等价类测试

强健壮等价类测试是基于多缺陷假设，并考虑无效的输入。设计测试用例时需要从所有等价类的笛卡儿积的每一个元素中获得测试用例。两个变量的强健壮等价类测试用例如图 5-13 所示。

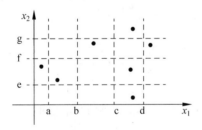

图 5-12　弱健壮等价类测试用例

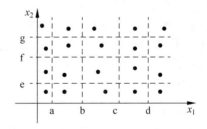

图 5-13　强健壮等价类测试用例

健壮等价类测试存在两个问题：
(1) 需要花费精力定义无效测试用例的期望输出；
(2) 对强类型的语言没有必要考虑无效的输入。

5.3.3　用等价类设计测试用例

1. 划分等价类

首先根据输入条件或输出条件划分等价类。

2．建立等价类表

根据划分的等价类建立等价类表。

3．选择测试用例

从等价类中选取具有代表性的数据，设计测试用例。从等价类中选择测试用例时，一般遵循下列原则：

（1）为每一个等价类规定一个唯一的编号。

（2）设计一个测试用例，使其尽可能多地覆盖尚未覆盖的有效等价类。重复这一步，直到所有的有效等价类都被覆盖为止。

（3）设计一个测试用例，使其仅覆盖一个尚未被覆盖的无效等价类。重复这一步，直到所有的无效等价类都被覆盖为止。

这里强调每次只覆盖一个无效等价类。这是因为一个测试用例中如果含有多个缺陷，有可能在测试中只发现其中的一个，另一些被忽视。等价类划分法能够全面、系统地考虑黑盒测试的测试用例设计问题，但是没有考虑各变量之间的逻辑关系。

5.3.4 等价类测试指导方针

等价类测试的一些观察和等价类测试的指导方针如下。

（1）等价类测试的弱形式不如对应的强形式的测试全面。

（2）如果实现语言是强类型，则没有必要使用健壮形式的测试。

（3）如果错误条件非常重要，则进行健壮形式的测试是合适的。

（4）如果输入数据以离散值区间和集合定义，则等价类测试是合适的。当然也适用于如果变量值越界就会出现故障的系统。

（5）通过结合边界值测试，等价类测试可得到加强。

（6）如果程序函数很复杂，则等价类测试是被指示的。在这种情况下，函数的复杂性可以帮助标识有用的等价类。

（7）强等价类测试假设变量是独立的，相应的测试用例相乘会引起冗余问题。如果存在依赖关系，则常常会生成错误测试用例。

（8）在发现合适的等价关系之前，可能需要进行多次尝试。

（9）强和弱形式的等价类测试之间的差别，有助于区分累进测试和回归测试。

例 5-2 排序问题。

某程序的功能是输入一组整型数据（数据个数不超过 100 个），使用冒泡排序法进行排序，数据按从小到大的顺序排列。

下面用等价类方法设计测试用例。

（1）划分等价类。根据程序的功能要求可以从下列几个方面划分等价类：数据类型；数据个数；数据是否有序；数据是否相同。

排序问题的等价类划分如表 5-4 所示。

（2）设计测试用例。根据表 5-4 中的等价类设计测试用例，如表 5-5 所示。

表 5-4 排序问题的等价类划分

有效等价类	编号	无效等价类	编号
整数	1	小数	2
		非数值类型的字符	3
1 个整数	4	0 个整数	5
100 以内的多个整数(包括 100 个)	6	多余 100 个整数	7
多个(100 个以内)无序的整数	8		
多个(100 个以内)已按从小到大排好序的整数	9		
多个(100 个以内)已按从大到小排好序的整数	10		
多个(100 个以内)相同的数据	11		

表 5-5 排序问题的测试用例

编　号	输　　入	预 期 输 出	覆盖等价类
1	5	5	1,4
2	0.5	提示：请输入整数	2
3	a b	提示：请输入整数	3
4	空	提示：请输入数据	5
5	1,4,2,8,11,6	1,2,4,6,8,11	1,6,8
6	1,2,…,110(110 个数据)	提示：数据太多	1,7
7	1,2,3,4,5,6	1,2,3,4,5,6	1,6,9
8	6,5,4,3,2,1	1,2,3,4,5,6	1,6,10
9	5,5,5,5,5	5,5,5,5,5	1,6,11

5.4　基于判定表的测试

在一些数据处理问题中，某些操作是否实施依赖于多个逻辑条件的取值。在这些逻辑条件取值的组合所构成的多种情况下，分别执行不同的操作。处理这类问题的一个非常有力的分析和表达工具是判定表，或称决策表(Decision Table)。判定表能够将复杂的问题按照各种可能的情况全部列举出来，简明并避免遗漏。因此，利用判定表能够设计出完整的测试用例集合。在所有功能性测试方法中，基于判定表的测试方法是最严格的，因为判定表在逻辑上是严密的。

5.4.1　判定表的组成

判定表通常由 4 个部分组成，如图 5-14 所示。

(1) 条件桩(Condition Stub)。列出了问题的所有条件。通常认为列出的条件的次序无关紧要。

(2) 动作桩(Action Stub)。列出了问题规定可能采取的操作。这些操作的排列顺序没有约束。

(3) 条件项(Condition Entry)。列出针对其左

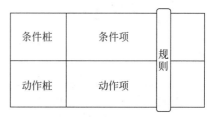

图 5-14 判定表结构

侧条件的取值。

（4）动作项（Action Entry）。列出在条件项的各种取值情况下应该采取的动作。

动作项和条件项紧密相关，它指出了在条件项的各组取值情况下应采取的动作。任何一个条件组合的特定取值及其相应要执行的操作称为规则。在判定表中贯穿条件项和动作项的一列就是一条规则。规则指示了在各条件项指示的条件下要采取动作项中的行为。显然，判定表中列出多少个条件取值，也就有多少条规则，即条件项和动作项有多少列。

判定表可分为有限条目判定表和扩展条目判定表。有限条目判定表的特点是：所有条件都是二值条件（真/假），有 n 个条件的判定表将有 $2n$ 条规则。扩展条目判定表的特点是：条件可以有多个值，有 n 个条件的判定表，其规则条数为 n 个条件所有值的笛卡儿积。

下面通过一个例子来说明判定表各部分的含义。

在表 5-6 给出的判定表中，规则 1 表示：如果条件 1、条件 2、条件 3 分别为真，则采取动作 1 和动作 2。规则 2 表示：如果条件 1 和条件 2 为真，条件 3 为假，则采取动作 3。我们注意到在表 5-6 的规则 5 中，条件 3 用"—"表示，意思是条件 3 为不关心条目。不关心条目有两种主要解释：条件无关或条件不适用。规则 5 表示：条件 1 为假、条件 2 为真时，则采取动作 2，而不管条件 3 为真还是为假，或者条件 3 不适用。

表 5-6 判定表实例

桩	规则 1	规则 2	规则 3	规则 4	规则 5	规则 6	规则 7
条件 1	T	T	T	T	F	F	F
条件 2	T	T	F	F	T	F	F
条件 3	T	F	T	F	—	T	F
动作 1	√		√	√			
动作 2	√				√	√	
动作 3		√		√		√	
动作 4							√

在实际使用判定表时，通常要将其化简。化简工作是以合并相似规则为目标。若表中有两条或多条规则具有相同的动作，并且其条件项之间存在着极为相似的关系，便可设法将其合并。例如，在图 5-15(a)中左端的两规则其动作项一致，条件项中第 1、2 条件项取值一致，只是第 3 条件项取值不同。这一情况表明，在第 1、2 条件项分别取真值和假值时，无论第 3 条件取任何值，都要执行同一操作。即要执行的动作与第 3 条件项的取值无关。因此，

图 5-15 规则合并

可将这两个规则合并。合并后的第 3 条件项用特定的符号"—"表示与取值无关。

与此类似,无关条件项"—"在逻辑上又可包含其他的条件项取值,具有相同动作的规则还可进一步合并,如图 5-15(b)所示。

5.4.2 基于判定表的测试

为了使用判定表标识测试用例,在这里把条件解释为程序的输入,把动作解释为输出。在测试时,有时条件最终引用输入的等价类,动作引用被测程序的主要功能处理,这时规则就解释为测试用例。由于判定表的特点,可以保证能够取到输入条件的所有可能的条件组合值,因此可以做到测试用例的完整集合。

使用判定表进行测试时,首先需要根据软件规格说明建立判定表。判定表设计的步骤如下。

(1) 确定规则的个数。根据被测试软件的特点来选择判定表的类型。如果采用有限条目的判定表,假如有 n 个条件,则会产生 2^n 条规则。如果采用扩展条目判定表,则规则数等于 n 个条件所有值的笛卡儿积。

(2) 列出所有的条件桩和动作桩。在测试中,条件桩一般对应程序输入的各个条件项,而动作桩一般对应程序的输出结果或要采取的操作。

(3) 填入条件项。条件项就是每条规则中各个条件的取值。为了保证条件项取值的完备性和正确性,可以利用集合的笛卡儿积来计算。首先找出各条件项取值的集合,然后将各集合做笛卡儿积,最后将得到的集合的每一个元素填入规则的条件项中。

(4) 填入动作项,得到初始判定表。在填入动作项时,必须根据程序的功能说明来填写。首先根据每条规则中各条件项的取值,来获得程序的输出结果或应该采取的行动,然后在对应的动作项中做标记。

(5) 简化判定表、合并相似规则(相同动作)。若表中有两条以上规则具有相同的动作,并且在条件项之间存在极为相似的关系,便可以合并。合并后的条件项用符号"—"表示,说明执行的动作与该条件的取值无关,称为无关条件。

5.4.3 基于判定表测试的指导方针

基于判定表的测试能把复杂的问题按各种可能的情况一一列举出来,简明而易于理解,也可避免遗漏。但是,判定表不能表达重复执行的动作,例如循环结构。

与其他测试技术一样,基于判定表的测试对于某些应用程序很有效,对于另一些应用程序却不适用。B. Beizer 指出了适合使用判定表设计测试用例的条件。

(1) 规格说明以判定表形式给出,或很容易转换成判定表。
(2) 条件的排列顺序不会也不影响执行哪些操作。
(3) 规则的排列顺序不会也不影响执行哪些操作。
(4) 每当某一规则的条件已经满足,并确定要执行的操作后,不必检验别的规则。
(5) 如果某一规则得到满足要执行多个操作,这些操作的执行顺序无关紧要。

B. Beizer 提出这 5 个必要条件的目的是使操作的执行完全依赖于条件的组合。其实对于某些不满足这几条的判定表,同样可以借助这种方法设计测试用例,只不过尚需增加其他的测试用例罢了。

判定表对于有 if else 或者 switch case 的程序,设计测试用例时非常有帮助。它在多数情况下是一种理清思路的工具,比流程图更为直观,可以写出符合需求说明的测试用例。

例 5-3 考生录取问题。

某程序规定:"对总成绩大于 450 分,且各科成绩均高于 85 分或者是优秀毕业生,应优先录取,其余情况做其他处理"。请用判定表测试方法设计测试用例。

根据被测试对象的特点,采用有限条目判定表设计测试用例,具体步骤如下。

(1) 列出所有的条件桩和动作桩。根据问题描述的输入条件和输出结果,列出所有的条件桩和动作桩。

输入条件(条件桩):

① 总成绩大于 450 分吗?

② 各科成绩均高于 85 分吗?

③ 是优秀毕业生吗?

输出结果(动作桩):

① 优先录取;

② 做其他处理。

(2) 确定规则的个数。本例中输入有三个条件,每个条件的取值为"是"或"否",因此有 $2\times2\times2=8$ 种规则。

(3) 填入条件项。在填写条件项时,可以将各个条件取值的集合进行笛卡儿积,得到每一列条件项的取值。本例就是计算 $\{Y,N\}\times\{Y,N\}\times\{Y,N\}=\{<Y,Y,Y>,<Y,Y,N>,<Y,N,Y>,<Y,N,N>,<N,Y,Y>,<N,Y,N>,<N,N,Y>,<N,N,N>\}$,然后将所得集合中的每一个元素的值填入每一列各条件项中,如表 5-7 所示。

表 5-7 判定表

		1	2	3	4	5	6	7	8
条件	总成绩大于 450 分吗	Y	Y	Y	Y	N	N	N	N
	各科成绩均高于 85 分吗	Y	Y	N	N	Y	Y	N	N
	是优秀毕业生吗	Y	N	Y	N	Y	N	Y	N
动作	优先录取	√	√	√		√			
	做其他处理				√		√	√	√

(4) 填入动作桩和动作项。根据每一列中各条件的取值得到所要采取的行动,填入动作桩和动作项,便得到初始判定表,如表 5-7 所示。

(5) 化简。从表 5-7 中,可以很直观地看出规则 1 和规则 2 的动作项相同,第 1 条件项和第 2 条件项的取值相同,只有第 3 条件项的取值不同,满足合并的原则。合并时,第 3 条件项成为不相关条目,用"—"表示。同理,规则 5 和规则 6 可以合并,规则 7 和规则 8 可以合并。通过合并相似规则后得到简化的判定表,如表 5-8 所示。

从表 5-8 可以看出规则 4 和规则 5 还可以进一步合并,合并后的判定表如表 5-9 所示。

表 5-8 简化后的判定表

		1	2	3	4	5
条件	总成绩大于 450 分吗	Y	Y	Y	N	N
	各科成绩均高于 85 分吗	Y	N	N	Y	N
	是优秀毕业生吗	—	Y	N	—	—
动作	优先录取	√	√			
	做其他处理			√	√	√

表 5-9 进一步简化后的判定表

		1	2	3	4
条件	总成绩大于 450 分吗	Y	Y	Y	N
	各科成绩均高于 85 分吗	Y	N	N	—
	是优秀毕业生吗	—	Y	N	—
动作	优先录取	√	√		
	做其他处理			√	√

例 5-4 NextDate 程序。

NextDate 程序的描述见 5.2 节例 5-1。下面用判定表测试法进行测试用例设计。

问题分析：年、月、日三个变量之间在输入定义域中存在一定的逻辑依赖关系，由于等价类划分和边界值分析测试都假设了变量是独立的，如果采用边界值测试或等价类测试方法设计测试用例，那么这些依赖关系在机械地选取输入值时可能会丢失。而采用判定表法则可以通过使用"不可能"的概念表示条件的不可能组合，来强调这种依赖关系。

根据题目的要求，下面用基于判定表的方法进行测试。

(1) 分析各种输入情况，列出为输入变量 month、day、year 划分的有效等价类。

month 变量的有效等价类：
$M1=\{month=4,6,9,11\}$；
$M2=\{month=1,3,5,7,8,10\}$；
$M3=\{month=12\}$；
$M4=\{month=2\}$。

day 变量的有效等价类：
$D1=\{1\leqslant day\leqslant 27\}$；
$D2=\{day=28\}$；
$D3=\{day=29\}$；
$D4=\{day=30\}$；
$D5=\{day=31\}$。

year 变量的有效等价类：
$Y1=\{year\ 是闰年\}$；
$Y2=\{year\ 是平年\}$。

(2) 分析程序规格说明，结合以上等价类划分的情况给出问题规定的可能采取的操作（即列出所有的动作桩）。考虑各种有效的输入情况，程序中可能采取的操作有以下 6 种。

a1：day+1；
a2：day=1；
a3：month+1；
a4：month=1；
a5：year+1；
a6：不可能。

(3) 根据步骤(1)和步骤(2)，画出判定表，然后对判定表进行化简。简化后的判定表如表 5-10 所示。

表 5-10　NextDate 问题的判定表

		1	2	3	4	5	6	7
条件	月份属于	M1	M1	M1	M2	M2	M3	M3
	日期属于	D1,D2,D3	D4	D5	D1,D2,D3,D4	D5	D1,D2,D3,D4	D5
	年份属于	—	—	—	—	—	—	—
动作	a1：day+1	√			√			
	a2：day=1		√			√		√
	a3：month+1		√			√		
	a4：month=1							√
	a5：year+1							√
	a6：不可能			√				

		8	9	10	11	12	13
条件	月份属于	M4	M4	M4	M4	M4	M4
	日期属于	D1	D2	D2	D3	D3	D4,D5
	年分属于	—	Y1	Y2	Y1	Y2	—
动作	a1：day+1	√	√				
	a2：day=1			√	√		
	a3：month+1			√	√		
	a4：month=1		√				
	a5：year+1		√				
	a6：不可能					√	√

(4) 设计测试用例。为判定表中的每一列设计一个测试用例，如表 5-11 所示。

表 5-11　隔一日问题测试用例

测试用例编号	输入数据			预期结果	覆盖的规则
	月份	日期	年		
1	6	15	2005	2005 年 6 月 16 日	1
2	9	30	2005	2005 年 10 月 1 日	2
3	4	31	2011	提示用户输入错误	3
4	1	1	2005	2005 年 1 月 2 日	4
5	3	31	2000	2000 年 4 月 1 日	5
6	12	5	1999	1999 年 12 月 6 日	6

续表

测试用例编号	输入数据			预期结果	覆盖的规则
	月份	日期	年		
7	12	31	1999	2000年1月1日	7
8	2	26	1999	1999年2月27日	8
9	2	28	2000	2000年2月29日	9
10	2	28	2001	2001年3月1日	10
11	2	29	2000	2000年3月1日	11
12	2	29	2005	提示用户输入错误	12
13	2	30	2000	提示用户输入错误	13

5.5 因果图

前面介绍的等价类划分法和边界值分析方法都是着重考虑输入条件,但没有考虑输入条件的各种组合和输入条件之间的相互制约关系。这样虽然各种输入条件可能出错的情况已经测试到了,但多个输入条件组合起来可能出错的情况却被忽视了。如果考虑输入条件之间的相互组合,可能会产生一些新的情况。但要检查输入条件的组合不是一件容易的事情,即使把所有输入条件划分成等价类,它们之间的组合情况也相当多。因此必须考虑采用一种适合于描述对于多种条件的组合,相应产生多个动作的形式来考虑设计测试用例,这就需要利用因果图(逻辑模型)。因果图方法最终生成的就是判定表,它适合于检查程序输入条件的各种组合情况。

5.5.1 因果图的概念

20世纪70年代,IBM进行了一项工作,把自然语言书写的需求转换成一个形式说明,形式说明可以用来产生功能测试的测试实例。这个转换过程检查需求的语义,用输入和输出之间或输入和转换之间的逻辑关系来重新表述它们。输入称为原因,输出和转换称为结果。通过分析得到一张反映这些关系的图,称为因果图(Cause-and-Effect Graph)。

因果图中使用了简单的逻辑符号,以直线连接左右节点。左节点表示输入状态(或称原因),右节点表示输出状态(或称结果)。通常用 c_i 表示原因,一般置于图的左部;e_i 表示结果,通常在图的右部。c_i 和 e_i 均可取值"0"或"1",其中"0"表示某状态不出现,"1"表示某状态出现。

因果图中包含以下4种关系。

(1) 恒等。若 c_1 是1,则 e_1 也是1;若 c_1 是0,则 e_1 为0。

(2) 非。若 c_1 是1,则 e_1 是0;若 c_1 是0,则 e_1 是1。

(3) 或。若 c_1 或 c_2 或 c_3 是1,则 e_1 是1;若 c_1、c_2 和 c_3 都是0,则 e_1 为0。"或"可有任意多个输入。

(4) 与。若 c_1 和 c_2 都是1,则 e_1 为1;否则 e_1 为0。"与"也可有任意多个输入。

因果图的4种关系如图5-16所示。

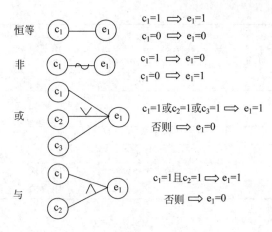

图 5-16　因果图基本符号

在实际问题中输入状态相互之间、输出状态相互之间可能存在某些依赖关系,称为"约束"。为了表示原因与原因之间,结果与结果之间可能存在的约束条件,在因果图中可以附加一些表示约束条件的符号。对于输入条件的约束有 E、I、O、R 四种约束,对于输出条件的约束只有 M 约束。输入输出约束图形符号如图 5-17 所示。

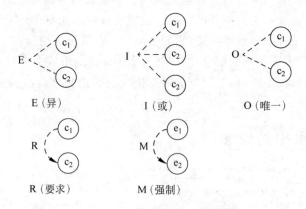

图 5-17　输入输出约束图形符号

为便于理解,这里设 c_1、c_2 和 c_3 表示不同的输入条件。

E(异):表示 c_1、c_2 中至多有一个可能为 1,即 c_1 和 c_2 不能同时为 1。

I(或):表示 c_1、c_2、c_3 中至少有一个是 1,即 c_1、c_2、c_3 不能同时为 0。

O(唯一):表示 c_1、c_2 中必须有一个且仅有一个为 1。

R(要求):表示 c_1 是 1 时,c_2 必须是 1,即不可能 c_1 是 1 时 c_2 是 0。

M(强制):表示如果结果 e_1 是 1 时,则结果 e_2 强制为 0。

5.5.2　因果图测试法

因果图可以很清晰地描述各输入条件和输出结果的逻辑关系。如果在测试时必须考虑输入条件的各种组合,就可以利用因果图。因果图最终生成的是判定表。采用因果图设计测试用例的步骤如下。

(1) 分析软件规格说明描述中哪些是原因,哪些是结果。其中,原因常常是输入条件或是输入条件的等价类;结果常常是输出条件。然后给每个原因和结果赋予一个标识符。并且把原因和结果分别画出来,原因放在左边一列,结果放在右边一列。

(2) 分析软件规格说明描述中的语义,找出原因与结果之间,原因与原因之间对应的是什么关系。根据这些关系,将其表示成连接各个原因与各个结果的"因果图"。

(3) 由于语法或环境限制,有些原因与原因之间,原因与结果之间的组合情况不可能出现。为表明这些特殊情况,在因果图上用一些记号标明约束或限制条件。

(4) 把因果图转换成判定表。首先将因果图中的各原因作为判定表的条件项,因果图的各结果作为判定表的动作项;然后给每个原因分别取"真"和"假"两种状态,一般用"0"和"1"表示;最后根据各条件项的取值和因果图中表示的原因和结果之间的逻辑关系,确定相应的动作项的值,完成判定表的填写。

(5) 把判定表的每一列拿出来作为依据,设计测试用例。

下面通过举例来说明如何用因果图进行测试。

例 5-5 软件规格说明书。

第一列字符必须是 A 或 B,第二列字符必须是一个数字,在此情况下进行文件的修改,但如果第一列字符不正确,则给出信息 L,如果第二列字符不是数字,则给出信息 M。

(1) 根据说明书分析出原因和结果。

原因如下:

C1:第一列字符是 A;

C2:第一列字符是 B;

C3:第二列字符是一数字。

结果如下:

E1:修改文件;

E2:给出信息 L;

E3:给出信息 M。

(2) 绘制因果图。根据原因和结果绘制因果图。把原因和结果用前面的逻辑符号连接起来,画出因果图,如图 5-18(a)所示。

考虑到原因 1 和原因 2 不可能同时为 1,因此在因果图上施加 E 约束。具有约束的因果图如图 5-18(b)所示。

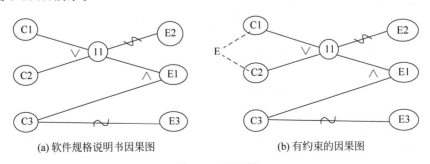

(a) 软件规格说明书因果图　　　　　(b) 有约束的因果图

图 5-18　因果图

注:11 是中间节点

根据因果图所建立的判定表,如表 5-12 所示。

表 5-12 软件规格说明书的判定表

		1	2	3	4	5	6	7	8
条件	C1	1	1	1	1	0	0	0	0
	C2	1	1	0	0	1	1	0	0
	C3	1	0	1	0	1	0	1	0
	11	—	—	1	1	1	1	0	0
动作	E1	/	/	✓	0	✓	0	0	0
	E2	/	/	0	0	0	0	✓	✓
	E3	/	/	0	✓	0	✓	0	✓

注意,表 5-12 中规则 1 和规则 2 的原因 1 和原因 2 同时为 1,这是不可能出现的,故应排除这两种情况。因此只需针对第 3~8 列设计测试用例,如表 5-13 所示。

表 5-13 软件规格说明书的测试用例

测试用例	输入数据 a	预期输出
1	A3	修改文件
2	AM	给出信息 M
3	B5	修改文件
4	B*	给出信息 M
5	F2	给出信息 L
6	TX	给出信息 L 和 M

例 5-6 电力收费。

某电力公司有 A、B、C、D 四类收费标准,并做出如下规定。

居民用电 <100 度/月,按 A 类收费;≥100 度/月,按 B 类收费。

动力用电 <10000 度/月,非高峰,按 B 类收费;≥10000 度/月,非高峰,按 C 类收费;<10000 度/月,高峰,按 C 类收费;≥10000 度/月,高峰,按 D 类收费。

使用因果图法设计测试用例的步骤和过程如下。

(1) 列出原因和结果。

原因如下:

1——居民用电;

2——动力用电;

3——<100 度/月,3'——≥100 度/月;

4——非高峰,4'——高峰;

5——≥10000 度/月,5'——<10000 度/月。

结果如下:

A——按 A 类收费;

B——按 B 类收费;

C——按 C 类收费;

D——按 D 类收费。

(2) 用因果图表明输入和输出间的逻辑关系,如图 5-19 所示。

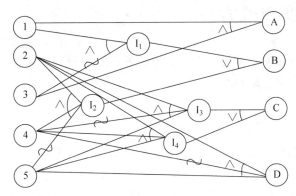

图 5-19 电力收费问题的因果图

注:图中 I1、I2、I3、I4 是中间节点。

(3) 把因果图转换为判定表,如表 5-14 所示。

表 5-14 电力收费问题的判定表

组合条件		1	2	3	4	5	6
条件 (原因)	1	1	1	0	0	0	0
	2	0	0	1	1	1	1
	3	1	0	—	—	—	—
	4	—	—	1	0	1	0
	5	—	—	0	0	1	1
动作 (结果)	A	1	0	0	0	0	0
	B	0	1	1	0	0	0
	C	0	0	0	1	1	0
	D	0	0	0	0	0	1

注:表中"—"表示本条规则与此条件无关,或不适用。

(4) 把判定表的每一列写成一个测试用例。

在选取测试用例的时候,可以选择等价类区间中的任何一个数,但为了检查边界处的情况,可以选取等价区间中边界上的值,或其他比较特殊的值,以便提高测试效率。根据判定表设计的测试用例如表 5-15 所示。

表 5-15 电力问题的测试用例

测试用例编号	输入数据	预期结果	覆盖组合条件
1	居民用电,99 度/月	A 类收费	1
2	居民用电,101 度/月	B 类收费	2
3	动力电,非高峰,9000 度/月	B 类收费	3
4	动力电,非高峰,1.01 万度/月	C 类收费	4
5	动力电,高峰,0.98 万度/月	C 类收费	5
6	动力电,高峰,1.1 万度/月	D 类收费	6

5.6 其他黑盒测试方法

除了前面介绍的几种常用的黑盒测试方法外,还有一些黑盒的测试方法,如正交试验法、场景测试法、错误推测法、随机测试法等。

5.6.1 正交试验法

在实际的软件项目中,作为输入条件的原因可能会非常多,如果用因果图进行分析,其因果图可能很庞大,由因果图得到的测试用例数量将达到惊人的程度,这给软件测试工作带来了沉重负担。为了有效、合理地减少测试的费用,可以利用实际生活中行之有效的正交试验设计法来进行测试用例的设计。正交试验测试策略提供了一种能对所有变量对的组合进行典型覆盖(均匀分布)的方法。这种技术对软件组件的集成测试尤其有用,特别是面向对象的系统。

正交试验设计法(Orthogonal Experimental Design)是研究与处理多因素多水平实验的一种科学方法。正交试验设计法是根据正交性从全面试验中挑选出适量的、有代表性的点进行试验,这些点具备了"均匀分散,整齐可比"的特点。利用该方法可以使所有因子和水平在实验中均匀地分布与搭配,均匀规律地变化。在正交试验中,生成正交表是非常重要的。

1. 正交表概念

正交表是运用组合数学理论在正交拉丁名的基础上构造的一种规格化的表格,其符号为 $L_n(j^i)$,其中:

L——正交表的符号;

n——正交表的次数(Runs),即正交表行数;

j——正交表的水平数(Levels),任何单个因素能够取得的值的最大个数;

i——正交表的因素数(Factors),正交表中列的个数,它直接对应到用这种技术设计测试用例时的变量的最大个数。

各列水平数均相同的正交表,称单一水平正交表。各列水平均为 2 的常用正交表有 $L_4(2^3)$、$L_8(2^7)$、$L_{12}(2^{11})$、$L_{16}(2^{15})$、$L_{20}(2^{19})$、$L_{32}(2^{31})$。各列水平数均为 3 的常用正交表有 $L_9(3^4)$、$L_{27}(3^{13})$。各列水平数均为 4 的常用正交表有 $L_{16}(4^5)$。

各列水平数不相同的正交表,称为混合水平正交表。例如 $L_8(4^1 \times 2^4)$,此混合水平正交表含有 1 个 4 水平列,4 个 2 水平列,共有 1+4=5 列。$L_8(4^1 \times 2^4)$ 常简写为 $L_8(4 \times 2^4)$。

正交表具有以下两个重要的特性。

(1) 整齐可比性。在同一张正交表中,每个因素的每个水平出现的次数是完全相同的。由于在试验中每个因素的每个水平与其他因素的每个水平参与试验的概率是完全相同的,这就保证在各个水平中最大程度地排除了其他因素水平的干扰。

(2) 均衡分散性。在同一张正交表中,任意两列(两个因素)的水平搭配(横向形成的数字对)是完全相同的。这样就保证了试验条件均衡地分散在因素水平的完全组合之中,因而具有很强的代表性。

2．选择正交表的基本原则

选择正交表时，一般都是先确定试验的因素、水平和交互作用，后选择适用的 L 表。在确定因素的水平数时，主要因素宜多安排几个水平，次要因素可少安排几个水平。

（1）先看水平数。若各因素全是 2 水平，就选用 $L(2^*)$ 表；若各因素全是 3 水平，就选 $L(3^*)$ 表。若各因素的水平数不相同，就选择适用的混合水平表。

（2）每一个交互作用在正交表中应占一列或二列。要看所选的正交表是否足够大，能否容纳得下所考虑的因素和交互作用。

（3）看试验精度的要求。若要求高，则宜取实验次数多的 L 表。若试验费用很昂贵，或试验的经费很有限，或人力和时间都比较紧张，则不宜选实验次数太多的 L 表。

（4）按原来考虑的因素、水平和交互作用去选择正交表，若无正好适用的正交表可选，简便且可行的办法是适当修改原定的水平数。

3．用正交表设计测试用例

对软件专业人员来说，测试用例的选择是既有趣又困难的选择。正交表提供了一个选择测试集的方法，可保证对所有被选变量的成对组合，生成一个有效且精简的测试集。这个测试集包括最少的测试用例又可测试所有变量的所有组合，而且生成所有的成对组合是均匀分布的测试集。

用正交表设计测试用例，可按下列步骤进行：

（1）确定测试中有多少个相互独立的变量，映射到表中的因素数；

（2）确定每个变量可以取值的最大个数，映射到表中的水平数；

（3）选择一个次数最少的最适合的正交表。一个最合适的正交表是至少满足第一步说明的因素数且至少满足第二步说明的水平数；

（4）把变量的值映射到正交表中；

（5）把每一行的各因素水平的组合作为一个测试用例；

（6）再增加一些没有在表中出现，但认为可疑的测试用例。

利用正交试验设计方法设计测试用例，可控制生成的测试用例数量，覆盖率高且测试效率高。

5.6.2 场景测试法

1．场景定义

场景技术在软件开发中可以用来捕获需求和系统的功能，是软件体系结构建模的主要依据，并可用来指导测试用例生成。本质上，场景从用户的角度描述系统的运行行为，反映了系统的期望运行方式。场景是由一系列相关的活动组成的，而且场景中的活动还可以由一系列的场景构成。

现在的软件几乎都是用事件触发来控制流程的，事件触发时的情景便形成了场景，而同一事件不同的触发顺序和处理结果就形成事件流。这一系列的过程利用场景法可以清晰地描述清楚。这种在软件设计方面的思想也可以引入软件测试中,可以比较生动地描绘出事件触发时的情景,有利于设计测试用例,同时使测试用例更容易理解和执行。通过运用场景来描述系统的功能点或业务流程,从而提高测试效果。

场景一般包含基本流和备用流。从一个流程开始,通过描述经过的路径来确定过程,经过遍历所有的基本流和备用流来完成整个场景。

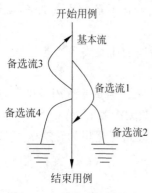

图 5-20 基本流和备选流

对于基本流和备选流的理解,可参考图 5-20。图中经过用例的每条路径都反映了基本流和备选流,都用箭头来表示。中间的直线表示基本流,是经过用例的最简单的路径。备选流用曲线表示,一个备选流可能从基本流开始,在某个特定条件下执行,然后重新加入基本流中;也可能起源于另一个备选流,或者终止用例而不再重新加入某个流。

根据图 5-20 中每条经过用例的可能路径,可以确定不同的用例场景。从基本流开始,再将基本流和备选流结合起来,可以确定以下用例场景:

场景 1:基本流;
场景 2:基本流、备选流 1;
场景 3:基本流、备选流 1、备选流 2;
场景 4:基本流、备选流 3;
场景 5:基本流、备选流 3、备选流 1;
场景 6:基本流、备选流 3、备选流 1、备选流 2;
场景 7:基本流、备选流 4;
场景 8:基本流、备选流 3、备选流 4。
注:为方便起见,场景 5、6 和 8 只描述了备选流 3 指示的循环执行一次的情况。

2. 场景测试步骤

使用场景法设计测试用例的基本设计步骤如下:
(1) 根据说明书或规约,分析出系统或程序功能的基本流及各项备选流;
(2) 根据基本流和各项备选流生成不同的场景;
(3) 对每一个场景生成相应的测试用例;
(4) 对生成的所有测试用例重新复审,去掉多余的测试用例。测试用例确定后,对每一个测试用例确定测试数据。

3. 网站购物案例

某购物网站订购一般过程是:进入购物网站浏览商品,当看中心仪的商品后,单击立即购买,这时网站弹出登录界面,用户登录自己已注册好的账户,确认收货地址和订单信息,然后通过网上银行支付货款,生成订单。

1)业务流分析

基本流:浏览商品、立即购买、登录账户、确认收货地址、确认订单信息、支付货款、生成订单。

备选流 1：密码错误；

备选流 2：注册账户；

备选流 3：新增或修改收货地址；

备选流 4：修改订单信息；

备选流 5：网银密码错误；

备选流 6：网银余额不足；

备选流 7：退出系统。

以上只列出了最常见的备选流，在用户购物过程中，还会有很多特殊的情况，在此未完全列出。

2）场景设计

根据上面列出的基本流和备选流，可以构建出大量的用户场景。下面列出部分典型的场景，如表 5-16 所示。

表 5-16 网站购物场景

场　　景	业　务　流
场景 1：成功购物	基本流
场景 2：用户密码错误	基本流＋备选流 1
场景 3：注册新用户	基本流＋备选流 2
场景 4：新增收货地址	基本流＋备选流 3
场景 5：修改订单	基本流＋备选流 4
场景 6：网银密码错误	基本流＋备选流 5
场景 7：网银余额不足	基本流＋备选流 6
场景 8：选择商品后退出系统	基本流＋备选流 7
场景 9：成功购物	基本流＋备选流 3＋备选流 4

3）测试用例设计

对于每一个场景，需要设计测试数据，使系统按场景中的流程执行。针对表 5-16 中设计的场景，进行测试用例设计，如表 5-17 所示。

表 5-17 网站购物测试用例

项目名称	网站购物测试	项目编号	Shoping_Test		
模块名称	网站购物	开发人员	XXX		
测试类型	功能测试	参考信息	需求规格说明书、设计说明书		
优先级	高	用例作者	XXXX	设计日期	XXXX
测试方法	黑盒测试（手工测试）	测试人员	XXXX	测试日期	XXXX
测试对象	网站购物业务功能的测试				
前置条件	用户账户：wangmin，密码：126543lan，网银账号：622848＊＊＊＊＊＊＊＊＊＊＊＊＊＊，密码：123456，账户余额：300 元				

续表

用例编号	场景	操作描述	输入数据	期望结果	实际结果
Shoping_Test_1	场景1	1. 浏览商品并确定要购买的商品 2. 单击"立即购买"按钮 3. 输入账户和密码 4. 确认收货地址 5. 确认订单信息 6. 支付货款 7. 生成订单	用户账户：wangmin 密码：126543lan 网银账号：622848 *************** 密码：123456 商品价格：80元 商品数量：1	购物成功	
Shoping_Test_2	场景2	1. 浏览商品并确定要购买的商品 2. 单击"立即购买"按钮 3. 输入账户和密码	用户账户：wangmin 密码：126543	提示密码错误	
Shoping_Test_3	场景3	1. 浏览商品并确定要购买的商品 2. 单击"立即购买"按钮 3. 注册新用户	用户账户：wangyu 密码：yu123456	用户注册成功	
Shoping_Test_4	场景4	1. 浏览商品并确定要购买的商品 2. 单击"立即购买"按钮 3. 输入账户和密码 4. 新增收货地址，输入新的地址 5. 确认收货地址 6. 确认订单信息 7. 支付货款 8. 生成订单	用户账户：wangmin 密码：126543lan 新地址：四川省绵阳市花园小区 网银账号：622848 *************** 密码：123456 商品价格：60元 商品数量：1	购物成功	
Shoping_Test_5	场景5	1. 浏览商品并确定要购买的商品 2. 单击"立即购买"按钮 3. 输入账户和密码 4. 确认收货地址 5. 修改订单信息（修改购买商品的数量），然后确认订单信息 6. 支付货款 7. 生成订单	用户账户：wangmin 密码：126543lan 网银账号：622848 *************** 密码：123456 商品价格：60元 商品数量：4	购物成功	
Shoping_Test_6	场景6	1. 浏览商品并确定要购买的商品 2. 单击"立即购买"按钮 3. 输入账户和密码 4. 确认收货地址 5. 确认订单信息 6. 支付货款，但密码错误	用户账户：wangmin 密码：126543lan 网银账号：622848 *************** 密码：111111 商品价格：60元 商品数量：1	提示密码错误	
Shoping_Test_7	场景7	1. 浏览商品并确定要购买的商品 2. 单击"立即购买"按钮 3. 输入账户和密码 4. 确认收货地址 5. 确认订单信息 6. 支付货款	用户账户：wangmin 密码：126543lan 网银账号：622848 *************** 密码：123456 商品价格：360元 商品数量：1	提示余额不足	

续表

用例编号	场景	操作描述	输入数据	期望结果	实际结果
Shoping_Test_8	场景8	1. 浏览商品并确定要购买的商品 2. 单击"加入购物车"按钮 3. 退出本网站		商品加入购物车	
Shoping_Test_9	场景9	1. 浏览商品并确定要购买的商品 2. 单击"立即购买"按钮 3. 输入账户和密码 4. 新增收货地址,然后确认收货地址 5. 修改订单信息(修改购买商品的数量),然后确认订单信息 6. 支付货款 7. 生成订单	用户账户：wangmin 密码：126543lan 新地址：四川省绵阳市花园小区 网银账号：622848 *************** 密码：123456 商品价格：40元 商品数量：6	购物成功	

5.6.3 错误推测法

人们可以靠经验和直觉推测程序中可能存在的各种错误,从而有针对性地编写检查这些错误的例子,这就是错误推测法。错误推测法的基本思想是列举出程序中所有可能有的错误和容易发生错误的特殊情况,根据这些特殊情况选择测试用例。

用错误推测法进行测试,首先需罗列出可能的错误或错误倾向,进而形成错误模型;然后设计测试用例以覆盖所有的错误模型。例如,对一个排序的程序进行测试,其可能出错的情况如下：输入表为空的情况；输入表中只有一个数字；输入表中所有的数字都具有相同的值；输入表已经排好序等。

错误推测法是一种简单易行的黑盒法,但由于该方法有较大的随意性,主要依赖于测试者的经验,因此通常作为一种辅助的黑盒测试方法。

5.7 本章小结

黑盒测试是通过程序的输入和输出来检测每个功能是否都能正常使用。从理论上讲,黑盒测试只有采用穷举输入测试,把所有可能的输入都作为测试情况考虑,才能查出程序中所有的错误。实际上测试情况有无穷多个,不仅要测试所有有效(合法)的输入,而且还要对所有可能发生的无效(不合法)输入进行测试,因此完全测试是不可能的。我们应该进行有针对性地测试,通过制定测试方案和测试用例指导测试的实施,保证软件测试有组织、按步骤、有计划地进行。

本章介绍了黑盒测试的方法,特别对等价类划分、边界值分析、因果图、基于判定表的测试方法进行介绍,并通过实例展示了各种黑盒测试方法设计测试用例的过程。

等价类划分的办法是把程序的输入域划分成若干部分,然后从每个部分中选取少数代表性数据作为测试用例。每一类的代表性数据在测试中的作用等价于这一类中的其他值。

边界值分析是通过选择输入或输出的边界设计测试用例。边界值分析法不仅重视输入条件边界,而且有时还必须考虑输出域边界。

因果图方法是从用自然语言书写的程序规格说明的描述中找出因(输入条件)和果(输出或程序状态的改变)之间的关系绘制出因果图,然后通过因果图转换为判定表。

正交试验设计法是使用已经造好的正交表来安排试验并进行数据分析的一种方法,目的是用最少的测试用例达到最高的测试覆盖率。

错误推测设计方法是基于经验和直觉推测程序中所有可能存在的各种错误,从而有针对性地设计测试用例的方法。

进行黑盒测试时需要根据被测试对象选择合适的测试方法。Myers 提出了使用各种测试方法的综合策略:

(1) 在任何情况下都必须使用边界值分析方法。经验表明用这种方法设计出测试用例发现程序错误的能力最强。

(2) 必要时用等价类划分方法补充一些测试用例。

(3) 用错误推测法再追加一些测试用例。

(4) 对照程序逻辑,检查已设计出的测试用例的逻辑覆盖程度。如果没有达到要求的覆盖标准,应当再补充足够的测试用例。

(5) 如果程序的功能说明中含有输入条件的组合情况,则一开始就可选用因果图法。

思考题

1. 边界值分析方法如何生成测试用例?
2. 如何使用等价类测试技术生成测试用例?
3. 如何结合使用等价类测试技术和边界值分析技术设计测试用例?
4. 请简述利用因果图生成测试用例的基本步骤。
5. 简述使用判定表设计测试用例的一般过程。
6. 某程序对毕业设计成绩进行评定,90~100 分为优秀,75~89 分为良,60~74 分为及格,0~59 分为不及格。请用边界值分析方法设计测试用例。
7. 程序有三个输入变量 month、day、year(month、day 和 year 均为整数值,并且满足 $1 \leqslant month \leqslant 12$、$1 \leqslant day \leqslant 31$、$1800 \leqslant year \leqslant 2050$。),分别作为输入日期的月份、日、年份,通过程序可以输出该输入日期在日历上隔一天(第三天)的日期。例如,输入为 2005 年 11 月 29 日,则该程序的输出为 2005 年 12 月 1 日。请用边界测试法设计测试用例。
8. 某系统注册页面需要输入用户名和密码,其中要求:①用户名只能包含英文字母、下画线、数字,且字符长度为 4 至 12 个字符;②密码为 6 到 10 位,且只能包含字母和数字。如果用户名和密码符合要求,提示注册成功;否则,输出相应的错误信息。请使用弱健壮等价类测试法设计测试用例。
9. 某程序的功能是输入一组整数数据(数据个数不超过 100 个),使用冒泡排序法进行排序,数据按从小到大的顺序排列。请用等价类方法设计测试用例。
10. 某博客系统的相册功能模块可以上传图片,其中要求:上传图片的格式只能是 gif、

jpg 和 bmp，图片的大小不超过 5MB。如果图片格式和大小符合要求，则上传成功；否则给出相应的错误提示信息。请用弱健壮等价类测试方法设计测试用例。

11. 某程序的功能是实现金额校验。金额范围[0.00,99.99]（最多只能有两位小数）。例如，输入为 56.57，输出为 56 元 5 角 7 分；输入为 21，输出为 21 元；输入为 23.4，输出为 23 元 4 角。请用等价类方法设计测试用例。

12. 某程序的功能是根据消费者当日消费总额计算其可享受的优惠金额。具体计算规则如下：优惠金额＝消费总额×优惠折扣＋现金红包，优惠折扣、现金红包和消费总额之间的规则如表 5-18 所示。请用边界值分析方法和基于判定表的方法设计测试用例。

表 5-18　优惠折扣、现金红包和消费总之间的规则

当日消费	优惠折扣	现金红包
消费累计≤500 元	2%	0 元
500 元＜消费累计≤1000 元	5%	100 元
消费累计＞1000 元	10%	300 元

13. 某学校评定奖学金的要求是：A 级奖学金，所有学科的平均成绩≥85 分，没有不及格的课程，且至少参加学生科技活动奖一项；B 级奖学金，所有学科的平均成绩≥85 分，且没有不及格的课程。请用基于决策表的测试方法进行测试。要求：绘制决策表，设计测试用例。

14. 某程序的功能是：从键盘输入当月利润，求应发放奖金总数。企业发放的奖金是根据利润提成，利润低于或等于 10 万元时，奖金可提 10%；利润在 10 万元到 50 万元之间，高于 10 万元的部分，奖金可提 5%；50 万元到 100 万元之间时，高于 50 万元的部分，奖金可提 2%；高于 100 万元时，超过 100 万元的部分按 1% 提成（例如利润为 55 万元，奖金＝10×10%＋40×5%＋5×2%＝3.1 万元）。请用基于决策表的测试方法设计测试用例。

15. 请用场景测试法测试 QQ 邮件系统发送普通邮件（不带附件）的功能。发送邮件的基本步骤是：输入正确的用户名和密码登录邮件系统，单击"写信"按钮，撰写邮件。写完邮件后，单击"发送"按钮发送邮件。要求：写出基本流和备选流，然后设计场景。

16. 请使用因果图法为三角形问题设计测试用例。

第 6 章 白盒测试技术

6.1 白盒测试概念

白盒测试(White Box Testing)是一种用于检查代码是否按预期工作的验证技术，也称结构测试(Structural Testing)、逻辑驱动测试(Logic-driven Testing)或基于程序的测试(Program-based Testing)。白盒测试把测试对象看作一个透明的盒子，测试人员根据程序结构和处理过程，按照程序内部逻辑测试程序，检查程序是否按照预定要求正确工作。

进行白盒测试时，首先分析源程序代码，然后根据程序的结构特点和测试要求，选择相应的测试技术来设计测试用例。接下来，在被测试程序上执行测试用例数据，记录测试数据。最后，根据执行的结果判断程序是否正确，并根据执行路径分析测试用例的覆盖情况。使用白盒测试技术进行测试的一般流程如图 6-1 所示。

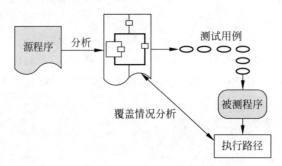

图 6-1 白盒测试流程

白盒测试的方法总体上分为静态分析方法和动态分析方法两大类。

静态分析是一种不通过执行程序而进行测试的技术。静态分析的关键功能是检查软件的表示和描述是否一致，有无冲突或者歧义。静态分析方法包括静态代码检查、静态结构分析、静态质量度量等。

动态分析是当软件系统在模拟的或真实的环境中执行前、中、后，对软件系统行为的分析。动态分析包含了程序在受控的环境下使用特定的期望结果进行正式的运行。它显示了一个系统在检查状态下是正确还是不正确。动态分析方法包括逻辑覆盖测试、基本路径测试、数据流测试、程序插装、域测试、变异测试等。

6.2 程序结构分析

6.2.1 基本概念

下面介绍测试中涉及的图论中的一些基本概念。

定义 1：有向图。有向图 $D(V,E)$ 是由有限的节点集合 $V=\{n_1,n_2,\cdots,n_m\}$ 和边的集合 $E=\{e_1,e_2,\cdots,e_p\}$ 组成。其中每条边 $e_k=<n_i,n_j>$ 是节点 $n_i,n_j\in V$ 的一个有序对偶，n_j 是 n_i 的后继节点，n_i 是 n_j 的前驱节点。在有向图中边用箭头线表示，$e_k=(T(e_k), H(e_k))\in E$，$T(e_k)$ 是尾，$H(e_k)$ 是头。

有向图中节点的内度（也叫入度），是将该节点作为终止节点的不同边的条数，记作 indergee(n)。有向图中节点的外度（也叫出度），是将该节点作为开始节点的不同边的条数，记作 outdergee(n)。

定义 2：路径。在有向图中，路径是一系列边，使得对于该系列中的所有相邻边对偶 e_i、e_j 来说，第一条边的头（终止节点）是第二条边的尾（初始节点）。如果 $P=e_1e_2\cdots e_q$，且满足 $T(e_{i+1})=H(e_i)$，则 P 称为路径，q 为路径长度。

定义 3：半路径。在有向图中，半路径是一系列边，使得对于该系列中至少有一个相邻边对偶 e_i、e_j 来说，第一条边的初始节点是第二条边的初始节点，或者第一条边的终止节点是第二条边的终止节点。

定义 4：可达。如果 e_i 到 e_j 存在一条路径，则称 e_i 到 e_j 是可达的。

定义 5：简单路径。路径上所有的节点都是不同的称为简单路径。

定义 6：回路。路径 $P=e_1e_2\cdots e_q$ 满足 $T(e_1)=H(e_q)$ 称为回路。除了第一个和最后一个节点外，其他节点都不同的回路称为简单回路。

定义 7：A 连接 B。若 $A=e_ue_{u+1}\cdots e_t$，$B=e_ve_{v+1}\cdots e_q$ 为两条路径，如果 $H(e_t)=T(e_v)$ 且 $e_ue_{u+1}\cdots e_te_ve_{v+1}\cdots e_q$ 为路径，则称 A 连接 B，记为 $A*B$。

当一条路径是回路时，它可以和自己连接，记 $A^1=A,A^{k+1}=A*A^k$。

定义 8：路径 A 覆盖路径 B。如果路径 B 中所含的有向边均在路径 A 中出现，则称路径 A 覆盖路径 B。

6.2.2 程序的控制流图

自 20 世纪 70 年代以来，结构化程序的概念逐渐被人们普遍接受。用程序流程图和程序控制流图刻画的程序结构已有很长的历史。对用结构化程序语言书写的程序，可以通过使用一系列规则从程序推导出其对应的流程图和控制流图。

程序流程图又称框图，是我们最熟悉，也是最容易理解的一种程序控制结构的图形表示。在程序流程图的框里面常常标明了处理要求或者条件，但是，这些标注在做路径分析时是不重要的。为了更加突出控制流的结构，需要对程序流程图做一些简化，在此引入控制流图（即程序图）的概念。

控制流图是退化的程序流程图，图中每个处理都退化成一个节点，流线变成连接不同节点的有向弧。在控制流图中仅描述程序内部的控制流程，完全不表现对数据的具体操作，以及分支和循环的具体条件。控制流图将程序流程图中结构化构件改用一般有向图的形式表示。

在控制流图中用圆"○"表示节点，一个圆代表一条或多条语句。程序流程图中的一个处理框序列或一个菱形判定框，可以映射成控制流图中的一个节点。控制流图中的箭头线称为边，它和程序流程图中的箭头线类似，代表控制流。将程序流程图简化成控制流图时，需要注意的是，在选择或多分支结构中分支的汇聚处，即使没有执行语句也应该有一个汇聚节点。

在控制流图中，由边和节点围成的面积称为区域。需要注意的是，当计算区域数时，应该包括图外部未被围起来的那个区域。

基本控制构造的图形符号如图 6-2 所示。

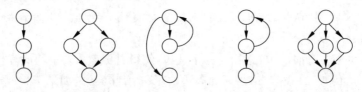

图 6-2　基本控制流图的图形符号

图 6-3 中给出了如何根据程序图绘制控制流图的例子。其中图 6-3(a)是一个含有两个出口判断和循环的程序流程图，把它简化成控制流图的形式，如图 6-3(b)所示。其中①、②、③、④、⑤、⑥、⑦表示节点，e_1、e_2、e_3、e_4、e_5、e_6、e_7、e_8 表示边，R_1、R_2、R_3 表示区域。

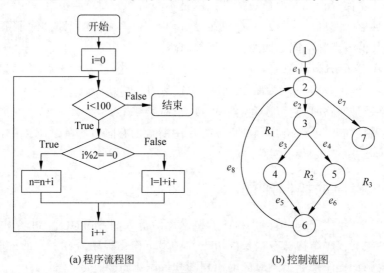

图 6-3　程序流程图和控制流图

如果判定中的条件表达式是复合条件，即条件表达式是由一个或多个逻辑运算符(OR, AND, NAND, NOR)连接的逻辑表达式，则需要改复合条件的判定为一系列只有单个条件的嵌套的判定。

例如，对于下面代码所示的复合条件判定，其对应图的控制流图如图 6-4 所示。

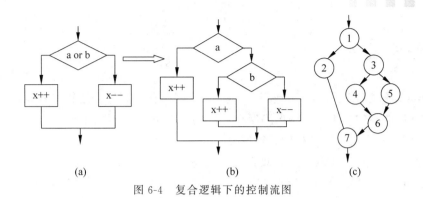

图 6-4 复合逻辑下的控制流图

```
if (a || b)
    x++;
else
    x--;
```

条件语句 if(a || b)中条件 a 和条件 b 各有一个只有单个条件的判定节点。

由于控制流图保留了控制流的全部轨迹,舍弃了各框的细节,因而画面简洁,路径清楚,用它来验证各种测试数据对程序执行路径的覆盖情况,比流程图更加方便。

为了使控制流图在机器上表示,可以把控制流图表示成矩阵的形式,称为控制流图矩阵。在自动化测试中,导出控制流图和确定基本测试路径的过程均需要机械化,而图形矩阵的数据结构对此很有用。

定义:有 m 个节点的控制流图矩阵,是一个 $m \times m$ 矩阵:$A = (a(i,j))$,其中 $a(i,j)$ 是 1,当且仅当从节点 i 到节点 j 有一条弧,否则该元素为 0。

图 6-3(b)的控制流图矩阵如表 6-1 所示。这个矩阵有 7 行 7 列,是由该控制图中 7 个节点决定的。矩阵中为"1"的元素的位置决定了它们所连接节点的号码。例如,矩阵中处于第 3 行第 4 列的元素为"1",那是因为在控制流图中从节点 3 至节点 4 有一条弧。这里必须注意方向,图 6-3(b)中节点 4 到节点 3 没有弧,所以矩阵中第 4 行第 3 列也就没有元素。

表 6-1 图 6-3(b)的控制流图矩阵

	n_1	n_2	n_3	n_4	n_5	n_6	n_7
n_1	0	**1**	0	0	0	0	0
n_2	0	0	**1**	0	0	0	**1**
n_3	0	0	0	**1**	1	0	0
n_4	0	0	0	0	0	**1**	0
n_5	0	0	0	0	0	**1**	0
n_6	0	**1**	0	0	0	0	0
n_7	0	0	0	0	0	0	0

在控制流图矩阵中,如果一行有两个或更多的元素为"1",则这行所代表的节点一定是一个判定节点。通过判断连接矩阵中一行上有两个或两个以上元素为"1"的行的数目,就可以确定该图的环路复杂度。例如表 6-1 中,第 2 行和第 3 行分别有两个元素为"1",因此它们是判定节点。控制流图的环路复杂度等于判定节点个数加 1,通过控制流图矩阵可以得到它的判定节点为 2,因此控制流图的环路复杂度为 3。

6.3 逻辑覆盖

逻辑覆盖测试(Logic Coverage Testing)是根据被测试程序的逻辑结构设计测试用例。逻辑覆盖测试考察的重点是图中的判定框。因为这些判定若不是与选择结构有关，就是与循环结构有关，是决定程序结构的关键成分。

按照对被测程序所作测试的有效程度，逻辑覆盖测试可由弱到强分为 6 种覆盖：语句覆盖、判定覆盖、条件覆盖、判定-条件覆盖、条件组合覆盖和路径覆盖。各种覆盖所要达到的覆盖标准如表 6-2 所示。

表 6-2 逻辑覆盖标准

语句覆盖	每条语句至少执行一次
判定覆盖	每个判定的每条分支至少执行一次
条件覆盖	每条判定中的每个条件，分别按"真""假"至少各执行一次
判定-条件覆盖	同时满足判定覆盖和条件覆盖的要求
条件组合覆盖	求出判定中所有条件的各种可能组合值，每个可能的条件组合至少执行一次
路径覆盖	每条可能的路径至少执行一次

为方便讨论，下面结合一个 Java 小程序段加以说明：

```java
public void function(int a, int b, int c) {
    if ((a > 1) && (b == 0)) {
        c = c / a;
    }
    if ((a == 5) || (c > 1)) {
        c = c + 1;
    }
    c = a + b + c;
}
```

图 6-5 给出了程序的流程图。A、B、C、D 和 E 是控制流上的若干程序点。

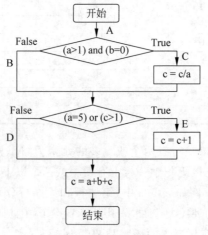

图 6-5 程序流程图

6.3.1 语句覆盖

语句覆盖(Statement Coverage)是指在测试时设计若干个测试用例,运行被测试程序,使程序中的每条可执行语句至少执行一次。这里所谓"若干个",当然是越少越好。

在上述程序段中,如果选用的测试用例是:

a=5,b=0,c=6··CASE1

则程序按图 6-5 的路径 ACE 执行。这样该程序段的 5 个语句均得到执行,从而做到了语句覆盖。但如果选用的测试用例是:

a=5,b=1,c=6··CASE2

程序按图 6-5 的路径 ABE 执行,语句 c=c/a 未执行,因此未能达到语句覆盖。若要做到语句覆盖,则还需要设计一个测试用例,使其按路径 ACD 执行或按路径 ACE 执行。为提高测试效率,在设计测试用例时应精心考虑测试数据的选取,尽量用较少的测试数据达到覆盖的要求。

从程序中每条语句都得到执行这一点来看,语句覆盖的方法似乎能够比较全面地检验每一条语句,但它也存在一定的缺陷。语句覆盖仅仅针对程序逻辑中显式存在的语句,而对于隐藏的条件是无法测试的。语句覆盖对逻辑运算(如||和&&)反应迟钝,在多分支的逻辑运算中无法全面地考虑。

假如在上面的程序段中两个逻辑运算有问题,例如,第一个判断的运算符"&&"错成运算符"||"或是第二个判断中的运算符"||"错成了运算符"&&",这时仍使用上述前一个测试用例 CASE1,程序仍将按图 6-5 的路径 ACE 执行。这说明虽然也做到了语句覆盖,却发现不了判断中逻辑运算的错误。

此外,还可以很容易地找出已经满足了语句覆盖,却仍然存在错误的例子。例如,某程序中包含下面的语句:

```
if (condition >= 0)
    x = a + b;
```

如果将其错写成:

```
if (condition > 0)
    x = a + b;
```

假定给出的测试数据使执行该程序段时 condition 的值大于 0,则 x 被赋予 a + b 的值,这样虽然做到了语句覆盖,然而却掩盖了其中的错误。

另外,语句覆盖不能报告循环是否到达它们的终止条件,只能显示循环是否被执行了。对于 do-while 循环,通常至少要执行一次,语句覆盖认为它们和无分支语句是一样的。

实际上,和后面介绍的其他几种逻辑覆盖比较起来,语句覆盖是比较弱的覆盖原则。做到了语句覆盖可能给人们一种心理的满足,以为每个语句都经历过,似乎可以放心了。其实这仍然是不十分可靠的。语句覆盖在测试被测程序中,除去对检查不可执行语句有一定作用外,并没有排除被测程序包含错误的风险。必须看到,被测程序并非语句的无序堆积,语句之间的确存在着许多有机的联系。

6.3.2 判定覆盖

判定覆盖(Decision Coverage)的基本思想是,设计若干测试用例,运行被测试程序,使得程序中每个判断的取真分支和取假分支至少经历一次,即判断的真假值均曾被满足。判定覆盖又称为分支覆盖。仍以 6.3.1 节程序段为例,由于每个判定有两个分支,因此要达到判定覆盖至少需要两组测试用例。若选用的两组测试用例是:

a=5,b=0,c=6 ·· CASE1
a=1,b=0,c=1 ·· CASE3

则可分别执行图 6-5 的路径 ACE 和路径 ABD,从而使两个判断的 4 个分支 C、E 和 B、D 分别得到覆盖。当然,也可以选用另外两组测试用例:

a=3,b=0,c=2 ·· CASE4
a=5,b=1,c=2 ·· CASE5

分别执行图 6-5 的路径 ACD 及路径 ABE,同样也可覆盖两个判定的真假分支。

我们注意到,上述两组测试用例不仅满足了判定覆盖,同时还做到了语句覆盖。从这一点可以看出判定覆盖具有比语句覆盖更强的测试能力。但判定覆盖也具有一定的局限性。在实际应用的程序中,往往大部分的判定语句是由多个逻辑条件组合而成(如判定语句中包含 and、or、case),若仅仅判断其整个最终结果,而忽略每个条件的取值情况,必然会遗漏部分测试路径。假设在此程序段中的第 2 个判断条件 c>1 错写成了 c<1,使用上述测试用例 CASE5,照样能按原路径执行(ABE)而不影响结果。这个事实说明,只做到判定覆盖将无法确定判断内部条件的错误。

下面再看一段代码:

```
if (a && ( b || function ()))
    x = x * 5;
else
    x = x / 5;
```

这段代码完全可以不用调用 function()函数,因为表达式(a && (b || function()))为真时可以取 a 为 true 和 b 为 true,表达式为假时可以取 a 为 false。由此可以看出,完全的判定覆盖并不能深入到判定中的各个逻辑条件。因此判定覆盖仍是弱的逻辑覆盖,需要有更强的逻辑覆盖准则去检验判定内的条件。

说明:以上仅考虑了两出口的判断,还应把判定覆盖准则扩充到多出口判断(如 Case 语句)的情况。因此,判定覆盖更为广泛的含义应该是使得每一个判定获得每一种可能的结果至少一次。如图 6-6 所示的多出口判断,在这个图中,至少需要四个测试用例,才能达到判定覆盖。

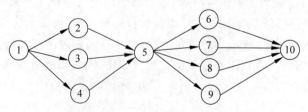

图 6-6 多出口判断

6.3.3 条件覆盖

条件覆盖(Condition Coverage)的基本思想是,设计若干测试用例,执行被测程序以后,要使每个判断中每个条件的可能取值至少满足一次,即每个条件至少有一次为真值,有一次为假值。

在上述程序段中,第一个判断应考虑到:
a>1,取真值,记为 T1
a>1,取假值,即 a≤1,记为 F1
b=0,取真值,记为 T2
b=0,取假值,即 b≠0,记为 F2

第 2 个判断应考虑到:
a=5,取真值,记为 T3
a=5,取假值,即 a≠5,记为 F3
c>1,取真值,记为 T4
c>1,取假值,即 c≤1,记为 F4

条件覆盖设计的思想就是让测试用例能覆盖 T1、T2、T3、T4、F1、F2、F3、F4 这 8 种情况。下面给出 3 个测试用例:CASE6,CASE7 和 CASE8,执行该程序段所走路径及覆盖条件如表 6-3 所示。

表 6-3 条件覆盖测试用例(1)

测 试 用 例	测 试 数 据	覆 盖 条 件	执 行 路 径
CASE6	a=5,b=0,c=6	T1,T2,T3,T4	ACE
CASE7	a=2,b=0,c=1	F1,T2,F3,F4	ABD
CASE8	a=5,b=2,c=1	T1,F2,T3,F4	ABE

从表中可以看到,3 个测试用例把 4 个条件的 8 种情况均做了覆盖。

进一步分析,测试用例覆盖了 4 个条件的 8 种情况,并把两个判断的 4 个分支也覆盖了,这样是否可以说,做到了条件覆盖,也就必然实现了判定覆盖呢?下面来分析另一情况,假定选用两组测试用例是 CASE8 和 CASE9,执行程序段的覆盖情况如表 6-4 所示。

表 6-4 条件覆盖测试用例(2)

测 试 用 例	测 试 数 据	覆 盖 条 件	执 行 路 径
CASE8	a=5,b=2,c=1	T1,F2,T3,F4	ABE
CASE9	a=1,b=0,c=6	F1,T2,F3,T4	ABE

这一覆盖情况表明,覆盖了条件的测试用例不一定覆盖了分支。事实上,它只覆盖了 4 个分支中的两个分支。条件覆盖只能保证每个条件的真值和假值至少满足一次,而不考虑所有的判定结果,因此做到了完全的条件覆盖并不能保证达到完全的判定覆盖。同理,做到了完全的判定覆盖也并不能保证达到了完全的条件覆盖。为了解决这一矛盾,需要对条件和分支兼顾。

6.3.4 判定-条件覆盖

判定-条件覆盖(Decision-Condition Coverage)的基本思想是将判定覆盖和条件覆盖结合起来,即设计足够的测试用例,使得判断条件中的每个条件的所有可能取值至少执行一次,并且每个判断本身的可能判定结果也至少执行一次。

按照判定-条件覆盖的要求,设计的测试用例要满足如下条件:
(1) 所有条件可能取值至少执行一次;
(2) 所有判断的可能结果至少执行一次。

本例中,可以设计两个测试用例来达到判定-条件覆盖,如表6-5所示。

表6-5 判定-条件覆盖测试用例

测试数据	覆盖条件	覆盖分支	执行路径
a=5,b=0,c=6	T1,T2,T3,T4	C,E	ACE
a=1,b=2,c=1	F1,F2,F3,F4	B,D	ABD

从表面上看,判定-条件覆盖测试了各个判定中的所有条件的取值,但实际上,编译器在检查含有多个条件的逻辑表达式时,某些情况下的某些条件将会被其他条件所掩盖。因此,判定-条件覆盖也不一定能够完全检查出逻辑表达式中的错误。

例如,对于条件表达式(a>1)&&(b==0)来说,若(a>1)的测试结果为真,则还要测试(b==0),才能决定表达式的值;而若(a>1)的测试结果为假,可以立刻确定表达式的结果为假。这时编译器将不再检查(b=0)的取值了。因此,条件(b=0)就没有检查。

同样,对于条件表达式(a==5)||(c>1)来说,若(a=5)的测试结果为真,就可以立即确定表达式的结果为真。这时,将不会再检查(c>1)这个条件,那么同样也无法发现这个条件中的错误。因此,采用判定-条件覆盖,逻辑表达式中的错误不一定能够检查出来。

6.3.5 条件组合覆盖

条件组合覆盖(Condition Combination Coverage)就是设计足够的测试用例,运行被测程序,使得所有可能的条件取值组合至少执行一次。

对于前面的例子,按照条件组合覆盖的基本思想,把每个判断中的所有条件进行组合。在本例中,有两个判断,每个判断又包含两个条件,因此这4个条件在两个判断中有8种可能的组合,如表6-6所示。而设计的测试用例要包括所有的组合条件。本例中条件组合覆盖的测试用例如表6-7所示。

表6-6 条件组合

编号	具体条件取值	覆盖条件	判定取值
1	a>1,b=0	T1,T2	第一个判定:取真分支
2	a>1,b≠0	T1,F2	第一个判定:取假分支
3	a≤1,b=0	F1,T2	第一个判定:取假分支
4	a≤1,b≠0	F1,F2	第一个判定:取假分支
5	a=5,c>1	T3,T4	第二个判定:取真分支

续表

编号	具体条件取值	覆盖条件	判定取值
6	a=5,c≤1	T3,F4	第二个判定:取真分支
7	a≠5,c>1	F3,T4	第二个判定:取真分支
8	a≠5,c≤1	F3,F4	第二个判定:取假分支

表 6-7 条件组合测试用例

测试用例	覆盖条件	覆盖分支	执行路径
a=5,b=0,c=6	T1,T2,T3,T4	C,E	ACE
a=5,b=2,c=2	T1,F2,T3,F4	B,E	ABE
a=1,b=0,c=3	F1,T2,F3,T4	B,E	ABE
a=1,b=3,c=0	F1,F2,F3,F4	B,D	ABD

通过本例,可以看到条件组合覆盖准则满足了判定覆盖、条件覆盖和判定-条件覆盖准则。

另外,我们注意到,本例的程序段共有四条路径。以上 4 个测试用例虽然覆盖了条件组合,同时也覆盖了 4 个分支,但仅覆盖了 3 条路径,漏掉了路径 ACD,测试还不完全。

6.3.6 路径覆盖

前面讨论的多种覆盖准则,有的虽提到了所走路径问题,但尚未涉及路径的覆盖,而路径能否全面覆盖在软件测试中是个重要问题,因为程序要取得正确的结果,就必须消除遇到的各种障碍,沿着特定的路径顺利执行。只有程序中的每一条路径都得到考验,才能说程序受到了全面检验。

路径覆盖(Path Coverage)的基本思想是,设计足够多的测试用例,来覆盖程序中所有可能的路径。

针对例中的 4 条可能路径:ACE、ABD、ABE、ACD,给出 4 个测试用例:CASE1,CASE7,CASE8 和 CASE11,使其分别覆盖这 4 条路径。测试用例和覆盖路径如表 6-8 所示。

表 6-8 路径覆盖测试用例

测试用例	测试数据	覆盖路径
CASE1	a=5,b=0,c=6	ACE
CASE7	a=2,b=0,c=1	ABD
CASE8	a=5,b=2,c=1	ABE
CASE11	a=3,b=0,c=1	ACD

这里所用的程序段非常简短,只有 4 条路径。但在实际问题中,往往包括循环、条件组合、分支判断等,因此其路径数可能是一个庞大的数字,要在测试中覆盖这样多的路径是无法实现的。

例如图 6-7 所示的控制流图。

这个控制流图中包括了一个执行达 20 次的循环。那么它所包含的不同执行路径数高达 5^{20} 条,若要对它进行路径覆盖,假使测试程序对每一条路径进行测试需要 1ms,假定一

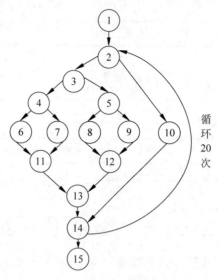

图 6-7 控制流图

天工作 24 小时,一年工作 365 天,那么要想把图中描述的小程序的所有路径测试完,则需要 3000 多年。为解决这一难题只得把覆盖的路径数压缩到一定限度内,例如,程序中的循环体只执行一次或两次。

而在另一些情况下,一些执行路径是不可能被执行的,因为许多路径与执行的数据有关。例如下面的程序段:

```
if (success)
    a++;
if (success)
    b--;
```

这两条语句实际只包括了 2 条执行路径,即 success 为真(success=true)时,对 a 和 b 进行处理,success 为假(success=false)时,对 a 和 b 不处理。真和假不可能同时存在,而路径覆盖测试则认为是包含 4 条执行路径。这样不仅降低了测试效率,而且大量的测试结果的累积,也为排错带来麻烦。

其实,即使对路径数很小的程序做到了路径覆盖,仍然不能保证被测程序的正确性。例如:

```
if (x <= 5)
    x = x + y;
```

如果错写成:

```
if (x < 5)
    x = x + y;
```

我们使用路径覆盖也发现不了其中的错误。

由此可以看出,采用任何一种覆盖方法都不能完全满足我们的要求,采用任何一种测试方法都不能保证程序的正确性。所以,在实际的测试用例设计过程中,可以根据需要将不同的覆盖方法组合起来使用,以实现最佳的测试用例设计。一定要记住,测试的目的并非要证明程序的正确性,而是要尽可能找出程序中的错误。

对于比较简单的小程序,实现路径覆盖是可能做到的。但如果程序中出现较多判断和较多循环,可能的路径数目将会急剧增长,要在测试中覆盖所有的路径是无法实现的。为了解决这个难题,只有把覆盖路径数量压缩到一定的限度内,如程序中的循环体只执行一次。

在实际测试中,即使对于路径数很有限的程序已经做到路径覆盖,仍然不能保证被测试程序的正确性,还需要采用其他测试方法进行补充。

结构性测试(白盒测试)是依据被测程序的逻辑结构设计测试用例,驱动被测程序运行完成的测试。结构性测试中的一个重要问题是,测试进行到什么程度就达到要求,可以结束测试了。这就是说需要给出结构性测试的覆盖准则。

例 6-1 请使用逻辑覆盖测试方法测试以下程序。

```
  public void work(int x, int y, int z) {
1     int k = 0, j = 0;
2     if ((x > 3) && (z < 10)) {
3         k = x * y - 1;
4         j = k - z;
5     }
6     if ((x == 4) || (y > 5)) {
7         j = x * y + 10;
8     }
9     j = j % 3;
  }
```

说明:程序段中每行开头的数字(1~9)是对每条语句的编号。

对于这样一段代码,要进行逻辑覆盖测试,首先需要绘制出程序流程图和控制流图。程序段的程序流程图和控制流图如图 6-8 所示。

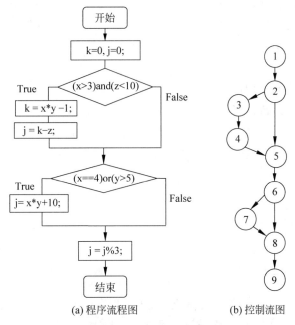

(a) 程序流程图 (b) 控制流图

图 6-8 程序流程图和控制流图

接下来，按照不同的覆盖准则设计测试用例。

(1) 语句覆盖。语句覆盖就是设计足够的测试用例使程序中的每一条可执行语句至少执行一次。本例中，设计用例只要保证两个 if 语句为真，则可以达到语句覆盖的要求。因此可以设计如下的测试用例：x＝4、y＝5、z＝5。

(2) 判定覆盖。判定覆盖要求程序中每个判断的取真分支和取假分支至少经历一次。本例中，至少需要两组测试用例，分别覆盖两个 if 语句的真分支和假分支。选取的一组测试用例如下：

x＝4、y＝5、z＝5，其执行路径是：1—2—3—4—5—6—7—8；
x＝2、y＝5、z＝5，其执行路径是：1—2—5—6—8。

当然，我们选取的测试用例组并不是唯一结果。在选取测试用例时，在保证覆盖要求的情况下，应尽量选用测试用例数少的测试用例组。

(3) 条件覆盖。条件覆盖要求每个判断中每个条件的可能取值至少满足一次。本例中，一共有四个条件：x＞3；z＜10；x＝4；y＞5。设计测试用例使每个条件分别取真和取假。选取的一组测试用例如下：

x＝2、y＝6、z＝5，其执行路径是：1—2—5—6—7—8；
x＝4、y＝5、z＝15，其执行路径是：1—2—5—6—7—8。

(4) 判定-条件覆盖。判定-条件覆盖要求判断中每个条件的所有可能至少出现一次，并且每个判断本身的可能判定结果也至少出现一次。选取的一组测试用例如下：

x＝4、y＝6、z＝5，其执行路径是：1—2—3—4—5—6—7—8；
x＝2、y＝5、z＝15，其执行路径是：1—2—5—6—8。

(5) 条件组合覆盖。条件组合覆盖要求每个判定的所有可能条件取值组合至少执行一次。选取的一组测试用例如下：

x＝4、y＝6、z＝5，其执行路径是：1—2—3—4—5—6—7—8；
x＝4、y＝5、z＝15，其执行路径是：1—2—5—6—7—8；
x＝2、y＝6、z＝5，其执行路径是：1—2—5—6—7—8；
x＝2、y＝5、z＝15，其执行路径是：1—2—5—6—8。

(6) 路径覆盖。路径覆盖要求覆盖程序中所有可能的路径。本例中可能的执行路径有四条，因此需设计四个测试用例：

x＝4、y＝6、z＝5，其执行路径是：1—2—3—4—5—6—7—8；
x＝4、y＝5、z＝15，其执行路径是：1—2—5—6—7—8；
x＝5、y＝5、z＝5，其执行路径是：1—2—3—4—5—6—8；
x＝2、y＝5、z＝15，其执行路径是：1—2—5—6—8。

6.4 路径测试

6.4.1 基路径测试

如果把覆盖的路径数压缩到一定限度内，例如程序中的循环体只执行零次和一次，就成为基路径测试。基路径测试是在程序控制流图的基础上，通过分析控制构造的环路复杂度，导出基本可执行路径集合,从而设计测试用例的方法。设计出的测试用例要保证在测试中,程序的每一条可执行语句至少要执行一次。

进行基路径测试需要获得程序的环路复杂度,并找出独立路径。下面介绍程序的环路复杂度、独立路径和基路径测试方法。

1. 程序的环路复杂度

程序的环路复杂度即 McCabe 复杂性度量,简单定义为控制流图的区域数。从程序的环路复杂度可导出程序基本路径集合中的独立路径条数,这是确保程序中每个可执行语句至少执行一次所必需的最少测试用例数。

通常环路复杂度可用以下三种方法求得。

方法一:通过控制流图的边数和节点数计算。设 E 为控制流图的边数,N 为图的节点数,则定义环路复杂度为 $V(G)=E-N+2$。

下面计算图 6-3(b)中的环路复杂度。图中共有 8 条边,7 个节点,因此 $E=8, N=7$,$V(G)=E-N+2=8-7+2=3$,程序的环路复杂度为 3。

方法二:通过控制流图中判定节点数计算。若设 P 为控制流图中的判定节点数,则有 $V(G)=P+1$。

在图 6-3(b)的控制流图中有 2 个判定节点,因此其环路复杂度为 $V(G)=P+1=2+1=3$。

注意:对于 switch-case 语句,其判定节点数的计算需要转化。将 case 语句转换为 if-else 语句后再判断判定节点个数。

方法三:将环路复杂度定义为控制流图中的区域数。

需要注意的是,控制流图的外面也要算一个区域。

在图 6-3(b)的控制流图中有 3 个区域:$R1, R2, R3$,因此其环路复杂度为 3。

2. 独立路径

所谓独立路径,是指包括一组以前没有处理的语句或条件的一条路径。控制流图中所有独立路径的集合就构成了基本路径集。在图 6-3(b)所示的控制流图中,一组独立的路径是:

path1:1—2—7;
path2:1—2—3—4—6—2—7;
path3:1—2—3—5—6—2—7。

路径 path1、path2、path3 就组成了控制流图的一个基本路径集(独立路径集)。只要设计出的测试用例能够确保这些基本路径的执行,就可以使得程序中的每个可执行语句至少执行一次,每个判定的取真分支和取假分支也能得到测试。

需要注意的是,基本路径集并不是唯一的,对于给定的控制流图,可以得到不同的基本路径集。

例如图 6-9 的控制流图,由环路复杂度计算方法,可知该控制流图的环路复杂度为 5,因此有 5 条独立路径。

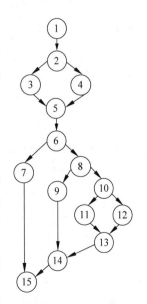

图 6-9 控制流图

path1：1—2—3—5—6—7—15；
path2：1—2—3—5—6—8—9—14—15；
path3：1—2—3—5—6—8—10—11—13—14—15；
path4：1—2—3—5—6—8—10—12—13—4—15；
path5：1—2—4—5—6—7—15。

路径 path1、path2、path3、path4、path5 组成了图 6-9 所示控制流图的一个基本路径集。很显然，我们还可以找出另一组独立路径集：

path6：1—2—3—5—6—7—15；
path7：1—2—4—5—6—7—15；
path8：1—2—4—5—6—8—9—14—15；
path9：1—2—4—5—6—8—10—11—13—14—15；
path10：1—2—4—5—6—8—10—12—13—4—15。

路径 path6、path7、path8、path9、path10 组成了图 6-9 所示控制流图的另一个基本路径集。

由于基本路径集可能不唯一，因此在测试中就需要考虑如何选择合适的独立路径构成基本路径集，以提高测试的效率和质量。选择独立路径的原则如下：

(1) 选择具有功能含义的路径；
(2) 尽量用短路径代替长路径；
(3) 从上一条测试路径到下一条测试路径，应尽量减少变动的部分（包括变动的边和节点）；
(4) 由简入繁，如果可能，应先考虑不含循环的测试路径，然后补充对循环的测试；
(5) 除非不得已（如为了覆盖某条边），不要选取没有明显功能含义的复杂路径。

3. 基路径测试方法

基路径测试法是通过分析控制构造的环路复杂度，导出基本可执行路径集合，从而设计测试用例的方法。设计出的测试用例要保证在测试中程序的每个可执行语句至少执行一次。

基本路径测试法包括以下 5 个方面：
(1) 根据详细设计或者程序源码，绘制出程序的程序流程图。
(2) 根据程序流程图，绘制出程序的控制流图。
(3) 计算程序环路复杂度。环路复杂度是一种为程序逻辑复杂性提供定量测度的软件度量，该度量用于计算程序的基本独立路径数目。
(4) 找出独立路径。通过程序的控制流图导出基本路径集，列出程序的独立路径。
(5) 设计测试用例。根据程序结构和程序环路复杂度设计用例输入数据和预期结果，确保基本路径集中的每一条路径的执行。

例 6-2 选择排序。

下面是选择排序的程序，将数组中的数据按从小到大的顺序进行排序。

```
public void select_sort (int a[]) {
    int i, j, k, t, n;
    n = a.length;
    for (i = 0; i < n - 1; i++) {
        k = i;
        for (j = i + 1; j < n; j++) {
            if (a[j] < a[k]) {
                k = j;
            }
        }
        if (i != k) {
            t = a[k];
            a[k] = a[i];
            a[i] = t;
        }
    }
}
```

要求：
(1) 计算此程序段的环路复杂度；
(2) 用基本路径法给出测试路径；
(3) 为各测试路径设计测试用例。
下面根据题目的要求，按步骤进行测试设计。

第一步：画出控制流图

绘制出代码段的程序流程图和控制流图，如图 6-10 所示。

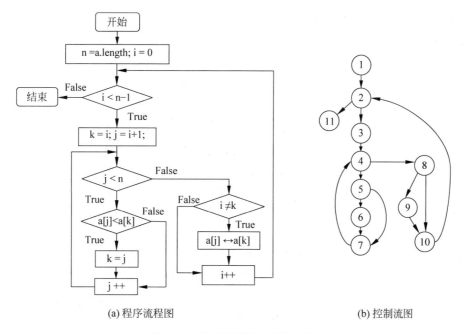

(a) 程序流程图　　(b) 控制流图

图 6-10　程序流程图和控制流图

第二步：计算环路复杂度

根据控制流图，下面用三种方法计算环路复杂度。

(1) 控制流图中区域的数量对应于环路复杂度。从控制流图中可以很直观地看出，其区域数为 5，因此其环路复杂度为 5。

(2) 通过公式：$V(G)=E-N+2$ 来计算。E 是流图中边的数量，在本例中 $E=11$，N 是流图中节点的数量，在本例中，$N=9$，$V(G)=14-11+2=5$。

(3) 通过判定结点数计算 $V(G)=P+1$，P 是流图 G 中判定节点的数量。本例中判定节点有 4 个，即 $P=4$，$V(G)=P+1=4+1=5$。

第三步：找出独立路径

由程序的环路复杂度，可知独立路径有 5 条。独立路径分别是：

path1：1—2—11；

path2：1—2—3—4—8—10—2—11；

path3：1—2—3—4—8—9—10—2—11；

path4：1—2—3—4—5—6—7—4—8—9—10—2—11；

path5：1—2—3—4—5—7—4—8—10—2—11。

路径 path1、path2、path3、path4、path5 组成了控制流图的一个基本路径集。当然，基本路径集并不是唯一的，我们只是找出了其中一种进行分析。

第四步：设计测试用例

针对每一条独立路径设计测试用例。

path1：1—2—11；取 $n=1$，预期结果：只要一个元素，不需要排序；

path2：1—2—3—4—8—10—2—11；取 $n=2$，预期结果：路径不可达；

path3：1—2—3—4—8—9—10—2—11；取 $n=2$，预期结果：路径不可达；

path4：1—2—3—4—5—6—7—4—8—10—2—11；取 $n=2$，array[0]=5，array[1]=3，预期结果：$k=1$，array[0]=3，array[1]=5；

path5：1—2—3—4—5—7—4—8—10—2—11；取 $n=2$，array[0]=1，array[1]=5，预期结果：$k=0$，array[0]=1，array[1]=5。

为了进行更全面的测试，除了为独立路径设计测试用例外，在本题中还可以考虑其他路径。例如：

path6：1—2—3—4—5—6—7—4—8—10—2—11；取 $n=2$，array[0]=5，array[1]=3，预期结果：$k=1$，路径不可达；

path7：1—2—3—4—5—7—4—8—9—10—2—11；取 $n=2$，array[0]=3，array[1]=5，预期结果：$k=0$，路径不可达。

通过上面的测试用例设计发现寻找的独立路径有些是不可执行的路径，为了提高测试效率，在寻找独立路径时，需要考虑前后逻辑条件和数据的相关性。

为更清晰地表达各测试用例和执行路径，下面用表格的方式组织各测试用例，如表 6-9 所示。

表 6-9　选择排序的测试用例

测试用例	执 行 路 径	输 入 数 据	预 期 结 果
1	path1：1—2—11	$n=1$；array[0]=5	按路径执行
2	path2：1—2—3—4—8—10—2—11	$n=2$	路径不可达
3	path3：1—2—3—4—8—9—10—2—11	$n=2$	路径不可达
4	path4：1—2—3—4—5—6—7—4—8—9—10—2—11	$n=2$；array[0]=5；array[1]=3	$k=1$；array[0]=3；array[1]=5
5	path5：1—2—3—4—5—7—4—8—10—2—11	$n=2$；array[0]=1；array[1]=5	$k=0$；array[0]=1；array[1]=5
6	path6：1—2—3—4—5—6—7—4—8—10—2—11	$n=2$；array[0]=5；array[1]=3	$k=1$；路径不可达
7	path7：1—2—3—4—5—7—4—8—9—10—2—11	$n=2$；array[0]=3；array[1]=5	$k=0$；路径不可达

6.4.2　循环测试

基路径测试技术是控制结构测试技术之一。尽管基路径测试简单高效,但是测试覆盖并不充分,尤其是有循环的情况,因此还需要其他的测试方法加以补充。循环测试是控制结构测试的一种变种,可以提高白盒测试的质量。

循环测试专用于测试程序中的循环,注重于循环构造的有效性,并且可以进一步提高测试覆盖率。从本质上说,循环测试的目的就是检查循环结构的有效性。

通常,循环可以分为简单循环、嵌套循环、串接循环和非结构循环。它们的结构如图 6-11 所示。

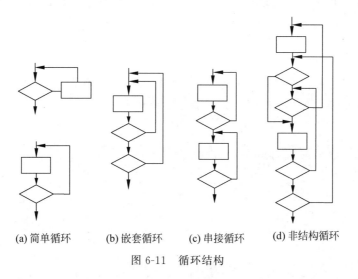

(a) 简单循环　(b) 嵌套循环　(c) 串接循环　(d) 非结构循环

图 6-11　循环结构

1. 简单循环

循环测试最基本的形式是简单循环(只有一个循环层次)。对于简单循环,应该设计以下五种测试集,其中 n 是允许通过循环的最大次数。

(1) 零次循环:从循环入口直接跳过整个循环。

(2) 一次循环:只有一次通过循环。

(3) 两次通过循环。

(4) m 次通过循环,$m<$循环最大次数。

(5) $n-1,n$ 次通过循环。

为了提高测试效率,至少需要 5 个测试用例,即循环变量等于 $0,1,m,n-1,n$。

2. 嵌套循环

对于嵌套循环的测试,不能通过简单地扩展简单循环的测试来得到。如果将简单循环的测试方法用于嵌套循环,可能的测试数就会随嵌套层数呈几何级增加,这会导致测试数目大大增加。例如,两层的嵌套循环,可能要运行 $5^2(25)$ 个测试用例,如果 4 层嵌套循环,可能要运行 $5^4(625)$ 个测试用例。为减少测试数目,嵌套循环可按照下面的方法进行测试:

(1) 从最内层循环开始(不含最内层循环),将所有其他层的循环设置为最小值;

(2) 对最内层循环使用简单循环的全部测试。测试时保持所有外层循环的迭代参数(即循环变量)取最小值,并为超越边界值或非法值增加其他测试;

(3) 由内向外构造下一个循环的测试。测试时保持所有外层循环的循环变量取最小值,并使其他嵌套内层循环的循环变量取"典型"值;

(4) 反复进行,直到测试所有的循环。

3. 串接循环

两个或多个简单的循环串接在一起,称为串接循环。如果两个或多个循环毫不相干,则应作为独立的简单循环测试。但是如果两个循环串接起来,而第一个循环是第二个循环的初始值,则这两个循环并不是独立的。如果循环不独立,则推荐使用嵌套循环的方法进行测试。

4. 非结构循环

不能测试,尽量重新设计给结构化的程序结构后再进行测试。

例 6-3 下面所示的 Java 代码,其功能是找出数组中的最大值。请用循环测试方法对其进行测试。

```java
public int maximum(int a[], int n) {
    int i, j, k;
    i = 0;
    k = i;
    for (j = i + 1; j < n; j++) {
        if (a[j] > a[k]) {
            k = j;
        }
    }
    return a[k];
}
```

首先根据程序源码绘制出程序流程图和控制流图，如图6-12所示。

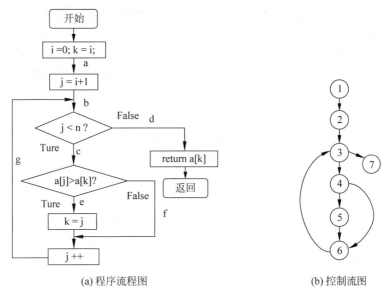

(a) 程序流程图　　　　　　(b) 控制流图

图6-12　求最大值的程序流程图和控制流图

从程序流程图可以看出，这里只有一个简单循环，根据简单循环的测试原则进行测试。设计的测试用例如表6-10所示。这里只测试了循环次数为0,1,2,3,4,5的情况。

表6-10　求最大值的测试用例

循环次数	数组大小	输入数据（数组元素）	执行路径	预期结果
0	1	{5}	1—2—3—7	5
1	2	{5,2}	1—2—3—4—6—7	5
1	2	{2,5}	1—2—3—4—5—6—3—7	5
2	3	{9,2,1}	1—2—3—4—6—3—4—6—7	9
2	3	{2,1,5}	1—2—3—4—6—3—4—5—6—7	5
2	3	{1,2,5}	1—2—3—4—5—6—3—4—5—6—3—7	5
2	3	{1,5,2}	1—2—3—4—5—6—3—4—6—3—7	5
3	4	{5,1,2,3}	1—2—3—4—6—3—4—6—3—4—6—7	5
4	5	{5,1,2,3}	1—2—3—4—6—3—4—6——3—4—6—3—4—6—7	5
5	6	{5,1,2,3,9}	1—2—3—4—6—3—4—6——3—4—6—3—4—6—3—4—5—6—7	9

6.5　数据流测试

1. 数据流测试相关定义

数据流分析最初是随着编译系统要生成有效的目标代码而出现的，这类方法主要用于优化代码。早期的数据流分析常常集中于现在叫作定义(Defenition)/引用(Use)异常的缺陷。

(1) 变量被定义，但是从来没有使用。

(2) 所使用的变量没有被定义。

(3) 变量在使用之前被定义了两次。

数据流测试(Data Flow Testing)是基于程序的控制流,从建立的数据目标状态的序列中发现异常的结构测试方法。

假设程序 P 遵循结构化程序设计规格,V 是它的程序变量集合,P 中的所有路径集合是 Path(P),P 的程序图为 $G(P)$。根据数据流测试的定义/引用测试理论,有下列定义。

定义 1:节点 $n \in G(P)$ 是变量 $v \in V$ 的定义节点,记作 DEF(v,n),当且仅当变量 v 的值由对应节点 n 的语句片段处定义。

输入语句、赋值语句、循环控制语句和过程调用,都是定义节点语句的例子。当执行这种语句的节点时,与该变量关联的存储单元的内容就会改变。

定义 2:节点 $m \in G(P)$ 是变量 $v \in V$ 的引用节点,记作 USE(v,m),当且仅当变量 v 的值在对应节点 m 的语句片段处引用。

输出语句、赋值语句、条件语句、循环控制语句和过程调用,都是引用节点语句的例子。当执行这种语句的节点时,与该变量关联的存储单元的内容不会改变。

一个变量有两种被引用方式。一是用于计算新数据,或为输出结果,或为中间计算结果等,这种引用称为计算引用(Calculation use),用 C-use 表示。二是用于计算判断控制转移方向的谓词,这种引用称为谓词引用(Predicate use),用 P-use 表示。对应于计算引用的节点,其外度 $\leqslant 1$;对应于谓词引用的节点,其外度 $\geqslant 2$。

定义 3:如果某个变量 $v \in V$ 在语句 n 中被定义(DEF(v,n)),在语句 m 被引用(USE(v,m)),那么就称语句 n 和语句 m 为变量 v 的一个定义-引用对,简称 du(记作 $<v,n,m>$)。

定义 4:变量 v 的定义-引用路径(definition-use path,记作 du-path)是程序 P 中的所有路径集合 Path(P)中的路径,使得对某个 $v \in V$,存在定义节点 DEF(v,m) 和引用节点 USE(v,n),使得 m 和 n 是该路径的最初和最终节点。

定义 5:变量 v 的定义-清除路径(definition-clear path,记作 dc-path),是具有最初节点 DEF(v,m) 和最终节点 USE(v,n) 的 Path(P)中的路径,使得该路径中没有其他节点是 v 的定义节点。

定义-引用路径和定义-清除路径描述了从值被定义的点到值被引用的点的源语句的数据流。

定义 6:如果定义-引用路径(du-path)中存在一条定义-清除路径(dc-path),那么该定义-引用路径就是可测试的,否则就不可测试。

2. 数据流测试准则

数据流测试使用程序中的数据流关系用来指导测试者选取测试用例。数据流测试的基本思想是:一个变量的定义,通过辗转的引用和定义,可以影响到另一个变量的值,或者影响到路径的选择等。进行数据流测试时,根据被测试程序中变量的定义和引用位置选择测试路径。因此,可以选择一定的测试数据,使程序按照一定的变量的定义-引用路径执行,并检查执行结果是否与预期的相符,从而发现代码的错误。

数据流测试有下列覆盖准则。

1) 定义覆盖准则

最简单的数据流测试方法着眼于测试一个数据的定义的正确性。通过考查每一个定义的一个引用结果来判断该定义的正确性。该方法可用定义覆盖准则(充分性准则)的形式,定义如下。

定义：测试数据集 T 满足程序 P 的定义覆盖准则，当且仅当对于所有变量 $v\in V$，T 包含从 v 的每个定义节点到 v 的一个引用的定义-清除路径。

2) 引用覆盖准则

因为一个定义可能传递到多个引用，一个定义不仅要求对某一个引用是正确的，而且，要对所有的引用都是正确的。定义覆盖准则只要求测试数据对每一个定义检查一个引用，显然是一个很弱的覆盖准则。改进这一个测试方法的途径之一是要求对每一个可传递到的引用都进行检查，因此引入引用覆盖准则的形式，定义如下。

定义：测试数据集 T 对测试程序 P 满足引用覆盖准则，当且仅当对于所有变量 $v\in V$，T 包含从 v 的每个定义节点到 v 的所有引用的定义-清除路径。

3) 定义-引用覆盖准则

引用覆盖准则在一定程度上弥补了定义覆盖准则。但仍有些不足之处。引用覆盖准则虽然要求检查每一个定义的所有可传递的引用，但对如何从一个定义传递到一个引用却不做要求。例如，如果程序中存在循环则从一个定义到一个引用可能存在多条路径。一个更严格的数据流测试方法是对所有这样的路径进行检查，成为定义-引用路径覆盖准则。然而，这样的路径可能会有无穷多条，从而导致充分性准则的非有限性，对此，我们只检查无环路的或只包含一个简单环路的路径。

定义：测试数据集 T 满足程序 P 的定义-引用路径准则，当且仅当所有变量 $v\in V$，T 包含从 v 的每个定义节点到 v 的所有引用的定义明确的路径，并且这些路径要么有一次的环路经过，要么没有环路。

4) 全计算引用-部分谓词引用覆盖准则

定义：测试数据集 T 对程序 P 是满足全计算引用-部分谓词引用覆盖准则，当且仅当所有变量 $v\in V$，T 包含从 v 的每个定义节点到 v 的所有计算引用的定义-清除的路径，并且如果 v 的一个定义没有计算引用，则到至少一个谓词引用有一条定义-清除路径。

5) 其他的数据流覆盖准则

其他的数据流覆盖准则还包括二元交互链覆盖、计算环境覆盖、所有谓词引用/部分计算使用覆盖等。

由于程序内的语句因变量的定义和使用而彼此相关，所以用数据流测试方法更能有效地发现软件缺陷。

例 6-4 求完全平方数。

请看下面的 Java 代码，其功能是求 1 至 10000 中的完全平方数。请用数据流测试方法对其进行分析。

```
public void function(){
1       int n = 1, i = 1;
2       while(i < 10000) {
3           int sum = 0, j = 1;
4               while(j < i) {
5                   if (i % j == 0) {
6                       sum = sum + j;
7                   }
```

```
8                    j++;
9                }
10               if (sum == i) {
11                   System.out.print(i + String.valueOf('\t'));
12                   n++;
13                   if (n % 3 == 0){
14                       System.out.println();
15                   }
16               }
17               i++;
18           }
19 }
```

用数据流方式进行测试时,首先需要找出各变量的定义节点和使用节点。本例中的变量有 n、i、j、sum,各变量的定义节点和使用节点如表 6-11 所示。

表 6-11 定义节点和使用节点

变量	定义节点	使用节点
n	1,12	12,13
i	1,17	2,4,5,10,11,17
j	3,7	4,5,6,8
sum	3,6	6,10

找出定义节点和使用节点之后,需要找出各变量的定义-引用路径和定义-清除路径。为了更准确快捷地找出路径,需要绘制程序图或者控制流图。本例的控制流图如图 6-13 所示。

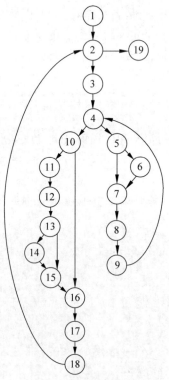

图 6-13 程序控制流图

通过各变量的定义节点和使用节点,以及程序的控制流图,可以很方便地找出定义-引用路径。表 6-12 给出了各变量的定义-引用路径,各路径使用开始节点和结束节点来表示。

表 6-12　定义-引用路径

变量	定义-引用路径(开始,结束)节点	变量	定义-引用路径(开始,结束)节点
n	1,12	sum	3,6
	1,13		3,10
	12,12		6,6
	12,13		6,10
i	1,2	j	3,4
	1,4		3,5
	1,5		3,6
	1,10		3,8
	1,11		7,4
	1,17		7,5
	17,2		7,6
	17,4		7,8
	17,5		
	17,10		
	17,11		
	17,17		

从表 6-12 中,可以看出有些路径的开始节点和结束节点是同一个节点,这样的定义-引用路径是退化路径,在设计测试用例时不用考虑这样的路径。

找出定义-引用路径后,可以按照定义-引用覆盖准则设计测试用例覆盖每条定义-引用路径。

6.6　其他白盒测试方法

除了前面介绍的几种常用的白盒测试方法外,还有一些其他的测试方法,如程序插装、域测试、符号测试、变异测试等。

1. 程序插装

程序插装(Program Instrumentation)概念是由 J. G. Huang 教授首次提出,它使被测试程序在保持原有逻辑完整性基础上,在程序中插入一些探针(又称为"探测仪"),通过探针的执行并抛出程序的运行特征数据。基于这些特征数据分析,可以获得程序的控制流及数据流信息,进而得到逻辑覆盖等动态信息。

程序插装在实践中应用广泛,可以用来捕获程序执行过程中变量值的变化情况,也可以用来检测程序的分支覆盖和语句覆盖。程序插装的关键技术包括要探测哪些信息、在程序中什么部位设置探针、如何设计探针,以及探针函数捕获数据的编码和解码。

2. 域测试

域测试(Domain Testing)是一种基于程序结构的测试方法。Howden 曾对程序中出现的错误进行分类,他将程序错误分为域错误、计算型错误和丢失路径错误三种。这是相对于执行程序的路径来说的。每条执行路径对应输入域的一类情况,是程序的一个子计算。如果程序的控制流有错误,对于某一特定的输入可能执行的是一条错误路径,这种错误称为路径错误,也叫作域错误。如果对于特定输入执行的是正确路径,但由于赋值语句的错误致使输出结果不正确,则称此为计算型错误。另外一类错误是丢失路径错误。它是由于程序中某处少了一个判定谓词而引起的。域测试主要针对域错误进行的程序测试。

域测试的"域"是指程序的输入空间。域测试方法基于对输入空间的分析。自然,任何一个被测程序都有一个输入空间。测试的理想结果就是检验输入空间中的每一个输入元素是否都产生正确的结果。而输入空间又可分为不同的子空间,每一子空间对应一种不同的计算。在考查被测试程序的结构以后,就会发现,子空间的划分是由程序中分支语句中的谓词决定的。输入空间的一个元素,经过程序中某些特定语句的执行而结束(当然也可能出现无限循环而无出口),那都是满足了这些特定语句被执行所要求的条件的。

域测试正是在分析输入域的基础上,选择适当的测试点以后进行测试的。

域测试有两个致命的弱点,一是为进行域测试对程序提出的限制过多,二是当程序存在很多路径时,所需的测试点也就很多。

3. 符号测试

符号测试的基本思想是允许程序的输入不仅仅是具体的数值数据,而且包括符号值,这一方法也是因此而得名。这里所说的符号值可以是基本符号变量值,也可以是这些符号变量值的一个表达式。这样,在执行程序过程中以符号的计算代替了普通测试执行中对测试用例的数值计算。所得到的结果自然是符号公式或是符号谓词。更明确地说,普通测试执行的是算术运算,符号测试则是执行代数运算。因此符号测试可以认为是普通测试的一个自然的扩充。

符号测试可以看作是程序测试和程序验证的一个折中方法。一方面,它沿用了传统的程序测试方法,通过运行被测程序来验证它的可靠性。另一方面,由于一次符号测试的结果代表了一大类普通测试的运行结果,实际上是证明了程序接受此类输入,所得输出是正确的,还是错误的。最为理想的情况是,程序中仅有有限的几条执行路径。如果对这有限的几条路径都完成了符号测试,就能较有把握地确认程序的正确性了。

从符号测试方法使用来看,问题的关键在于开发出比传统的编译器功能更强,能够处理符号运算的编译器和解释器。

4. 变异测试

程序变异测试(Mutation Testing)与前面提到的测试方法不一样,它是一种错误驱动测试。所谓错误驱动测试方法,是指该方法是针对某类特定程序错误的。经过多年的测试理论研究和软件测试的实践,人们逐渐发现要想找出程序中所有的错误几乎是不可能的。比较现实的解决办法是将错误的搜索范围尽可能地缩小,以利于专门测试某类错误是否存在。

这样做的好处在于,便于集中目标于对软件危害最大的可能错误,而暂时忽略对软件危害较小的可能错误。这样可以取得较高的测试效率,并降低测试的成本。

错误驱动测试主要有两种,即程序强变异和程序弱变异。为便于测试人员使用变异方法,一些变异测试工具被开发出来。

6.7 本章小结

由于贯穿在程序内部的逻辑存在着不确定性和无穷性,尤其对于大规模复杂软件,独立路径数可能是天文数字,因此不能穷举所有的逻辑路径。即使每条路径都测试了仍然可能有错误,因为穷举不能查出程序逻辑规则错误,不能查出数据相关错误,不能查出程序遗漏的路径。

进行白盒测试时,需按照一定的测试方法和测试策略来进行。白盒测试的主要方法有逻辑覆盖、基本路径测试、数据流测试、程序插装、域测试等。逻辑覆盖测试可由弱到强分为6种覆盖:语句覆盖、判定覆盖、条件覆盖、判定-条件覆盖、条件组合覆盖和路径覆盖。把覆盖的路径数压缩到一定限度内,就成为基路径测试。基路径测试是在程序控制流图的基础上,通过分析控制构造的环路复杂度,导出基本可执行路径集合,从而设计测试用例的方法。

不论采用哪种白盒测试方法,只有对程序内部十分了解才能进行适度有效测试。正确使用白盒测试,就要先从代码分析入手,根据不同的代码逻辑规则、语句执行情况,选用适合的测试方法。

白盒测试中测试方法的选择策略如下。

(1)在测试中,首先进行静态结构分析。

(2)采用先静态后动态的组合方式,先进行静态结构分析,代码检查和静态质量度量,然后再进行覆盖测试。

(3)利用静态结构分析的结果,通过代码检查和动态测试的方法对结果进一步确认,使测试工作更为有效。

(4)覆盖率测试是白盒测试的重点,使用基本路径测试达到语句覆盖标准;对于重点模块,应使用多种覆盖标准衡量代码的覆盖率。

(5)不同测试阶段,侧重点不同。

白盒测试与黑盒测试从完全不同的起点出发,并且是两个完全对立的出发点,可以说反映了事物的两个极端。两类方法各有侧重,适合不同的测试需求,在测试的实践中都是有效和实用的。

黑盒测试是以用户的观点,从输入数据与输出数据的对应关系出发进行测试的,也就是根据程序外部特性进行的测试。它完全不涉及程序的内部结构。很明显,如果外部特性本身有问题或规格说明的规定有误,用黑盒测试方法是发现不了的。白盒测试完全与之相反,只根据程序的内部结构进行测试,而不考虑外部特性。如果程序结构本身有问题,例如程序逻辑有错,或是有遗漏,那是无法发现的。从这一对比中看出它们各自的优缺点,以及它们之间的互补关系。

白盒测试的直接好处就是知道所设计的测试用例在代码级上哪些地方被忽略掉,其优点是帮助软件测试人员增大代码的覆盖率,提高代码的质量,发现代码中隐藏的问题。

白盒测试存在以下缺点：

（1）程序运行会有很多不同的路径，不可能测试所有的运行路径；

（2）测试基于代码，只能测试开发人员做得对不对，而不能知道设计的正确与否，可能会漏掉一些功能需求；

（3）系统庞大时，测试开销会非常大。

黑盒测试具有下列优点：

（1）比较简单，不需要了解程序内部的代码及实现；

（2）与软件的内部实现无关；

（3）从用户角度出发，能很容易地知道用户会用到哪些功能，会遇到哪些问题；

（4）基于软件开发文档，所以也能知道软件实现了文档中的哪些功能；

（5）在做软件自动化测试时较为方便。

黑盒测试具有下列缺点：

（1）不可能覆盖所有的代码，覆盖率较低，大概只能达到总代码量的 30%；

（2）自动化测试的复用性较低。

白盒测试与黑盒测试的比较如表 6-13 所示。

表 6-13　黑盒测试与白盒测试的对比

	黑 盒 测 试	白 盒 测 试
测试依据	根据用户能看到的规格说明，即针对命令、信息、报表等用户界面及体现它们的输入数据与输出数据之间的对应关心，特别是针对功能进行测试	根据程序的内部结构，如语句的控制结构、模块间的控制结构以及内部数据结构等进行测试
优点	能够站在用户立场进行测试	能够对程序内部的特定部位进行覆盖测试
缺点	1. 不能测试程序内部特定部位 2. 如果规格说明有误，则无法发现	1. 无法检验程序的外部特性 2. 无法对未实现规格说明的程序内部缺陷进行测试
测试方法	等价类划分、边界值分析、因果图、基于判定表的测试、正交试验、场景测试等	逻辑覆盖、基路径测试、数据流测试、程序插装、域测试、符号测试等

思考题

1. 请比较各逻辑覆盖的优缺点。
2. 判定覆盖可以测试哪类错误？为什么？
3. 请简述基路径测试的测试过程。
4. 如何测试程序中的循环？
5. 请比较黑盒测试与白盒测试的优缺点。什么样的情况适合使用黑盒测试技术？什么样的情况适合使用白盒测试技术？
6. 请用逻辑覆盖的方法对下列程序代码进行测试。

```
boolean module ( int aValue, int bValue ){
    boolean flag = false;
```

```
        if( aValue > 8 && bValue > 9 ){
            if((aValue * bValue) > 150 ){
                flag = true;
            }
            else{
                flag = false;
            }
        }
        else{
            if((aValue + bValue) > 10){
                flag = true;
            }
            else{
                flag = false;
            }
        }
        return flag;
    }
```

7. 某程序的功能是输入一组数据,对输入的数据进行排序。程序代码如下:

```
public static void sort(int[ ] array){
    int temp;
    for(int i = 0;i < array.length − 1;i++){
        for(int j = 0;j < array.length − i − 1;j++){
            if(array[j]> array[j + 1]){
                temp = array[j];
                array[j] = array[j + 1];
                array[j + 1] = temp;
            }
        }
    }
}
```

请用基路径方法设计测试用例。要求:①根据程序代码绘制控制流图;②计算控制流图的环路复杂度;③找出程序独立路径;④设计测试用例,实现基路径覆盖。

8. 输入一个数组,将数组中最大的数与第一个数交换,输出交换后的数组。请用白盒测试方法设计测试用例。程序代码如下:

```
public void test2(int[ ] array) {
    int max = array[0],  N = array.length,  index = 0;
    for(int i = 0;i < N;i++){
        if(array[i]> max){
            max = array[i];
            index = i;
        }
    }
    if(index != 0){
        int temp = array[0];
        array[0] = array[index];
        array[index] = temp;
    }
```

```
        System.out.println("\n 交换后的数组为: ");
        for(int i = 0; i<N; i++){
            System.out.print(array[i] + "  ");
        }
    }
```

9. 求 1!+2!+3!+…+n!的和,其中 n 为正整数。程序代码如下:

```
public void test(int n) {
    int sum = 0;
    for(int j = 1;j <= n;j++){
        int s = 1;
        for(int i = 1;i <= j;i++){
            s = s * i;
        }
        sum = sum + s;
    }
    if (n == 1)
        System.out.println("1!= 1");
    else{
        if(n == 2)
            System.out.println("1! + 2!= 3");
        else
            System.out.println("1! + 2! + ... + " + n + "!= " + sum);
    }
}
```

请用基路径方法设计测试用例。

10. 某程序的功能是:输入两个正整数,计算这两个数的最大公约数。根据程序内容,请完成下列题目。

(1) 根据程序代码绘制控制流图。
(2) 计算控制流图的环路复杂度。
(3) 找出程序独立路径。
(4) 设计测试用例,实现基路径覆盖。
(5) 设计测试用例,实现语句覆盖。

程序代码如下:

```
public int divisor_c (int a, int b){
    if (a <= 0 || b <= 0){
        return 0;
    }
    while(a != b){
        if(a > b)
            a = a - b;
        else
            b = b - a;
    }
    return a;
}
```

第7章 软件单元测试

7.1 单元测试概述

单元测试(Unit Testing)又称模块测试,是对软件设计的最小单元的功能、性能、接口和设计约束等正确性进行检验,检查程序在语法、格式和逻辑上的错误,并验证程序是否符合规范,发现单元内部可能存在的各种缺陷。

单元测试的对象是软件设计的最小单位——模块、函数或者类。在传统的结构化程序设计语言中(如C语言),单元测试的对象一般是函数或者过程。在面向对象设计语言中(如Java、C++),单元测试的对象可以是类,也可以是类的成员函数/方法。

单元测试与程序设计和编码密切相关,因此测试者需要根据详细设计说明书和源程序清单了解模块的I/O条件和模块的逻辑结构。单元测试包括单元的内部结构测试、单元的功能测试和可观测行为的测试。

单元测试作为代码级测试,其目标是发现代码中的缺陷,因此测试进行得越早越好。单元测试通常在编码阶段进行。在源程序代码编制完成,经过评审和验证,确认没有语法错误之后,就可以开始进行单元测试用例设计。XP(极限编程)开发理论要求测试驱动开发(Test-Driven Development,TDD)先编写测试代码,再进行开发。在实际的工作中,不必过分强调开发和测试的顺序,重要的是效果。在大多数情况下,由开发人员进行单元测试的设计和执行。如果单元测试的需求非常清晰,开发人员之外的人能轻易掌握,那么也可以由独立的测试人员进行测试和评审。

由于进行单元测试所花费的时间和精力非常大,因此很多人都不愿意进行单元测试。但是进行单元测试对软件项目意义重大,具体表现在下列方面。

1. 节约时间

如果单元测试做得很完善,在系统集成联调时将非常顺利,大大节约了后续测试和修改的时间。

2. 提高测试效果

单元测试是对独立的单元进行测试,测试范围小,能全面准确地找到各类缺陷,并且缺陷更容易被定位和修复,可以提高测试效率。另外,单元测试中能发现一些深层次的问题,而且能轻易发现一些在集成测试和系统测试很难发现的问题。

3. 节约测试成本

在软件测试的原则中,可以知道修复缺陷的费用在测试的每个阶段都成倍增长,缺陷发现得越早,修复成本越低。例如在单元测试时发现一个问题需要 1 小时,在集成测试时发现该问题需要 3 小时,在系统测试时发现可能需要 5 小时,同时定位和修复问题的费用也成倍地增长。因此要进行完善的单元测试,尽早尽可能多地发现问题,减少项目后期的成本。

4. 提升产品质量

单元测试是构筑产品质量的基石,单元测试的效果将直接影响产品的质量。

7.2 单元测试内容

单元测试由一组独立的测试构成,每个测试针对软件中的一个单独的程序单元。单元测试主要检查单个程序单元行为是否正确。在单元测试时,测试人员根据详细设计说明书和源程序清单,了解该模块的 I/O 条件和模块的逻辑结构,主要采用白盒测试的测试用例,辅之以黑盒测试的测试用例,检查被测试单元对任何合理和不合理的输入是否都能鉴别和响应。这就要求对程序所有的局部和全局的数据结构、外部接口和程序代码的关键部分进行测试。在单元测试中,主要在下列 5 个方面对被测模块进行检查,如图 7-1 所示。

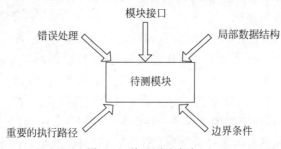

图 7-1　单元测试内容

1. 模块接口测试

模块接口测试是对通过被测模块的数据流进行测试,检查进出模块的数据是否正确。在单元测试开始时,应该对通过所有被测模块的数据流进行测试。如果数据不能正常地输入及输出,那么其他的全部测试都说明不了问题。Myers 在关于软件测试的书中为接口测试提出了一个检查表,内容如下。

(1) 模块输入参数的数目是否与模块形式参数数目相同;
(2) 模块各输入的参数属性与对应的形参属性是否一致;
(3) 模块各输入的参数类型与对应的形参类型是否一致;
(4) 传到被调用模块的实参的数目是否与被调用模块形参的数目相同;
(5) 传到被调用模块的实参的属性是否与被调用模块形参的属性相同;

(6) 传到被调用模块的实参的类型是否与被调用模块形参的类型相同；
(7) 引用内部函数时,实参的次序和数目是否正确；
(8) 是否引用了与当前入口无关的参数；
(9) 用于输入的变量是否改变；
(10) 在经过不同模块时,全局变量的定义是否一致；
(11) 限制条件是否以形参的形式传递；
(12) 使用外部资源时,是否检查可用性并及时释放资源,如内存、文件、硬盘、端口等。

当模块通过外部设备进行输入/输出操作时,必须扩展接口测试,增加下列的测试项目。

(1) 文件的属性是否正确；
(2) Open 与 Close 语句是否正确；
(3) 规定的格式是否与 I/O 语句相符；
(4) 缓冲区的大小与记录的大小是否相配合；
(5) 在使用文件前,文件是否打开；
(6) 文件结束的条件是否安排好了；
(7) I/O 错误是否检查并做了处理；
(8) 在输出信息中是否有文字错误。

2. 局部数据结构测试

局部数据结构测试是为了保证临时存储在模块内的数据在程序执行过程中完整、正确。模块的局部数据结构是最常见的错误来源,应设计测试用例以检查下列各种错误。

(1) 不正确或不一致的数据类型说明；
(2) 使用尚未赋值或尚未初始化的变量；
(3) 错误的初始值或错误的默认值；
(4) 不正确的变量名(拼写或不正确地截断)；
(5) 不一致的数据类型；
(6) 全局数据对模块的影响；
(7) 数组越界；
(8) 非法指针。

除了局部数据结构外,如果可能,单元测试时还应检查全局数据结构对模块的影响。

3. 重要的执行路径测试

检查由于计算错误、判定错误、控制流错误导致的程序错误。由于在测试时不可能做到穷举测试,所以在单元测试时要根据白盒测试和黑盒测试用例设计方法设计测试用例,对模块中重要的执行路径进行测试。重要的执行路径指那些处在完成单元功能的算法、控制、数据处理等重要位置的执行路径,也指由于控制较复杂而易错的路径。测试时应当设计测试用例查找由于错误的计算、不正确的比较或不正常的控制流而导致的错误,并对基本执行路径和循环进行测试。

在路径测试中,要检查的错误：死代码,计算优先级错误,算法错误,混用不同类的操作,初始化不正确,精度错误,比较运算错误,赋值错误,表达式符号不正确($>$、$>=$、$=$、

==、!=),循环变量使用错误以及其他错误。比较操作和控制流向紧密相关,测试用例设计需要注意发现比较操作的错误。常见的比较操作错误如下。

(1) 不同数据类型的比较;
(2) 不正确的逻辑运算符或优先次序;
(3) 因浮点运算精度问题而造成的两值比较不等;
(4) 关系表达式中不正确的变量和比较符;
(5) "差 1 错",即不正常的或不存在的循环中的条件;
(6) 当遇到发散的循环时无法跳出循环;
(7) 当遇到发散的迭代时不能终止循环;
(8) 错误地修改循环变量。

4. 错误处理测试

错误处理路径是可能引发错误处理的路径及进行错误处理的路径,错误出现时错误处理程序重新安排执行路线,或通知用户处理,或干脆停止执行使程序进入一种安全等待状态。单元测试要测试各种错误处理路径。一般软件错误处理测试应考虑下面几种可能的错误。

(1) 输出的错误信息是否难以理解;
(2) 是否能够对错误进行正确定位;
(3) 显示的错误与实际的错误是否相符;
(4) 对错误条件的处理正确与否;
(5) 在对错误进行处理之前,错误条件是否已经引起系统的干预等。

在进行错误处理测试时,要检查如下内容。

(1) 在资源使用前后或其他模块使用前后,程序是否进行错误出现检查;
(2) 出现错误后,是否可以进行错误处理,如引发错误、通知用户、进行记录;
(3) 在系统干预前,错误处理是否有效,报告和记录的错误是否真实详细。

5. 边界条件测试

模块边界条件测试是单元测试中最重要的一项任务。因为软件常常在边界上失效,采用边界值分析测试技术,针对边界条件设计测试用例,可以大大提高程序健壮性。测试时要特别注意数据流和控制流中刚好等于、大于或小于确定的比较值时出错的可能性。此外,如果对模块性能有要求,还要专门进行关键路径测试,以确定最坏情况下和平均意义下影响运行时间的因素。

下面是边界测试的具体要检查的内容。

(1) 普通合法数据是否正确处理;
(2) 普通非法数据是否正确处理;
(3) 边界内最接近边界的(合法)数据是否正确处理;
(4) 边界外最接近边界的(非法)数据是否正确处理;
(5) 在 n 次循环的第 0 次、第 1 次、第 n 次是否有错误;
(6) 运算或判断中取最大最小值时是否有错误;
(7) 数据流和控制流中刚好等于、大于或小于确定的比较值时是否出现错误。

7.3 单元测试过程

单元测试是对软件基本组成单元进行的测试,单元测试的侧重点在于发现程序设计或实现中的逻辑错误。它分为计划、设计、执行和评估 4 个步骤。

(1) 单元测试计划。确定测试需求,制订测试策略,确定测试所用资源,创建测试任务的时间表。

(2) 单元测试设计。根据单元测试计划设计单元测试模型,制订测试方案,确认测试过程,制订具体的测试用例,创建可重用的测试脚本。

(3) 单元测试执行。根据单元测试的方案和测试用例对软件单元进行测试,验证测试结果,并记录测试过程中出现的缺陷。

(4) 单元测试评估。对单元测试的结果进行评估,主要从需求覆盖、代码覆盖等角度进行测试完备性评估。

单元测试流程如图 7-2 所示。

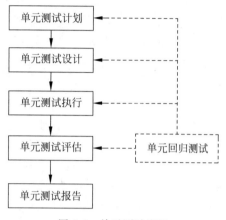

图 7-2　单元测试流程

1. 单元测试计划

1) 确定测试需求

在制订单元测试计划时,需要确定测试内容,并为各模块制定测试优先级。测试优先级的划分依据如下:

(1) 哪些是重点模块;

(2) 哪些程序是最复杂的、最容易出错的;

(3) 哪些程序是相对独立,应提前测试的;

(4) 哪些程序容易扩散错误;

(5) 哪些是使用频率最多的模块;

(6) 哪些是底层模块。

2) 制订测试策略

(1) 静态代码分析。采用静态代码分析技术(如代码审查、桌面检查、代码走查和技术评审)检查代码是否符合编码规范,检查代码语法、结构、过程、接口等是否正确。

(2) 单元结构测试。采用白盒测试技术对单元的内部结构进行测试。单元结构测试关注的是代码内部的执行情况,以及代码执行的覆盖率。

(3) 单元功能测试。采用黑盒测试技术对单元的业务功能进行测试,主要检查单元的业务逻辑和功能是否正确实现。

3) 单元测试的输入

单元测试的输入包括软件需求规格说明书、软件详细设计说明书、软件代码、单元测试任务书、用户文档。

4）单元测试的输出

单元测试的输出包括单元测试计划、单元测试方案、代码静态检查记录、正规检视报告、问题记录、问题跟踪、解决记录。

2．单元测试设计

1）单元测试模型

一个模块或一个方法（Method）并不是一个独立的程序，在考虑测试它时要同时考虑它和外界的联系，用一些辅助模块去模拟与所测模块相联系的其他模块。这些辅助模块分为驱动模块和桩模块。单元测试模型如图7-3所示。

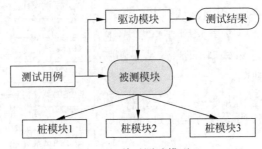

图 7-3　单元测试模型

驱动模块：模拟调用函数的一段代码，它可以替代调用被测单元的模块。

桩模块：模拟被测单元所调用函数的一段代码，它可以替代被测单元调用的模块。

2）测试用例设计

单元测试是根据软件单元的业务逻辑和程序结构进行的，进行单元测试之前，需要设计合理的测试用例。为了设计出高质量的单元测试用例，应该考虑下列因素。

（1）基于软件详细设计和程序代码，确定单元测试的内容。单元测试用于测试单元模块接口、局部数据结构、逻辑结构、错误处理、边界条件等。单元测试时还应检查单元运行时特征，如内存分配、动态绑定、运行时类型信息等。这些通常被测试人员忽略。

（2）运用测试用例设计方法设计单元测试用例。在单元测试中，可综合运用白盒测试技术和黑盒测试技术设计测试用例。黑盒测试技术主要测试单元的业务逻辑和功能，白盒测试技术主要测试单元的内部结构。测试用例具体设计方法见第 5 章和第 6 章。

（3）可以通过结构化自然语言描述测试用例，也可以用编程语言实现测试用例。

3．单元测试执行

1）建立单元测试环境

确保所有的测试元素已经准备就绪。单元测试环境包括下列要素：

（1）执行单元测试的软硬件环境；

（2）待测单元；

（3）单元测试用例和相关的测试数据；

（4）为执行单元测试开发的驱动模块和桩模块。

将测试环境初始化，以确保所有构件都处于正确的初始状态。

2）执行单元测试

单元测试可以完全手工执行，也可以借助工具执行，或者使用两者的结合。

3）记录测试结果

测试过程中，详细记录测试过程中的数据和缺陷。针对测试结果表明的测试过程或测试工作存在的缺陷，确定合适的纠正措施，及时补充测试用例及更新测试用例文档。测试完成后，应当复审测试结果以确保测试结果可靠，确保所记录的故障、警告或意外结果不是外部影响（如不正确的操作、不正确的设置或数据错误等）造成的。

4．单元测试评估

1）测试完备性评估

主要检查测试过程中是否已经执行了所有的测试用例，对新增加的测试用例是否已及时更新测试方案等。

2）代码覆盖率评估

主要根据代码覆盖率工具提供的语句覆盖、判断覆盖等情况报告，检查是否达到方案中的要求。

（1）语句覆盖。语句覆盖指被测单元中每条可执行语句都被测试用例所覆盖。语句覆盖是强度最低的覆盖要求，大多数情况下，要求语句覆盖达到100％。实际测试中，不一定能做到每条语句都执行到。第一，存在"死码"，即由于程序设计错误在任何情况下都不可能执行到的代码。第二，不是"死码"，但是由于要求的测试输入及条件非常难达到或单元测试的条件所限，使得代码没有得到运行。因此，在可执行语句未得到执行时，要深入程序做详细的分析。如果属于以上两种情况，则可以认为完成了覆盖，对于后者，要尽可能测试到，如果不属于以上两种情况，则是因为测试用例设计不充分，需要再补充设计测试用例。

（2）分支覆盖。分支覆盖指设计测试用例使分支语句取真值和假值各一次。分支语句是程序控制流的重要处理语句，在不同流向上测试可以验证这些控制流向的正确性。分支覆盖使这些分支产生的输出都得到验证，提高测试的充分性。一般要求分支覆盖达到100％。

（3）错误处理路径覆盖。覆盖所有的错误处理路径，以验证软件的健壮性。

（4）单元的软件特性覆盖。软件的特性包括功能、性能、属性、设计约束、状态数目、分支的行数等。

测试覆盖并不是最终的目的，它只是评价测试的一种方式，为测试提供指导和依据。

7.4 单元测试工具

单元测试工具一般是针对代码进行的测试，测试所发现的缺陷可以定位到代码级。根据测试工具工作原理的不同，单元测试工具可分为静态测试工具和动态测试工具。不过，很多单元测试工具是将静态测试和动态测试集成在一起的。

静态测试工具是在不执行程序的情况下，分析软件的特性。静态测试工具一般是对代码进行语法扫描，找出不符合编码规范的地方，根据某种质量模型评价代码的质量，生成系统的调用关系图等。

动态测试工具一般采用"插桩"的方式,向代码生成的可执行文件中插入一些监测代码,用来统计程序运行时的数据。其与静态测试工具最大的不同就是动态测试工具要求被测系统实际运行。

从功能上分,单元测试工具也可分为如下几种:
(1) 代码静态分析工具;
(2) 代码检查工具;
(3) 测试脚本工具;
(4) 覆盖率检测工具;
(5) 内存检测工具;
(6) 专为单元测试设计的工具。

很多单元测试工具是将上述功能部分集成在一起。

常用的单元测试工具有 Parasoft 公司的 Jtest、C/C++ Test、dotTEST 等,IBM 公司的 Rational PurifyPlus、PureCoverage 等,Telelogic 公司的 Logiscope,开源测试工具 xUnit 框架下的 JUnit、CppUnit、PHPUnit、vbUnit 等。

1. C++ Test

C++ Test 是 Parasoft 针对 C/C++ 的一款自动化测试工具。C++ Test 是一个 C/C++ 单元级测试工具,自动测试 C/C++ 类、函数或部件,而不需要编写测试用例、测试驱动程序或桩调用代码。C++ Test 能够自动测试代码构造(白盒测试)、测试代码的功能性(黑盒测试)和维护代码的完整性(回归测试)。C++ Test 是一个易于使用的产品,能够适应任何开发生命周期。通过将 C++ Test 集成到开发过程中,能够有效地防止软件错误,提高代码的稳定性,并自动化地实现单元测试(这是极端编程过程的基础)。

C++ Test 支持编码策略增强、静态分析、全面代码走查、单元与组件的测试,为用户提供一个实用的方法来确保其 C/C++ 代码按预期运行。

C++ Test 能够在桌面的 IDE 环境或命令行的批处理下进行回归测试。

C++ Test 和 Parasoft GRS 报告系统相集成,为用户提供基于 Web 且具备交互和向下钻取能力的报表以供用户查询,并允许团队跟踪项目状态并监控项目趋势。

2. xUnit

xUnit 是一个基于测试驱动开发的测试框架,为开发过程中使用测试驱动开发提供了一个方便的工具,以便快速地进行单元测试。xUnit 的成员有很多,如 JUnit、CUnit、CppUnit、htmlUnit、PHPUnit 等。这些单元测试框架的思想与使用方式基本一致,只是针对了不同的语言实现。

JUnit 是一个开放源代码的 Java 测试框架,用于编写和运行可重复的测试。它是单元测试框架体系 xUnit 的一个实例,用于 Java 语言。多数 Java 的开发环境都已经集成了 JUnit 作为单元测试的工具。

CppUnit 是 Micheal Feathers 由 JUnit 移植过来的一个在 GNU LGPL 条约下且在 sourcefogre 网站上开源的 C++ 单元测试框架。

htmlUnit 是一款开源的 Java 页面分析工具,读取页面后,可以有效地使用 htmlUnit

分析页面上的内容。项目可以模拟浏览器运行，被誉为 Java 浏览器的开源实现，是一个没有界面的浏览器，运行速度迅速。

PHPUnit 是一个轻量级的 PHP 测试框架。它是在 PHP5 下面对 JUnit3 系列版本的完整移植，是 xUnit 测试框架家族的一员（它们都基于模式先锋 Kent Beck 的设计）。

3. Logiscope

Logiscope 是 IBM Rational（原 Telelogic）推出的专用于软件质量保证和软件测试的产品。其主要功能是对软件做质量分析和测试以保证软件的质量，并可做认证、反向工程和维护，特别是针对要求高可靠性和高安全性的软件项目和工程。Logiscope 支持四种源代码语言：C、C++、Java 和 ADA。

Logiscope 工具集包含以下 3 个功能组件。

Logiscope RuleChecker：根据工程中定义的编程规则自动检查软件代码错误，可直接定位错误。RuleChecker 包含大量标准规则，用户也可定制创建规则，自动生成测试报告。

Logiscope Audit：定位错误模块，可评估软件质量及复杂程度。Audit 提供代码的直观描述，并自动生成软件文档。

Logiscope TestChecker：测试覆盖分析，显示没有测试的代码路径，基于源码结构分析。TestChecker 直接反馈测试效率和测试进度，协助进行衰退测试。既可在主机上测试，也可在目标板上测试，支持不同的实时操作系统，并支持多线程。

7.5 JUnit

7.5.1 xUnit 测试框架

测试驱动开发是以测试作为开发过程的中心，在编写实际代码之前，先写好基于产品代码的测试代码。测试驱动开发是极限编程的重要组成部分。

xUnit 是一个基于测试驱动开发的测试框架，为开发过程中使用测试驱动开发提供了一个方便的工具，以便快速地进行单元测试。xUnit 的成员有很多，如 JUnit、CUnit、CppUnit、PHPUnit 等。这些单元测试框架的思想与使用方式基本一致，只是针对了不同的语言实现。

xUnit 测试框架包括 4 个要素：Test Fixtures、Test Suites、Test Execution 和 Assertion。

1. Test Fixtures

Test Fixtures 是一组认定被测对象或被测程序单元测试成功的预定条件或预期结果的设定。Fixtures 就是被测试的目标，可能是一个对象或一组相关的对象，甚至是一个函数。测试人员在测试前就应该清楚对被测对象进行测试的正确结果是什么，这样就可以对测试结果有一个明确的判断。

2. Test Suites

Test Suites（测试集）就是一组测试用例，这些测试用例要求有相同的测试 Fixture，以保证这些测试不会出现管理上的混乱。

3. Test Execution

Test Execution(执行测试)启动测试,执行测试用例。单个单元测试的执行可以按下面的方式进行。

setUp();/*首先,要建立针对被测程序单元的独立测试环境*/
testXXX();/*然后,编写所有测试用例的测试体或测试程序*/
tearDown();/*最后,无论测试成功还是失败,都将环境进行清理,以免影响后继测试*/

4. Assertion

断言(Assertion)实际上就是验证被测程序在测试中的行为或状态的一个宏或函数。断言失败实际上就是引发异常,终止测试的执行。

xUnit 框架包含下列测试工具。

JUnit:用于测试 Java 语言编写的代码。
CppUnit:用于测试 C++ 语言编写的代码。
Visual Studio 2005 测试框架:用于测试.NET language 语言编写的代码。
PyUnit:用于测试 Python 语言编写的代码。
SUnit:用于测试 SmallTalk 语言编写的代码。
vbUnit:用于测试 VB 语言编写的代码。
utPLSQL:用于测试 Oracle PL/SQL 语言编写的代码。
MinUnit:用于测试 C 语言编写的代码。

7.5.2　JUnit 简介

1997 年,Erich Gamma 和 Kent Beck 为 Java 语言创建了一个简单但有效的单元测试框架,称作 JUnit。JUnit 很快成为 Java 开发单元测试的框架标准。JUnit 测试是程序员测试,即所谓的白盒测试,因为程序员知道被测试的软件如何完成功能和完成什么样的功能。JUnit 是用于单元测试框架体系 xUnit 的一个实例(用于 Java 语言)。

1. JUnit 特性

JUnit 是一个开放源代码的 Java 测试框架,用于编写和运行可重复的测试。它具有以下特性:

(1) 用于测试期望结果的断言(Assertion);
(2) 用于共享共同测试数据的测试工具;
(3) 用于方便地组织和运行测试的测试套件;
(4) 图形和文本的测试运行器。

2. JUnit 的框架

JUnit 的核心成员:TestCase、TestSuite、BaseTestRunner。

TestCase(测试用例)：扩展了 JUnit 的 TestCase 类的类。它以方法的形式包含一个或多个测试。

TestSuite(测试集合)：一组测试。一个 TestSuite 是把多个相关的测试归入一组的便捷方式。如果没有为 TestCase 定义一个 TestSuite，那么 JUnit 会自动提供一个 TestSuite，包含 TestCase 中所有的测试。

TestRunner(测试运行器)：执行 TestSuite 的程序。没有 TestRunner 接口，只有一个所有 TestRunner 都继承的 BaseTestRunner。因此，编写 TestRunner 时，实际上指的是任何继承 BaseTestRunner 的 Test Runner 类。

这 3 个类是 JUnit 框架的骨干。理解了 TestCase、TestSuite 和 BaseTestRunner 的工作方式，就可以随心所欲地编写测试了。在一般情况下，只需要编写 TestCase，其他类会在幕后帮助我们完成测试。当需要更多的 TestCase 时，可以创建更多的 TestCase 对象。当需要一次执行多个 TestCase 对象时，可以创建一个 TestSuite 对象，但是为了执行 TestSuite 对象，需要使用 TestRunner 对象。

这 3 个类和另外 4 个类紧密结合，形成了 JUnit 框架的核心。这 7 个核心类各自的责任如表 7-1 所示。

表 7-1　JUnit 的核心类/接口

类/接口	责　　任
Assert	当条件成立时 assert 方法保持沉默，但若条件不成立就抛出异常
TestResult	TestResult 包含测试中发生的所有错误或者失败
Test	可以运行 Test 并把结果传递给 TestResult
TestListener	测试中若产生事件(开始、结束、错误、失败)会通知 TestListener
TestCase	TestCase 定义了可以用于运行多个测试的环境
TestSuite	TestSuite 运行一组 TestCase(它可能包含其他 TestSuite)，它是 Test 的组合
BaseTestRunner	TestRunner 是用来启动测试的用户界面，BaseTestRunner 是所有 TestRunner 的超类

JUnit 架构如图 7-4 所示。

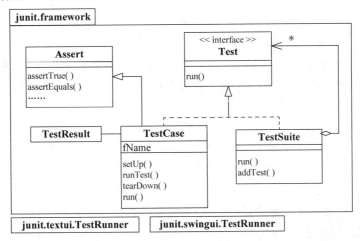

图 7-4　JUnit 架构图

Test：是 TestCase、TestSuite 的共同接口。run(TestResult result) 用来运行 Test，并且将结果保存到 TestResult。

TestCase：是 Test 的接口的抽象实现，是 Abstract 类，所以不能实例化，能被继承。其中一个构造函数 TestCase(String name)是根据输入的参数创建一个测试实例。可以把 TestCase 添加到 TestSuite 中，指定仅运行 TestCase 中的一个方法。

TestSuite：实现 Test 接口，可以组装一个或者多个 TestCase。待测试类中可能包括对被测类的多个 TestCase，而 TestSuite 可以保存多个 TestCase，负责收集这些测试，这样就可以用一个 TestSuite 就能运行对被测类的多个测试。

TestResult：保存 TestCase 运行中的事件。TestResult 有 List < TestFailure > fFailures 和 List < TestFailure > fErrors。fFailures 记录 Test 运行中的 AssertionFailedError，而 fErrors 则记录 Exception。Failure 是当期望值和断言不匹配的时候抛出的异常，而 Error 则是不曾预料到的异常，如 ArrayIndexOutOfBoundsException。

TestListener：是个接口，对事件监听，可供 TestRunner 类使用。

ResultPrinter：实现 TestListener 接口。在 TestCase 运行过程中，对所监听的对象的事件以一定格式即时输出。运行完后，对 TestResult 对象进行分析，输出统计结果。

BaseTestRunner：所有 TestRunner 的超类。

java Junit. swingui. TestRunner：实现 BaseTestRunner，提供图形界面。从 4.0 版本起，就没有再提供这个类。这是 4.0 版本和之前版本的显著变化之一。

java Junit. textui. TestRunner：实现 BaseTestRunner，提供文本界面。

7.5.3 JUnit 测试技术

1. JUnit 元数据

在 JUnit 4 中引入了一些元数据，如 @Before、@After、@Test、@Test(expected)、@Test(timeout)、@Ignore、@BeforeClass、@AfterClass 等。

(1) @Before：初始化方法，在每个测试方法执行之前都要执行一次。

(2) @After：释放资源，在每个测试方法执行之后要执行一次，进行收尾工作。

【注意】 @Before 和 @After 标示的方法只能各有一个。这相当于取代了 JUnit 以前版本中的 setUp 和 tearDown 方法。

(3) @Test：测试方法，在 JUnit 中将会自动被执行。对于方法的声明的要求是：名字可以随便取（没有任何限制），但是返回值必须为 void，而且不能有任何参数。如果违反这些规定，会在运行时抛出一个异常。

(4) @Test(expected= *.class)：测试异常。

在 JUnit 4.0 之前，对错误的测试，只能通过 fail 来产生一个错误，并在 try 块里面以 assertTrue(true)来测试。现在，可通过@Test 元数据中的 expected 属性来实现。expected 属性的值是一个异常的类型。

Java 中常常需要异常处理，因此程序中有一些需要抛出异常的方法。如果一个方法应该抛出异常，但是它没抛出，这应该就是一个 Bug。例如，对于除法功能，如果除数是一个 0，那么必然要抛出"除数为 0 的异常"，测试代码如下。

```
@Test(expected = ArithmeticException.class)
public void divideByZero(){
   calculator.divide(0);
}
```

使用@Test 标注的 expected 属性,将要检验的异常传递给它,这样 JUnit 框架就能自动检测是否抛出了指定的异常。

(5) @Test(timeout=xxx):限时测试。

该元数据传入了一个时间(ms)给测试方法,指定被测试方法被允许运行的最长时间。如果测试方法在指定的时间之内没有运行完,则 JUnit 认为测试失败。

对于逻辑复杂,循环嵌套层次多的程序,可能会出现死循环,因此需要采取一些预防措施。限时测试是一个很好的解决方案。给这类测试方法设定一个执行时间,如果超过了设定的时间,它们就会被系统强行终止,并且指明该方法结束的原因是超时,这样就可以发现缺陷。而实现这一功能,只需要给@Test 标注加一个参数即可。

(6) @Ignore:忽略的测试方法。

JUnit 提供了一种方法,就是在未完成的测试方法(函数)的前面加上@Ignore 标注。该元数据标记的测试方法在测试中会被忽略。当测试的方法还没有实现,或者测试的方法已经过时,或者在某种条件下才能测试该方法(例如需要一个数据库连接,而在本地测试的时候,数据库并没有连接),那么使用该标签来标示这个方法。同时,可以为该标签传递一个 String 的参数,来表明为什么会忽略这个测试方法。例如,@Ignore("该方法还没有实现"),在执行的时候,仅会报告该方法没有实现,而不会运行测试方法。

当完成了相应测试方法,只需要把@Ignore 标注删去,就可以进行正常的测试了。

(7) @BeforeClass:针对该类的所有测试,在所有测试方法执行前执行一次,并且必须为 public static void。

(8) @AfterClass:针对该类的所有测试,在所有测试方法执行结束后执行一次,并且必须为 public static void。

值得注意的是,每个测试类只能有一个方法被标注为@BeforeClass 或 @AfterClass,并且该方法必须是 public 和 static 的。

例如,假设类中的多个测试方法都将使用一个数据库连接、一个非常大的文件,或者申请其他一些资源,为了提高测试效率,可以在使用@BeforeClass 注释的方法里创建或申请资源,在使用 @AfterClass 的方法中将其销毁清除。

这个特性虽然很好,但是一定要小心对待这个特性。它有可能会违反测试的独立性,并引入非预期的混乱。由 BeforeClass 申请或创建的资源,如果是整个测试用例类共享的,则尽量不要让其中任何一个测试方法改变那些共享的资源,避免对其他测试方法产生影响。

JUnit 4 的单元测试用例执行顺序如下:

@BeforeClass -> @Before -> @Test -> @After -> @AfterClass

每一个测试方法的调用顺序如下:

@Before -> @Test -> @After

2. JUnit 的断言

JUnit 框架用一组 assert 方法封装了最常见的测试任务。这些 assert 方法可以极大地简化单元测试的编写。Assert 超类所提供的 8 个核心方法，如表 7-2 所示。

表 7-2　Assert 类的方法

方　　法	描　　述
assertTrue	断言条件为真。若不满足，方法抛出带有相应的信息（如果有的话）的 AssertionFailedError 异常
assertFalse	断言条件为假。若不满足，方法抛出带有相应的信息（如果有的话）的 AssertionFailedError 异常
assertEquals	断言两个对象相等。若不满足，方法抛出带有相应的信息（如果有的话）的 AssertionFailedError 异常
assertNotNull	断言对象不为 null。若不满足，方法抛出带有相应的信息（如果有的话）的 AssertionFailedError 异常
assertNull	断言对象为 null。若不满足，方法抛出带有相应的信息（如果有的话）的 AssertionFailedError 异常
assertSame	断言两个引用指向同一个对象。若不满足，方法抛出带有相应的信息（如果有的话）的 AssertionFailedError 异常
assertNotSame	断言两个引用指向不同的对象。若不满足，方法抛出带有相应的信息（如果有的话）的 AssertionFailedError 异常
fail	让测试失败，并给出指定的信息

1) assertEquals 断言

这是应用非常广泛的一个断言，它的作用是比较实际的值和用户预期的值是否一样。assertEquals 在 JUnit 中有很多不同的实现，以参数 expected 和 actual 都为 Object 类型的为例，assertEquals 定义如下：

```
static public void assertEquals(String message, Object expected, Object actual) {
    if (expected == null && actual == null)
        return;
    if (expected != null && expected.equals(actual))
        return;
    failNotEquals(message, expected, actual);
}
```

其中，expected 为用户期望某一时刻对象的值，actual 为某一时刻对象实际的值。如果这两值相等（通过对象的 equals 方法比较），说明预期是正确的，也就是说，代码运行是正确的。assertEquals 还提供了其他的一些实现，例如整数比较、浮点数的比较等。

2) assertTrue 与 assertFalse 断言

assertTrue 与 assertFalse 可以判断某个条件是真还是假，如果和预期的值相同，则测试成功，否则将失败。assertTrue 的定义如下：

```
static public void assertTrue(String message, boolean condition) {
    if (!condition)
        fail(message);
}
```

其中，condition 表示要测试的状态，如果 condition 的值为 false，则测试将会失败。

3）assertNull 与 assertNotNull 断言

assertNull 与 assertNotNull 可以验证所测试的对象是否为空或不为空，如果和预期的相同，则测试成功，否则测试失败，assertNull 定义如下：

```
static public void assertNull(String message, Object object){
    assertTrue(message, object == null);
}
```

其中，object 是要测试的对象，如果 object 为空，该测试成功，否则失败。

4）assertSame 与 assertNotSame 断言

assertSame 和 assertEquals 不同，assertSame 测试预期的值和实际的值是否为同一个参数（即判断是否为相同的引用）。assertNotSame 则测试预期的值和实际的值是否不为同一个参数。assertSame 的定义如下：

```
static public void assertSame(String message, Object expected, Object actual) {
    if (expected == actual)
        return;
    failNotSame(message, expected, actual);
}
```

而 assertEquals 则判断两个值是否相等，通过对象的 equals 方法比较，可以引用相同的对象，也可以不同。

5）fail 断言

fail 断言能使测试立即失败，这种断言通常用于标记某个不应该被到达的分支。例如 assertTrue 断言中，condition 为 false 时就是正常情况下不应该出现的，所以测试将立即失败。fail 的定义如下：

```
static public void fail(String message) {
    throw new AssertionFailedError(message);
}
```

当一个失败或者错误出现的时候，当前测试方法的执行流程将会被中止，但是位于同一个测试类中的其他测试将会继续运行。

7.5.4　JUnit 的应用流程

Eclipse 全面集成了 JUnit，并从版本 3.2 开始支持 JUnit 4。

可以从 http://www.eclipse.org/ 上下载最新的 Eclipse 版本。JUnit 的官方网站为 http://www.junit.org/。可以从上面获取关于 JUnit 的最新消息。如果在 Eclipse 中使用 JUnit，就不必再下载了。

1．JUnit 测试环境配置

运行 JUnit 程序需要配置和安装 Java 环境。

1) 下载 JDK

JDK 是 Java SE Development Kit 的缩写，是运行 Java 程序必需的环境。JDK 的下载地址是 http://www.oracle.com/technetwork/java/javase/downloads/index.html。在下载页面根据自己的操作系统选择要下载的文件，如果操作系统是 Windows64 位，选择 Windows X64 对应的文件；如果是 Windows 32 位，选择 Windows X86 对应的文件。本文下载的是 jdk-8u31-windows-i586.exe。

2) 安装 JDK

下载完成后，直接运行安装程序 jdk-8u31-windows-i586.exe，按提示进行相应的操作，即可完成 JDK 的安装。

3) 设置环境变量

Java 的环境变量设置步骤如下。

(1) 在桌面上右击选中"计算机"→"属性"→"高级系统设置"→"环境变量"。

(2) "系统变量"→"新建"→"变量名"：JAVA_HOME，变量值为 C:\Program Files\Java\jdk1.8.0_31。

(3) "系统变量"→"编辑"→"变量名"：Path，在变量值的最前面加上：％JAVA_HOME％\bin；设置 Classpath 的值：CLASSPATH=.;％JAVA_HOME％\lib\dt.jar;％JAVA_HOME％\lib\tools.jar。

配置好环境变量后，在 CMD 命令行输入：java -version，返回 Java 的版本信息，则表示安装成功。

4) 安装 Eclipse

在 Eclipse 的官方网站下载最新的 Eclipse，下载地址是 http://www.eclipse.org/downloads/。Eclipse 下载后，直接解压即可使用。本例将 Eclipse 安装文件解压到 E 盘根目录下，文件路径为"E:\eclipse"。

5) 安装 JUnit

Eclipse IDE 中集成了 JUnit 组件，无须另行下载和安装。如果 Eclipse 集成的 JUnit 版本不能满足要求，可以下载最新的 JUnit 安装包，单独安装。

在 Eclipse 中检查 JUnit 是否已经安装成功的方法如下。

第一种方法是：单击 Eclipse→Window→Preferences→Java，查看 JUnit 是否存在。如果存在，JUnit 就算安装好了，如图 7-5 所示。

第二种方法是：单击 Eclipse→Window→ShowView→Other→Java，查看 JUnit 是否存在。如果存在，JUnit 就算安装好了，如图 7-6 所示。

2. JUnit 测试步骤

假设程序的源代码已经完成，等待进行单元测试。本例中已经编写好待测试的类 NextDate，NextDate 类中有一个判断闰年的方法 isleap()，其代码如下。

```
/**
 * 判断年份是否是闰年
 */
public boolean isleap(){
```

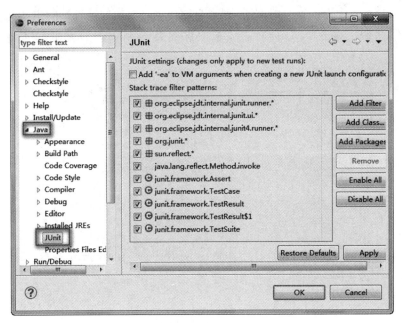

图 7-5 Preferences 窗口

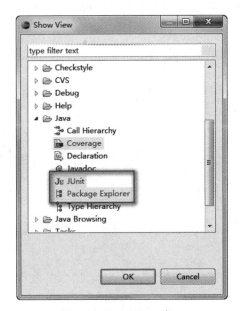

图 7-6 Show View 窗口

```
if((this.year % 4 == 0 && this.year % 100 != 0 )||(this.year % 400 == 0)){
    return true;
}
else {
    return false;
}
}
```

下面以 isleap() 作为待测试的例子,详细介绍使用 JUnit 进行测试的步骤和方法。

在 Eclipse 的 Package Explorer 中右击被测试的类 NextDate,将弹出右键菜单,如图 7-7 所示。

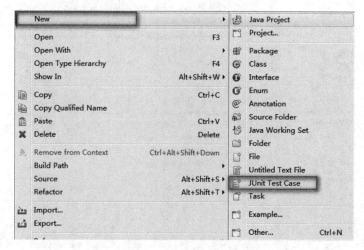

图 7-7　新建 JUnit 测试

在图 7-7 中,单击 New→JUnit Test Case,将弹出 New JUnit Test Case 窗口,如图 7-8 所示。

图 7-8　New JUnit Test Case 窗口

在该窗口中,进行相应的选择。首先选择 JUnit 的版本,本例中选择的是 New JUnit 4 test。

Source folder:选择生成的测试用例存放的位置,一般可新建名为 test 的源码文件夹来存放测试代码,可以使用 Browse 按钮来修改路径。

Package:选择存放的包,默认为与测试目标类同包。

Name:新创建的测试类的名称。

Which method stubs would you like to create:选择默认需要创建的方法。本例选择了 setUp() 和 tearDown(),JUnit 将自动创建这两个方法。

Class under test:待测试的目标类。

单击 Next 按钮后,系统会自动列出被测试类中包含的方法,如图 7-9 所示。在 Available methods 选择框中勾选要进行测试的方法,用于生成测试方法。本例中,仅对 isleap() 方法进行测试,因此只选择此方法。

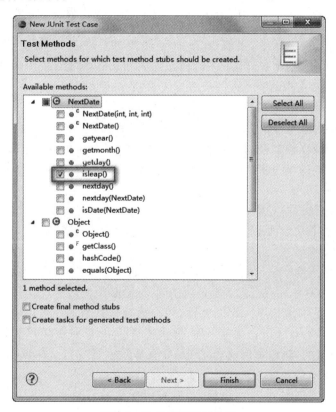

图 7-9　选择待测试的方法

单击 Finish 按钮,之后系统会自动生成一个新类 NextDateTest,里面包含一些空的测试用例。JUnit 自动生成的测试代码如图 7-10 所示。

3. 测试代码编写

1) 包含必要的 Package

在测试类中用到了 JUnit 4 框架,自然要把相应的 Package 包含进来。最主要的一个 Package 就是 org.junit.*,把它包含进来之后,绝大部分功能就有了。还有一条语句

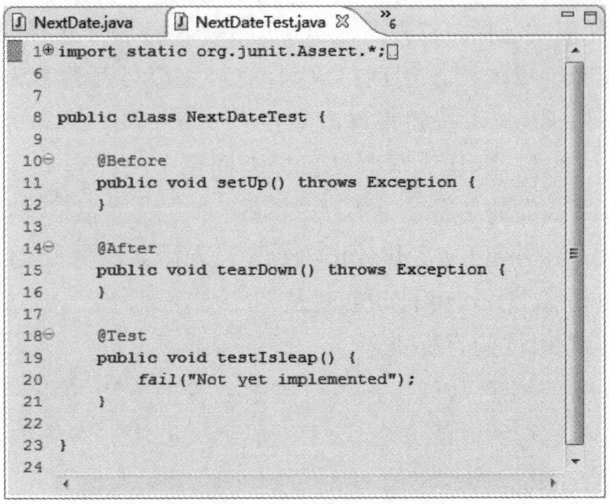

```
 NextDate.java    NextDateTest.java
1  import static org.junit.Assert.*;
6
7
8  public class NextDateTest {
9
10     @Before
11     public void setUp() throws Exception {
12     }
13
14     @After
15     public void tearDown() throws Exception {
16     }
17
18     @Test
19     public void testIsleap() {
20         fail("Not yet implemented");
21     }
22
23  }
24
```

图 7-10　JUnit 自动生成的代码

"import static org. junit. Assert. ＊;"也是非常重要的。在测试的时候使用的一系列 assertEquals 方法就来自这个包。这是一个静态包含（static），是 JDK 5 中新增添的一个功能。assertEquals 是 Assert 类中的一系列的静态方法，一般的使用方式是 Assert. assertEquals()。使用了静态包含后，前面的类名就可以省略了，使用起来更加方便。

2）测试类的声明

测试类是一个独立的类，没有任何父类。测试类的名字也可以任意命名，没有任何局限性。所以不能通过类的声明来判断它是不是一个测试类，它与普通类的区别在于内部的方法的声明。

3）创建一个待测试的对象

要测试某个类，首先需要创建一个该类的对象。例如，为了测试 NextDate 类，必须创建一个 NextDate 对象。

4）测试方法的声明

在测试类中，并不是每一个方法都是用于测试的，必须使用"标注"来明确表明哪些是测试方法。"标注"也是 JDK 5 的一个新特性，用在此处非常恰当。可以看到，在某些方法的前面有@Before、@Test、@Ignore 等字样，这些就是标注，以一个"@"作为开头。这些标注都是 JUnit 4 自定义的，熟练掌握这些标注的含义非常重要。

5）编写一个简单的测试方法

首先，在方法的前面使用@Test 标注，以表明这是一个测试方法。对于方法的声明也有如下要求：名字可以随便取，没有任何限制，但返回值必须为 void，而且不能有任何参数。如果违反这些规定，会在运行时抛出一个异常。至于方法内该写些什么，那就要看需要测试些什么了。例如：

```
@Test
public void testIsleap() {
    NextDate testcase = new NextDate();
    int test_year = 2000;
    testcase.year = test_year;
    assertEquals(true, testcase.isleap());
}
```

"assertEquals(result[i],testcase.isleap());"语句就是用来判断期待结果和实际结果是否相等,第一个参数填写期待结果,第二个参数填写实际结果,也就是通过计算得到的结果。这样写好之后,JUnit 会自动进行测试并把测试结果反馈给用户。

4．执行测试

在 Package Explorer 视图中右击要执行的测试方法,将弹出右键菜单,选择 Run As→JUnit Test,如图 7-11 所示。

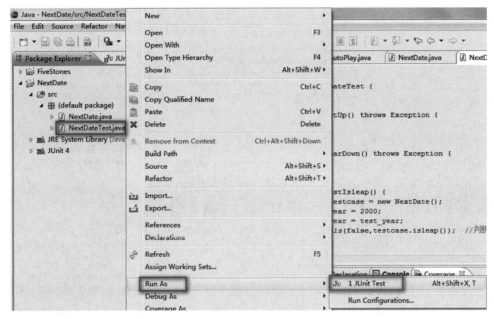

图 7-11　JUnit 执行测试

前面的测试代码的执行结果如图 7-12 所示。

绿色的进度条表示测试运行通过了。但现在就宣布代码通过了单元测试还为时过早。进行单元测试的范围要全面,例如对边界值、正常值、错误值都要测试。测试时,对代码可能出现的问题要全面预测,而这也正是需求分析、详细设计环节中要考虑的。

为了演示测试失败的情况,修改测试数据,使实际结果与预期结果不一致。例如将:

assertEquals(**true**, testcase.isleap());

改为:

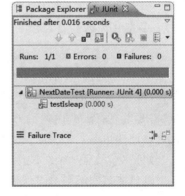

图 7-12　JUnit 测试结果(通过)

assertEquals(**false**, testcase.isleap());

再次执行测试,将会出现测试失败,如图 7-13 所示。在 Failure Trace 窗口中,将显示失败的原因:expected:<false> but was:<true>,即期望值是 false,而实际值是 true,因此测试失败。

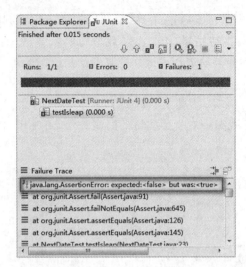

图 7-13　JUnit 测试结果(失败)

JUnit 将测试失败的情况分为两种：Failure 和 Error。Failure 一般由单元测试使用的断言方法(Assert)判断失败，它表示在测试点发现了问题。Error 则是由代码异常引起，这是测试目的之外的发现，它可能产生于测试代码本身的错误(测试代码也是代码，同样无法保证完全没有缺陷)，也可能是被测试代码中的一个隐藏的缺陷(Bug)。

5. Runner(运行器)

编写好测试代码后，执行测试的是 JUnit 中的 Runner。在 JUnit 中有多个 Runner，它们负责调用测试代码，每一个 Runner 都有各自的特殊功能，可以根据需要选择不同的 Runner 来运行测试代码。JUnit 中有一个默认 Runner，如果没有指定，系统自动使用默认 Runner 来运行代码。如果要指定一个 Runner，需要使用@RunWith 标注，并且把所指定的 Runner 作为参数传递给它。值得注意的是，@RunWith 是用来修饰类的，而不是用来修饰函数的。只要对一个类指定了 Runner，那么类中的所有函数都被这个 Runner 来调用。

6. 参数化测试

为测试程序的正确性，可能需要设计不同的测试数据来对方法进行测试。例如某程序的功能是：判断输入的年份是否为闰年。测试时，需要测试不能被 4 整除的数，能被 4 整除但不能被 100 整除的数，以及能被 4 整除和 400 整除的数进行测试。如果对多个数据进行测试，需要重复写测试代码。为了简化测试，JUnit 4 提出了"参数化测试"的概念。参数化测试能够创建由参数值供给的通用测试，从而为每个参数都运行一次，而不必创建多个测试方法。测试时，只写一个测试函数，把这若干种情况作为参数传递进去，一次性地完成测试。

参数化测试中编写测试代码的流程如下。

(1) 为参数化测试类用@RunWith 标示指定特殊的运行器：Parameterized.class；

(2) 在测试类中声明几个变量，分别用于存放测试数据和对应的期望值，并创建一个带参数的构造函数(参数为测试数据和期望值)；

(3) 创建一个静态(static)测试数据供给方法，其返回类型为 Collection，并用@Parameter 标示来修饰；

(4)编写测试方法。

isleap()的参数化测试代码如下。

```java
import static org.junit.Assert.*;
import org.junit.After;
import org.junit.Before;
import org.junit.Test;
import java.util.Arrays;
import java.util.Collection;
import org.junit.runner.RunWith;
import org.junit.runners.Parameterized;
import org.junit.runners.Parameterized.Parameters;

@RunWith(Parameterized.class)        //使用参数化运行器
public class NextDateTest {
    NextDate testObject;
    private int inData;               //测试数据
    private boolean exData;           //对应期望值的变量

    //数据供给方法(静态,用@Parameter注释,返回类型为Collection)
    @Parameters
    public static Collection data() {
        return Arrays.asList(new Object[][]{
            {2000,true},
            {1800,false},
            {2008,true},
            {1999,false}
        });
    }
    /**
     * 参数化测试必需的构造函数
     * @param inData 测试数据,对应参数集中的第一个参数
     * @param exData 期望的测试结果,对应参数集中的第二个参数
     */
    public NextDateTest(int inData, boolean exData) {
        this.inData = inData;
        this.exData = exData;
    }

    @Before
    public void setUp() throws Exception {
        testObject = new NextDate();
    }
    @After
    public void tearDown() throws Exception {
    }
    /**
     * 测试Isleap()方法
     */
```

```
    @Test
    public void testIsleap() {
        testObject.year = inData;
        assertEquals(exData,testObject.isleap());    //判断预期结果与实际输出是否一致
    }
}
```

下面对上述代码进行分析。

(1) 要为测试专门生成一个新的类,而不能与其他测试共用同一个类。本例中定义了一个 NextDateTest 类。然后,要为这个类指定一个 Runner,而不能使用默认的 Runner,因为特殊的功能要用特殊的 Runner。@RunWith(Parameterized.class)这条语句就是为这个类指定了一个 ParameterizedRunner。

(2) 定义一个待测试的类,并且定义两个变量 inData 和 exData,inData 用于存放参数(输入的数据),exData 用于存放预期的结果。

(3) 定义测试数据的集合,即 data()方法。该方法可以任意命名,但是必须使用 @Parameters 标示进行修饰。这里需要注意的是,其中的数据是一个二维数组,数据两两一组,每组中的两个数据,一个是参数(测试数据),一个是预期的结果。例如第一组{2000, true},"2000"就是参数,"true"就是预期的结果。

接下来是构造函数 NextDateTest(int inData, boolean exData),其功能是对先前定义的两个参数进行初始化。请务必注意参数的顺序,这里需要和前面的数据集合的顺序保持一致。如果前面的顺序是:{参数,预期结果},那么构造函数的顺序就是:构造函数(参数,预期结果),反之亦然。

(4) 在测试方法"testIsleap()"中写测试用例,和前面介绍过的写法完全一样,在此不再赘述。

(5) 设计好测试用例后,执行测试。测试结果中将显示所有参数化测试数据的测试结果。例如在本例中,设计了 4 组测试数据,在 JUnit 的结果视图中将分别显示各测试数据执行的结果,如图 7-14 所示。

7. 测试套件

在一个项目中,常常会写出很多的测试类。如果一个一个地执行这些测试类,将是比较麻烦的事情。鉴于此,JUnit 提供了打包(批量)测试的功能,将所有需要运行的测试类集中起来,一次性运行完毕,这将大大方便测试工作。

JUnit 4 中没有套件,为了替代老版本的套件测试,套件被两个新标示代替:@RunWith 和 @SuiteClasses。通过@RunWith 指定一个特殊的运行器——Suite.class 套件运行器,并通过 @SuiteClasses 标示,将需要进行测试的类列表作为参数传入。

编写流程如下:

(1) 创建一个空类作为测试套件的入口;

(2) 使用 org.junit.runner.RunWith 和 org.junit.runners.Suite.SuiteClasses 修饰这个空类;

(3) 将 org.junit.runners.Suite 作为参数传入给标示 RunWith,以提示 Junit 为此类测试使用套件运行器执行;

第7章　软件单元测试

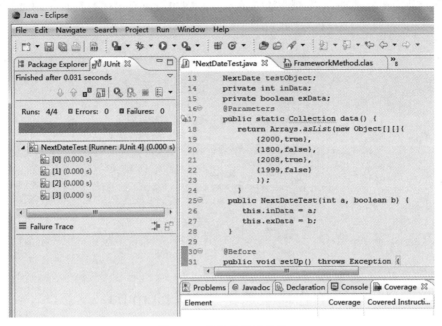

图 7-14　参数化测试结果

（4）将需要放入此测试套件的测试类组成数组作为@SuiteClasses的参数；
（5）保证这个空类使用 public 修饰，而且存在公并的不带任何参数的构造函数。
下面为 NextDate 类创建的一个测试套件（AllTests.java），代码如下。

```java
import org.junit.runner.RunWith;
import org.junit.runners.Suite;
import org.junit.runners.Suite.SuiteClasses;

@RunWith(Suite.class)
@SuiteClasses({
    NextDateTest.class,          //加入需要运行的测试类
    NextDateTest_isleap.class    //加入需要运行的测试类
})
public class AllTests {

}
```

创建测试套件后的文件列表如图 7-15 所示。

图 7-15　测试套件

运行 AllTest.java 的结果如图 7-16 所示。在图中可以看出同时运行了两个测试用例：NextDateTest 和 NextDateTest_isleap。

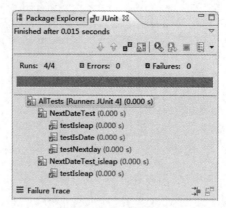

图 7-16　测试套件执行结果

7.5.5　JUnit 下的代码覆盖率工具 EclEmma

1．EclEmma 简介

在做单元测试时，代码覆盖率常常被作为衡量测试好坏的指标，甚至用代码覆盖率来考核测试任务完成情况。

EclEmma 是一个免费的 Java 代码覆盖率工具，可以直接在 Eclipse 平台中执行代码覆盖分析。EclEmma 具有下列特点。

（1）快速开发和测试周期。能够在工作平台中启动，像运行 JUnit 测试一样，可以直接对代码进行覆盖率分析。

（2）丰富的覆盖率分析。覆盖结果将立即被汇总，并在 Java 源代码编辑器中高亮显示。

（3）非侵入式的。不需要修改项目或执行任何其他安装和设置。

EclEmma 的官方网站为 http://www.eclemma.org/。

2．EclEmma 测试环境建立

安装 EclEmma 插件的过程和大部分 Eclipse 插件相同，可以通过 Eclipse 标准的 Update 机制来远程安装 EclEmma 插件。也可以从 EclEmma 的官方网站下载 zip 文件，并解压到 Eclipse 所在的目录中。下面分别介绍 EclEmma 的 3 种安装方法。

方法 1：Install from Eclipse Marketplace Client

Eclipse 3.6 以后的版本，允许直接从 Eclipse Marketplace Client 安装 EclEmma。安装步骤如下：

（1）在 Eclipse 的菜单中选择 Help→Eclipse Marketplace；

（2）在搜索框中输入"EclEmma"，单击 Go 按钮，如图 7-17 所示；

（3）单击 EclEmma Java Code Coverage 的 Install 按钮；

（4）按照提示操作，完成安装。安装过程中将弹出软件更新的窗口，如图 7-18 所示。安装需要一定时间，请耐心等待。

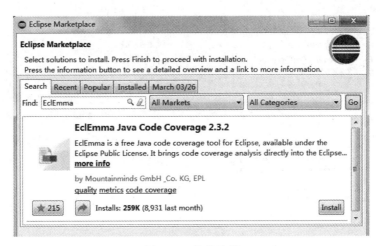

图 7-17　搜索软件

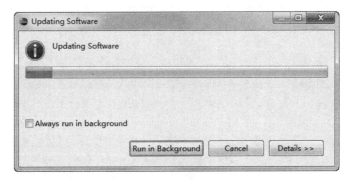

图 7-18　软件更新

方法 2：Installation from Update Site

通过 Eclipse 的更新功能完成 EclEmma 的安装。步骤如下：

(1) 在 Eclipse 的菜单中选择 Help→Install New Software；

(2) 在安装对话框的 Work with 文本框中输入"http://update.eclemma.org/"，如图 7-19 所示；

(3) 单击 Next 按钮，按照提示进行相应操作，即可完成安装。

方法 3：Manual Download and Installation(手动下载并安装)

在 http://www.eclemma.org/网站上下载最新的 EclEmma，解压后放在 Eclipse 的 dropins 文件夹中进行安装。

不管采用何种方式来安装 EclEmma，安装完成并重新启动 Eclipse 之后，工具栏上应该出现新增的覆盖测试按钮，如图 7-20 所示。

3．EclEmma 使用流程

1) 使用 EclEmma 执行测试

在工具栏上单击 EclEmma 按钮，选择要执行的文件。或者选中要执行的测试文件，在工具栏上单击 EclEmma 按钮 →Coverage As→JUnit Test，如图 7-21 所示。

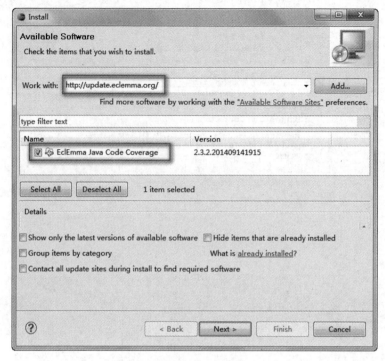

图 7-19 通过站点安装软件

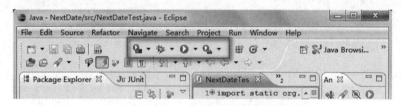

图 7-20 EclEmma 功能按钮

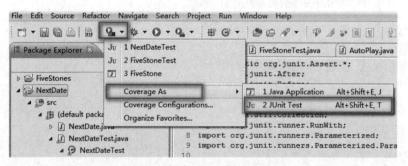

图 7-21 使用 EclEmma 执行程序

2) 查看执行结果

执行完后,将显示执行结果的窗口,如图 7-22 所示。在代码视图中(窗口的上半部分),显示所执行的代码的覆盖情况。在 Coverage 视图中(窗口的下半部分),显示源代码和测试代码的覆盖率。

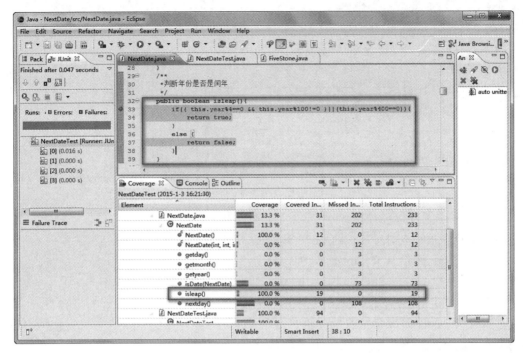

图 7-22　EclEmma 执行结果

EclEmma 提供的 Coverage 视图能够分层显示代码的覆盖测试率。在 Coverage 视图中，单击某个方法，在代码视图中将显示该方法的覆盖情况。其中，绿色背景标识的代码表示全部执行，黄色背景标识的代码表示部分执行，红色背景标识的代码表示未执行。

3）合并测试

在 Coverage 视图中单击 Merge Session 按钮 ，将弹出 Merge Sessions 窗口，如图 7-23 所示。选择要合并的测试，然后单击 OK 按钮。这时 Coverage 视图中显示的测试覆盖率是多次测试覆盖率的累积。

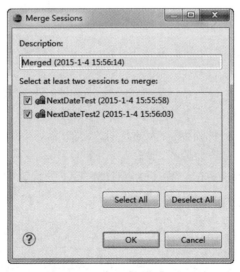

图 7-23　合并测试

4. Coverage 工具栏

Coverage 视图工具栏如图 7-24 所示。

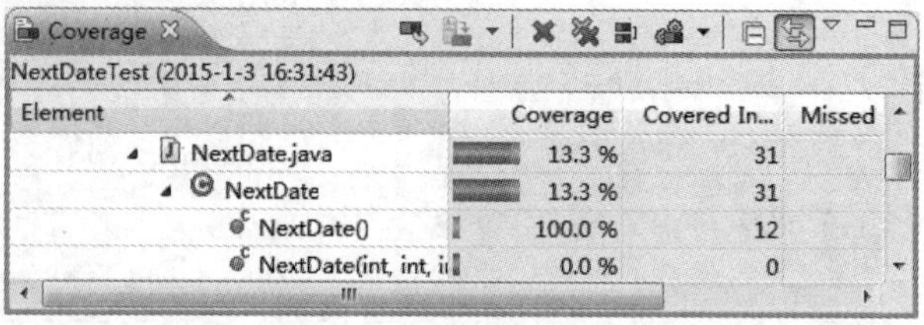

图 7-24 Coverage 工具栏

工具栏中各按钮功能如下。

：重新执行当前所选择的 Coverage Session。

：删除当前/所有 Coverage Sessions。

：合并 Coverage Session。

：选择 Coverage Session。

：最小化/最大化视图。

：显示更多菜单。

：折叠所有节点。

：切换到当前的。

如果只有一次测试覆盖率测试结果时,合并 Session 按钮不可用,显示为灰色。

7.6 单元测试案例

7.6.1 案例介绍

案例：计算下一天的日期

本案例的软件自动化测试平台包括 Eclipse 3.4.1、JDK 1.6.2、JUnit 4.0、EMMA、Checkstyle 4.4.4.1、Ant 1.6.5。

本案例程序描述：程序有三个输入变量 year、month、day(其中 year、month、day 均为整数,并且满足条件 $1 \leqslant year \leqslant 2050, 1 \leqslant month \leqslant 12, 1 \leqslant day \leqslant 31$),分别作为输入日期的年、月、日,程序的输出为该输入日期的下一天的日期。例如,输入 2013.12.31,输出为 2014.1.1。程序对输入的日期要进行有效性检查,如输入 2012.4.31,程序应给出提示：输入日期无效。

计算下一天的类为 NextDate。程序 NextDate.java 的代码如下。

```
public class NextDate {
    /** year 表示年 */
    public int year;
    /** month 表示月 */
    public int month;
```

```java
/** day 表示天 */
public int day;

public NextDate(int year, int month, int day){
    this.year = year;
    this.month = month;
    this.day = day;
}

public NextDate(){
    year = 1;
    month = 1;
    day = 1;
}
public int getyear(){
    return this.year;
}
public int getmonth(){
    return this.month;
}
public int getday(){
    return this.day;
}
/**
 * 判断年份是否是闰年
 */
public boolean isleap(){
    if(( this.year % 4 == 0 && this.year % 100!= 0 )||(this.year % 400 == 0)){
        return true;
    }
    else {
        return false;
    }
}
/**
 * 计算下一天的日期
 */
public void nextday(){
    switch(this.month){
        case 1:
        case 3:
        case 5:
        case 7:
        case 8:
        case 10:
            if(this.day == 31){
                this.month = this.month + 1;
                this.day = 1;
```

```
            }
            else{
                this.day = this.day + 1;
            }
        break;
    case 4:
    case 6:
    case 9:
    case 11:
        if(this.day == 30){
            this.month = this.month + 1;
            this.day = 1;
        }
         else{
            this.day = this.day + 1;
        }
break;
    case 12:
        if(this.day == 31){
            this.month = 1;
            this.day = 1;
            this.year = this.year + 1;
        }
        else{
            this.day = this.day + 1;
        }
break;
    case 2:
        if(this.isleap()){
        if(this.day == 29)
        {
            this.day = 1;
            this.month = 3;
        }
        else{
            this.day = this.day + 1;
        }
        }
        else{
        if(this.day == 28){
            this.day = 1;
            this.month = 3;
        }
         else{
            this.day = this.day + 1;
        }
        }
        break;
    }
}
```

```java
/**
 * 计算下一天的日期
 * @param next 日期
 * @return
 */
public NextDate nextday( NextDate next ){
    switch(next.month){
        case 1:
        case 3:
        case 5:
        case 7:
        case 8:
        case 10:
            if(next.day == 31){
                next.month = next.month + 1;
                next.day = 1;
            }
            else{
                next.day = next.day + 1;
            }
          break;
        case 4:
        case 6:
        case 9:
        case 11:
            if(next.day == 30){
                next.month = next.month + 1;
                next.day = 1;
            }
            else{
                next.day = next.day + 1;
            }
        break;
        case 12:
            if(next.day == 31){
                next.month = 1;
                next.day = 1;
                next.year = next.year + 1;
            }
            else{
                next.day = next.day + 1;
            }
        break;
        case 2:
            if(next.isleap()){
              if(next.day == 29) {
                  next.day = 1;
```

```java
                    next.month = 3;
                }
                else{
                    next.day = next.day + 1;
                }
            }
            else{
                if(next.day == 28){
                    next.day = 1;
                    next.month = 3;
                }
                else{
                    next.day = next.day + 1;
                }
            }
            break;
    }
    return next;
}
/**
 * 判断日期是否有效
 * @param date 日期
 * @return
 */
public boolean isDate(NextDate date){
    boolean flag = true;
    if((date.year < 1)||(date.year > 2050)||(date.month < 1)||(date.month > 12)){
        flag = false;
    }
    else{
        switch(date.month){
            case 1:
            case 3:
            case 5:
            case 7:
            case 8:
            case 10:
            case 12:
                if((date.day > 31)||(date.day < 1))
                    flag = false;
                break;
            case 4:
            case 6:
            case 9:
            case 11:
                if((date.day > 30)||(date.day < 1)){
                    flag = false;
                }
                break;
            case 2:
```

```
            if(date.isleap()){
              if((date.day > 29)||(date.day < 1))
                    flag = false;
              }
              else{
                if((date.day > 28)||(date.day < 1))
                    flag = false;
              }
              break;
            }
        }
        return flag;
    }
}
```

7.6.2 测试用例设计

1. isleap()方法的测试用例

1) 采用白盒测试技术设计测试用例

根据 isleap() 方法的源码设计测试用例。isleap() 源码中是一个 if-else 的结构,采用判定-条件覆盖的方法设计测试用例。判定-条件覆盖是设计足够的测试用例,使得判断条件中的每个条件的所有可能取值至少执行一次,并且每个判断本身的可能判定结果也至少执行一次。

isleap()中的判定条件是:(this.year%4==0&&this.year%100!=0)||(this.year%400==0),其中的条件有三个,分别是:this.year%4==0、this.year%100!=0 和 this.year%400==0。为便于描述,将各条件的取值标记如下。

T1: this.year % 4 == 0;   F1: this.year % 4 != 0;
T2: this.year % 100 != 0;   F2: this.year % 100 == 0;
T3: this.year % 400 == 0;   F3: this.year % 400 != 0.

下面设计测试用例使这三个条件取真和取假至少一次,达到条件覆盖和判定覆盖的要求。测试用例如表 7-3 所示。

表 7-3　isleap()白盒测试用例

用例编号	输入数据(年)	覆盖条件	覆盖分支	预期结果(true 对应闰年,false 对应平年)
T_isleap_1	2000	T1,F2,T3	真分支	true
T_isleap_2	1800	T1,F2,F3	假分支	false
T_isleap_3	2008	T1,T2,F3	真分支	true
T_isleap_4	1999	F1,T2,F3	假分支	false

2) 采用黑盒测试技术设计测试用例

isleap()中涉及输入的数据是"年",不涉及其他变量,因此采用等价类和边界值相结合的方法设计测试用例。测试用例如表 7-4 所示。

表 7-4 isleap()黑盒测试用例

用例编号	输入数据(年)	预期结果(true 对应闰年,false 对应平年)
T_isleap_5	0	提示：输入数据无效
T_isleap_6	1	false
T_isleap_7	2	false
T_isleap_8	1000	false
T_isleap_9	2049	false
T_isleap_10	2050	false
T_isleap_11	2051	提示：输入数据无效

注意：T_isleap_5 和 T_isleap_11 可以手动测试，其余数据可在 JUnit 中直接测试。

2. nextday()方法的测试用例

nextday()方法中主要是一个 switch-case 结构和 if-else 结构，因此适合采用判定覆盖的方法设计测试用例。设计过程在此省略，测试数据见测试代码中的参数部分。为了测试更充分，在满足覆盖率的情况下，可以适当补充一些测试用例。

3. isDate()方法的测试用例

isDate()方法中主要是 if-else 结构和 switch-case 结构，因此采用判定-条件覆盖的方法设计测试用例。由于在 switch-case 结构中，month 为 1、3、5、7、8、10、12 的处理方法是相同的，因此只测试了其中的某些月份。为便于描述，下面将各条件的取值用符号表示。

T1: date.year < 1   F1: date.year >= 1
T2: date.year > 2050   F2: date.year <= 2050
T3: date.month < 1   F3: date.month >= 1
T4: date.month > 12   F4: date.month <= 12
T5: date.day > 31   F5: date.day <= 31
T6: date.day < 1   F6: date.day >= 1
T7: date.day > 30   F7: date.day <= 30
T8: date.isleap() = true   F8: date.isleap() = false
T9: date.day > 29   F9: date.day <= 29
T10: date.day > 28   F10: date.day <= 28

为 isDate()方法设计的测试用例如表 7-5 所示。

表 7-5 isDate()测试用例

用例编号	输入数据(年月日)	覆盖条件/分支	预期结果
T_isDate_1	−1999,12,30	T1	false
T_isDate_2	3000,1,1	T2	false
T_isDate_3	1999,−6,30	T3	false
T_isDate_4	1980,15,2	T4	false
T_isDate_5	0,0,0	T1,T3	false
T_isDate_6	2013,1,1	F1,F2,F3,F4,Case1,F5,F6	true
T_isDate_7	2008,8,31	F1,F2,F3,F4,Case8,F5,F6	true

续表

用例编号	输入数据(年月日)	覆盖条件/分支	预期结果
T_isDate_8	2008,8,32	F1,F2,F3,F4,Case8,T5,F6	false
T_isDate_9	1999,12,-15	F1,F2,F3,F4,Case12,F5,T6	false
T_isDate_10	1999,12,31	F1,F2,F3,F4,Case12,F5,F6	true
T_isDate_11	1999,12,32	F1,F2,F3,F4,Case12,T5,F6	false
T_isDate_12	2008,4,-31	F1,F2,F3,F4,Case4,F7,T6	false
T_isDate_13	2008,4,27	F1,F2,F3,F4,Case4,F7,F6	true
T_isDate_14	2008,4,30	F1,F2,F3,F4,Case4,F7,F6	true
T_isDate_15	2008,4,31	F1,F2,F3,F4,Case4,T7,F6	false
T_isDate_16	1800,2,28	F1,F2,F3,F4,Case2,F8,F10,F6	true
T_isDate_17	1800,2,29	F1,F2,F3,F4,Case2,F8,T10,F6	false
T_isDate_18	1800,2,30	F1,F2,F3,F4,Case2,F8,T10,F6	false
T_isDate_19	1800,2,31	F1,F2,F3,F4,Case2,F8,T10,F6	false
T_isDate_20	1800,2,0	F1,F2,F3,F4,Case2,F8,F10,T6	false
T_isDate_21	2000,2,1	F1,F2,F3,F4,Case2,T8,F9,F6	true
T_isDate_22	2000,2,29	F1,F2,F3,F4,Case2,T8,F9,F6	true
T_isDate_23	2000,2,30	F1,F2,F3,F4,Case2,T8,F9,F6	false
T_isDate_24	2000,2,31	F1,F2,F3,F4,Case2,T8,F9,F6	false
T_isDate_25	2000,2,-28	F1,F2,F3,F4,Case2,T8,F9,T6	false

7.6.3 测试代码

在本例中,重点测试 isleap()、isDate() 和 nextday() 这三个方法。由于测试每个方法均需要设计多组测试数据,因此使用了参数化测试的方法。测试代码分别如下。

1. 测试 isleap()

isleap() 方法没有调用其他方法,因此测试时不需要开发桩模块。isleap() 的测试代码如下。

```
import static org.junit.Assert.*;
import org.junit.After;
import org.junit.Before;
import org.junit.Test;
import java.util.Arrays;
import java.util.Collection;
import org.junit.runner.RunWith;
import org.junit.runners.Parameterized;
import org.junit.runners.Parameterized.Parameters;

@RunWith(Parameterized.class)          //使用参数化运行器
public class NextDateTest {
    NextDate testObject;
    private int inData;                //测试数据
```

```java
    private boolean exData;                    //对应期望值的变量

    //数据供给方法(静态,用@Parameter注释,返回类型为Collection)
    @Parameters
    public static Collection data() {
        return Arrays.asList(new Object[][]{
            {2000,true},
            {1800,false},
            {2008,true},
            {1999,false}
            {1,false },
            {2,false},
            {1000, false },
            {2049,false}
            {2050,false },
            });
    }
    /**
     * 参数化测试必需的构造函数
     * @param inData 测试数据,对应参数集中的第一个参数
     * @param exData 期望的测试结果,对应参数集中的第二个参数
     */
    public NextDateTest(int inData, boolean exData) {
        this.inData = inData;
        this.exData = exData;
    }

    @Before
    public void setUp() throws Exception {
        testObject = new NextDate();
    }
    @After
    public void tearDown() throws Exception {
    }
    /**
     * 测试Isleap()方法
     */
    @Test
    public void testIsleap() {
        testObject.year = inData;
        assertEquals(exData,testObject.isleap()); //判断预期结果与实际输出是否一致
    }
}
```

2. 测试 isDate()

isDate()方法需要调用isleap()方法,因此在测试时需要开发桩模块。isleap()方法的桩模块如下。

```java
public boolean isleap() {
    switch (this.year) {
        case 1980:
        case 1984:
        case 1988:
        case 1992:
        case 1996:
        case 2000:
        case 2004:
        case 2008: return true;
        default: return false;
    }
}
```

isDate()的测试代码如下。

```java
import static org.junit.Assert.*;
import org.junit.After;
import org.junit.Before;
import org.junit.Test;
import java.util.Arrays;
import java.util.Collection;
import org.junit.runner.RunWith;
import org.junit.runners.Parameterized;
import org.junit.runners.Parameterized.Parameters;

@RunWith(Parameterized.class)
public class NextDateTest_isDate {
    NextDate testObject;
    private NextDate inData;
    boolean exData;
    @Parameters
    public static Collection data() {
        return Arrays.asList(new Object[][]{
            {new NextDate(-1999,12,30),false},
            {new NextDate(3000,1,1),false},
            {new NextDate(1999,-6,30),false},
            {new NextDate(1980,15,2),false},
            {new NextDate(0,0, 0),false},
            {new NextDate(2013,1,1),true},
            {new NextDate(2008,8,31),true},
            {new NextDate(2008,8,32),false},
            {new NextDate(1999,12,-15),false},
            {new NextDate(1999,12,31),true},
            {new NextDate(1999,12,32),false},
            {new NextDate(2008,4,-31),false},
            {new NextDate(2008,4,27),true},
            {new NextDate(2008,4,30),true},
            {new NextDate(2008,4,31),false},
```

```java
            {new NextDate(1800,2,28),true},
            {new NextDate(1800,2,29),false},
            {new NextDate(1800,2,30),false},
            {new NextDate(1800,2,31),false},
            {new NextDate(1800,2,0),false},
            {new NextDate(2000,2,1),true},
            {new NextDate(2000,2,29),true},
            {new NextDate(2000,2,30),false},
            {new NextDate(2000,2,31),false},
            {new NextDate(2000,2,-28),false}
        });
    }
    /**
     * 参数化测试必需的构造函数
     * @param inData 测试数据(NextDate),对应参数集中的第一个参数
     * @param exData 期望的测试结果,对应参数集中的第二个参数
     */
    public NextDateTest_isDate(NextDate inData, boolean exData) {
        this.inData = inData;
        this.exData = exData;
    }

    @Before
    public void setUp() throws Exception {
        testObject = new NextDate(){
            public boolean isleap() {
                switch (this.year) {
                    case 1980:
                    case 1984:
                    case 1988:
                    case 1992:
                    case 1996:
                    case 2000:
                    case 2004:
                    case 2008: return true;
                    default: return false;
                }}
        };
    }

    @After
    public void tearDown() throws Exception {
    }

    /**
     * 测试 isDate()
     */
    @Test
    public void testisDate() {
        testObject = inData;
```

```java
            boolean f = testObject.isDate(testObject);
            assertEquals(exData,f); //判断预期结果与实际输出是否一致
    }
}
```

3. 测试 nextday()

nextday() 的测试代码如下。

```java
import static org.junit.Assert.*;
import org.junit.After;
import org.junit.Before;
import org.junit.Test;
import java.util.Arrays;
import java.util.Collection;
import org.junit.runner.RunWith;
import org.junit.runners.Parameterized;
import org.junit.runners.Parameterized.Parameters;

@RunWith(Parameterized.class)
public class NextDateTest_nextday {
    NextDate testObject;
    private NextDate inData;
    private NextDate exData;
    @Parameters
    public static Collection data() {
        return Arrays.asList(new Object[][]{
            {new NextDate(1800,2,28),new NextDate(1800,3,1)},
            {new NextDate(1800,2,27),new NextDate(1800,2,28)},
            {new NextDate(1800,2,1),new NextDate(1800,2,2)},
            {new NextDate(2000,2,29),new NextDate(2000,3,1)},
            {new NextDate(2000,2,28),new NextDate(2000,2,29)},
            {new NextDate(2008,2,27),new NextDate(2008,2,28)},
            {new NextDate(1999,12,31),new NextDate(2000,1,1)},
            {new NextDate(1999,12,30),new NextDate(1999,12,31)},
            {new NextDate(2008,12,31),new NextDate(2009,1,1)},
            {new NextDate(2008,12,6),new NextDate(2008,12,7)},
            {new NextDate(2008,11,29),new NextDate(2008,11,30)},
            {new NextDate(2008,11,30),new NextDate(2008,12,1)},
            {new NextDate(2008,10,30),new NextDate(2008,10,31)},
            {new NextDate(2008,10,31),new NextDate(2008,11,1)},
            {new NextDate(2005,1,5),new NextDate(2005,1,6)},
            {new NextDate(2005,3,31),new NextDate(2005,4,1)},
            {new NextDate(2010,6,30),new NextDate(2010,7,1)},
        });
    }
    /**
     * 参数化测试必需的构造函数
     * @param inData 测试数据,对应参数集中的第一个参数
```

```
     * @param exData 期望的测试结果,对应参数集中的第二个参数
     */
    public NextDateTest_nextday(NextDate inData, NextDate exData) {
        this.inData = inData;
        this.exData = exData;
    }

    @Before
    public void setUp() throws Exception {
        testObject = new NextDate();
    }

    @After
    public void tearDown() throws Exception {
    }

    /**
     * 测试 nextday()
     */
    @Test
    public void testnextday() {
        testObject = inData;
        testObject.nextday();
        assertEquals(exData.year,testObject.year);    //判断预期结果与实际输出是否一致
        assertEquals(exData.month,testObject.month);
        assertEquals(exData.day,testObject.day);
    }
}
```

4. 测试套件

为了一起执行前面设计的测试用例,使用测试套件来实现,具体代码如下。

```
import org.junit.runner.RunWith;
import org.junit.runners.Suite;
import org.junit.runners.Suite.SuiteClasses;

@RunWith(Suite.class)
@SuiteClasses({
    NextDateTest_isDate.class,
    NextDateTest_isleap.class,
    NextDateTest_nextday.class,
})
public class AllTests {

}
```

7.6.4 执行测试

本例将三个测试封装在测试套件中一起执行，执行的测试结果和覆盖率如图 7-25 所示。

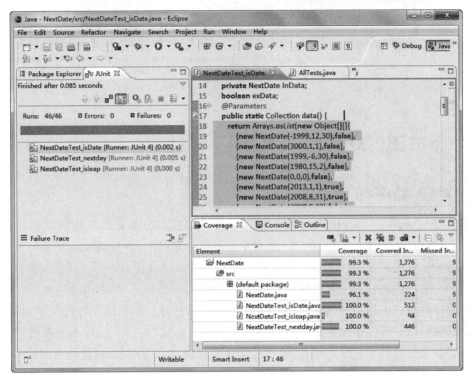

图 7-25 测试执行结果

测试套件中包含三个测试类，一共执行了 46 个测试用例，测试全部通过，没有错误和失败。被测试类 NextDate 的覆盖率为 96.1%，其中的被测试方法 isDate()、isleap()、nextday() 覆盖率达到 100%。

思考题

1. 什么是单元测试？如何理解单元测试的最小单位？
2. 简述单元测试的内容。
3. 简述单元测试的用例设计策略。
4. 单元测试的特点是什么？
5. 简述单元测试的过程。
6. 简述单元测试的目的和意义。
7. 单元测试中需要驱动模块和桩模块，请简述驱动模块和桩模块的功能。
8. 什么是回归测试？为什么要进行回归测试？
9. 请用 Java 语言编程实现三角形问题。请用 Checkstyle 进行代码检查，使用 JUnit 进行测试。

第 8 章 软件集成测试

8.1 集成测试概述

1. 集成测试的概念

集成(Integration)是指把多个单元组合起来形成更大的单元。集成测试(Integration Testing,也称为组装测试或联合测试)是在单元测试的基础上,将所有模块按照概要设计要求集成为子系统或系统进行测试。集成测试是对模块间接口或系统的接口以及集成后的子系统或系统的功能进行正确性检查的一项测试工作。一般来讲,集成测试是由专门的测试机构组织软件测试工程师进行测试,依据《概要设计说明书》,并遵循一定的测试过程,如制定《集成测试计划》等。集成测试的目的是发现单元之间接口的错误,以及发现集成后的软件同概要设计说明书不一致的地方,确保各个单元模块组合在一起后,能够达到软件概要设计说明的要求。

软件开发过程是涉及从用户需求到需求分析、概要设计、详细设计及编码等阶段的一个逐步细化的过程。从测试的角度分析,单元测试、集成测试、系统测试和验收测试的过程是对系统的一个逆向验证的过程。在这个过程中,集成测试是介于单元测试和系统测试之间的过渡阶段,起到承上启下的作用,与软件概要设计阶段相对应。集成测试可以理解为单元测试的扩展和延伸。在进行集成测试之前,单元测试应该已经完成,并且集成测试所使用的对象应当是已经通过了单元测试的单元。如果没有通过单元测试或没有做单元测试,那么集成测试会出现除接口以外的其他涉及单元本身的各种问题。另外,所有的软件项目都不能摆脱系统集成测试这个阶段。不管采用什么开发模式,软件单元只有经过集成才能成为一个有机的整体。

集成测试具有下列不可替代的特点。

(1) 单元测试具有不彻底性,对于模块间接口信息内容的正确性、相互调用关系是否符合设计要求无法检测,只能靠集成测试来进行保障。

(2) 同系统测试相比,由于集成测试是从程序结构出发的,目的性、针对性更强,测试项发现问题的效率更高,定位问题的效率较高。

(3) 能够较容易地测试到系统测试用例难以模拟的特殊异常流程,从纯理论的角度来讲,集成测试能够模拟所有实际情况。

(4) 定位问题较快,由于集成测试具有可重复性强、对测试人员透明的特点,发现问题后容易定位,所以能够有效地加快进度,减少隐患。

集成测试在单元测试和系统测试间起到承上启下的作用,既能发现大量单元测试阶段不易发现的接口类错误,又可以保证在进入系统测试前及早发现错误,减少损失。对系统而言,接口错误是最常见的错误。单元测试通常是单人执行,而集成测试通常是多人执行或第三方执行。集成测试通过模块间的交互作用和不同人的理解和交流,更容易发现实现上、理解上的不一致和差错。

2. 集成测试的关注点

集成测试主要验证通过单元测试之后的模块之间接口的正确性以及各个模块集成后系统功能正确性和完整性。在进行集成测试时,应该重点关注以下问题。

(1) 把各个模块连接起来时,穿越模块接口的数据是否会丢失,是否能够按期望值传递给另外一个模块。

(2) 实现子功能的模块组合起来是否能够达到预期的总体功能。

(3) 各个模块组合起来后,是否存在单元测试时所没发现的资源竞争问题。

(4) 一个模块的功能是否会对与之相关的模块的功能产生不利的影响。

(5) 全局数据结构是否有问题,是否被异常修改。

(6) 共享资源的访问是否有问题。

(7) 集成后,单个模块的误差是否会累计扩大,是否达到了不可接受的程度。

3. 集成测试的原则

进行集成测试时,需要遵循集成测试的基本原则,具体如下。

(1) 所有公共接口必须被测试到。

(2) 关键模块必须进行充分测试。

(3) 集成测试应当按一定层次进行。

(4) 集成测试策略选择应当综合考虑质量、成本和进度三者之间的关系。

(5) 集成测试应当尽早开始,并以概要设计为基础。

(6) 在模块和接口的划分上,测试人员应该和开发人员进行充分沟通。

(7) 当测试计划中的结束标准满足时,集成测试才能结束。

(8) 当接口发生修改时,涉及的相关接口都必须进行回归测试。

(9) 集成测试应根据集成测试计划和方案进行,不能随意测试。

(10) 项目管理者应保证测试用例经过审核。

(11) 测试执行结果应当如实地记录。

4. 集成测试的层次

从软件测试模型中,可以看出一个软件产品要经历多个不同的开发和测试阶段。在开发阶段,从用户需求→需求分析→概要设计→详细设计→编码这个过程是一个从上到下的分层设计和不断细化的过程,最终完成整个软件的开发。在测试阶段,从单元测试开始,然后对所有通过单元测试的模块进行集成测试,最后将系统的所有组成元素组合到一起进行系统测试,再经过验收测试到交付使用。

从集成测试本身而言,按照集成粒度不同,可将集成测试划分为不同的层次。

对于使用传统结构化技术开发的软件来说,在集成测试时,按集成粒度不同,可以把集成测试分为4个层次。

(1) 模块内集成测试。如果模块内部包括不同的函数或过程,则需要模块内集成测试。

(2) 子系统内集成测试。子系统是由不同的模块构成的,必须完成这些模块间的集成测试。集成测试时以模块结构图为依据。

(3) 子系统间集成测试。如果系统包含多个相互独立的子系统,如某系统包括选课子系统、成绩子系统、学籍子系统、管理子系统等,则需要通过子系统间的集成测试,才能把各子系统组合到一起。集成时以软件结构图为依据。

(4) 不同系统之间的集成测试。如校园一卡通系统和网上银行系统之间的集成实现网上充值。

对于使用面向对象技术开发的软件系统来说,在集成测试时,按集成粒度不同,可以把集成测试分为4个层次。

(1) 类内集成测试。对类内的不同方法进行集成测试,可以依据类状态等作为集成依据。

(2) 类间集成测试。类实例化后,类之间有消息传递,类间集成测试可以以序列图和协作图为依据。

(3) 子系统间集成测试。同上分析。

(4) 不同系统之间的集成测试。同上分析。

8.2 集成测试策略

集成测试遵循特定的策略和步骤,将已经通过单元测试的各个软件单元(或模块)逐步组合在一起进行测试,以期望通过测试发现各软件单元接口之间存在的问题。集成测试的方法很多,包括:基于功能分解的集成、基于调用图的集成、基于路径的集成、基于进度的集成、基于风险的集成、高频集成、客户/服务器集成、分布式集成等。在实际的集成测试过程中,可以根据软件系统的体系结构、软件特性、业务类型等特点选择集成测试策略。

8.2.1 基于功能分解的集成

一般来说,根据测试过程中组合模块的方式不同可将集成测试分为两种类型,分别是一次性集成方式和增量式集成方式。增量式集成测试是把下一个要测试的模块同已经测试好的模块连接起来进行测试,测试完以后再把下一个应该测试的模块连接进来测试。增量集成方式是逐步实现的,当使用渐增方式把模块连接到程序中,按不同的实施次序可分为:自顶向下集成、自底向上集成和三明治集成。

集成测试中用到的辅助模块有桩模块和驱动模块。驱动模块用于模拟待测模块的上级模块,在集成测试中接收测试数据,并把相关的数据传送给待测模块,启动待测模块。桩模块用于模拟待测模块工作过程中所调用的模块,由待测模块调用,一般只进行很少的数据处理。

1．一次性集成方式

一次性集成方式又称为非增值式集成(No-Incremental Integration)。Myers 在 *The Art of Software Testing* 一书中把它称为大爆炸集成(Big-bang Integration)。这种方式是在所有模块进行了单元测试后，将所有模块按设计的结构图要求连接起来，连接后的程序作为一个整体来进行测试。其目的是尽可能缩短测试时间，使用最少的测试用例验证系统。

例如，图 8-1 是模块结构图，图中有 A、B、C、D、E、F、G、H 八个模块，每个模块已经进行了单元测试，一次性集成就是将这些模块一次性地集成在一起进行测试，找出接口和其他类型的缺陷。但是一次试运行成功的可能性并不大。如果测试时发现有错误，定位错误和修改错误都会遇到困难。

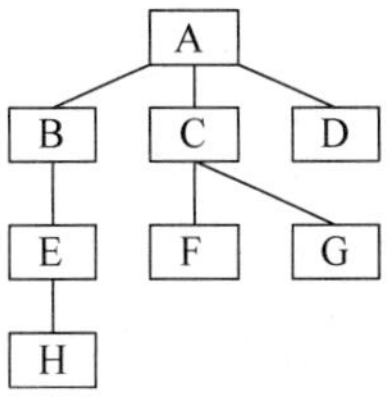

一次性集成测试的优点如下。

(1) 可以一次集成所有模块，充分利用人力、物力资源，加快工作进度。

图 8-1 模块结构图

(2) 需要的测试用例数目少，因此测试用例设计工作量比较小。

(3) 测试方法简单、易行。

一次性集成测试的缺点如下。

(1) 不能对各个模块之间的接口进行充分测试，很容易漏掉一些潜在的接口问题。

(2) 不能很好地对全局数据结构进行测试。

(3) 如果一次集成的模块数量多，集成测试后可能会出现大量的错误，增加了错误定位和修改的难度。另外，修改了一处错误之后，很可能新增更多的新错误，新旧错误混杂，给程序的完善带来很大的麻烦。

(4) 即使集成测试通过，也会遗漏很多错误。

一次性集成测试适用于下列范围。

(1) 集成测试时，只需要修改或增加少数几个模块，且前期产品稳定的项目。

(2) 功能少，模块数量不多，程序逻辑简单，并且每个组件都已通过充分的单元测试的小型项目。

(3) 基于严格的净室软件工程(由 IBM 公司开创的开发零缺陷或接近零缺陷的软件的成功做法)开发的产品，并且在每个开发阶段，产品质量和单元测试质量都相当高的产品。

2．自顶向下集成

自顶向下集成(Top-Down Integration)测试是从程序的主控模块开始，按照软件层次结构图，自上而下地对各个模块一边组装一边测试。在测试过程中，需要设计桩模块来模拟下层模块，桩模块的数量为节点数减 1。

按集成的不同顺序，可分为深度优先和广度优先集成策略，集成的过程与数据结构的深度遍历和广度遍历一致。深度优先集成是沿着系统层次结构图的纵向方向，按照一个主线路径自顶向下把所有模块逐渐集成到结构中进行测试，但是主线路径的选择是任意的，可以从左向右，也可以从右向左进行，或者根据实际问题的特性确定主线路径的先后。广度优先集成是沿着系统层次结构图的横向方向，把每一层中所有直接隶属于上一层的所有模块逐渐集成起来进行测试，一直到最底层，可以从左向右，也可以从右向左进行。

自顶向下集成测试的过程如下。

(1) 以主模块作为所测模块兼驱动模块,所有直属于主模块的下属模块全部用桩模块代替,对主模块进行测试。

(2) 根据集成的方式(深度优先或广度优先的策略),用实际模块替换相应桩模块,再用桩代替它们的直接下属模块,与已测试的模块或子系统集成为新的子系统。

(3) 每集成一个模块就立即测试一遍。只有每组测试完成后,才着手替换下一个桩模块。

(4) 进行回归测试(即重新执行以前做过的全部测试或部分测试),排除集成过程中引起错误的可能。

(5) 判断是否所有的模块都已集成到系统中,如果是则结束测试,否则转到步骤(2)继续执行。

以图 8-1 所示的模块结构图为例来说明集成测试的过程。下面采用自顶向下深度优先的策略进行集成测试,集成测试的过程如图 8-2 所示。图中 $S_1 \sim S_7$ 代表桩模块,在采用自顶向下从左向右的深度优先集成过程中,每次只将一个桩模块替换为源代码。

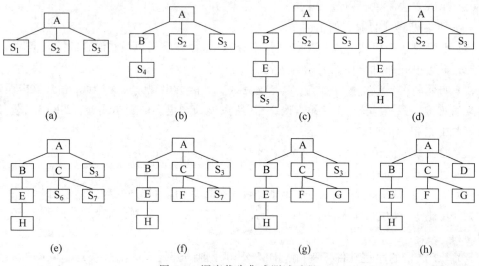

图 8-2 深度优先集成测试过程

下面采用自顶向下广度优先的策略进行集成测试,集成测试的过程如图 8-3 所示。

进行自顶向下集成测试时,需要用桩模块代替较低层的模块。关于桩模块的编写,根据情况可能有所不同,有下列几种选择,如图 8-4 所示。

为了能够准确地实施测试,应当让桩模块正确而有效地模拟子模块的功能和合理的接口,不能是只包含返回语句或只显示该模块已调用信息、不执行任何功能的哑模块。如果不能使桩模块正确地向上传递有用的信息,可以采用以下解决办法。

(1) 将很多测试推迟到桩模块用实际模块替代了之后进行。

(2) 进一步开发能模拟实际模块功能的桩模块。

(3) 自底向上集成和测试软件。

采用自顶向下集成测试策略具有下列优点。

(1) 在测试的过程中,可以较早地验证主要的控制和判断点。

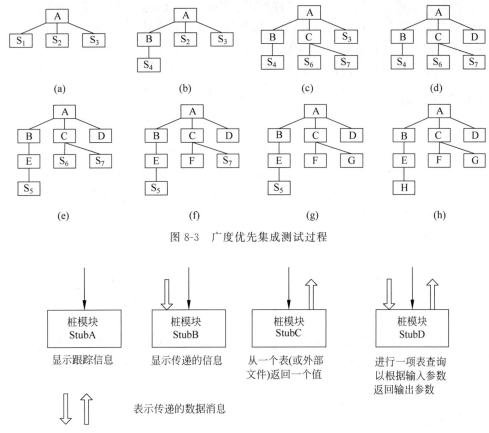

图 8-3 广度优先集成测试过程

图 8-4 桩模块的形式

(2) 采用深度优先集成策略,可以首先实现和验证一个完整的软件功能,可先对逻辑输入的分支进行组装和测试,验证其功能的正确性,为此后主要分支的组装和测试提供保证。

(3) 能够较早地验证功能可行性,给开发者和用户带来成功的信心。

(4) 只有在个别情况下,才需要驱动程序(最多不超过一个),减少了测试驱动程序开发和维护的费用。

(5) 可以和开发设计工作一起并行执行集成测试,能够灵活地适应目标环境。

(6) 容易进行故障隔离和错误定位。

自顶向下集成测试策略存在下列缺点。

(1) 在测试时需要为每个模块的下层模块提供桩模块,桩模块的开发和维护费用大。

(2) 底层模块的需求变更可能会影响到全局组件,可能需要修改整个系统的多个上层模块,因此可能会出现多次回归测试。

(3) 要求控制模块具有比较高的可测试性。

(4) 在集成测试过程中,底层模块不断加入,整个系统变得越来越复杂,可能会导致底层模块特别是被多个模块调用的模块测试不够充分。

自顶向下集成测试适用于下列范围。

(1) 系统控制结构比较清晰和稳定的应用程序。

(2) 系统高层的模块接口变化的可能性比较小。

(3) 系统的低层模块接口还未定义或可能会经常因需求变更等原因被修改。

(4) 系统中的控制模块技术风险较大,需要尽可能提前验证。

(5) 需要尽早看到系统某方面的功能行为。

(6) 在极限编程中使用测试优先的开发方法。

3. 自底向上集成

自底向上集成(Bottom-Up Integration)是最常使用的集成方法。自底向上集成测试从程序模块结构中最底层(即控制力最弱)的模块开始组装,按控制层次增强的顺序向系统中增加模块并测试,直至实现整个系统。自底向上集成测试仅需要对每个模块构造一个驱动模块,因为对于一个给定的模块,它的子模块(包括子模块的所有下属模块)已经集成并测试完成,所以不再需要桩模块。

自底向上集成测试的具体步骤如下。

(1) 由驱动模块控制最底层模块的并行测试,也可以把最底层模块组合起来以实现某一特定软件功能的簇,由驱动模块控制它进行测试。

(2) 用实际模块代替驱动模块,与它已测试的直属子模块集成为子系统。

(3) 为子系统配备驱动模块,进行新的测试。

(4) 判断是否已集成到达主模块,如果是则结束测试,否则执行步骤(2)。

(5) 为避免引入新错误,还需要不断进行回归测试,即全部或部分地重复已做过的测试。

以图 8-1 所示的系统结构为例来说明自底向上集成测试的过程,如图 8-5 所示。其中 $D_1 \sim D_7$ 是相关模块的驱动模块。

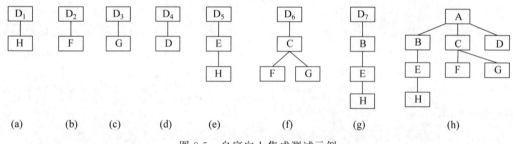

图 8-5 自底向上集成测试示例

进行自底向上集成测试时,需要为所测模块或子系统设计相应的驱动模块。常见的几种类型的驱动模块如图 8-6 所示。

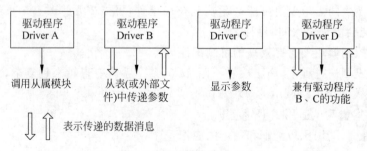

图 8-6 驱动模块的形式

随着集成层次的向上移动，驱动模块将大为减少。如果对程序模块结构的最上面两层模块进行自顶向下集成测试，可以明显地减少驱动模块的数目，而且可以大大减少把几个系统集成起来所需要做的工作。

自底向上集成测试具有下列优点。

(1) 可以尽早地验证底层模块的行为。当任意一个叶子模块通过单元测试后，就可以随时对下层模块进行集成测试，并且驱动模块的开发还有利于规范和约束上层模块的设计，可在一定程度上增加系统的可测试性。

(2) 进行自底向上集成测试过程中，可以同时对系统层次结构图中不同的分支进行集成测试，测试过程具有并行性，可以提高测试效率。

(3) 对实际被测模块的可测试性要求少，容易对错误进行定位。

(4) 减少了桩模块的工作量。

自底向上集成测试存在下列缺点。

(1) 直到最后一个模块加进去之后才能看到整个系统的框架。

(2) 只有到测试过程的后期才能发现时序问题和资源竞争等问题。

(3) 驱动模块的设计和开发工作量大。

(4) 主控模块的测试要到集成测试的最后才能进行，因此不能及时发现高层模块设计上的错误。

自底向上集成测试适用于下列范围。

(1) 底层模块接口比较稳定的产品。

(2) 高层模块接口变更比较频繁的产品。

(3) 底层模块开发和单元测试工作完成较早的产品。

4．三明治集成测试

三明治集成(Sandwich Integration)测试法有时也称混合法，是将自顶向下集成和自底向上集成两种方式结合起来进行集成和测试。对软件结构中的中上层，使用的是自顶向下集成测试，而对软件结构中的中下层，使用的则是自底向上集成测试，两种策略结合起来完成测试。这种测试方法大大减少了桩模块和驱动模块的开发，不过代价是类似大爆炸集成的后果，在一定程度上增加了定位缺陷的难度。当被测试的软件中关键模块比较多时，三明治集成测试法可能是最好的折中方法。

三明治集成测试的具体步骤如下。

(1) 对程序的整个模块层次结构图而言，首先必须确定以哪一层为界来决定使用三明治集成测试方法，一般以模块层次结构图的中间层或接近于中间的层为界。

(2) 以确定为界的层及其以下的各层使用自底向上的集成方法。

(3) 以确定为界的层的上面的层次使用自顶向下的集成方法，不包括确定为界的层。

(4) 对系统所有模块进行整体集成测试。

下面举例说明三明治集成测试方法的过程，以图8-1所示的模块结构图为例。

(1) 确定以E模块所在层为界，将其分成三层，如图8-7所示。

(2) 以E模块为界的上层模块的自顶向下集成，如图8-8所示。

(3) 以E模块为界的下面层次的自底向上集成，如图8-9所示。

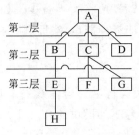

图 8-7　三明治集成测试分层

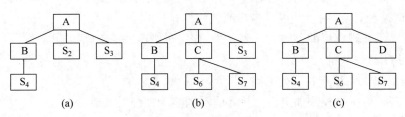

图 8-8　三明治集成测试(1)

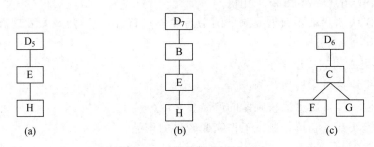

图 8-9　三明治集成测试(2)

图 8-10　三明治集成测试(3)

（4）对系统所有模块进行整体集成测试，如图 8-10 所示。

三明治集成测试除具有自顶向下和自底向上两种集成策略的优点之外，运用一定的技巧，可以减少桩模块和驱动模块的开发。三明治集成测试的缺点主要体现在中间层不能尽早得到充分的测试，而且在最后的所有模块集成阶段会增加缺陷定位的难度。

大多数软件开发项目都可以应用三明治集成测试策略。

8.2.2　基于调用图的集成

基于功能分解的集成测试是以功能分解为基础，以模块结构图为依据。这需要测试者对需求、概要设计进行深入理解，并总结出功能模块间的分层结构关系图，但并不是所有的软件系统的功能层次关系都很明确。如果把集成的依据改为模块调用图，则可以使集成测试向结构性测试方法发展，避免基于分解的集成方法存在的一些不足。

模块调用图是一种有向图，节点表示程序模块，边对应程序调用。如果模块 A 调用模块 B，则从模块 A 到模块 B 有一条有向边。模块调用图反映了程序中模块之间的调用关系。基于调用图的集成测试就是根据其调用关系来设计和实施的，具体的做法有成对集成和相邻集成。

1. 成对集成

成对集成的思想就是在调用图的基础上，尽可能地免除桩/驱动器的开发工作，使用实际代码来代替桩模块/驱动模块。其测试方法是把调用图中的一对单元作为测试对象。所以进行成对集成测试时需要对调用图中的每一条边建立并执行一次集成测试，并重点关注这条边对应的接口。对整个软件系统而言，需要建立多个集成测试对，且存在着一个模块分别和不同的模块建立不同的测试对。因此需要测试的次数比较多，不过成对集成可以大大减少桩模块和驱动模块开发的工作量。

以图 8-11 为例，在图中表示出了 15 个模块（函数）之间的调用关系，其调用关系是通过连线连接。根据成对集成的方法，共有 15 对集成测试会话。如测试会话 1-3，在具体的测试过程中需要设计桩模块 Stub8、Stub9 来模拟模块 8 和 9 来进行测试，也就是要建立相应的桩模块；而测试会话 10-13 则需要建立驱动模块 Driver5。

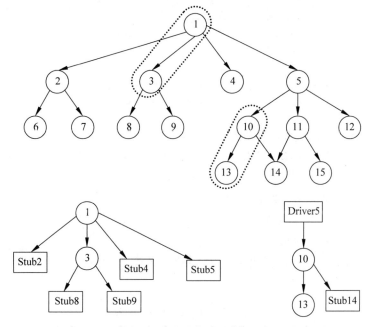

图 8-11　成对集成示意图

2. 相邻集成

在成对集成中，已经减少了很多桩和驱动器的设计，如果将测试对象进一步扩大，就成为相邻集成。相邻集成中的相邻是针对模块节点而言的。在有向图中，节点的邻居包括所有直接前驱节点和所有直接后继节点，如模块节点 3 的直接前驱节点为 1，直接后继节点为 8 和 9。

相邻集成是把节点邻居作为测试对象，节点的邻居包括该节点的直接前驱和所有后续节点。

图 8-12 中表示出了模块间的调用关系，并以此可以计算出邻居的数量。由图可以得出，每个内部节点（即非零出度和非零入度的节点）都有邻居，即每个内部节点对应一组测试

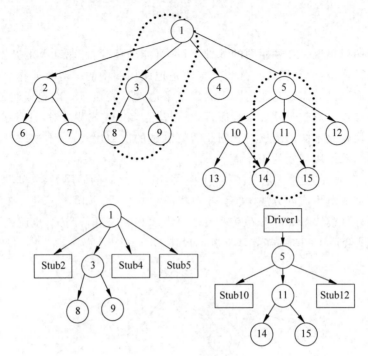

图 8-12 相邻集成示意图

会话,另外还需要考虑入度为零的节点,它们也将构成一组测试会话。

对于给定的调用图,可以计算出邻居数量。调用图中的节点和邻居的数量关系可以通过下面的公式来计算。

(1) 内部节点＝节点－(源节点＋汇接节点)。

(2) 邻居＝内部节点＋源节点。

(3) 邻居＝节点－汇接节点。

根据上面的计算公式可以得出图 8-12 中的邻居数量为:15－9＝6,邻居关系如表 8-1 所示。

表 8-1 相邻集成事例邻居关系表

测试会话编号	节点	前驱	后继
1	2	1	6,7
2	3	1	8,9
3	4	1	
4	5	1	10,11,12
5	10	5	13,14
6	11	5	14,15

节点 3 和节点 11 的相邻集成测试如图 8-12 所示。

相对前面的成对集成,测试的会话数由 15 降低到了 6。所以相邻集成大大降低了测试会话的数量,并且避免了部分桩和驱动器的开发。从本质上来看,相邻集成和三明治集成是相似的,不同的是相邻集成是基于调用图的,而三明治集成是基于功能分解树的。在相邻集成测试中也具有"大爆炸"集成的缺陷隔离困难。

8.2.3 基于路径的集成

在基于调用图的集成测试中,由于结合了结构性测试的方法,如果再进一步,不仅需要关注模块间的调用关系,还要关注代码中模块调用的位置,这就是基于路径的集成测试。这里将介绍基于 MM-路径(Method Message Path,MM-Path)的集成测试。在分析基于路径的集成测试方法之前,先介绍程序图中节点、路径等相关概念。

1. 源节点

源节点是程序执行的开始处或者重新开始处的语句片段。模块或单元中的第一个可执行语句显然是源节点。源节点还会出现在紧接转移控制到其他模块或单元的节点之后。

例如,在图 8-13 中,模块 A 在节点 4 调用模块 B,模块 B 在节点 5 调用模块 C。在模块 A 中节点 1 和 5 是源节点,在模块 B 中节点 1 和 6 是源节点,在模块 C 中节点 1 是源节点。

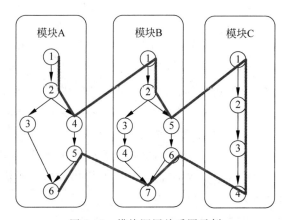

图 8-13　模块调用关系图示例

2. 汇节点

汇节点是程序执行结束处的语句。程序中的最后一个可执行语句显然是汇节点,转移控制到其他单元的节点也是汇节点。在图 8-13 的模块 A 中的节点 4 和 6 是汇节点,模块 B 中的节点 5 和 7 是汇节点,模块 C 中的节点 4 是汇节点。

3. 模块执行路径(Module Execution Path,MEP)

模块执行路径是指模块内部以源节点开始、以汇节点结束的一系列语句、中间没有插入汇节点。依据图 8-13 中模块的情况,其所有的模块执行路径如下:

```
MEP(A, 1) = <1, 2, 3, 6>
MEP(A, 2) = <1, 2, 4>
MEP(A, 3) = <5, 6>
MEP(B, 1) = <1, 2, 3, 4, 7>
MEP(B, 2) = <1, 2, 5>
```

```
MEP(B, 3) = < 6, 7 >
MEP(C, 1) = < 1, 2, 3, 4 >
```

4．消息

消息是一种程序设计语言机制,通过这种机制可以把控制从一个单元控制转移到另一个单元。消息也可以向其他单元传递数据。在不同的程序设计语言中,消息可以被解释为子例程调用、过程调用、方法调用及函数引用。约定接收消息的单元总是最终将控制返回给消息源。

5．MM-路径

MM-路径是指穿插出现在模块执行路径和消息构成的序列。这是一种路径描述,是描述模块执行路径中的单独单元之间的控制转移,该转移是通过消息来完成的。在经过扩展的程序图中可以发现 MM-路径,其中的节点表示模块执行路径,边表示消息。因此 MM-路径永远不是可执行路径,并且要跨越单元边界。对于传统(过程)软件,MM-路径永远从主程序中开始,在主程序中结束。在图 8-13 中,粗线所示就是一条 MM-路径,它穿越了 3 个模块,代表模块 A 调用模块 B,模块 B 调用模块 C。

6．MM-路径图

MM-路径图是一种有向图,对于给定的一组单元,其中节点表示模块执行路径,边表示消息和单元之间的返回。模块内没有调用关系的模块执行路径为退化的 MM-路径。

注意：MM-路径图是按照一组单元定义的。

根据图 8-13,可以得到 MM-路径图,如图 8-14 所示。其中,实线箭头表示消息,虚线箭头表示返回。图中反映了模块 A、模块 B、模块 C 之间调用关系的两条 MM-路径,还包括一条退化的 MM-路径,这三条路径分别是：

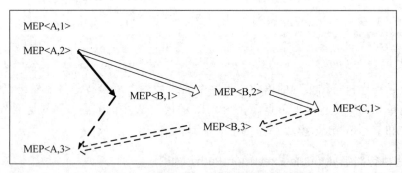

图 8-14　从图 8-13 导出的 MM-路径图

(1) MEP(A,1)；
(2) MEP(A,2)→MEP(B,1)→MEP(A,3)；
(3) MEP(A,2)→MEP(B,2)→MEP(C,1)→MEP(B,3)→MEP(A,3)。

在 MM-路径中,起始点是在消息发送开始处,而以消息和数据静止为结束点。当到达不发送消息的节点时,消息就为静止状态了。而数据静止是创建不立即使用的存储数据序列。

基于 MM-路径的测试方法就是设计测试用例来覆盖所有的 MM-路径,包括退化的 MM-路径。如果程序中存在循环,则要进行压缩,产生有向无环路图,因此可以解决无限多路径问题。

MM-路径是功能性测试和结构性测试的一种混合,这一点是基于路径集成的优点。从测试本身讲,MM-路径是功能性的,可以使用所有功能性测试技术。而在测试用例设计上,它使用了白盒测试中的路径思想,只是这里的路径不是模块内部的路径,而是要跨越模块边界的路径,而且在 MM-路径图的标识方式上也是结构性的。因此,在基于路径的集成测试过程中,很好地把功能性测试和结构性测试的方法结合到一起。

但是,基于路径的集成测试需要更多的工作量来标识 MM-路径,然后再对应基于路径设计的测试用例,这就对测试人员提出了更高的要求。

8.3 集成测试过程

根据集成测试不同阶段的任务,可以把集成测试划分为 5 个阶段:计划阶段、设计阶段、实施阶段、执行阶段、评估阶段。在实际集成测试过程中,可能采用不同的阶段,读者可以参考 IEEE 制定的相关标准。集成测试的一般过程如图 8-15 所示。

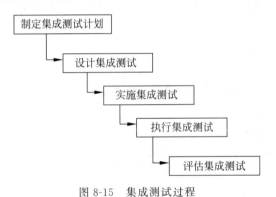

图 8-15 集成测试过程

1. 计划阶段

集成测试计划一般在概要设计评审通过后进行,参考需求规格说明书、概要设计文档、产品开发计划、单元测试计划及相关报告来制定。集成测试计划涉及下列内容。

(1) 确定集成测试对象和测试范围。
(2) 根据集成测试被测试对象的数量及难度估算工作量,进而可以估算成本。
(3) 确定集成测试组织结构、角色分工和工作任务的划分。
(4) 标识出集成测试各个阶段的时间、任务、约束条件。
(5) 对集成测试进行风险分析,并制定风险应急计划,如时间风险、技术风险等。
(6) 考虑和准备集成测试需要的测试工具、测试仪器、环境搭建等资源。
(7) 考虑外部技术支援的力度和深度,以及相关培训安排。
(8) 确定集成测试使用的技术。
(9) 确定集成测试中出现缺陷的跟踪处理流程。

（10）定义集成测试进入和完成的标准。

2．设计阶段

一般在详细设计开始时，就可以着手进行集成测试的分析和设计工作。可以把需求规格说明书、概要设计、集成测试计划文档作为参考依据。当然，必须在概要设计通过评审的前提下才可以进行。

在进行集成测试之前要明确集成测试的对象，只有测试对象明确，才能准确地进行设计。集成测试分析和设计涉及多个活动环节。

1）被测对象结构分析

首先，跟踪需求分析，对要实现的系统划分出结构层次图。

其次，对系统各个组件之间的依赖关系进行分析，然后据此确定集成测试的粒度，即集成模块的大小。

2）集成测试模块分析

一般，可从以下几个角度进行模块分析：

（1）确定本次要测试的模块；

（2）找出与该模块相关的所有模块，并且按优先级对这些模块进行排列；

（3）从优先级别最高的相关模块开始，把被测模块与其集成到一起；

（4）然后依次集成其他模块。

3）集成测试接口分析

接口的划分要以概要设计为基础，一般通过以下几个步骤来完成：

（1）确定系统的边界、子系统的边界和模块的边界；

（2）确定模块内部的接口；

（3）确定子系统内模块间接口；

（4）确定子系统间接口；

（5）确定系统与操作系统的接口；

（6）确定系统与硬件的接口；

（7）确定系统与第三方软件的接口。

4）集成测试策略分析

集成测试策略分析的主要任务就是根据被测对象选择合适的集成测试策略。

5）集成测试工具分析

6）集成测试环境分析

在搭建集成测试环境时，可以从以下几个方面进行考虑：

（1）硬件环境；

（2）操作系统环境；

（3）数据库环境；

（4）网络环境；

（5）测试工具运行环境；

（6）其他环境。

3．实施阶段

本阶段的工作是依据集成测试计划和集成测试设计完成集成测试执行前的准备工作，一般涉及以下活动。

(1) 集成测试用例设计。
(2) 集成测试规程设计。
(3) 集成测试驱动器或测试桩的开发。
(4) 集成测试脚本开发。
(5) 集成测试工具开发或选择，并搭建集成测试环境。

在进行集成测试用例设计过程中要遵循如下准则。

(1) 对于程序单元或模块等之间的接口部分要进行百分之百测试覆盖。
(2) 软件要求的每个特性必须被至少一个测试用例或一个被认可的异常所覆盖。
(3) 测试用例要包含至少一个有效等价类、无效等价类和边界值数据作为测试输入。
(4) 对软件的输入/输出处理进行测试，检查其是否达到设计要求。
(5) 对软件的正确处理能力和错误应对能力进行测试。
(6) 对程序单元或模块等之间的连接进行测试。
(7) 根据需求和设计，应测试在不输入情况下从外部接口采集和发送数据的能力，包括对正常数据及状态的处理，对接口错误、数据错误、协议错误的识别及处理。

4．执行阶段

只要所有的集成测试工作准备完毕，测试人员在单元测试完成以后就可以执行集成测试。当然，须按照相应的测试规程，借助集成测试工具，并把需求规格说明书、概要设计、集成测试计划、集成测试设计、集成测试用例、集成测试规程、集成测试代码、集成测试脚本作为测试执行的依据来执行集成测试用例。测试执行的前提条件就是单元测试已经通过评审。当测试执行结束后，测试人员要记录每个测试用例执行后的结果，填写集成测试报告，最后提交给相关人员评审。

5．评估阶段

当集成测试执行结束后，要召集相关人员（如测试经理、测试技术人员、相关编码人员、系统设计人员等），根据集成测试计划中的相关标准和准则对测试结果进行评估，确定是否通过集成测试，并撰写集成测试分析和评估报告。

集成测试通常需要遵循如下测试通过原则。

(1) 实际测试过程遵循《软件集成测试计划》和《软件集成测试说明》。
(2) 集成测试覆盖面符合相应的规定或要求。
(3) 在集成测试中发现的所有问题已做好客观、详细的记录。
(4) 集成测试的过程始终在软件配置控制之下进行。软件问题修改变更符合规程要求。
(5) 集成测试中发现的所有问题已做了应有的处理并通过了回归测试，或者给出了合理的解释。

(6) 完成了集成测试阶段的《软件集成测试报告》。

(7) 集成测试的全部测试文档、测试用例、测试记录、被测程序等齐全，符合规范，均已置于软件配置管理之下。

思考题

1. 集成测试的重点是什么？
2. 简述集成测试的过程。
3. 进行完善的单元测试之后，为什么还需要进行集成测试？
4. 简要说明集成测试所需要的测试环境。
5. 可以从哪些角度进行集成测试用例的设计？
6. 什么是桩模块？桩模块具有什么功能？
7. 什么是驱动模块？驱动模块具有什么功能？驱动模块主要用在哪些集成测试中？
8. 简述自顶向下集成测试和自底向上集成测试的过程。
9. 基于功能分解的集成测试方法有哪些？
10. 请简要说明自顶向下集成和自底向上集成各自的优缺点。
11. 简述基于功能分解的集成的特点，并分析其适用的应用场景。
12. 简述基于调用图的集成的特点，并分析其适用的应用场景。
13. 简述各种集成测试策略的优点以及缺点。
14. 集成测试与单元测试在测试对象、测试依据、测试内容方面有何不同？
15. 采用基于功能分解的集成方法分析模块图的集成测试对话，具体要求如下：

(1) 分别采用自顶向下，自底向上、三明治集成的方法对图 8-16 中的模块进行集成测试。

(2) 分析在不同的方法下，是否需要桩模块和驱动模块的设计？需要设计哪些？

16. 采用基于调用图的集成方法分析模块调用关系图的集成测试对话，具体要求如下：

(1) 分别采用成对集成和相邻集成的方法对图 8-17 中的模块进行集成测试。

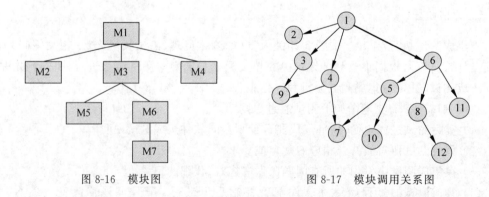

图 8-16　模块图　　　　图 8-17　模块调用关系图

(2) 分析在不同的方法下，是否需要桩模块和驱动模块的设计？需要设计哪些？

第 9 章 软件系统测试

9.1 系统测试概述

系统测试(System Testing)是对整个系统的测试,是将已经集成好的软件系统,作为整个基于计算机系统的一个元素,与计算机硬件、外设、某些支持软件、数据和人员等其他系统元素结合在一起,在实际运行(使用)环境下,对计算机进行一系列的测试活动。

系统测试的目标是评估一个完整系统是否满足该系统需求规格说明书的要求。系统测试不仅关注系统的功能,也包括系统的性能、安全性、可靠性等非功能的测试。在实际的项目里,因为时间和投资预算的关系,测试资源主要消耗在功能测试上,非功能测试经常被很多项目忽略。尽管非功能测试的确非常难做,而且大多数工作需要在项目开始的时候就开始做,但进行适当的非功能测试是非常必要的。

系统测试的依据是系统需求规约和系统需求分析规约,通常使用黑盒测试方法。系统测试一般由测试经理统一组织,并制定系统测试计划,测试技术人员负责测试分析、设计测试用例、开发测试脚本、搭建测试环境和执行测试等工作。系统测试需要有完整的过程监控,完成系统测试后,需要提交系统测试文档,其中包括系统测试报告、缺陷跟踪报告、质量评估报告等。

系统测试需遵循下列原则:
(1) 测试机构要独立;
(2) 要精心设计测试计划,包括负载测试、压力测试、用户界面测试、可用性测试、逆向测试、安装测试、验收测试;
(3) 要进行回归测试;
(4) 测试要遵从经济性原则。

9.2 系统测试过程

和集成测试一样,系统测试也包含不同的阶段,一般把系统测试划分为 5 个阶段:计划阶段、设计阶段、实施阶段、执行阶段、评估阶段。

1. 计划阶段

系统测试计划的制定对系统测试的顺利实施起着至关重要的作用。

系统测试小组各成员协商制定测试计划。测试组长按照指定的模板起草《系统测试计划》。测试计划主要包括：测试范围（内容）、测试方法、测试环境与辅助工具、测试完成准则、人员与任务表等。这一阶段的输出只有一个测试计划文档，但这个工作其实是最重要的，基本决定了后续测试工作的大体框架，甚至能影响到系统测试的成败。测试计划一般是由测试负责人（测试经理或测试组长）完成的。在制定测试计划前，计划编写人员必须对当前项目的情况比较了解，所以就必须去了解客户的需求。当然这个过程可以是直接参与需求调研，或者是看已初步成形的需求文档。

（1）根据需求来挖掘客户真正想要的是什么。

客户关注重点除了功能，还有性能、安全性、易用性等方面的要求。制定测试计划时要根据客户的需求来制定策略。

（2）参考项目开发计划。和项目经理沟通，了解项目基本的进度、发布时间、开发进度等方面的信息，从而根据现在团队情况来制定测试的进度表。

以上两项是测试计划中最关键的部分。

当然，除了这些内容，还有一些也是非常关键的。如风险分析、软硬件资源配置、测试各阶段的入口和出口、测试过程中的文档模板。这些内容都应该在测试计划中体现出来。另外要注意的是，测试计划中的进度表可能反映的是一个比较粗的进度，在具体的测试阶段需要进一步细化。建议单独用一个 Excel 表格来进行跟踪，把人员、时间、阶段全部细化，发给组内人员。

2．设计阶段

系统测试小组各成员依据《系统测试计划》《需求规格说明书》、设计原型以及指定测试文档模板，设计（撰写）《测试需求分析》《系统测试用例》。

在设计系统测试用例时需对系统进行测试分析，主要涉及下列内容：

（1）系统业务及业务流分析；

（2）系统级别的接口分析，如与硬件的接口，与其他软件系统的接口；

（3）系统功能分析；

（4）系统级别的输入与输出分析；

（5）系统级别的状态转换分析；

（6）系统级别的数据分析，如 ERD 分析；

（7）系统非功能分析，如安全性、可用性方面的分析。

完成系统测试分析后，测试人员依据分析的结果设计测试用例。在编写测试用例时一定要明确预期结果，否则测试用例是没有意义的。测试用例一般包括：测试说明、操作步骤、预期结果、实际结果、备注等，也可根据实际情况进行调整。需要注意的是，系统测试使用的测试数据最好是从实际的客户应用环境中提取出的。

系统测试用例设计完成后，测试组长邀请开发人员和同行专家，对《系统测试用例》进行技术评审。

3．实施阶段

实施阶段的主要工作是搭建测试环境。系统测试环境的主要元素是：执行系统测试的软硬件环境、待测系统、系统测试用例。

既然系统测试是站在用户角度进行的测试,系统测试环境的每个元素也都应该尽量与终端用户的应用环境一致。面向用户的测试环境在项目一开始就应该着手准备。

4. 执行阶段

当系统达到待测标准后,系统测试小组各成员依据《系统测试计划》和《系统测试用例》执行系统测试。在执行系统测试时使用测试工具非常有帮助,特别是对性能测试这种比较难做的专项测试。

执行测试时一般首先会执行测试用例,这是对需求点的确认过程,然后再进行探索性测试和随机测试。事实表明,探索性测试和随机测试是能发现很多缺陷的。特别是那些跨模块的问题等。在测试过程中发现的缺陷,如果不是通过测试用例发现的,最好能把它更新到测试用例中。因为这肯定是一个非常有价值的测试用例,而且是以前设计用例的时候忽略掉的。

在执行测试的过程中,将测试结果记录在《系统测试报告》中。如果发现缺陷,需要提交缺陷报告,也可以借助缺陷管理工具(如 Bugzilla、TD、Bugzero 等)来管理所发现的缺陷,并及时通报给开发人员。

开发人员及时消除已经发现的缺陷。开发人员消除缺陷之后,测试人员应当马上进行回归测试,以确保不会引入新的缺陷。

5. 评估阶段

当系统测试执行结束后,需召集相关人员,如测试设计人员、系统设计人员等对测试结果进行评估,形成一份系统测试分析报告。

测试分析报告是指将测试的过程和结果整理而成的文档。它对发现的问题和缺陷进行分析,为纠正软件存在的质量问题提供依据,同时为软件验收和交付打下基础。测试分析报告是对测试的一个评价,一般从两个方面来评估,分别是覆盖评测和质量评测。覆盖评测是用来评价测试的完成程度,如测试用例的执行率和通过率等。质量评测是对当前软件质量的评测,如缺陷密度、缺陷趋势、遗留缺陷问题等。最后还要给出一个测试评价。

9.3 系统测试内容

系统测试要根据软件设计需求来进行,但在测试中,需要依据项目用户对软件的质量要求有侧重地进行。

国标 GB/T 16260—2006 针对系统测试的内容主要从下列方面来考虑:适应性、准确性、互操作性、安全保密性、依从性、成熟性、容错性、易恢复性、易理解性、易学性、易操作性、吸引性、时间特性、资源利用性、易分析性、易改变性、稳定性、易测试性、适应性、易安装性、共存性、易替换性等。

基于软件质量特性/子特性的系统测试内容如下。

1．功能性

1）适应性

从适应性角度考虑,需要测试软件系统/子系统设计文档规定的系统的每项功能。

2）准确性

从准确性角度考虑,可对系统中具有准确性要求的功能和精度要求的项(如数据处理精度、时间控制精度、时间测量精度)进行测试。

3）互操作性

互操作性是指产品与产品之间交互数据的能力。从互操作性角度考虑,需测试系统/子系统设计文档、接口需求规格说明文档和接口设计文档规定的系统与外部设备的接口、与其他系统的接口。互操作性测试包括:测试数据交换的数据格式和内容;测试接口之间的协调性;测试软件对系统每一个真实接口的正确性;测试软件系统从接口接收和发送数据的能力;测试数据的约定、协议的一致性;测试软件系统对外围设备接口特性的适应性。

4）安全保密性

安全保密性是指允许经过授权的用户和系统能够正常地访问相应的数据和信息,禁止未授权的用户访问相关信息。

从安全保密性角度考虑,可测试系统及其数据访问的可控制性。测试系统防止非法操作的模式,包括防止非授权地创建、删除或修改程序或信息,必要时做强化异常操作的测试。测试系统防止数据被讹误和被破坏的能力。测试系统的加密和解密功能。

5）依从性

功能性的依从性是指系统各项功能与国际/国家/行业/企业的标准规范一致性。

2．可靠性

可靠性是指产品在规定的条件下,在规定的时间内完成规定功能的能力。

1）成熟性

成熟性是指软件产品为避免软件内部的错误扩散而导致系统失效的能力(主要是对内错误的隔离)。

测试成熟性,可基于系统运行剖面设计测试用例,根据实际使用的概率分布随机选择输入,运行系统,测试系统满足需求的程序并获取失效数据,其中包括对重要输入变量值的覆盖、对相关输入变量可能组合的覆盖、对设计输入空间与实际输入空间之间区域的覆盖、对各种使用功能的覆盖、对使用环境的覆盖。应在有代表性的使用环境中,以及可能影响系统运行方式的环境中运行软件,验证系统的可靠性需求是否正确实现。对一些特殊的系统,如容错软件、实时嵌入式软件等,由于在一般的使用环境下常常很难在软件中植入差错,应考虑多种测试环境。测试系统的平均故障时间,选择可靠性增长模型,通过检测到的失效数和故障数,对系统的可靠性进行预测。

2）容错性

容错性是指软件防止外部接口错误扩散而导致系统失效的能力(主要是对外错误的隔离)。

从容错性考虑,可测试:

(1) 系统对中断发生的反应;

(2) 系统在边界条件下的反应；
(3) 系统的功能、性能的降级情况；
(4) 系统的各种故障模式（如数据超范围、死锁）；
(5) 测试在多机系统出现故障需要切换时系统的功能和性能的连续平稳性。

注：可用故障树分析技术检测误操作模式和故障模式。

3) 易恢复性

易恢复性是指系统失效后，重新恢复原有的功能和性能的能力。

从易恢复性考虑，可测试：
(1) 具有自动修复功能的系统的自动修复时间；
(2) 系统在特定的时间范围内的平均宕机时间；
(3) 系统在特定的时间范围内的平均恢复时间；
(4) 系统重新启动并继续提供服务的能力；
(5) 系统的还原功能和还原能力。

3. 易用性

易用性是指在指定使用条件下，产品被理解、学习、使用和吸引用户的能力。

1) 易理解性

从易理解性看，可测试系统的各项功能是否易被识别和被理解。要求具有演示功能的能力，确认演示是否容易被访问、演示是否充分和有效。界面的输入和输出，确认输入和输出的格式和含义是否容易被理解。

2) 易学性

从易学性考虑，可测试系统的在线帮助，确认在线帮助是否容易定位，是否有效；还可以对照用户手册或操作手册执行系统，测试用户文档的有效性。

3) 易操作性

(1) 输入数据，确认系统是否对输入数据进行有效性检查。
(2) 要求具有中断执行的功能，确认它们能否在动作完成之前被取消。
(3) 要求具有还原能力（数据库的事务回滚能力）的功能，确认它们能否在动作完成之后被撤销。包含参数设置的功能，确认参数是否已选择、是否有默认值。
(4) 要求具有解释的消息，确认它们是否明确。
(5) 要求具有界面提示能力的界面元素，确认它们是否有效。
(6) 要求具有容错能力的功能和操作，确认系统能否提示出错的风险、能否容易纠正错误的输入、能否从差错中恢复。
(7) 要求具有定制能力的功能和操作，确认定制能力的有效性。
(8) 要求具有运行状态监控能力的功能，确认它们的有效性。

注：以正确操作、误操作模式、非常规模式和快速操作为框架设计测试用例，误操作模式有错误的数据类型作参数、错误的输入数据序列、错误的操作序列等。如有用户手册或操作手册，可对照手册逐条进行测试。

4) 吸引性

从吸引性考虑，可测试系统的人机交互界面是否能定制。

4. 效率性

效率性是指在规定的条件下,相对于所用资源的数量,软件产品可提供适当性能的能力。

1) 时间特性

从时间特性考虑,测试软件在有时间限制要求时完成功能的时间量;对特定功能的响应时间、平均响应时间、响应极限时间、系统的吞吐量、平均吞吐量、系统的周转时间、平均周转时间、周转时间极限。

2) 资源利用性

从资源利用性考虑,可测试系统的输入/输出设备、内存和传输资源的利用情况。

(1) 执行大量的并发任务,测试输入/输出设备的利用时间。

(2) 在使输入/输出负载达到最大的系统条件下,运行系统,测试输入/输出负载极限。

(3) 并发执行大量的任务,测试用户等待输入/输出设备操作完成需要的时间。

(4) 在规定的负载下和规定的时间范围内运行系统,测试内存的利用情况。

(5) 在最大负载下运行系统,测试内存的利用情况。

(6) 并发执行规定的数个任务,测试系统的传输能力。

(7) 在系统负载最大的条件下和规定的时间周期内,测试传输资源的利用情况。

(8) 在系统传输负载最大条件下,测试不同介质同步完成其任务的时间周期。

5. 维护性

软件维护性是指在规定条件下和规定的时间内,使用规定的工具或方法修复规定功能的能力。

1) 易分析性

从易分析性考虑,可设计各种情况的测试用例运行系统,并监测系统运行状态数据,检查这些数据是否容易获得、内容是否充分。如果软件具有诊断功能,应测试该功能。

2) 易改变性

从易改变性考虑,可测试能否通过参数来改变系统。

3) 稳定性

从稳定性考虑,对于修改软件中的任何部分是否会造成不可预料的结果进行分析和评估。

4) 易测试性

从易测试性考虑,可测试软件内置的测试功能,确认它们是否完整和有效。

6. 可移植性

软件可移植性是指软件从一种环境迁移到另一种环境的能力。

1) 适应性

从适应性考虑,可测试:

(1) 软件对诸如数据文件、数据块或数据库等数据结构的适应能力;

(2) 软件对硬件设备和网络设施等硬件环境的适应能力;

(3) 软件对系统软件或并行的应用软件等软件环境的适应能力；
(4) 软件是否已移植。

2) 易安装性

从易安装性考虑，可测试软件安装的工作量、安装的可定制性、安装设计的完备性、安装操作的简易性、是否容易重新安装。

3) 共存性

共存性是指软件产品在公共环境中与其他软件分享公共资源的能力。

从共存性考虑，可测试软件与其他软件共同运行的情况。

4) 易替换性

易替换性是指软件产品在同样的环境下，替代另一个相同用途的软件产品的能力。

当替换整个不同的软件系统或用同一软件系列的高版本替换低版本时，可考虑测试：软件能否继续使用被其替代的软件使用过的数据；软件是否具有被其替代的软件中的类似功能。

9.4 系统测试类型

上述基于软件质量特性/子特性的系统测试内容对应到传统的软件测试类型如下所示：功能测试、性能测试、用户界面测试、安全测试、兼容性测试、健壮性测试、安装测试、文档测试、可使用性测试、配置测试、疲劳测试等。

1. 功能测试

功能测试(Function Testing)是系统测试中的一种重要测试方法，主要检验输入输出信息是否符合规格说明书和需求文档中有关功能需求的规定。功能测试在单元测试和集成测试阶段都有进行，在单元测试中，功能测试是从代码开发人员的角度来编写的，而系统测试中的功能测试是从最终用户和业务流程的角度来编写的。

系统测试阶段的功能测试要对整个产品的所有功能进行测试，检验功能是否实现、是否正确实现。所以要测试的功能往往非常多，其内容包括正常功能、异常功能、边界测试、错误处理测试等。这些内容的测试依据来源于需求文档，如《产品需求规格说明书》，这些需求文档记录了用户的所有功能要求，是制定系统测试计划和设计测试用例的依据。功能测试的方法是采用黑盒测试的方法。

功能测试主要是为了发现以下几类错误：

(1) 是否有不正确或遗漏了的功能？
(2) 功能实现是否满足用户需求和系统设计的隐藏需求？
(3) 输入能否正确接收？
(4) 能否正确输出结果？

这就要求测试设计者对产品的规格说明、需求文档、产品业务功能都非常熟悉，同时对测试用例的设计方法也有一定掌握，才能设计出好的测试方案和测试用例，高效地进行功能测试。

功能测试的关键在于设计高质量的用例，但用例的设计通常和业务紧密相关，很难给出

一般有实际意义的操作指导,但测试方法是共通的。常见的用例设计方法如下:

(1) 基于规约的方法及规约导出法;

(2) 等价类划分法;

(3) 边界值分析法;

(4) 因果图分析法;

(5) 基于判定表的分析法;

(6) 正交试验分析法;

(7) 错误猜测法;

(8) 场景法;

(9) 业务流分析法;

(10) 基于风险的测试法。

功能测试除考虑选取合适的测试方法外,还需要遵循测试用例编写规范,并进行测试用例评审,以便于测试过程的监控和管理,提高测试工作效率,也便于进行功能的回归测试。

2. 性能测试

系统的性能测试是系统测试的一个重点,将在10.2节中详细阐述。

3. 用户界面测试

GUI(Graphical User Interface)即图形用户界面,是计算机软件与用户进行交互的主要方式。用户界面设计是指对软件的人机交互、操作逻辑、界面美观的整体设计。用户界面设计在很大程度上就是在探讨如何让产品的界面更加具有可用性,如何让用户有更良好的体验,如何让用户能更方便地完成任务,获得良好的感觉。可以说,UI设计的所有基本原则,都是建立在"易用性"的基础上。界面设计主要是为了达到以下目的:

(1) 以用户为中心。设计由用户控制的界面,而不是界面控制用户。

(2) 清楚一致的设计。所有界面的风格保持一致,所有具有相同含义的术语保持一致,且易于理解和使用。

(3) 拥有良好的直觉特征。以用户所熟悉的现实世界事务的抽象来给用户暗示和隐喻,来帮助用户能迅速学会软件的使用。

(4) 较快的响应速度。

(5) 简洁、美观。

为了确保用户界面向用户提供了适当的访问浏览信息、方便的操作,就有了用户界面测试(GUI Testing)。

用户界面测试一般要求界面易用、规范、美观、整洁,使用户更易于上手、充分重用已有使用经验,并尽量少犯错误,且从中突出软件的特性。在对软件界面进行测试时,可以从以下一些角度来测试。

(1) 易用性。UI界面主要是方便用户的使用,在使用时首先要做到易用。在易用性测试上,可以分三个方面来测试。一是文字表述,二是界面布局,三是输入操作上的易用性。

在用户界面上的文字表述都应该言简意赅、表述清楚。软件系统的界面往往包括很多元素。如界面上的菜单、图标、按钮、文字说明(包括界面文字说明以及反馈提示信息的文字说明)等要求应该尽量做到望文识意,要求用词准确,理想的情况是用户不用查阅帮助就能知道该界面的功能并进行相关的正确操作。

在界面布局上要合理安排,提高易用性。在界面安排上,重点功能要放到醒目的位置,相近功能、内容应集中布置,方便用户查找、操作。具体来讲,屏幕对角线相交的位置或者正上方四分之一处,这些位置是用户直视的地方,更易吸引用户注意力;对操作、信息进行分区域集中,避免鼠标移动过大的距离,最好能够支持键盘自动浏览按钮功能。

在界面上的所有输入操作应能够方便操作。在界面上的输入操作包括键盘和鼠标等,这些操作在实际的使用中包含的内容很多,如文字、数字、大小写、输入焦点的变化等,具体测试的内容有2个方面,一是各种输入的切换,如按 Tab 键、回车键的自动切换功能以减少操作时键盘和鼠标直接操作的频繁改变;二是简化输入,如提供合理的使用选项框、默认值等。

(2) 一致性。一致性是软件界面的一个基本要求。这种一致性是为了帮助用户更快地适应软件系统的使用。这种一致性包括3类:和操作系统的一致性;和同类软件的一致性;和行业标准的一致性。

测试界面是否和操作系统保持一致性。如果界面和操作系统保持一致,可以使用户在使用时,很快熟悉软件的操作环境,如提示信息、菜单、状态栏、对齐方式、帮助信息、通用图标等,都最好和操作系统保持一致。

测试图像界面是否和同类软件保持一致性。这类一致性也是为了方便用户尽快熟悉软件的使用环境,同时避免对相关软件操作发生理解歧义。如 WPS 和 MS Office 在界面布局、操作、快捷输入上都有很多相同、相似的地方。

测试一致性的第3个方面是针对行业软件的设计,每个行业都有自己的一套标识体系。在设计时尽可能了解软件行业的符号体系,要按照行业规范来测试软件的界面表示。

(3) 美观与协调性。界面应该大小适合美学观点,看起来协调舒适,能在有效的范围内吸引用户的注意力。在测试时,强调从用户的角度、审美观点去看待待测软件。既不能过于"大俗",又不能过于"大雅"。具体的检测项包括:窗体的长宽比例、字体的大小要与界面的大小比例协调,前景与背景色搭配,菜单的组织等。在实际的软件设计中,对于美观和协调的设计,要有专业的美工人员介入,这样更能设计出好的界面。

(4) 用户动作性测试。对于用户动作性测试,主要是测试软件是否能够帮助用户简化操作、帮助用户记忆操作命令等,使得用户在"偷懒"的情况下仍然可以自由地使用系统。在测试上往往包括以下方面:一是记忆用户的历史输入,如在登录过程中用户名、密码的记忆;二是记忆用户的历史操作,如记录曾经打开的文件、动作的可逆性(Undo,Redo),甚至可以设计 Undo/Redo 的步长等;三是向导功能,对于复杂的功能可以通过向导来引导用户,如系统是否提供"所见即所得(WYIWG)"或"下一步提示"的功能(如预览等功能);四是在线帮助功能,用户在使用时是否能开启帮助文档(F1 快捷方式)。

(5) 独特性。如果一味地遵循业界的界面标准,则会丧失自己的个性。在框架符合以上规范的情况下,设计具有自己独特风格的界面尤为重要。尤其在商业软件流通中有着很好的潜移默化的广告效用。

(6) 安全性考虑。在 GUI 的安全性测试方面主要测试软件在界面上是否通过其表现形式控制软件出错概率,减少系统因用户人为的错误引起的破坏。开发者应当尽量周全地考虑到各种可能发生的问题,使出错的可能降至最小。具体的测试内容包括两个方面:一是限制输入,测试系统是否能够避免用户无意录入无效的数据,在输入有效性字符之前,应该阻止用户进行只有输入之后才可进行的操作;二是输入格式化,是指在读入用户所输入的信息时,根据需要选择是否去掉前后空格,有些读入数据库的字段不支持中间有空格,但用户却需要输入中间空格,这就需要在程序中加以处理等。

4. 安全测试

安全测试(Security Testing)用来验证集成在系统内的保护机制是否能够在实际中保护系统不受到非法的侵入。软件系统的安全要求系统除了受住正面的攻击,还必须能够经受住侧面的和背后的攻击。随着网络的飞速发展,来自网络(内部网络、外部网络)对系统的敏感信息造成有意或无意的行为越来越多,如黑客侵入、报复攻破系统、为了得到非法的利益而侵入系统。软件系统安全测试已成为一个越来越不容忽视的问题。

软件系统安全性一般分为三个层次,即应用程序级别的安全性、数据库安全性,以及系统级别的安全性,针对不同的安全级别,其测试策略和方法也不相同。

1) 应用程序级别的安全性测试

在应用程序级别的安全性测试是针对系统运行时,系统对安全设置方面的测试。具体的测试点包括三个方面:①用户管理和访问控制测试,如用户认证管理、用户的权限、用户登录密码是否可见和可复制、是否可以通过绝对路径登录系统、用户退出系统后是否删除了所有鉴权标记等;②通信加密测试,测试对通信数据是否采用 VPN 加密技术、对称或非对称加密技术、Hash 加密等;③安全日志测试,严格的安全测试中还要检测系统程序代码中是否包含不经意留下的后门、设计上的缺陷或编程上的问题。

2) 数据库安全性测试

对数据库安全的测试包括三个方面:一是数据库系统用户权限;二是存储保护;三是数据库备份和恢复。大多数的数据库系统有很多安全漏洞。它们的默认权限设置通常不正确,如打开了不必要的端口、创建了很多演示用户。一个著名的例子是 Oracle 的演示用户 Scott,密码为 Tiger。加强数据库安全的措施与操作系统一样:关闭任何不需要的端口、删除或禁用多余的用户,并只给一个用户完成其任务所必需的权限。又如系统数据是否机密,是否需要加密存储等(例如对银行系统)。

3) 系统级别的安全性测试

系统级别的安全性,可确保只有具备系统访问权限的用户才能访问应用程序,而且只能通过相应的网关来访问,包括对系统的登录或远程访问。其测试是核实只有具备系统和应用程序访问权限的操作者才能访问系统和应用程序。另外,系统还需要设置基本的安全防护,如防火墙、入侵检测、安全审计等。

对于软件系统的安全测试策略可以从正向和反向两个层面来考虑,正向是从系统的需求分析、概要设计、详细设计、编码这几个方面来发现可能出现安全隐患的地方,并以此作为测试空间来进行测试。而反向测试过程是从缺陷空间出发,在软件中寻找可能的缺陷,建立缺陷威胁模型,通过威胁模型来寻找入侵点,对入侵点进行已知漏洞的扫描测试。对安全性要求较低的软件,一般按反向测试过程来测试即可,对于安全性要求较高的软件,应以正向测试过程为主,反向测试过程为辅。

软件系统的安全测试策略采用的手段包括对测试项进行扫描和模拟入侵。一般扫描的成本较低,流行的工具也较多。具体的扫描类型包括端口扫描、用户账户及密码扫描检查(包括应用系统的账户、操作系统账户、数据库管理系统的账户)、网络数据扫描、已知缺陷扫描(利用已有的缺陷扫描工具来扫描确认系统是否存在已知的缺陷)、程序数据扫描(如内存扫描等)。

5. 兼容性测试

软件兼容性测试(Compatibility Testing)即测试软件在一个特定的硬件/软件/操作系统/网络等环境下的系统能否正常运行。其目的就是检验被测软件对其他应用软件或者其他系统的兼容性,例如在对一个共享资源(数据、数据文件或者内存)进行操作时,检测两个或多个系统需求能否正常工作以及相互交互使用。

在做兼容性测试时,应关注下列几个方面的问题:
(1) 当前系统可以运行在哪些不同的操作系统环境下?
(2) 当前系统可以与哪些不同类型的数据库进行数据交换?
(3) 当前系统可以运行在哪些不同的硬件配置的环境上?
(4) 当前系统需要与哪些软件系统协同工作?这些软件系统的版本有哪些?
(5) 是否需要综合测试?

在具体测试中可以从以下几个方面来判断。

(1) 操作系统兼容性。软件可以运行在哪些操作系统平台上,理想的软件应该具有与平台无关性。有些软件在不同的操作系统平台上重新编译即可运行,有些软件需要重新开发或是改动较大,才能在不同的操作系统平台上运行,对于两层体系和多层体系结构的软件,还要考虑前端和后端操作系统的可选择性。

(2) 异构数据库兼容性。现在很多软件尤其是 MIS(管理信息系统)、ERP、CRM 等软件都需要数据库系统的支持,对这类软件要考虑其对不同数据库平台的支持能力,软件是否可直接挂接,或需提供相关的转换工具。

(3) 新旧数据转换。软件是否提供新旧数据转换的功能。当软件升级后可能定义了新的数据格式或文件格式,涉及对原来格式的支持及更新,原来用户的记录要能继承,在新的格式下依然可用,这里还要考虑转换过程中数据的完整性与正确性。

(4) 异种数据兼容性。软件是否提供对其他常用数据格式的支持,支持的程度如何,即能否完全正确地读出这些格式的文件。

(5) 应用软件兼容性。主要考查两项内容:一是软件运行需要哪些其他应用软件的支持;二是判断与其他常用软件一起使用,是否造成其他软件运行错误或软件本身不能正确实现功能。

(6) 硬件兼容性。硬件兼容性考察软件对运行的硬件环境有无特殊说明,如对计算机的型号、网卡的型号、声卡的型号、显卡的型号等有无特别声明,有些软件可能在不同的硬件环境中,出现不同的运行结果或是根本就不能执行。

对于不同类型的软件,在兼容性方面还有更多的评测指标,并且依据实际情况侧重点也有所不同。总体说来兼容性测试首先确定环境(软硬件环境和同时安装的其他软件等),然后根据选定环境制订测试方案,最后进行测试。兼容性测试工作量庞大,需要精心设计实现,并根据具体情况进行取舍,保留至专项兼容性测试时实施。

6. 健壮性测试

健壮性测试(Robustness Testing)又称为容错性测试(Fault Tolerance Testing),用于测试系统在出现故障时,是否能够自动恢复或者忽略故障继续运行。

健壮性即测试软件系统在异常情况下能否正常运行的能力。健壮性有两层含义:一是容错能力,二是恢复能力。

健壮性测试重点考查两个方面的健壮性,一是软件自我保护,二是硬件自我保护。软件自我保护是指软件的容错以及系统在软件出错的情况下,系统有自动触发硬件失效事件、自动存储数据、自动备份数据、自动记录工作断点信息等功能。并且在系统重启后,能够从断点处继续作业。最常见的软件保护如 Microsoft Office Word 的自动存盘功能。硬件自我保护是指系统在发生硬件故障后,系统能否自动切换或启动备用设备。

健壮性测试可以采取各种人工方法使软件出错、中断使用、系统崩溃、硬件损坏、网络出错、掉电,进而检验系统是否能够继续工作,检查系统的容错和恢复能力。系统恢复的方式包括自动和手动两类,这就要求分别进行测试。对于自动恢复需验证重新初始化、检查点、数据恢复和重新启动等机制的正确性;对于人工干预的恢复系统,还需估测平均修复时间,确定其是否在可接受的范围内。

7. 安装测试

安装测试(Installing Testing)是确保软件在正常情况和异常情况的不同条件下(例如,进行首次安装、升级、全部、典型、自定义安装等)都能进行安装和卸载。异常情况包括磁盘空间不足、缺少目录创建权限等。安装测试需核实软件在安装后可立即正常运行。安装测试包括测试安装代码以及安装手册,安装手册提供如何进行安装,安装代码提供安装一些程序能够运行的基础数据。

安装测试时需要注意以下几点。

(1) 是否需要专业人员安装。需要专业人员安装的软件通常只有 Readme 文档,或者安装说明书相对简单,依赖安装人员的专业水平,测试工作量相对较小。需要普通用户自行安装的软件则必须提供安装说明书,并以其为基础展开安装测试。

(2) 软件的安装说明书有无对安装环境做限制和要求。至少在标准配置和最低配置两种环境下安装。

(3) 安装过程是否简单,容易掌握。软件的安装说明书与实际安装步骤是否一致。对一般用户而言,长长的安装文档、复杂的操作步骤往往造成畏惧心理。如果实际步骤与安装说明上有出入,就容易让用户缺乏信心,增加技术支持的成本。

(4) 安装过程是否有明显的、合理的提示信息。相应的信息是否合理、合法;插入光盘,选择、更改目录,安装的进程和步骤等均应有明显的、合理的指示。用户许可协议的条款要保证其合理合法。

(5) 安装过程中是否会出现不可预见的或不可修复的错误。安装过程中(特别是系统软件)对硬件的识别能力;检查系统安装是否会破坏其他文件或配置;检查系统安装是否可以中止并恢复原状。

（6）软件安装的完整性和灵活性。大型的应用程序会提供多种安装模式（最大、最小、自定义等），每种模式是否能够正确地执行，安装完毕后是否可以进行合理的调整。

（7）软件使用的许可号码或注册号码的验证。

（8）升级安装后原有应用程序是否可以正常运行。

（9）软件的卸载也是安装测试的一部分。检查软件卸载后，文件、目录、快捷方式等是否清除；卸载后，占用的系统资源是否全部释放；卸载后，是否影响其他软件的使用。

（10）在线升级已经成为大多数软件的基本功能之一，在测试的时候，对于在线升级应该特别对待。在线升级测试中，除了测试软件能否正确进行升级，还要测试升级过程中，如果出现网络中断，能否继续正常升级，以及对于容量较大的升级包是否支持断点续传的功能等。

8. 文档测试

文档测试是对系统提交给用户的文档进行验证，检查文档内容是否正确、规范、一致和完整，保证用户文档的正确性并使得操作手册能够准确无误，提高软件易用性和可靠性，降低支持费用。文档测试可以辅助系统的可用性测试、可靠性测试，亦可提高系统的可维护性和可安装性。

文档测试对象包括：包装文字和图形；市场宣传材料、广告以及其他插页；授权、注册登记表；最终用户许可协议；安装和设置向导；用户手册；联机帮助；样例、示范例子和模板等。

文档测试一般包含下列测试内容。

（1）完整性。测试文档内容的全面性与完整性，从总体上把握文档的质量。例如用户手册应该包括软件的所有功能模块。

（2）一致性。测试软件文档与软件实际的一致程度。例如用户手册基本完整后，还要注意用户手册与实际功能描述是否一致。因为文档往往跟不上软件版本的更新速度。

（3）易理解性。主要是检查文档对关键、重要的操作有无图文说明，文字、图表是否易于理解。对于关键、重要的操作仅仅只有文字说明肯定是不够的，应该附有图表使说明更为直观和明了。

（4）操作实例。这项检查内容主要针对用户手册。检查主要功能和关键操作提供的应用实例是否丰富，提供的实例描述是否详细。只有简单的图文说明，而无实例的用户手册看起来就像是软件界面的简单复制，对于用户来说，实际上没有什么帮助。

（5）印刷与包装质量。主要是检查软件文档的商品化程度。优秀的文档例如用户手册和技术白皮书，应提供商品化包装，并且印刷精美。

9. 可使用性测试

按照 ISO9241 的定义，可用性是指：“特定用户对所用产品在某一特定使用范畴内有效、高效和满意地实现预期目标的程度。"可用性专家 Nielsen 认为可用性由五个因素决定，包括可学习性、可记忆性、使用时的效率、使用时的可靠程度、用户的满意程度。可用性和用户是息息相关的，它关注用户能否用产品完成自己的任务，效率如何，主观感受怎样，从而直接决定了产品使用的实际效果。

可用性测试一般是面向用户的系统测试，有时也是面向原型的测试。测试的重点是系统的功能、系统的业务、帮助等。可用性测试方法包括认知预演、启发式评估和用户测试法。

1）认知预演

认知预演（Cognitive Walkthroughs）是由 Wharton 等于 1990 年提出的。该方法首先要定义目标用户、代表性的测试任务、每个任务正确的行动顺序、用户界面；然后进行行动预演并不断地提出问题，包括用户能否建立达到任务目的，用户能否获得有效的行动计划，用户能否采用适当的操作步骤，用户能否根据系统的反馈信息评价是否完成任务；最后进行评论，诸如要达到什么效果，某个行动是否有效，某个行动是否恰当，某个状况是否良好。该方法优点在于能够使用任何低保真原型，包括纸原型。该方法缺点在于评价人不是真实的用户，不能很好地代表用户。

2）启发式评估

启发式评估（Heuristic Evaluation）由 Nielsen 和 Molich 于 1990 年提出，由多位评价人（通常 4 至 6 人）根据可用性原则反复浏览系统各个界面，独立评估系统，允许各位评价人在独立完成评估之后讨论各自的发现，共同找出可用性问题。该方法的优点在于专家决断比较快、使用资源少，能够提供综合评价，评价机动性好。但是也存在不足之处：一是会受到专家的主观影响，二是没有规定任务，会造成专家评估的不一致，三是评价后期阶段由于评价人的原因造成可信度降低，四是专家评估与用户的期待存在差距，所发现的问题仅能代表专家的意思。

3）用户测试法

用户测试法（User Test）就是让用户真正地使用软件系统，由实验人员对实验过程进行观察、记录和测量。这种方法可以准确地反馈用户的使用表现、反映用户的需求，是一种非常有效的方法。用户测试可分为实验室测试和现场测试。实验室测试是在可用性测试实验室里进行的，而现场测试是由可用性测试人员到用户的实际使用现场进行观察和测试。

用户测试之后评估人员需要汇编和总结测试中获得的数据，例如完成时间的平均值、中间值、范围和标准偏差，用户成功完成任务的百分比，对于单个交互，用户做出各种不同倾向性选择的直方图表示等。然后对数据进行分析，并根据问题的严重程度和紧急程度排序撰写最终测试报告。

10．配置测试

配置测试（Configuration Testing）用于测试和验证软件在不同的软件和硬件配置中运行情况。

进行配置测试时，需要将被测试系统运行在不同的硬件配置下，在不同的操作系统和应用软件环境中，检查系统是否发生功能或者性能上的问题，从而了解不同环境对系统性能的影响程度，找到系统各项资源的最优分配。一般需要建立测试实验室。

11．疲劳测试

疲劳测试是指在一段时间内（经验上一般是连续 72 小时）保持系统功能的频繁使用，检查系统是否发生功能或者性能上的问题。疲劳测试可以采用工具来完成测试中系统功能的频繁使用，主要检查系统的稳定性（如程序在负载的时候是否会崩溃），系统的资源占用情况是否合理(如是否出现内容泄露、CPU 暴涨或某些资源使用之后不释放等),或者是否会出现异常(如系统不能正常运行)。

思考题

1. 请简述单元测试、集成测试和系统测试的测试对象、测试依据、测试内容。
2. 兼容性测试是指什么？对 Web 网站进行兼容性测试,需要测试哪些内容？对腾讯 QQ 软件进行兼容性测试,需要测试哪些内容？
3. 请列举你在访问网站时遇到的问题(至少写出 5 种),并针对每种问题说明进行哪种类型的测试,可以发现此类问题。
4. 系统测试中包含哪些类型的测试？并简述各测试类型的作用(至少列出 5 种)。

第 10 章 软件专项测试

10.1 软件功能测试

10.1.1 功能测试概念

功能测试(Functional Testing),也称为行为测试(Behavioral Testing),是根据产品特性、操作描述和用户方案,测试一个产品的特性和可操作行为,以确定它们满足设计需求。功能测试是为了确保程序以期望的方式运行而按功能要求对软件进行的测试。

功能测试也叫黑盒测试或数据驱动测试,一般采用黑盒测试技术,只考虑需要测试的各个功能和特性,而不需考虑软件的内部结构及代码实现。测试时,按照需求和设计编写测试用例,在预期结果和实际结果之间进行评测,以发现软件中存在的缺陷。

10.1.2 功能测试工具

功能测试工具一般通过自动录制、检测和回放用户的应用操作,将被测系统的输出同预先给定的标准结果比较以判断系统功能是否正确实现。功能测试工具能够有效地帮助测试人员对复杂的系统的功能进行测试,提高测试人员的工作效率和质量。其主要目的是检测应用程序是否能够达到预期的功能并正常运行。

常用的功能测试工具:HP 公司的 WinRunner 和 QuickTest Professional(高版本为 Unified Functional Testing,UFT),IBM 公司的 Rational Robot,Borland 公司的 SilkTest,Compuware 公司的 QA Run,开源的 Selenium 等。

1. Unified Functional Testing

HP Unified Functional Testing(UFT)是用于功能测试和回归测试自动化的高级解决方案。使用 UFT 针对 GUI 和 API(服务)测试的组合解决方案,可以跨多个应用层(例如前端 GUI 层和后端服务层)测试功能。另外,集成的 BPT 功能拥有更多的技术和非技术 UFT 用户,使测试者有更大的机会创建全面自动测试。

UFT 适用于以下主要服务的集成系统:应用程序用户界面的 GUI 测试,应用程序服务或 API(非 GUI)层的 API 测试,Business Process Testing 与 ALM 集。

网站地址为 http://www8.hp.com/us/en/software-solutions/unified-functional-automated-testing/index.html。

2. Rational Robot

IBM Rational Robot 是业界最顶尖的自动化测试工具，可以对使用各种集成开发环境（IDE）和语言建立的软件应用程序创建、修改并执行自动化的功能测试、分布式功能测试、回归测试和集成测试。Robot 是一种可扩展的、灵活的功能测试工具，经验丰富的测试人员可以用它来修改测试脚本，改进测试的深度。Robot 使用 SQA Basic 语言对测试脚本进行编辑。SQA Basic 遵循 Visual Basic 的语法规则，并且为测试人员提供了易于阅读的脚本语言。Robot 自动记录所有测试结果，并在测试日志查看器中对这些结果进行颜色编码，以便进行快速可视分析。

Robot 提供了非常灵活的执行测试脚本的方式，用户可以通过 Robot 图形界面和命令行执行测试脚本，也可集成在 IBM Rational TestManager 上，从 TestManager 中按照不同的配置计划在远程机器上执行测试脚本。通过 TestManager 使测试人员可以计划、组织、执行、管理和报告所有测试活动，包括手动测试报告。

Rational Robot 可开发三种测试脚本：用于功能测试的 GUI 脚本、用于性能测试的 VU 以及 VB 脚本。

Rational Robot 的功能如下：

（1）执行完整的功能测试。记录和回放遍历应用程序的脚本，以及测试在查证点（Verification Points）处的对象状态。

（2）执行完整的性能测试。Robot 和 Test Manager 协作可以记录和回放脚本，这些脚本有助于断定多客户系统在不同负载情况下是否能够按照用户定义标准运行。

（3）在 SQA Basic、VB、VU 环境下创建并编辑脚本。Robot 编辑器提供有色代码命令，并且在强大的集成脚本开发阶段提供键盘帮助。

（4）测试 IDE 下 Visual Basic、Oracle Forms、Power Builder、HTML、Java 开发的应用程序。甚至可测试用户界面上不可见对象。

（5）脚本回放阶段收集应用程序诊断信息，Robot 同 Rational Purify、Quantify、Pure Coverage 集成，可以通过诊断工具回放脚本，在日志中查看结果。

Robot 使用面向对象记录技术：记录对象内部名称，而非屏幕坐标。若对象改变位置或者窗口文本发生变化，Robot 仍然可以找到对象并回放。

网站地址为 http://www.ibm.com/software/rational。

3. SilkTest

SilkTest 是业界领先的、用于对企业级应用进行功能测试的产品，可用于测试 Web、Java 或是传统的 C/S 结构。通过 SilkTest，测试人员无须编程即可开展自动化功能测试，测试人员能够保持与开发任务进度的同步，而开发人员能够在自己的开发环境中创建测试。

SilkTest 提供了许多功能，使用户能够高效率地进行软件自动化测试，这些功能包括：测试的计划和管理；直接的数据库访问及校验；灵活、强大的测试脚本语言，内置的恢复系统（Recovery System）；具有使用同一套脚本进行跨平台、跨浏览器和技术进行测试的能力。

在测试过程中，SilkTest 还提供了独有的恢复系统（Recovery System），允许测试可在

24×7×365全天候无人看管条件下运行。在测试过程中一些错误导致被测应用崩溃时,错误可被发现并记录下来,之后,被测应用可以被恢复到它原来的基本状态,以便进行下一个测试用例的测试。

SilkTest具有下列特点:

(1) 利用单一测试脚本进行同步语言测试;

(2) 通过Unicode标准提供双字节支持;

(3) 对本地平台的广泛支持;

(4) 有效管理质量流程;

(5) 自动恢复系统;

(6) 数据驱动测试;

(7) 先进的测试技术;

(8) 选择的特性。

SilkTest最初由Segue公司研发并推广,2006年被Borland公司收购。

网站地址为http://www.borland.com/Products/Software-Testing/Automated-Testing/Silk-Test。

4. QTester

QTester简称QT,是一种自动化测试工具,主要针对网络应用程序进行自动化测试。它可以模拟出几乎所有的针对浏览器的动作,旨在用机器来代替人工重复性的输入和操作,从而达到测试的目的。QTester功能全面,可支持测试场景录制并自动生成脚本,也支持测试人员手写的更为复杂的脚本,运行脚本并对程序进行调试和结果分析。这是一款简洁实用的自动化测试软件,测试者可轻松上手。QTester具有下列特点。

1) 高效实用

对人工测试来说,QTester测试要快得多,并且精准可靠,可重复;相对于昂贵的大型测试软件来说,QTester更简洁、实用,易于上手。

2) 可编程

QTester支持各种脚本语言(JavaScript、PHP、Ruby、ASP等),测试者可自己手动编写脚本。通过复杂的脚本,往往能找到隐藏在程序深处的Bug。脚本支持断点,单步执行等常用调试方式。

3) 可积累

每个软件由于各自独特的应用场景需要自己开发测试用例。通过脚本的积累,可以形成针对某类应用程序的测试脚本用例库,从而在长期使用QTester软件的过程中形成自己的知识库,进一步节约时间,提高效率,并且使操作规范化,利于公司的知识管理。

4) 强大的支持

QTester内部集成了大量方法用以模拟鼠标和键盘对浏览器的操作。这些支持使得使用QTester进行自动化操作和手动测试并没有差别。

5) 丰富的资料和实例

QTester在研发和使用的过程中,积累了大量的相关资料和使用实例。这些实例让测试者更容易上手,并且可学习到不少测试的经验。所有的资料和实例都可以在QTester软件官方网站上免费获得。

网站地址为 http://www.qtester.net/Default.html。

5．QARun

QARun 为当今关键的客户/服务器、电子商务到企业资源规划(ERP)应用提供企业级的功能测试。通过将费时的测试脚本开发和测试执行自动化，QARun 帮助测试人员和 QA 管理人员更有效地工作以加快应用开发。QARun 具有下列功能特性。

1）自动创建脚本

QARun 的学习功能自动生成面向对象的测试脚本。QARun 测试脚本是为自动化和测试特别设计的，类似英语的脚本语言。每个测试操作都被翻译成简单的面向对象的命令。

2）自动执行测试

QARun 通过比较系统响应的实际值和期望值来验证应用功能是否正确。

3）脚本调整

为帮助检验测试脚本独有的信息，QARun 提供重要的区域屏蔽来保护可以动态修改的区域，如内部控制 ID。区域屏蔽可以针对 runtime 环境的变更而灵活地调整测试脚本。

4）自动地同步脚本

在不同的网络系统或不同的负载下，系统的响应时间是不同的。测试脚本必须为被测应用留有足够的时间处理当前数据，并同时开始处理下一批数据。QARun 为此提供一个内置的同步机制，使各个脚本可以同步执行。

5）脚本拼接

利用 QARun，可以使用少量脚本实现大规模的测试。QARun 可以利用外部数据文件进行脚本拼接，以帮助建立单一的表现大量不同测试场景的脚本。测试脚本的维护量于是大大减少。

6）改进错误处理

有时在测试期间还需要对一些意外的情况进行处理，这些意外可能出现在 QARun 之外而又在计算机系统之内。在这种情况下，QARun 可以通过使脚本与被测系统同步来避免测试中断。

7）完整的 Web 站点测试

QARun 通过 Site Check 的手段提供完整的 Web 站点测试。该向导驱动的任务可以测试孤立页、不完整的 URL、坏链接、被移动页、新页或旧页、快页和慢页。Site Check 也提供对单一 URL 的检查。

8）综合测试分析

QARun 可以在整个测试运行期间对被测应用运行的状态进行全程记录。每次测试执行时，QARun 会建立一个日志文件。这个日志存储关于所有命令、动作和脚本送到目标系统的详细信息，以及编码的颜色、所有已进行的校验的详细信息。当验证失败，期望的和实际的响应会记录到比较日志中。在失败的校验上双击可调出一个对话框，与期望值的不同之处会突出显示出来以方便比较。

网站地址为 http://www.compuware.com。

6. Selenium

Selenium 是一款基于 Web 应用程序的开源测试工具。Selenium 测试直接运行在浏览器中,就像真正的用户在操作一样。它支持 Firefox、IE、Mozilla 等众多浏览器。它同时支持 Java、C♯、Ruby、Python、PHP、Perl 等众多的主流语言。Selenium 具有下列特点:

(1) 开源、轻量;
(2) 运行在浏览器中;
(3) 简单灵活、支持多种语言;
(4) IED 提供录制功能。

网站地址为 http://www.seleniumhq.org/download/。

10.1.3 Unified Functional Testing

HP Unified Functional Testing(UFT)是用于功能测试和回归测试自动化的高级解决方案。使用 UFT 针对 GUI 和 API(服务)测试的组合解决方案,可以跨多个应用层(例如前端 GUI 层和后端服务层)测试功能。另外,集成的 BPT 功能拥有更多的技术和非技术 UFT 用户,使测试者有更大的机会创建全面自动测试。

UFT 适用于以下主要服务的集成系统:应用程序用户界面的 GUI 测试,应用程序服务或 API(非 GUI)层的 API 测试,Business Process Testing 与 ALM 集。

UFT 测试过程由以下几个主要阶段组成。

1. 分析应用程序

计划测试的第一步是分析应用程序以确定测试需求。

(1) 应用程序开发环境是什么?需要为这些环境加载 UFT 插件,以使 UFT 能够识别并使用应用程序中的对象。

(2) 想要测试哪些业务流程和功能?要回答此问题,请考虑客户在应用程序中为完成特定任务而执行的各种活动。

(3) 如何将测试分为可测试的小单元和任务?将要测试的进程和功能分为较小的任务,以便基于这些任务创建 UFT 操作。较小和更多的模块化操作使测试更易读取和遵循,并使长期维护更轻松。

在此阶段,可以开始创建测试框架并添加操作。

2. 准备测试基础结构

基于测试需求,必须确定所需的资源并相应地创建这些资源。资源示例包括共享对象存储库(包含表示应用程序中对象的测试对象)和函数库(包含可增强 UFT 功能的函数)。还需要配置 UFT 设置,以便 UFT 能够执行可能需要的任何其他任务,例如在每次运行测试时显示结果报告。

3. 构建测试并将步骤添加到每个测试

测试基础结构准备就绪之后,就可以开始构建测试。可以创建一个或多个空测试,然后向其添加操作创建测试框架。将对象存储库与相关操作关联,并将函数库与相关测试关联,以便可以使用关键字插入步骤。也可以将所有测试添加到单个解决方案。这样的解决方案使用户能够同时存储、管理和编辑任何相关测试,而无须在打开一个测试前关闭其他测试。可能还需要在此时配置测试首选项。

4. 增强测试

通过在测试中插入检查点来测试应用程序是否运行正常。检查点会搜索页面、对象或文本字符串的特定值。可以扩大测试范围并测试应用程序在使用不同组数据时对相同操作的执行情况也可以通过将固定值替换为参数实现此目的。通过使用 VBScript 将编程和条件语句或循环语句及其他编程逻辑添加到测试,也可以将其他复杂的检查添加到测试。

5. 调试、运行和分析测试

可以使用调试功能对测试进行调试,以确保它顺利运行,不会中断。测试正常运行后,运行该测试以检查应用程序的行为。运行过程中,UFT 将打开应用程序并执行测试中的每个步骤。检查运行结果以查明应用程序中的缺陷。

6. 报告缺陷

如果安装了 ALM,则可以将发现的缺陷报告给数据库。ALM 是 HP 测试管理解决方案。

10.2 软件性能测试

10.2.1 性能测试概念

系统的性能是一个很大的概念,覆盖面非常广泛,对一个软件系统而言包括执行效率、资源占用、稳定性、安全性、兼容性、可扩展性、可靠性等。性能测试(Performance Testing)是为了保证系统具有良好的性能,考查在不同的用户负载下,系统对用户请求做出的响应情况,以确保将来系统运行的安全性、可靠性和执行效率。

性能测试从广义上讲分为性能测试、负载测试(Load Testing)、压力测试(Stress Testing)、并发(用户)测试(Concurrency Testing)、配置测试(Configuration Testing)、可靠性测试(Reliability Testing)、大数据量测试、容量测试(Capacity Testing)、失效恢复测试(Failover Testing)、连接速度测试(Connection Speed Testing)等。

1. 性能测试

性能测试是通过模拟生产运行的业务压力量和使用场景组合,验证系统的性能是否满足生产性能要求,即在特定的运行条件下验证系统的能力状况。性能测试主要强调在固定的软硬件环境和确定的业务场景下进行测试,其主要意义是获得系统的性能指标。

2. 负载测试

负载测试是确定在各种工作负载下系统的性能,目标是测试当负载逐渐增加时,系统组成部分的相应输出项,例如吞吐量、响应时间、CPU负载、内存使用等的情况,以此来分析系统的性能。通俗地说,这种测试方法就是模拟真实环境下的用户活动,在特定的运行条件下验证系统的能力状况。

负载测试具有下列特点。

(1) 通过检测、加压、阈值等手段确认各类指标(如"响应时间不超过5s"、"服务器平均CPU利用率低于80%"等),找出系统处理能力的极限。

(2) 必须在给定的测试环境下进行,通常需要考虑被测系统的业务数据量和典型场景等情况。

(3) 一般用来了解系统的性能容量,是配合性能调优使用的。

负载测试是经常使用的性能测试,其主要意义是从多个不同的测试角度去探测和分析系统的性能变化情况,发现系统瓶颈并配合性能调优。测试角度可以是并发用户数、业务量、数据量等不同方面的负载。

3. 压力测试

压力测试可以理解为资源的极限测试。测试时关注在资源(如:CPU、内存)处于饱和或超负荷的情况下,系统能否正常运行。压力测试是一种在极端压力下的稳定性测试。负载测试时不断加压到一定阶段即是压力测试,两者没有明确的界限。

压力测试的目的是调查系统在其资源超负荷的情况下的表现,尤其是对系统的处理时间有什么影响。通过极限测试方法,发现系统在极限或恶劣环境中自我保护能力(不会出现错误甚至系统崩溃),其目的主要是验证系统的稳定性和可靠性。通过压力测试,获得系统能提供的最大的服务级别,确定系统的瓶颈或者不能接收用户请求的性能点。

压力测试具有下列特点。

(1) 检查系统处于压力情况下的应用表现,如增加并发用户数量、数据量等使应用系统资源保持一定的水平,这种方法可以检测此时系统的表现,如有无错误信息产生,系统响应时间等。

(2) 压力测试时的模拟必须结合业务系统和软件架构来定制模板指标,因为即使使用压力测试工具来模拟指标也带有很大的偏差,在模拟时需要考虑到数据库、虚拟机、连接池等方面。

(3) 压力测试可以测试系统的稳定性。压力测试通常设定到CPU使用率达到75%以上,内存使用率达到70%以上,用于测试系统在压力环境下的稳定性。此处是指过载情况下的稳定性,略微不同于7×24长时间运行的稳定性。

在压力测试中,可以采取两种不同的压力情况:用户量压力测试和数据量压力测试。

4. 并发测试

并发测试是通过模拟用户的并发访问,测试多用户环境下多个用户同时并发访问同一个应用、同一个模块或数据记录时,系统是否存在死锁或者其他性能问题,如内存泄漏、线程锁、资源争用问题。其测试目的除了获得性能指标,更重要的是为了发现并发引起的问题。并发测试时会同时关注下列问题。

(1) 内存问题。是否有内存泄漏?是否有太多的临时对象?是否有太多不合理声明超过设计生命周期的对象?

(2) 数据问题。是否有数据库死锁现象?是否经常出现长事务?

(3) 线程/进程问题。是否出现线程/进程同步失败?

(4) 其他问题。是否出现资源争用导致的死锁?是否出现正确处理异常导致的死锁?

用户并发测试主要分为"独立业务性能测试"和"组合业务性能测试"两类。在具体的性能测试工作中,并发用户都借助工具来模拟,如使用 LoadRunner 来测试。

5. 配置测试

配置测试通过对被测系统的软硬件环境的调整,了解各种不同环境对性能影响的程度,从而找到系统各项资源的最优分配原则。

配置测试主要用于性能调优。在经过测试获得了基准测试数据后,进行环境调整(包括硬件配置、网络、操作系统、应用服务器、数据库等),再将测试结果与基准数据进行对比,判断调整是否达到最佳状态。例如,可以通过不停地调整 Oracle 的内存参数来进行测试,使之达到一个较好的性能。

6. 可靠性测试

通过给系统加载一定业务压力,同时让应用持续运行一段时间,测试系统在这种条件下是否能够稳定运行。可靠性测试强调在一定的业务压力下,长时间运行系统,检测系统的运行情况是否有不稳定的症状或征兆,如资源使用率是否逐渐增加、响应时间是否越来越慢等。可靠性测试和压力测试的区别在于:可靠性测试关注的是持续时间,压力测试关注的是过载压力。

7. 大数据量测试

大数据量测试主要测试运行数据量较大的或历史数据量较大时的性能情况。大数据量测试有两种类型:独立的数据量测试和综合数据量测试。独立的数据量测试是针对某些系统存储、传输、统计、查询等业务进行大数据量测试。综合数据量测试一般和压力性能测试、负载性能测试、疲劳性能测试相结合。

大数据量测试的关键是测试数据的准备。一方面,要求测试数据要尽可能地与生产环境数据一致,尽可能是有意义的数据。可以通过分析使用现有系统的数据或根据业务特点构造数据。另一方面,要求测试数据输入要满足输入限制规则,尽可能覆盖到满足规则的不同类型的数据。测试时可以依靠工具准备测试数据。

8. 容量测试

容量测试的目的是通过测试预先分析出反映软件系统应用特征的某项指标的极限值(如最大并发用户数、数据库记录数等),确保系统在其极限状态下没有出现任何软件故障或还能保持主要功能正常运行。容量测试还将确定测试对象在给定时间内能够持续处理的最大负载或工作量。

容量测试能让软件开发商或用户了解该软件系统的承载能力或提供服务的能力,如某个电子商务网站所能承受的、同时进行交易或结算的在线用户数。有了对软件负载的准确预测,不仅能对软件系统在实际使用中的性能状况充满信心,同时也可以帮助用户经济地规划应用系统,优化系统的部署。

9. 失效恢复测试

失效恢复测试针对有冗余备份和负载均衡的系统,检验系统局部出现故障时用户所受到的影响。

10. 连接速度测试

连接速度测试主要是为了测试系统的响应时间是否过长。用户连接到 Web 应用系统的速度会受到上网方式(电话拨号、宽带上网等)的影响。如果系统响应时间过长,用户很可能会没有耐心等待而离开页面,也会使一些具有链接时限的页面因为超时而导致数据的丢失,影响用户的正常工作和生活。因此连接速度的测试很有必要,测试结果可以为 Web 系统的正常服务提供可靠的保障。

以上测试类型在实际中不一定都是单独进行的,大部分情况下是糅合在一起进行的,彼此之间有着密切的联系。

10.2.2 性能测试指标

性能测试指标是评价 Web 应用性能高低的尺度和依据,典型的性能度量指标有响应时间(Response Time)、系统吞吐量(Throughput)、并发用户数(Concurrent Users)、系统资源利用率(Utilization)、点击率(Hits Per Second)、思考时间(Think Time)、HTTP 请求出错率、网络流量统计(Network Statistics)、标准偏差(Std. Deviation)等。

1. 响应时间

响应时间指的是客户端发出请求到得到服务器响应的整个过程的时间。对用户来说,当用户单击一个按钮,发出一条指令或在 Web 页面上单击一个链接,从用户单击开始到应用系统把本次操作的结果以用户能察觉的方式展示出来,这个过程所消耗的时间就是用户对软件性能的直观印象。

在某些工具中,请求响应时间通常会被定义为 TLLB,即 Time to last byte,意思是从发起 1 请求开始,到客户端接收到最后 1 字节的响应所耗费的时间。请求响应时间过程的单位一般为 s 或者 ms。

响应时间会受到用户负载(用户数量)的影响。在刚开始时,响应时间随着用户负载的增加而缓慢增加,但一旦系统的某一种或几种资源已被耗尽,响应时间就会快速地增加。图 10-1 表明了响应时间与用户负载量之间的典型特征关系。响应时间和用户负载数量是呈指数增长方式的,在临界值附近响应时间突然增加,这常常是由于系统某一种或多种资源达到了最大利用率造成的。

在互联网上对于用户响应时间,有一个普遍的标准:

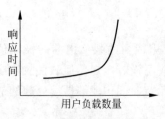

图 10-1 响应时间与用户负载数量的特征曲线

2/5/10s 原则。也就是说，在 2s 之内给用户做出响应被用户认为是"非常有吸引力"的用户体验。在 5s 之内给用户响应被认为"比较不错"的用户体验，在 10s 内给用户响应被认为"糟糕"的用户体验。如果超过 10s 用户还没有得到响应，那么大多用户会认为这次请求是失败的。

2．系统吞吐量

系统吞吐量是指在某个特定的时间单位内系统所处理的用户请求数量，它直接体现软件系统的性能承受力。吞吐量常用的单位是请求数/秒、页面数/秒或是字节数/秒。

作为一个最有效的性能指标，Web 应用的吞吐量常常在设计、开发和发布等不同阶段进行测量和分析。例如在能力计划阶段，吞吐量是确定 Web 站点的硬件和系统需求的关键参数。此外，吞吐量在识别性能瓶颈和改进应用与系统性能方面也扮演着重要的角色。不管 Web 平台是使用单个服务器还是多个服务器，吞吐量统计都表明了系统对不同用户负载水平所反映出来的相似特征。

图 10-2 显示了吞吐量与用户负载之间的特征关系曲线图。

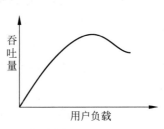

图 10-2　吞吐量与用户负载的特征曲线

在初始阶段，系统的吞吐量与用户负载量成正比例增长，然而由于系统资源的限制，吞吐量不可能无限地增加。当吞吐量逐渐达到一个峰值时，整个系统的性能就会随着负载的增加而降低。最大的吞吐量也就是图中的峰值点，是系统在给定的单位时间内能够并发处理的最大用户请求数目。

在有些测试工具中，表达吞吐量的标准方式为每秒事务处理数（Transaction Per Second，TPS）。掌握这种测试应用程序中事务处理所表示的含义是非常重要的，它可能是一个单一的查询，也可能是一个特定的查询组。在消息系统中，它可能是一个单一的消息；而在 Servlet 应用程序中，它可能是一个请求。换句话说，吞吐量的表达方式依赖于应用程序，是一个容量（Capacity）测度。

吞吐量和用户数之间存在一定的关系。在没有出现性能瓶颈的时候，吞吐量可以采用式(10-1)计算。

$$F = \frac{N_{vu} \times R}{T} \tag{10-1}$$

其中，F 表示吞吐量，N_{vu} 表示虚拟用户数（Vital User，VU）的个数，R 表示每个虚拟用户发出的请求数量，T 表示性能测试所用的时间。如果出现了性能瓶颈，吞吐量和虚拟用户之间就不再符合公式给出的关系。

在 LoadRunner 中，Total Throughput(bytes)的含义是：在整个测试过程中，从服务器返回给客户端的所有字节数量。

吞吐量/传输时间就得到吞吐率。

3．并发用户数

并发用户数是指在某一给定时间内，在某个特定站点上进行公开会话的用户数目。当并发用户数目增加时，系统资源利用率也将增加。

并发有两种情况：一种是严格意义上的并发，另一种是广义的并发。

严格意义的并发是指所有的用户在同一时刻做同一件事或操作，这种操作一般指做同一类型的业务。例如，所有用户同一时刻做并发登录，或者同一时刻提交表单。

广义的并发中，尽管多个用户对系统发出了请求或者进行了操作，但是这些请求或者操作可以是相同的，也可以是不同的。例如，在同一时刻有的用户在登录，有的用户在提交表单，他们都给服务器产生了负载，构成了广义的并发。

在实际测试中，需要确定并发用户数的具体数值，可采用式(10-2)和式(10-3)来估算并发用户数和峰值。

$$C = \frac{nL}{T} \tag{10-2}$$

$$\hat{C} \approx C + 3\sqrt{C} \tag{10-3}$$

其中：

C：平均的并发用户数。

n：Login Session 的数量（可以大体估算每天登录到这个网站上的用户）；Login Session 定义为用户登录进入系统到退出系统的时间段。

L：Login Session 的平均长度。

T：考查的时间段长度。例如，对于博客网站考查时间可以认为是 8 小时或者 24 小时等。

式(10-3)则给出了并发用户数峰值的计算方式，其中，$\hat{C}$ 指并发用户数的峰值，C 就是式(10-2)中得到的平均的并发用户数。该公式的得出是假设用户的 Login Session 产生符合泊松分布而估算的。

假设某博客系统有 20 000 个注册用户，每天访问系统的平均用户数是 5000 个，用户在 16 小时内使用系统，一个典型用户，一天内从登录到退出系统的平均时间为 1 小时，依据式(10-2)和式(10-3)可计算平均并发用户数和峰值用户数。其中，$C = 5000 \times 1/16 = 312.5$，$\hat{C} = 312.5 + 3 \times \sqrt{312.5} = 365$。

关于用户并发的数量，有两种常见的错误观点。一种错误观点是把并发用户数量理解为使用系统的全部用户的数量，理由是这些用户可能同时使用系统。另一种错误观点是把在线用户数量理解为并发用户数量。实际上在线用户不一定会和其他用户发生并发，如有些用户登录某网站后，长时间没有进行任何操作，他们属于在线用户，但没有和其他用户构成并发用户。

4. 系统资源利用率

资源利用率是指系统不同资源的使用程度，如服务器的 CPU、内存、网络带宽等，通常用占有资源的最大可用量的百分比来衡量。资源利用率是分析系统性能指标进而改善性能的主要依据，是性能测试工作的重点。在 Web 测试中，资源利用率主要针对 Web 服务器、操作系统、数据库服务器和网络等，它们是性能测试和分析性能瓶颈的主要参考依据。

资源利用率与用户负载有紧密的关系，图 10-3 表明了资源利用率与用户负载之间的关系特征。

从图 10-3 可知,在开始阶段,资源利用率与用户负载成正比关系。但是,当资源利用率达到一定数量时,随着用户量的持续增长,利用率将保持一个恒定的值,说明系统已经达到资源的最大可用度。同时也说明了当资源的恒定值保持在 100% 时,该资源已经成为系统的瓶颈。提升这种资源的容量可以增加系统的吞吐量并缩短等待时间。为了定位瓶颈,需要经历一个漫长的性能测试过程去检查一切可疑的资源,然后通过增加该资源的容量,检查系统性能是否得到了改善。

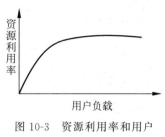

图 10-3 资源利用率和用户负载的特征曲线

5. 点击率

点击率指客户端每秒向 Web 服务器端提交的 HTTP 请求数量,这个指标是 Web 应用特有的一个指标。Web 应用是"请求—响应"模式,用户发出一次申请,服务器就要处理一次,所以点击是 Web 应用能够处理的交易的最小单位。需要注意的是,这里的点击并非指鼠标的一次单击操作,因为在一次单击操作中,客户端可能向服务器发出多个 HTTP 请求。例如,在访问一次页面中,假设该页面里包含 10 个图片,用户只单击鼠标一次就可以访问该页面,而此次访问的点击量为 11 次。

容易看出,点击率越大,对服务器的压力越大。点击率只是一个性能参考指标,重要的是分析点击时产生的影响。客户端发出的请求数量越多,与之相对的平均每秒吞吐量"Average Throughput(B/S)"也应该越大,并且发出的请求越多对平均事务响应时间造成的影响也越大。

如果把每次点击定义为一个交易,点击率和 TPS 就是一个概念。每秒事务数(Transaction Per Second,TPS)就是每秒钟系统能够处理的交易或者事务数量。

6. 思考时间

思考时间也称为休眠时间,从业务的角度来说,这个时间指的是用户在进行操作时,每个请求之间的间隔时间。对交互式应用来说,用户在使用系统时,不太可能持续不断地发出请求,更一般的模式应该是用户在发出一个请求后,等待一段时间,再发出下一个请求。从自动化测试实现的角度来说,要真实地模拟用户操作,就必须在测试脚本中让各个操作之间等待一段时间。体现在脚本中,就是在操作之间放一个 Think 函数,使得脚本在执行两个操作之间等待一段时间。

7. HTTP 请求出错率

HTTP 请求出错率是指失败的请求数占请求总数的比例。请求出错率越高,说明所测系统的性能越差。

8. 网络流量统计

当负载增加时,还应该监视网络流量统计以确定合适的网络带宽。典型地,如果网络带宽的使用超过了 40%,那么网络的使用就达到了一个使之成为应用瓶颈的水平。

9. 标准偏差

标准偏差体现了系统的稳定性程度。偏差越大,表明系统越不稳定,这样的后果就是部分用户可以感受良好的性能,而另一部分用户却要等待很长的时间。

10.2.3 性能计数器

性能计数器(Counter)是描述服务器或操作系统性能的一些数据指标。计数器在性能测试中发挥着"监控和分析"的关键作用,尤其是在分析系统的可扩展性,以及定位性能瓶颈时,对计数器的取值的分析非常关键。但单一的性能计数器只能体现系统性能的某一个方面,对性能测试结果的分析必须基于多个不同的计数器。

与性能计数器相关的另一个术语是"资源利用率"。资源利用率指的是对不同的系统资源的使用程度,例如服务器的 CPU 利用率、磁盘利用率等。资源利用率是分析系统性能指标进而改善性能的主要依据。资源利用率主要针对 Web 服务器、操作系统、数据库服务器、网络等。

1. Processor(处理器)

计算机处理器是一个重要的资源,它直接影响应用系统的性能。测量出线程处理在一个或多个处理器上所花费的时间数量是十分必要的,因为它可以为如何配置系统提供信息。如果 Web 应用系统的瓶颈是处理器,那么提高系统的性能就可以通过增加处理器来实现。

(1) % Processor Time:被消耗的处理器时间数量。

如果服务器专用于 SQL server,可接受% Processor Time 的最大上限是 80%~85%,也就是常见的 CPU 使用率。

(2) Processor Queue Length:处理器队列长度。

如果 Processor Queue Length 显示的队列长度保持不变($\geqslant 2$),并且处理器的利用率% Processor Time 超过 90%,那么很可能存在处理器瓶颈。如果发现 Processor Queue Length 显示的队列长度超过2,而处理器的利用率却一直很低,或许更应该去解决处理器阻塞问题。

2. Process(进程)

(1) Working Set:进程工作集,是虚拟地址空间在物理内存中的那部分,包含一个进程内的各个线程引用过的页面。由于每个进程工作集中包含共享页面,所以 Working Set 值会大于实际的总进程内存使用量。

如果服务器有足够的空闲内存,页就会被留在工作集中,当自由内存少于一个特定的阈值时,页就会被清除出工作集。

(2) Private Bytes:分配的私有虚拟内存总数,即私有的、已提交的虚拟内存使用量。

分析:内存泄漏时表现的现象是私有虚拟内存的递增,而不是工作集大小的递增。在某个点上,内存管理器会阻止一个进程继续增加物理内存大小,但它可以继续增大它的虚拟内存大小。如果系统性能随着时间而降低,则此计数器可以是内存泄漏的最佳指示器。

3. Memory(内存)

内存在任何计算机系统中都是完整硬件系统的一个不可分割的部分。增加更多的内存在执行过程中将会加快 I/O 处理过程,因此 Web 系统性能跟内存与缓存或磁盘之间的页面置换紧密相关。内存常用指标如表 10-1 所示。

表 10-1 内存性能指标

指　标	说　明
Available Bytes	剩余的可用物理内存量(能立刻分配给一个进程或系统使用的)
Page Faults/sec	处理器每秒处理的错误页(包括软/硬错误)
Page Reads/sec	读取磁盘以解析硬页面错误的次数
Page Writes/sec	为了释放物理内存空间而将页面写入磁盘的速度
Pages Input/sec	为了解决硬错误页,从磁盘读取的页数
Pages Output/sec	为了释放物理内存空间而将页面写入磁盘的页数
Pages/sec	为解决硬错误页,从磁盘读取或写入磁盘的页数
Pool Nonpaged Allocs	在非换页池中分派空间的调用数
Pool Nonpaged Bytes	在非换页池中的字节数
Pool Paged Allocs	在换页池中分派空间的调用次数
Pool Paged Bytes	在换页池中的字节数
Cache Bytes	系统工作集的总大小
Cache Bytes Peak	系统启动后义件系统缓存使用的最大字节数量
Cache Faults/sec	在文件系统缓存中找不到要寻找的页而需要从内存的其他地方或从磁盘上检索时出现的错误的速度
Demand Zero Faults/sec	通过零化页面来弥补分页错误的平均速度
Free System Page Table Entries	系统没有使用的页表项目
Pool Paged Resident Bytes	换页池所使用的物理内存
System Cache Resident Bytes	文件系统缓存可换页的操作系统代码的字节大小
System Code Resident Bytes	可换页代码所使用的物理内存
System Code Total Bytes:	当前在虚拟内存中的可换页的操作系统代码的字节数
System Driver Resident Bytes	可换页的设备驱动程序代码所使用的物理内存
System Driver Total Bytes	设备驱动程序当前使用的可换页的虚拟内存的字节数
Transition Faults/sec	在没有额外磁盘运行的情况下,通过恢复页面来解决页面错误的速度
Write Copies/sec	通过从物理内存中的其他地方复制页面来满足写入尝试而引起的页面错误速度

各指标的详细说明如下。

(1) Available Bytes:剩余的可用物理内存量,此内存能立刻分配给一个进程或系统使用。它是空闲列表、零列表和备用列表的大小总和。

分析:至少要有 10% 的物理内存值,最低限度是 4 MB。如果 Available Bytes 的值很小(4 MB 或更小),则说明计算机上总的内存可能不足,或某程序没有释放内存。

(2) Page Faults/sec:处理器每秒处理的错误页(包括软/硬错误)。当处理器向内存指定的位置请求一页(可能是数据或代码)出现错误时,这就构成一个 Page Fault。

如果该页在内存的其他位置,该错误被称为软错误,如果该页必须从硬盘上重新读取,该错误被称为硬错误。许多处理器可以在有大量软错误的情况下继续操作。但是,硬错误可以导致明显的拖延,因为需要访问磁盘。

(3) Page Reads/sec:读取磁盘以解析硬页面错误的次数。Page Reads/sec 是 Page/sec 的子集,是为了解决硬错误,从硬盘读取的次数。

分析:Page Reads/sec 的阈值为>5,越低越好。Page Reads/sec 为持续大于 5 的值,表明内存的读请求发生了较多的缺页中断,说明进程的 Working Set 已经不够,使用硬盘来虚拟内存。如果 Page Reads/sec 为比较大的值,可能内存出现了瓶颈。

(4) Page Writes/sec:为了释放物理内存空间而将页面写入磁盘的速度。

(5) Pages Input/sec:为了解决硬错误页,从磁盘读取的页数。当一个进程引用一个虚拟内存的页面,而此虚拟内存位于工作集以外或物理内存的其他位置,并且此页面必须从磁盘检索时,就会发生硬页面错误。

(6) Pages Output/sec:为了释放物理内存空间而将页面写入磁盘的页数。高速的页面输出可能表示内存不足。当物理内存不足时,Windows 会将页面写回到磁盘以便释放空间。

(7) Pages/sec:为解决硬错误页,从磁盘读取或写入磁盘的页数。这个计数器是可以显示导致系统范围延缓类型错误的主要指示器。它是 Pages Input/sec 和 Pages Output/sec 的总和,是用页数计算的,以便在不做转换的情况下可以同其他页计数。

如果 pages/sec 持续高于几百,那么应该进一步研究页交换活动。有可能需要增加内存,以减少换页的需求(把这个数字乘以 4000 就得到由此引起的硬盘数据流量)。Pages/sec 的值很大不一定表明内存有问题,也可能是运行使用内存映射文件的程序所致。

(8) Pool Nonpaged Allocs:在非换页池中分派空间的调用数。它是用衡量分配空间的调用数来计数的,而不管在每个调用中分派的空间数是多少。

如果 Pool Nonpaged Allocs 自系统启动以来增长了 10% 以上,则表明有潜在的严重瓶颈。

(9) Pool Nonpaged Bytes:在非换页池中的字节数,非换页池是指系统内存中可供对象使用的一个区域。

(10) Pool Paged Allocs:在换页池中分派空间的调用次数。它是用计算分配空间的调用次数来计算的,而不管在每个调用中分派的空间数是什么。

(11) Pool Paged Bytes:在换页池中的字节数,换页池是系统内存中可供对象使用的一个区域。

(12) Cache Bytes:系统工作集的总大小。其包括以下代码或数据驻留在内存中的那一部分:系统缓存、换页内存池、可换页的系统代码,以及系统映射的视图。

(13) Cache Bytes Peak:系统启动后文件系统缓存使用的最大字节数量。这可能比当前的缓存量要大。

(14) Cache Faults/sec:在文件系统缓存中找不到要寻找的页而需要从内存的其他地方或从磁盘上检索时出现的错误的速度。这个值应该尽可能低,较大的值表明内存出现短缺,缓存命中很低。

(15) Demand Zero Faults/sec:通过零化页面来弥补分页错误的平均速度。

(16) Free System Page Table Entries：系统没有使用的页表项目。

(17) Pool Paged Resident Bytes：换页池所使用的物理内存。

(18) System Cache Resident Bytes：文件系统缓存可换页的操作系统代码的字节大小。通俗含义：系统缓存所使用的物理内存。

(19) System Code Resident Bytes：操作系统代码当前在物理内存的字节大小，此物理内存在未使用时可写入磁盘。通俗含义：可换页代码所使用的物理内存。

(20) System Code Total Bytes：当前在虚拟内存中的可换页的操作系统代码的字节数。此计算器用来衡量在不使用时可以写入到磁盘上的操作系统使用的物理内存的数量。

(21) System Driver Resident Bytes：可换页的设备驱动程序代码所使用的物理内存。

(22) System Driver Total Bytes：设备驱动程序当前使用的可换页的虚拟内存的字节数。

(23) Transition Faults/sec：在没有额外磁盘运行的情况下，通过恢复页面来解决页面错误的速度。如果这个指标持续居高不下说明内存存在瓶颈，应该考虑增加内存。

(24) Write Copies/sec：通过从物理内存中的其他地方复制页面来满足写入尝试而引起的页面错误速度。此计数器显示的是复制次数，不考虑每次操作时中被复制的页面数。

如果怀疑有内存泄漏，请监测内存的 Available Bytes 和 Committed Bytes，以观察内存行为，并监测可能存在泄漏内存的进程的 Private Bytes、Working Set 和 Handle Count。如果怀疑是内核模式进程导致了泄漏，则还需监测内存的 Pool Nonpaged Bytes、Nonpaged Allocs。

4．Disk（磁盘）

磁盘是一个大容量的低速设备，在磁盘上存放所用的时间描述了请求的等待时间和数据资源的空间占用时间，为改进系统性能提供了更加丰富的信息。系统性能同时还依赖于磁盘队列长度，它表征了磁盘上尚未处理的请求数目，持续不断的队列意味着磁盘或内存配置存在问题。

磁盘的各性能指标如表 10-2 所示。

表 10-2　磁盘性能指标

指　　标	说　　明
Average Disk Queue Length	磁盘读取和写入请求提供服务所用的时间百分比，可以通过增加磁盘构造磁盘阵列来提高性能，该值应不超过磁盘数的 1.5～2 倍
Average Disk Read Queue Length	磁盘读取请求的平均数
Average Disk write Queue Length	磁盘写入请求的平均数
Average Disk sec/Read	以秒计算的在磁盘上读取数据所需的平均时间
Average Disk sec/Transfer	以秒计算的在磁盘上写入数据所需的平均时间
Disk Bytes/sec	提供磁盘系统的吞吐率
Disk reads/(writes)/s	每秒钟磁盘读、写的次数。两者相加，应小于磁盘设备最大容量
%Disk Time	磁盘驱动器为读取或写入请求提供服务所用的时间百分比，其正常值< 10
%Disk reads/sec(physicaldisk_total)	每秒读硬盘字节数
%Disk write/sec(physicaldisk_total)	每秒写硬盘字节数

%Disk Time 的正常值小于 10，此值过大表示耗费太多时间来访问磁盘，可考虑增加内存、更换更快的硬盘、优化读写数据的算法。若数值持续超过 80，则可能是内存泄漏。如果只有%Disk Time 比较大，硬盘有可能是瓶颈。

如果分析的计数器指标来自数据库服务器、文件服务器或是流媒体服务器，磁盘 I/O 对这些系统来说更容易成为瓶颈。

磁盘瓶颈判断公式：每磁盘的 I/O 数＝(读次数＋(4×写次数))/磁盘个数

每磁盘的 I/O 数可用来与磁盘的 I/O 能力进行对比，如果计算出来的每磁盘 I/O 数超过了磁盘标称的 I/O 能力，则说明确实存在磁盘的性能瓶颈。

5. Network(网络)

网络分析是一件技术含量很高的工作，在一般的组织中都有专门的网络管理人员进行网络分析，对测试工程师来说，如果怀疑网络是系统的瓶颈，可以要求网络管理人员来进行网络方面的检测。

(1) Network Interface Bytes Total/sec：表示发送和接收字节的速率(包括帧字符在内)，可以通过该计数器的值判断网络连接速度是否是瓶颈。具体操作方法是用该计数器的值与目前的网络带宽进行比较。

(2) Bytes Total/sec：表示网络中接收和发送字节的速度，可以用该计数器来判断网络是否存在瓶颈。

网络性能指标通常用来分析网络传输率对 Web 性能的影响，它与网络带宽、网络连接类型和其他项开销有关。然而直接分析 Internet 的网络流量是不可能的，这种拥塞取决于网络带宽、网络连接类型和其他项开销。所以可以通过观察固定的字节数从服务器端到客户端所用的时间来分析网络传输速度。同时，客户与客户间的连接可能不同，因此网络带宽问题也会影响系统性能。

10.2.4 性能测试工具

性能测试一般利用测试工具，模拟大量用户操作，对系统施加负载，考查系统的输出项，例如吞吐量、响应时间、CPU 负载、内存使用等，通过各项性能指标分析系统的性能，并为性能调优提供信息。

性能测试工具通常指用来支持压力、负载测试，能够录制和生成脚本、设置和部署场景、产生并发用户和向系统施加持续压力的工具。性能测试工具通过实时性能监测来确认和查找问题，并针对所发现问题对系统性能进行优化，确保应用的成功部署。性能测试工具能够对整个企业架构进行测试，通过这些测试企业能最大限度地缩短测试时间，优化性能和加速应用系统的发布周期。

常用的性能测试工具：HP 公司的 LoadRunner，IBM 公司的 Performance Tester，Microsoft 公司的 Web Application Stress(WAS)，Compuware 公司的 QALoad，RadView 公司的 WebLoad，Borland 公司的 SilkPerformer，Apache 公司的 Jmeter 等。

1. HP LoadRunner

HP LoadRunner 是一种预测系统行为和性能的负载测试工具，可通过检测瓶颈来预防问题,并在开始使用前获得准确的端到端系统性能。

LoadRunner 通过模拟成千上万的用户实施并发负载及实时性能监测的方式来确认和查找问题,LoadRunner 能够对整个企业架构进行测试。通过使用 LoadRunner,企业能最大限度地缩短测试时间、优化性能和缩短应用系统的发布周期。LoadRunner 是一种适用于各种体系架构的自动负载测试工具,它能预测系统行为并优化系统性能。LoadRunner 的测试对象是整个企业的系统,它通过模拟实际用户的操作行为和实行实时性能监测,来帮助用户更快地查找和发现问题。

LoadRunner 极具灵活性,适用于各种规模的组织和项目,支持广泛的协议和技术,可测试一系列应用,其中包括移动应用、Ajax、Flex、HTML 5、.NET、Java、GWT、Silverlight、SOAP、Citrix、ERP 等。

LoadRunner 的组件很多,其核心的组件如下。

(1) Vuser Generator(VuGen) 用于捕获最终用户业务流程和创建自动性能测试脚本。

(2) Controller 用于组织、驱动、管理和监控负载测试。

(3) Load Generator 负载生成器用于通过运行虚拟用户生成负载。

(4) Analysis 有助于查看、分析和比较性能结果。

LoadRunner 的使用请参考 LoadRunner 使用指南。

网站地址为 http://www8.hp.com/us/en/software-solutions/loadrunner-load-testing/index.html。

2. IBM Performance Tester

IBM® Rational® Performance Tester 是一种用来验证 Web 和服务器应用程序可扩展性的性能测试解决方案。Rational Performance Tester 识别出系统性能瓶颈和其存在的原因,并能降低负载测试的复杂性。

Rational Performance Tester 可以快速执行性能测试,分析负载对应用程序的影响。它具有下列特点。

1) 无代码测试

能够不通过编程就可创建测试脚本,节省时间并降低测试复杂性。通过访问测试编辑器,查看测试和事务信息的高级别详细视图。查看在类似浏览器窗口中显示并且与测试编辑器集成的测试结果,编辑器列出测试中访问的网页。

2) 原因分析工具

原因分析工具可以识别导致瓶颈发生的源代码和物理应用层。时序图可跟踪出现瓶颈之前发生的所有活动。可以从被测试的系统的任何一层查看多资源统计信息,发现与硬件有关的导致性能低下的瓶颈。

3) 实时报表

实时生成性能和吞吐量报表,在测试的任何时间都可及时了解性能问题。提供多个可以在测试运行之前、期间和之后设置的过滤和配置选项。显示从一次构建到另一次构建的性能趋势。系统性能度量可帮助用户制订关键应用程序发布决策。在测试结束时,根据针对响应时间百分比分布等项目的报表执行更深入的分析。

4）测试数据

提供不同用户群体的灵活建模和仿真,同时把内存和处理器占用降到最低。提供电子表格界面以输入独特的数据,或者可以从任何基于文本的源导入预先存在的数据。允许在执行测试中插入定制 Java 代码,以便执行高级数据分析和请求语法分析等活动。

5）载入测试

支持针对大范围应用程序(如 HTTP、SAP、Siebel、SIP、TCP Socket 和 Citrix)进行负载测试。支持从远程机器使用执行代理测试用户负载。提供灵活的图形化测试调度程序,可以按用户组比例来指定负载。支持自动数据关系管理来识别和维护用于精确负载模拟的应用程序数据关系。

网站地址为 http://www-03.ibm.com/software/products/zh/performance。

3. Radview WebLOAD

WebLOAD 是 Radview 公司推出的一个性能测试和分析工具,通过模拟真实用户的操作,生成压力负载来测试 Web 的性能。WebLOAD 可用于测试性能和伸缩性,也可被用于正确性验证。

WebLOAD 可以同时模拟多个终端用户的行为,对 Web 站点、中间件、应用程序,以及后台数据库进行测试。WebLOAD 在模拟用户行为时,不仅可以复现用户鼠标单击、键盘输入等动作,还可以对动态 Web 页面根据用户行为而显示的不同内容进行验证,达到交互式测试的目的。执行测试后,WebLOAD 可以提供数据详尽的测试结果分析报告,帮助用户判定 Web 应用的性能并诊断测试过程遇到的问题。

WebLOAD 的测试脚本是用 JavaScript(和集成的 COM/Java 对象)编写的,并支持多种协议,如 Web、SOAP/XML 及其他可从脚本调用的协议如 FTP、SMTP 等,因而可从所有层面对应用程序进行测试。

网站地址为 http://www.radview.com/product/Product.aspx。

4. Borland Silk Performer

Borland Silk Performer 是业界领先的企业级负载测试工具。它通过模仿成千上万的用户在多协议和多计算的环境下工作,对系统整体性能进行测试,提供符合 SLA 协议的系统整体性能的完整描述。

Silk Performer 提供了在广泛的、多样的状况下对电子商务应用进行弹性负载测试的能力,通过 True Scale 技术,Silk Performer 可以从一台单独的计算机上模拟成千上万的并发用户,在使用最小限度的硬件资源的情况下,提供所需的可视化结果确认的功能。在独立的负载测试中,Silk Performer 允许用户在多协议多计算环境下工作,并可以精确地模拟浏览器与 Web 应用的交互作用。Silk Performer 的 True Log 技术提供了完全可视化的原因分析技术。通过这种技术可以对测试过程中用户产生和接收的数据进行可视化处理,包括全部嵌入的对象和协议头信息,从而进行可视化分析,甚至在应用出现错误时都可以进行问题定位与分析。

Silk Performer 主要具有如下特点。

(1) 精确的负载模拟特性。为准确进行性能测试提供保障。

（2）功能强大。强大的功能保障了对复杂应用环境的支持。

（3）简单易用。可以加快测试周期，降低生成测试脚本错误的概率，而不影响测试的精确度。

（4）根本原因分析。有利于对复杂环境下的性能下降问题进行深入分析。

（5）单点控制。有利于进行分布式测试。

（6）可靠性与稳定性。从工具本身的稳定性方面保证对企业级大型应用的测试顺利进行。

（7）团队测试。保证对大型测试项目的顺利进行。

（8）与其他产品紧密集成。同其他产品集成，增强 Silk Performer 的功能扩展。

Silk Performer 提供了简便的操作向导，通过 9 步操作，即可完成负载测试。

（1）Project out Line：对负载测试项目进行基本设置，如项目信息、通信类别等。

（2）Test script creation：通过录制的方式产生脚本文件，用于日后进行虚拟测试。

（3）Test script try-out：对录制产生的脚本文件进行试运行，并配合使用 True Log 进行脚本纠错，确保能够准确再现客户端与服务器端的交互。

（4）Test script customization：为测试脚本分配测试数据。确保在实际测试过程中测试数据的正确使用，同时可配合使用 True Log，在脚本中加入 Session 控制和内容校验的功能。

（5）Test baseline establishment：确定被测应用在单用户下的理想性能基准线。这些基准将作为全负载下产生并发用户数和时间计数器阈值的计算基础。在确定 Baseline 的同时，也是对上一步修改的脚本文件进行运行验证。

（6）Test baseline confirmation：对 baseline 建立过程中产生的报告进行检查，确认所定义的 baseline 确实反映了所希望的性能。

（7）Load test workload specification：指定负载产生方式。

（8）Load test execution：在全负载方式下，使用全部 Agent，进行真实的负载测试。

（9）Test result exploration：测试结果分析。

网站地址为 http://www.borland.com/products/silkperformer/。

5．QALoad

QALoad 是 Compuware 公司性能测试工具套件中的压力负载工具。QALoad 是客户/服务器系统、企业资源配置（ERP）和电子商务应用的自动化负载测试工具。QALoad 通过可重复的、真实的测试能够全面度量应用的可扩展性和性能。它可以模拟成百上千的用户并发执行关键业务而完成对应用程序的测试，并针对所发现问题对系统性能进行优化，确保应用的成功部署。QALoad 可预测系统性能，通过重复测试寻找瓶颈问题，从控制中心管理全局负载测试，验证应用的可扩展性，快速创建仿真的负载测试。

QALoad 支持的范围广，测试的内容多，可以帮助软件测试人员、开发人员和系统管理人员对于分布式的应用执行有效的负载测试。QALoad 支持的协议有 ODBC、DB2、ADO、Oracle、Sybase、MS SQL Server、QARun、SAP、Tuxedo、Uniface、Java、WinSock、IIOP、WWW、WAP、Net Load、Telnet 等。

QALoad 从产品组成来说，分为 4 个部分：Script Development Workbench、Conductor、

Player、Analyze。

（1）Script Development Workbench 可以看作是录制、编辑脚本的 IDE。录制的动作序列最终可以转换为一个.cpp 文件。

（2）Conductor 控制所有的测试行为，如设置 Session 描述文件，初始化并且监测测试，生成报告并且分析测试结果。

（3）Player 是一个 Agent，一个运行测试的 Agent，可以部署在网络上的多台机器上。

（4）Analyze 是测试结果的分析器。它可以把测试结果的各个方面展现出来。

网站地址为 http://www.compuware.com/。

6. Web Application Stress

Microsoft Web Application Stress(WAS)是由微软公司的网站测试人员所开发，专门用来进行实际网站压力测试的一套工具。通过 WAS，可以使用少量的客户端计算机模拟大量并发用户同时访问服务器，以获取服务器的承受能力，及时发现服务器能承受多大压力负载，以便及时地采取相应的措施防范。

WAS 的优点是简单易用。WAS 可以用不同的方式创建测试脚本。

（1）通过记录浏览器的活动来录制脚本；

（2）通过导入 IIS 日志；

（3）通过把 WAS 指向 Web 网站的内容；

（4）手工地输入 URL 来创建一个新的测试脚本。

除易用性外，WAS 还具有下列特性。

（1）对于需要署名登录的网站，允许创建用户账号；

（2）允许为每个用户存储 Cookies 和 Active Server Pages（ASP）的 Session 信息；

（3）支持随机的或顺序的数据集，以用在特定的名字-值对；

（4）支持带宽调节和随机延迟以更真实地模拟显示情形；

（5）支持 Secure Sockets Layer（SSL）协议；

（6）允许 URL 分组和对每组的点击率的说明；

（7）提供一个对象模型，可以通过 Microsoft Visual Basic Scripting Edition（VBScript）处理或者通过定制编程来达到开启、结束和配置测试脚本的效果。

7. Apache JMeter

Apache JMeter 是 Apache 组织的开放源代码项目，是一个 100% 纯 Java 桌面应用，用于压力测试和性能测量。JMeter 可以用于测试静态或者动态资源的性能，例如文件、Servlet、Perl 脚本、Java 对象、数据库和查询、FTP 服务器等。JMeter 可以用于对服务器、网络或对象模拟巨大的负载，用于不同压力类别下测试系统的强度和分析整体性能。另外，JMeter 能够对应用程序做功能/回归测试，通过创建带有断言的脚本来验证程序是否返回期望的结果。为了最大限度的灵活性，JMeter 允许使用正则表达式创建断言。

JMeter 的功能特性如下。

（1）能够对 HTTP 和 FTP 服务器进行压力和性能测试，也可以对任何数据库进行同样的测试。

（2）完全的可移植性和 100％纯 Java。

（3）完全 Swing 和轻量组件支持（预编译的 JAR 使用 javax.swing.*）包。

（4）完全多线程。框架允许通过多个线程并发取样和通过单独的线程组对不同的功能同时取样。

（5）精心的 GUI 设计允许快速操作和更精确的计时。

（6）缓存和离线分析/回放测试结果。

网站地址为 http://jakarta.apache.org/jmeter/usermanual/index.html。

8. OpenSTA

OpenSTA 是专用于 B/S 结构的、免费的性能测试工具。其优点除了免费、源代码开放外，还能对录制的测试脚本按指定的语法进行编辑。测试工程师在录制完测试脚本后，只需要了解该脚本语言的特定语法知识，就可以对测试脚本进行编辑，以便于再次执行性能测试时获得所需要的参数，之后进行特定的性能指标分析。

OpenSTA 是基于 Common Object Request Broker Architecture（CORBA）的结构体系。它是通过虚拟一个 PROXY，使用其专用的脚本控制语言，记录通过 PROXY 的一切 HTTP/S Traffic。

OpenSTA 以最简单的方式让大家对性能测试的原理有较深的了解，其较为丰富的图形化测试结果大大提高了测试报告的可阅读性。测试工程师通过分析 OpenSTA 的性能指标收集器收集各项性能指标，以及 HTTP 数据，对被测试系统的性能进行分析。

使用 OpenSTA 进行测试，包括 3 个方面的内容：首先录制测试脚本，然后定制性能采集器，最后把测试脚本和性能采集器组合起来，组成一个测试案例，通过运行该测试案例，获取该测试内容的相关数据。

网站地址为 http://www.opensta.org/download.html。

10.3 JMeter

10.3.1 JMeter 基础

1. JMeter 简介

Apache JMeter 是 Apache 组织的开放源代码项目，是一个 100％纯 Java 桌面应用，用于压力测试和性能测量。它最初被设计用于 Web 应用测试，但后来扩展到其他测试领域，可用于对静态和动态资源（如静态文件、Servlet、Perl 脚本、Java 对象、数据库查询、FTP 服务器等）的性能进行测试，也可用于对服务器、网络或对象进行测试，通过模拟繁重的负载来测试它们的强度或分析不同压力类型下的整体性能。另外，JMeter 能够对应用程序做功能/回归测试，通过创建带有断言的脚本来验证程序是否返回了期望的结果。为了最大限度的灵活性，JMeter 允许使用正则表达式创建断言。

JMeter 可以用于测试 FTP、HTTP、RPC、JUNIT、JMS、LDAP、WebService（Soap）Request 以及 Mail 和 JDBC 等。

2. JMeter 环境配置

1) 下载 JMeter 软件包

JMeter 的下载地址为 http://jmeter.apache.org/download_jmeter.cgi。打开链接，进入下载页面，如图 10-4 所示。

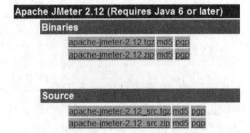

图 10-4　JMeter 下载

如果操作平台是 Windows，就下载 apache-jmeter-2.12.zip。如果操作平台是 Linux，就下载 apache-jmeter-2.12.tgz。Source 标签下是 JMeter 源码，有兴趣的读者可以下载阅读。

2) 安装 JDK

JMeter 是需要 JDK 环境的，最新版 JMeter2.12 需要 JDK6 以上版本支持。

JDK 的安装见 7.5.4 节的介绍。

3) 安装 JMeter

下载完成后，解压 JMeter，并配置 JMeter 环境变量。

在桌面上右击"计算机"（或者"我的电脑"）→"属性"→"高级系统设置"→"环境变量设置"，然后选择"系统变量"→"新建"，在"变量名"文本框中输入"JMETER_HOME"，在"变量值"文本框中输入"C:\apache-jmeter-2.12"，如图 10-5 所示。

图 10-5　设置环境变量

修改 PATH 变量，变量值中添加：%JMETER_HOME%\lib\ext\ApacheJMeter_core.jar;%JMETER_HOME%\lib\jorphan.jar;%JMETER_HOME%\lib\logkit-1.2.jar;，然后确定即可。

环境配置完成后，进入 JMeter 安装路径的 bin 目录中，双击 jmeter.bat 文件。系统将先打开 DOS 窗口，等几秒钟后打开 JMeter 操作界面，如图 10-6 所示。

打开之后显示的是中文界面（中文版翻译不完整）。如果要使用其他语言，例如英文，可以单击菜单栏中的"选项"（Options）→"选择语言"（Chose Language）→"英文"（English）。

【注】　打开的时候会有两个窗口，JMeter 的命令窗口和 JMeter 的图形操作界面，不可以关闭命令窗口。

图 10-6　JMeter 界面

10.3.2　JMeter 主要部件

测试计划(Test Plan)用来描述一个性能测试,包含与本次性能测试所有相关的功能。测试计划是 JMeter 测试脚本的基础,所有功能元件的组合都必须基于测试计划。测试计划中的元件包括:线程组、控制器、监听器、定时器、断言等。

1. 线程组

线程组(Thread Group)是任何一个测试计划的开始点。所有的测试计划中的元素(Elements)都要在一个线程组中。线程组元素控制了一组线程,JMeter 使用这些线程来执行测试。

在 JMeter 中,线程组用户有三种类型:setUp Thread Group、tearDown Thread Group 和 Thread Group,如图 10-7 所示。

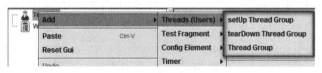

图 10-7　线程组用户

1) setUp Thread Group

setUp Thread Group 是一种特殊类型的 Thread Group,可用于执行预测试操作。这些线程的行为完全像一个正常的线程组元件,不同的是,这些类型的线程是在执行测试前定期执行的线程组。

setUp Thread Group 类似于 LoadRunner 的 vuser_init()函数，可用于执行预测试操作。

2）tearDown Thread Group

tearDown Thread Group 是一种特殊类型的 Thread Group，可用于执行测试后动作。这些线程的行为完全像一个正常的线程组元件，不同的是，这些类型的线程是在执行测试结束后定期执行的线程组。

tearDown Thread Group 类似于 LoadRunner 的 vuser_end()函数，可用于执行测试后动作。

3）Thread Group

Thread Group 是通常添加运行的线程。通俗地讲，一个线程组可以看作一个虚拟用户组，线程组中的每个线程都可以理解为一个虚拟用户。线程组中包含的线程数量在测试执行过程中是不会发生改变的。

2．控制器

JMeter 有两种控制器(Controller)：取样器(Samplers)和逻辑控制器(Logical Controllers)。

1）取样器

取样器是用来向服务器发起请求并且等待接收服务器响应的元件。它是 JMeter 测试脚本最基础的元件，所有与服务器交互的请求都依赖于取样器。

取样器告知 JMeter 发送请求到 Server 端。JMeter 支持的 Samplers 目前有 23 种，如图 10-8 所示。

常用取样器的有以下几种：

（1）FTP Request；

（2）HTTP Request；

（3）JDBC Request；

（4）Java Object Request；

（5）LDAP Request；

（6）SOAP/XML-RPC Request；

（7）Web Service（SOAP）Request（Alpha Code）等。

不同类型的 Sampler 可以根据设置的参数向服务器发出不同类型的请求。

Samplers 告知 JMeter 发送请求到服务器。例如，如果希望 JMeter 发送一个 HTTP 请求，就添加一个 HTTP Request Sampler。当然也可以定制一个请求，通过在 Sampler 中添加一个或多个 Configuration Elements 来做更多的设置。

值得注意的是，JMeter 按照 Request 在 Tree 中添加的次序来发送请求。如果想同时发送多个并发的同一种类的 Request（如发送 HTTP Request 到同样一台服务器），可以考虑使用一个 Defaults Configuration Element。每个 Controller 拥有一个或多个默认元素。当然不要忘记添加一个 Listener 到 Thread Group 中来查看和存储测试结果。

2）逻辑控制器

JMeter 的逻辑控制器如图 10-9 所示。

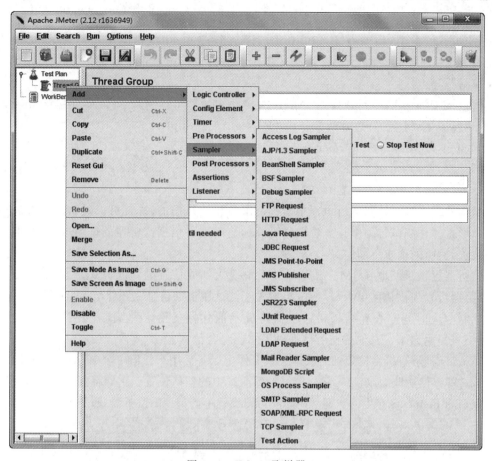

图 10-8　JMeter 取样器

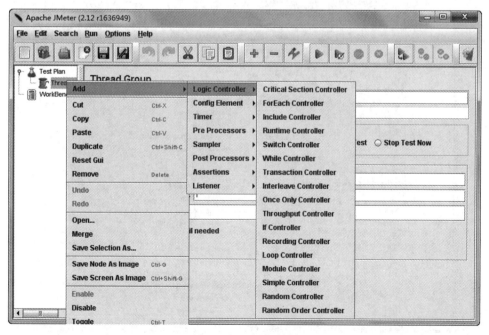

图 10-9　逻辑控制器

逻辑控制器包括两类元件，一类是用于控制 Test Plan 中 Sampler 节点发送请求的逻辑顺序的控制器，常用的有 If Controller、Switch Controller、Runtime Controller、While Controller（循环控制器）等。另一类是用来组织和控制 Sampler 节点的，如事务控制器、吞吐量控制器等。

Logical Controllers 可以定制 JMeter 发送请求的逻辑。例如，可以添加一个 Interleave Controller 来控制交替使用两个 HTTP Request Samplers。同样，一个特定的 Logic controller 作为 Modification Manager，可以修改请求的结果。

3．监听器

监听器是在测试计划运行过程中监听请求及相应数据的，并且可以对结果形成表格或者图像形式。在测试计划中任意位置均可添加监听器。根据监听器的作用域，监听器在不同的位置，监听的请求不同。

监听器提供了获取在 JMeter 运行过程中搜集到的信息的访问方式。当 JMeter 运行时，监听器可以提供访问 JMeter 所收集的关于测试用例的信息。图像结果监听器在一个图表里绘制响应时间。查看结果树监听器将显示取样器的请求和响应，然后以 HTML 和 XML 格式显示出来。其他的监听器提供汇总或组合信息。

Listener 能够直接将搜集到的数据存入文件中以备后用。任何一个 Listener 都拥有一个设置该文件存储地址的域。Listener 能够加到测试中的任何位置。它们将仅收集同级别和所有低级别的 Elements 产生的数据。JMeter 可以设置不同类型的监听器，如图 10-10 所示。

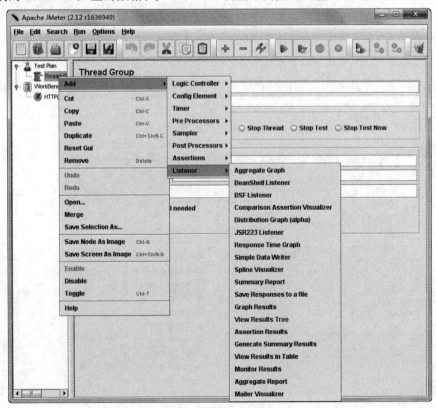

图 10-10　监听器

4. 定时器

定时器（Timer）可以使得 JMeter 在线程发送每个请求时有一个延迟，类似于 LoadRunner 里面的 Think_time（思考时间）。等待时间是性能测试中常用的控制客户端 QPS（每秒查询率）的手段。

默认情况下，JMeter 线程发送请求（Requests）时没有任何停顿。如果没有添加一个延迟时间，JMeter 可能会在极短时间内发送大量的请求而引起服务器（Server）崩溃。因此建议指定一个延迟时间，这可以通过添加一个有效的 Timer 到 Thread Group 中实现。如果添加了多个 Timer 到一个 Thread Group 中，JMeter 将使用累计的延迟时间。JMeter 的定时器类型如图 10-11 所示。

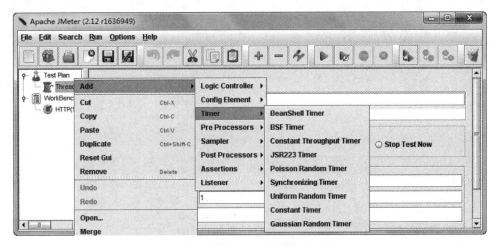

图 10-11　定时器

5. 断言

断言（Assertions）可以用于检查被测试程序返回的值是否是期望值。例如，检验回复字符串中包含一些特殊的文本。可以给任何一个 Sampler 添加一个 Assertion。例如，可以添加一个 Assertion 到一个 HTTP Request 来检查文本。JMeter 就会在返回的回复中查看该文本。如果 JMeter 不能发现该文本，那么将标志该请求是一个失败的请求。为了查看 Assertion 的结果，需要添加一个 Assertion Listener 到 Thread Group 中，如图 10-12 所示。

6. 配置元件

配置元件（Config Element）是配合 Sampler（取样器）使用的，使脚本易于维护和操作。配置元件不会发送请求，但是可以改变发送请求的各种参数。

配置元件能提供对静态数据配置的支持。CSV Data Set config 可以将本地数据文件形成数据池（Data Pool），而对应于 HTTP Request Sampler 和 TCP Request Sampler 等类型的配置元件则可以修改 Sampler 的默认数据。例如，HTTP Cookie Manager 可以用于对 HTTP Request Sampler 的 Cookie 进行管理。

JMeter 提供的配置元件如图 10-13 所示。

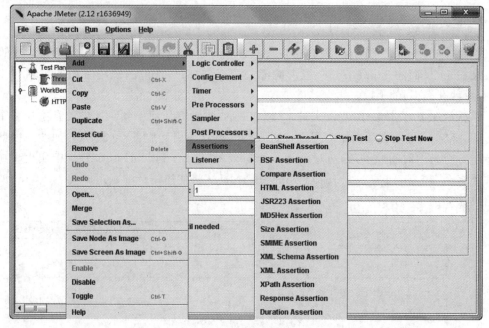

图 10-12　断言

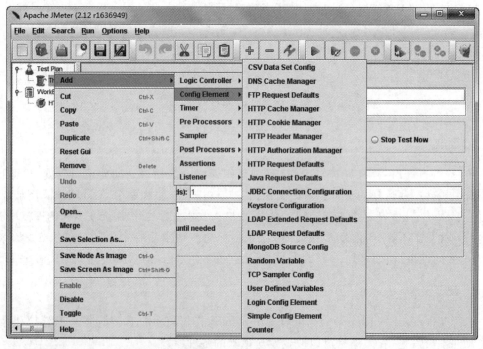

图 10-13　配置元件

7. 前置处理器

前置处理器（Pre Processor）在 Sampler Request 被创建前执行一些操作。如果一个 Pre Processor 被附加到一个 Sampler Element 上，那么它将先于 Sampler Element 运行。

Pre Processor 最主要用于在 Sampler 运行前修改一些设置,或者更新一些无法从 response 文本中获取的变量。JMeter 提供的前置处理器如图 10-14 所示。

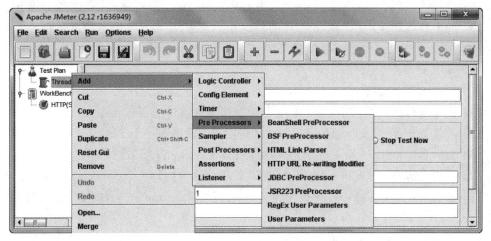

图 10-14　前置处理器

8．后置处理器

后置处理器(Post Processor)在 Sampler Request 被创建后执行一些操作。如果一个 Post Processor 被附加到一个 Sampler Element 上,那么将紧接着 Sampler element 运行后运行。Post Processor 主要用于处理响应数据,常常用来从其中获取某些值。JMeter 提供的后置处理器如图 10-15 所示。

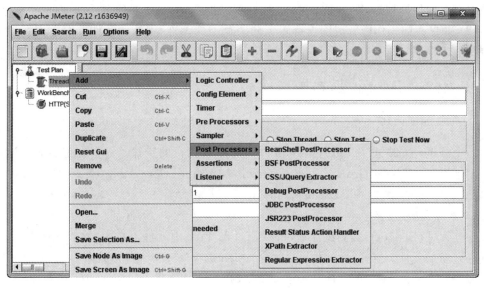

图 10-15　后置处理器

9．元件的作用域与执行顺序

在 JMeter 中,元件的作用域是靠测试计划的树状结构中元件的父子关系来确定的,作用域的原则如下。

(1) 取样器(Sampler)：不和其他元件相互作用，因此不存在作用域的问题。

(2) 逻辑控制器(Logic Controller)：只对其子节点中的取样器和逻辑控制器作用。

(3) 除取样器和逻辑控制器元件外的其他 6 类元件，如果是某个 Sampler 的子节点，则该元件对其父节点起作用。如果其父节点不是 Sampler，则其作用域是该元件父节点下的其他所有后代节点。

各元件的作用域如下。

(1) 配置元件(Config Element)：会影响其作用范围内的所有元件。

(2) 前置处理器(Per Processors)：在其作用范围内的每一个 Sampler 元件之前执行。

(3) 定时器(Timer)：对其作用范围内的每一个 Sampler 有效。

(4) 后置处理器(Post Processors)：在其作用范围内的每一个 Sampler 元件之后执行。

(5) 断言(Assertions)：对其作用范围内的每一个 Sampler 元件执行后的结果执行校验。

(6) 监听器(Listeners)：收集其作用范围的每一个 Sampler 元件的信息并呈现。

元件执行顺序的规则很简单，在同一作用域名范围内，测试计划中的元件按照如下顺序执行：配置元件(Config Element)、前置处理器(Per Processor)、定时器(Timer)、取样器(Sampler)、后置处理器(Post Processor)（除非 Sampler 得到的返回结果为空）、断言(Assertions)（除非 Sampler 得到的返回结果为空）、监听器(Listener)（除非 Sampler 得到的返回结果为空）。

关于执行顺序，需要注意下列两点。

(1) 前置处理器、后置处理器和断言等元件功能对取样器作用，因此，如果在它们的作用域内没有任何取样器，则不会被执行。

(2) 如果在同一作用域范围内有多个同一类型的元件，则这些元件按照它们在测试计划中的上下顺序一次执行。

10.3.3 JMeter 基本操作

1. 建立测试计划

一个测试计划描述了一系列 JMeter 在运行中要执行的步骤。一个完整的测试计划包含一个或多个 Thread Group、Logic Controller、Sample Generating Controller、Listener、Timer、Assertions 和 Configuration Element。

1) 添加和删除元件

添加元件(Element)到测试计划，可以通过在 Tree 中元件上右击，然后从 Add 列表中选择一个新的元件。同样，元件也可以通过 Open 选项从一个文件中载入。

删除一个元件，确定该元件被选定，右击选择"删除"选项。

2) 载入和存储元件

载入文件中的元件，在已有的 Tree 中右击，在弹出的快捷菜单中选择 Open 选项。选择元件存储的文件，JMeter 将载入文件中的所有元件到 Tree 中。

存储 Tree 的元件，选择一个元件然后右击，在弹出的快捷菜单中选择 save 选项，

JMeter 会存储选定的元件，以及所有的子元件。这样就可以存储测试树的一段，单独的元件或者整个测试计划。

3）配置 Tree 的元件

任何一个测试树中的 Element 都可以在 JMeter 的右边框架显示。这样便于配置该测试元件的属性。能够配置什么属性取决于选定的元件的类型。

4）运行测试计划

在 Run 菜单中选择"开始"来运行测试计划。如果停止测试计划，从菜单中选择"停止"。JMeter 不会自动地在运行测试计划时有任何表现。一些 Listener 使得 JMeter 运行表现出来。但是唯一的方法是检查 Run 菜单中的 Start 选项，如果是 Disable 的，而且 Stop 是 Enabled，那么 JMeter 就在运行测试计划。

5）执行顺序

JMeter 测试树中包含的元件是分级和有次序的。一些元件在测试中有严格的等级要求（Listener、Config Element、Post Processor、Pre Processor、Assertions、Timer），而其他一些有 Primarily Ordered 的要求（如 Controller、Sampler）。

2．添加线程组

JMeter 中每个测试计划至少需要包含一个线程组，当然也可以在一个计划中创建多个线程组。在测试计划下面多个线程是并行执行的，也就是说这些线程组是同时被初始化并同时执行线程组下的 Sampler 的。

在测试计划上右击，弹出下拉菜单，选择 Add→Threads(Users)→Thread Group 中选择线程组即可，如图 10-16 所示。

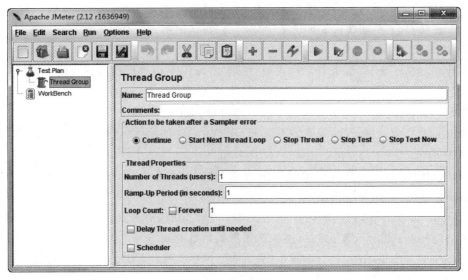

图 10-16　添加线程组

Name：线程组名称。

Comments：注释/说明。

Action to be taken after a Sampler error：取样器发生错误后执行的操作。具体操作如下。

(1) Continue：继续。

(2) Start Next Thread Loop：执行下一轮线程。

(3) Stop Thread：停止线程。

(4) Stop Test：停止测试。

(5) Stop Test Now：立刻停止测试。

Thread Properties：线程属性。

Number of Threads(users)(线程数)：虚拟用户数。一个虚拟用户占用一个进程或线程。设置多少虚拟用户数在这里也就是设置多少个线程数。每一个线程都会完全和独立地执行测试计划而不影响其他线程。多线程可以用于模拟到服务器程序的并发连接。

Ramp-Up Period(in seconds)(准备时长)：告诉 JMeter 需要多长时间来装载全部的线程。例如有 20 个线程被使用，如果 Ramp-up Period 为 100s，那么 JMeter 会花 100s 来使这 20 个线程运行。每个线程将在上个线程开始后 5s 开始。测试时，可以设置 Thread Group 循环的次数。如果设置为 3 次，那么 JMeter 将执行测试 3 次，然后停止。

Loop Count(循环次数)：每个线程发送请求的次数。如果线程数为 20，循环次数为 100，那么每个线程发送 100 次请求。总请求数为 20×100＝2000。如果选择了 Forever 复选框，那么所有线程会一直发送请求，直到选择停止运行脚本。

3．添加取样器

对于 JMeter 来说，取样器(Sampler)是与服务器进行交互的单元。

添加完成线程组后，在线程组上右击，在弹出的快捷菜单中选择 Add→Sampler(取样器)→HTTP Request 命令，将弹出 HTTP 请求设置的窗口，如图 10-17 所示。

一个 HTTP 请求有着许多的配置参数，下面详细介绍。

Name(名称)：本属性用于标识一个取样器，建议使用一个有意义的名称。

Comments(注释)：对于测试没有任何作用，用于记录用户可读的注释信息。

Server Name of IP(服务器名称或 IP 地址)：HTTP 请求发送的目标服务器名称或 IP 地址。

Port Number(端口号)：目标服务器的端口号，默认值为 80。

Protocol(协议)：向目标服务器发送 HTTP 请求时的协议，可以是 http 或者是 https，默认值为 http。

Method(方法)：发送 HTTP 请求的方法，可用方法包括 GET、POST、HEAD、PUT、OPTIONS、TRACE、DELETE 等。

Content encoding (内容编码)：内容的编码方式，默认值为 iso8859。

Path(路径)：目标 URL 路径(不包括服务器地址和端口)。

Redirect Automatively(自动重定向)：如果选中该选项，当发送 HTTP 请求后得到的响应是 302/301 时，JMeter 自动重定向到新的页面。

Use keep Alive：当该选项被选中时，JMeter 和目标服务器之间使用 Keep-Alive 方式进行 HTTP 通信，默认选中。

Use multipart/from-data for HTTP POST：当发送 HTTP POST 请求时，使用 Use multipart/from-data 方法发送，默认不选中。

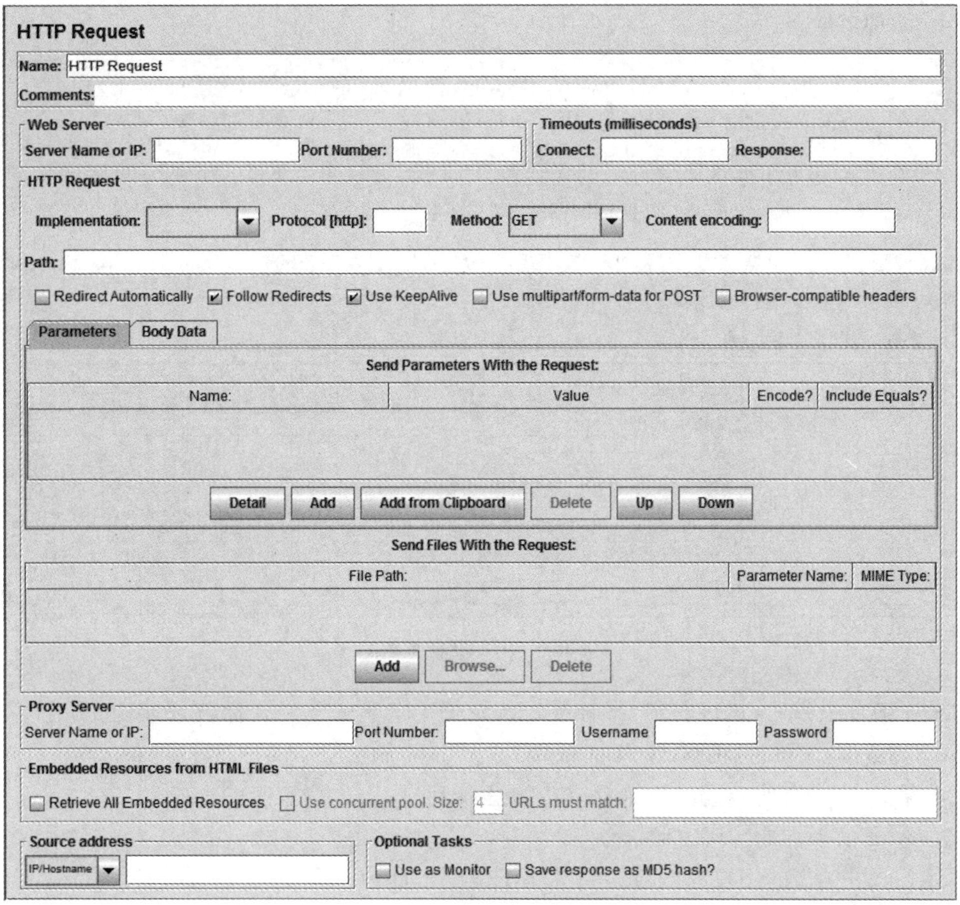

图 10-17　设置 HTTP 请求

　　Send Parameters With the Request（同请求一起发送参数）：在请求中发送 URL 参数，对于带参数的 URL，JMeter 提供了一个简单的参数化的方法。用户可以将 URL 中所有参数设置在本表中，表中的每一行是一个参数值对（对应 URL 中的 名称1＝值1）。

　　Send Files With the Request（同请求一起发送文件）：在请求中发送文件，通常，HTTP 文件上传行为可以通过这种方式模拟。

　　Embedded Resources from HTML Files（从 HTML 文件获取所有内含的资源）：当该选项被选中时，JMeter 在发出 HTTP 请求并获得响应的 HTML 文件内容后，还对该 HTML 进行解析，并获取 HTML 中包含的所有资源（图片、Flash 等）。默认不选中。如果用户只希望获取页面中的特定资源，可以在下方的 Embedded URLs must match 文本框中填入需要下载的特定资源表达式。这样，只有能匹配指定正则表达式的 URL 指向的资源会被下载。

　　Use as Monitor（用作监视器）：此取样器被当成监视器，在 Monitor Results Listener 中可以直接看到基于该取样器的图形化统计信息。默认为不选中。

　　Save response as MD5 hash?：若选中该项，在执行时仅记录服务端响应数据的 MD5 值，而不记录完整的响应数据。在需要进行数据量非常大的测试时，建议选中该项以减少取样器记录响应数据的开销。

4．添加监听器

监听器主要负责脚本运行的各种结果监听，这里只讲解几个常用的。

1）Aggregate Graph（聚合报告）

Aggregate Graph 是聚合报告。创建线程组后，在线程组上右击，在弹出的快捷菜单中选择 Add→Listener→Aggregate Graph 命令，如图 10-18 所示。

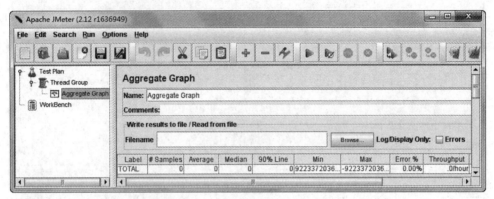

图 10-18　聚合报告

添加聚合报告后，运行脚本，聚合报告记录每个请求的各种指标（在作用范围内）。

Label：所监控记录的 Sampler 名称。

♯Samples：当前 Sampler 执行成功的总数。

Average：平均的响应时间。

Median：50％的用户的响应时间都小于或等于此值。

90％ Line：90％的用户的响应时间都小于或等于此值。

Min：最小的响应时间。

Max：最大的响应时间。

Error％：设置了断言之后，断言失败的百分比，如果没有设置断言，这里就是 0。

Throughput：吞吐量——默认情况下表示每秒完成的请求数。

KB/sec：每秒从服务端接收到的数据量。

2）Simple Data Writer

Simple Data Writer 监听器可以将请求过程中的数据写入一个文件中，可以当作脚本运行的简易日志。创建线程组后，在线程组上右击，在弹出的快捷菜单中选择 Add→Listener→Simple Data Writer 命令，弹出窗口，如图 10-19 所示。可以通过选择选项来保存想要的信息。

Log/Dispaly Only：有两个复选框 Errors 和 Successes，都不选择就是将成功和失败的都记录，任意选择其中一个就只保存选择的那个。

3）Save Responses to a file

Save Responses to a file 是保存响应到文件。创建线程组后，在线程组上右击，在弹出的快捷菜单中选择 Add→Listener→Save Responses to a file 命令，弹出窗口，如图 10-20 所示。

在 Filename prefix 文本框中输入文件名，选择 Save Failed Responses only（只保存失败的响应）复选框，脚本运行过程中如果有失败的就会在"D:/log"目录下生成以"test_"开头

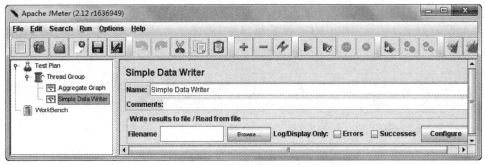

图 10-19　添加 Simple Data Writer

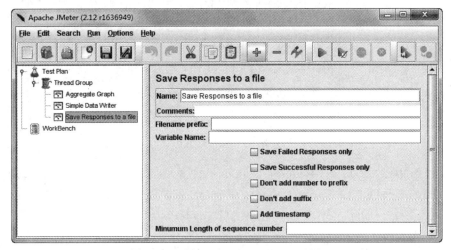

图 10-20　添加 Save Response to a file

的文件,如 test_1、test_2、…。

【注意】　Save Failed Responses only 和 Save Successful Responses only 不能同时选择,如果同时选择这两项则不会生成文件。

下面三项均可以与 Save Failed Responses only 或者 Save Successful Responses only 选项同时选择。

Don't add number to prefix:选择此项后只会生成一个文件,不会自动在前缀后加数字来区分,保存的一个文件只保存最后一次的响应数据。

Don't add suffix:选择此项则生成的文件没有后缀名。

Add timestamp:选择此项则生成的文件会自动加上当前时间戳。

Minumum Length of sequence number:自动生成的自增长的位数。

5. 创建测试脚本

JMeter 的 Web 测试脚本可以通过 JMeter 代理录制脚本和 Badboy 录制脚本,也可以自己添加请求参数。

下面介绍 JMeter 自带的 HTTP 代理服务器录制脚本的过程和步骤。

1) 建立 JMeter 测试计划(Test Plan)

打开 JMeter,将看到左边显示一个空的测试计划,将测试计划改名为 TestPlan_

example。

在测试计划中添加线程组。右击该测试计划，在弹出的快捷菜单中选择 Add（添加）→Thread Group（线程组）命令，添加一个线程组，改名为 TestGroup_example，如图 10-21 所示。

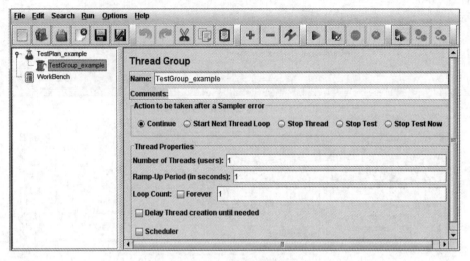

图 10-21　添加线程组

在线程组中添加 HTTP Request Default。右击，在弹出的快捷菜单中选择 Add→Config Element→HTTP Request Defaults 命令，将弹出 HTTP Request Defaults 窗口，在 Web Server：Server Name or IP 输入框中填写"jmeter.apache.org"，如图 10-22 所示。

图 10-22　添加 HTTP Request Defaults

在线程组中添加录制控制器。在线程组 TestGroup_example 上右击，在弹出的快捷菜单中选择 Add→Logic Controller→Recording Controller 命令，线程组中将增加一个录制控制器 Recording Controller，如图 10-23 所示。

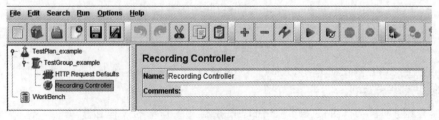

图 10-23　添加录制控制器

2）设置并启动 JMeter 代理服务器

右击 Work Bench（工作台），在弹出的快捷菜单中选择 Add→Non-Test Elements（非测试元件）→HTTP(S)Test Script Recorder（HTTP 脚本录制器）命令，如图 10-24 所示。

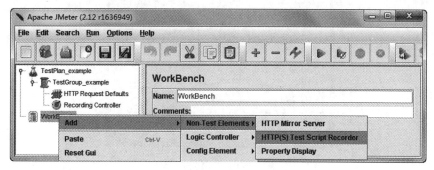

图 10-24　添加 HTTP 脚本录制器

设置该 HTTP 脚本录制器的目标控制器（Target Controller），选择刚才建立的线程组（TestPlan_example→TestGroup_ example→Recording Controller）。

针对 HTTP 脚本录制器可进行一些设置。在 URL Patterns to Include 中，单击 Add 按钮，将弹出一行空白栏，在里面填入".＊\.html"。URL Patterns to Exclude 表示需要过滤的文件，录制脚本时不进行捕捉。HTTP 脚本录制器的设置如图 10-25 所示。

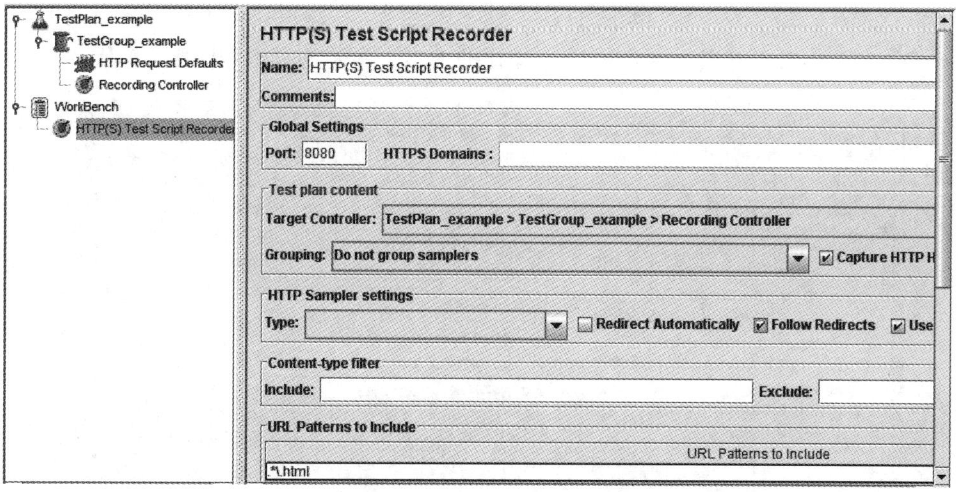

图 10-25　添加 HTTP 脚本录制器

右击 HTTP(S) Test Script Recorder，在弹出的快捷菜单中选择 Add→Listener→View Results Tree 命令，然后返回 HTTP(S) Test Script Recorder 窗口。

完成上述设置后，接下来需要设置浏览器代理，此时不要关闭 JMeter。

3）设置 IE 的代理服务器配置

打开 IE 界面，选择菜单栏中的 Tools（工具）→Internet Options（Internet 选项）→Connections（连接）→LAN Settings（局域网设置）命令，弹出窗口如图 10-26 所示。

在局域网设置（LAN setting）界面中，选择 Use a proxy server for your LAN（为 LAN 使用代理服务器），设置 Address（地址）为 localhost，Port（端口）为 8080，单击 OK 按钮，设

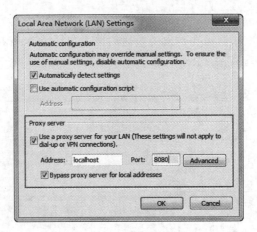

图 10-26　局域网设置

置完成(如果 8080 已经被占用了,那么就在 HTTP 代理服务器修改默认端口为其他端口号,并且与浏览器设置代理时的端口保持一致)。

在 JMeter 界面上,选择 HTTP 脚本录制器,单击右侧窗口下面的 Start 按钮。接下来就可以在 IE 浏览器上进行操作了。

4) 录制脚本

在浏览器的 URL 栏输入需要测试的地址"http://jmeter.apache.org/index.html",然后在页面上进行操作。操作完毕后,单击"HTTP 脚本录制器"右侧窗口下面的 Stop 按钮,将能看到 Recording Controller 中已经录制了刚才操作的内容。录制的脚本如图 10-27 所示。

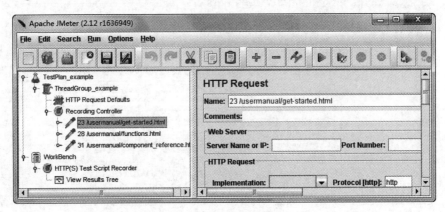

图 10-27　录制脚本

录制好脚本之后,保存测试计划。选择菜单栏中的 File→Save Test Plan as 命令,将弹出保存文件对话框,指定测试计划名称,并保存到相应的路径下。

完成录制后一定记得将浏览器代理设置还原。

6. 添加断言

如何验证请求结果是正确的?JMeter 的断言(Assertion)可以完成此任务。在需要验证的请求后面添加响应断言,再添加一个监听器来监听此断言运行的结果,在响应断言之后添加"断言结果"监听器。

下面示例中的脚本是使用 Badboy 工具录制的 LxBlog 博客系统登录和查看日志操作的脚本,以此介绍断言的添加和查看过程。

1) 添加断言

右击要添加断言的页面,在弹出的快捷菜单中选择 Add→Assertion→Response Assertion(响应断言)命令,将弹出响应断言的设置窗口。

2) 设置断言信息

断言设置窗口如图 10-28 所示。

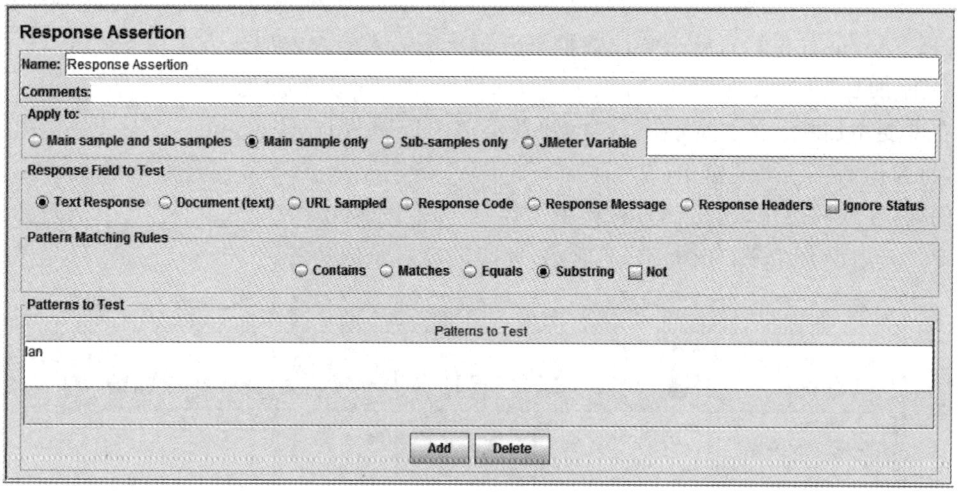

图 10-28　设置断言信息

Name:断言的名称。

Comments:注释。

Apply to:应用到。

(1) Main sample and sub-samples:主取样器和子取样器。

(2) Main sample only:只有主取样器。

(3) Sub-samples only:只有子取样器。

(4) JMeter Variable:JMeter 变量。

Response Field to Test:要测试的响应字段。

(1) Text Response:响应文本。

(2) Document(text):文档。

(3) URL Sampled:URL 样本。

(4) Response Code:响应代码。

(5) Response Message:响应信息。

(6) Response Headers:响应信息头。

(7) Ignore Status:忽略状态。

Pattern Matching Rules:模式匹配规则。

(1) Contains:包括。

(2) Matches:匹配。

(3) Equals:相等。

(4) Substring:子字符串。

(5) Not:否。

Patterns to Test:要测试的模式。

单击 Patterns to Test 下面的 Add 按钮,将增加一行空白栏,在此栏中添加要测试的模式。在其中输入预期内容(请求发送后的响应数据包含的数据),然后可以根据需要来选择匹配规则。例如,本例中,以"lan"用户登录,登录成功后,页面会显示"你好,lan"。因此在 Patterns to Test 中添加"lan"作为测试对象。在 Pattern Matching Rules(匹配规则中选择)中,选择 Contains(包括),就是响应数据只要包括所输入的内容即认为成功。

3)添加断言结果

右击要添加断言的页面,在弹出的快捷菜单中选择 Add→Listener→Assertion Results 命令,将弹出断言结果的窗口。

例如,在线程组中设置 3 个用户,单击运行。由于没有参数化,因此这 3 个用户是同一个用户。查看断言结果,如图 10-29 所示,此时的断言是成功的。

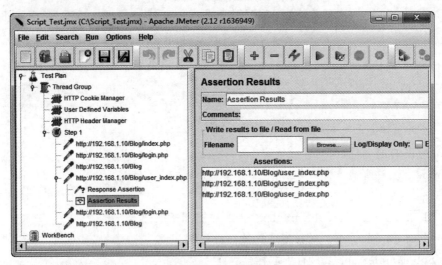

图 10-29 断言结果(1)

Name:断言结果名称。

Comments:注释。

Write results to file/Read from file:结果写入文件/从文件读。

Log/Display Only:仅在后面选择的情况下记录日志/显示。Errors:出错;Successes:成功。

Assertions:断言。运行脚本后,在此文本域中将显示断言结果。

更改断言的位置,将断言位置设置在用户已退出的页面,此时页面中没有字符串"lan",因此断言应该失败。再次执行测试,查看断言结果,如图 10-30 所示。此时可以看到断言失败的信息:Response Assertion:Test failed:text expected to contain/lan/。

7. 集合点

在 JMeter 中是以定时器元件(Timer)的 Synchronizing Timer 来实现集合点,可以设

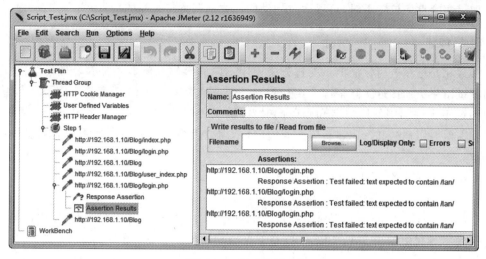

图 10-30　断言结果(2)

置线程数量达到一定数量时一起发送请求。

在需要插入集合点的请求上，右击，在弹出的快捷菜单中选择 Add→ Timer→ Synchronizing Timer 命令，将弹出 Synchronizing Timer 设置窗口，如图 10-31 所示。

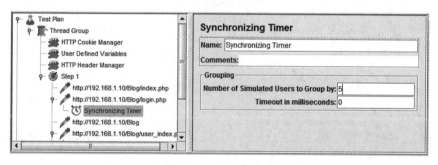

图 10-31　设置集合点

Name：集合点的名称。

Comments：注释。

Number of Simulated Users to Group by：集合点用户数量。

Timeout in milliseconds：超时时间(单位为毫秒)。

添加成功后，选中 Synchronizing Timer 将其用鼠标拖到请求之前(放在请求之后是没有效果的)，并且设置集合线程数量。例如线程组线程数量设置为 50 个，如果希望 50 个都准备好后一起发送请求，那么集合点就设置为 50。如果希望每等待 5 个线程就一起请求，那么集合点设置成 5 即可。

需要注意的是，集合点设置的数字满足下面两个条件脚本才能正常运行。

(1) 集合点设置数≤线程组的线程数量。如果集合点数量大于线程组线程数量，将永远也到不了集合点。

(2) 线程组的线程数量是集合点设置数的整数倍。如果分组有余数，最后一组永远也达不到集合点。

如果集合点的位置不对，可以通过拖动的方式来调整集合点的位置。

8．参数化

参数化是指在进行性能测试的过程中使用不同的参数来模拟系统的处理性能，从而使压力测试结果更加接近实际情况。例如录制一个登录操作的脚本，需要输入用户名和密码，如果系统不允许相同的用户名和密码同时登录，或者想更好地模拟多个用户来登录系统。这时就需要对用户名和密码进行参数化，使每个虚拟用户都使用不同的用户名和密码进行访问。

JMeter 中参数化主要有以下几种方式。

1）使用配置元件 CSV Data Set Config

CSV Data Set Config 可以将数据由 CSV 格式文件中读出，并保存为变量，以便测试工程师在脚本过程中调用。添加 CSV Data Set Config 的步骤是：在线程组上，右击，在弹出的快捷菜单中选择 Add→Config Element→CSV Data Set Config 命令，将弹出 CSV Data Set Config 窗口，如图 10-32 所示。

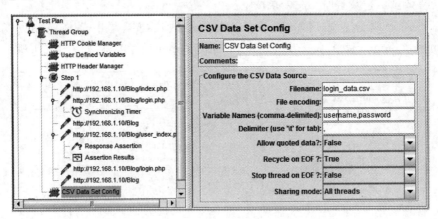

图 10-32　CSV Data Set Config

各数据项说明如下。

Name：名称。

Comments：注释。

Configure the CSV Data Source。

（1）FileName：数据文件的文件名。

（2）File encoding：数据文件的编码格式，默认是 UTF-8。

（3）Variable Names(comma-delimited)：参数变量名称，多变量时使用逗号分隔不同变量；参数文件中有几列这里就有几个变量，并且顺序与参数文件中的每一列相对应。

（4）Delimiter(use'\t'for tab)：数据文件中数据的分隔符。

（5）Allow quoted data?：是否允许使用引用的数据。

（6）Recycle on EOF?：当数据文件中的数据使用完毕，是否循环使用这些数据。

（7）Stop thread on EOF?：当数据文件中的数据使用完毕，是否终止线程。

（8）Sharing mode：共享模式。

配置完成后就可以在脚本中使用定义好的变量,使用方法是＄{变量名}。例如在HTTP请求中,参数化登录页面的用户名和密码时,就可以使用已经定义好的变量。

【注意】 数据文件必须和测试计划文件(*.jmx)保存在同一目录下,JMeter才可以正确读取数据。

2）使用JMeter自带函数获取参数值

JMeter中可以获取参数值有_Random(,,)、_threadNum、_CSVRead(,)、_StringFromFile(,,,)4个函数。

（1）_Random。

使用函数助手对话框,可打开此函数设置窗口。在菜单栏上选择Options→Function Helper Dialog命令,将弹出Function Helper(函数助手)对话框,在Choose a function列表框中选择_Random,如图10-33所示。

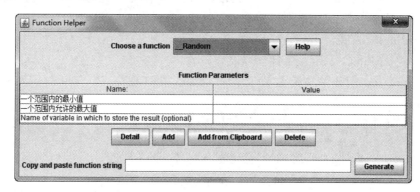

图10-33 _Random函数

Function Parameters(函数参数)如下。

第一个参数：一个范围内的最小值,即随机数的最小值。

第二个参数：一个范围内的最大值,即随机数的最大值。

第三个参数：Name of variable in which to store the result(optional),定义随机取到的值存储的变量名(是选填的),例如请求的时候使用了随机函数,然后响应断言的时候需要用到此随机值,即可使用自定义的变量,如＄{value}。此函数的使用形式为＄_Random(param1,param2,param3),前两个参数是随机数的开始(最小值)和结束值(最大值),最后一个参数是此函数随机生成的值所保存的变量。

（2）_threadNum。

_threadNum使用时没有任何参数,只是生成当前线程的线程编号,使用方法是：＄{_threadNum},如响应断言中加入这个函数,在断言结果中查看到。

（3）_CSVRead。

_CSVRead(,)：通过列读取文件。

打开Function Helper(函数助手)对话框,在Choose a function列表框中选择_CSVRead,如图10-34所示。

Function Parameters(函数参数)有两个参数。

① CSV file to get values from | * alias：要读取的参数文件路径。注意这里必须是绝对路径。

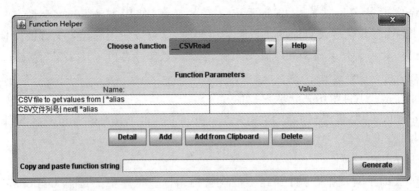

图 10-34 _CSVRead 函数

② CSV 文件列号|next| * alias：要读取的文件列，从第 0 列开始，0 即文件中第一列。如果要读取文件中的第二列，需要设置为 1。

（4）_StringFromFile。

_StringFromFile(,,,)：从文件读取内容。

打开 Function Helper（函数助手）对话框，在 Choose a function 列表框中选择_StringFromFile，如图 10-35 所示。

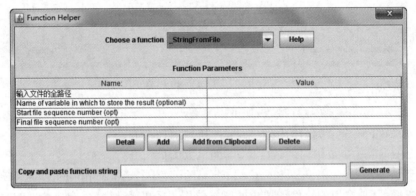

图 10-35 _StringFromFile 函数

_StringFromFile 有 4 个参数。

① 输入文件的全路径，注意是绝对路径。

② Name of variable in which to store the result(optional)，此函数读取的值所保存的变量，可以用在后续脚本中，例如 ${Svalue}。

③ Start file sequence number(opt)：文件开始的序列号（用在从多个文件读取参数值）。

④ Final file sequence number(opt)：文件结束的序列号（用在从多个文件读取参数值）。

只有第一个参数是必填，其他参数可根据情况选填。

9. JMeter 结果处理

1）查看结果树（View Results Tree）

为了更详细地了解脚本运行的情况，可以添加一个查看结果树（View Results Tree）。在测试初期，工程师调试脚本并观察运行脚本的执行效果都是通过查看结果树（View

Results Tree)进行的。

右击待查看的页面,在弹出的快捷菜单中选择 Add→Listener→View Results Tree 命令,将弹出查看结果树的窗口。

执行脚本,再次打开查看结果树的窗口,将看到脚本运行的详细信息,如图 10-36 所示。

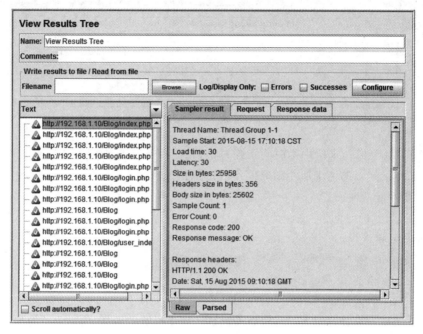

图 10-36　查看结果树

Name:名称。

Comments:注释。

Write results to file/Read from file:结果写入文件/从文件读。

Log/Display Only:仅在后面选择的情况下记录/显示日志。Errors:出错时记录日志;Successes:成功时记录日志。

查看结果树的右侧窗口中,包含下列三种视图。

(1) Sampler result(取样器结果):用于查看 HTTP 请求(HTTP Request)的执行情况。

(2) Request(请求):查看 HTTP 请求发送情况,可以在这里查看 POST 参数和 Cookie 的内容信息。

(3) Response data(响应数据):可以查看客户端所得到的响应数据(网页)内容,可以文本模式查看,也可以使用网页等形式查看。

2) 聚合报告(Aggregate Report)

右击待查看的页面或者循环控制器,在弹出的快捷菜单中选择 Add→ Listener→ Aggregate Report 命令,将弹出聚合报告的窗口。

运行测试脚本后,再次打开聚合报告,将看到详细的测试数据,如图 10-37 所示。

Label:Sample 的标签。

♯ Samples:同名 Label 的个数。

Average:平均响应时间。

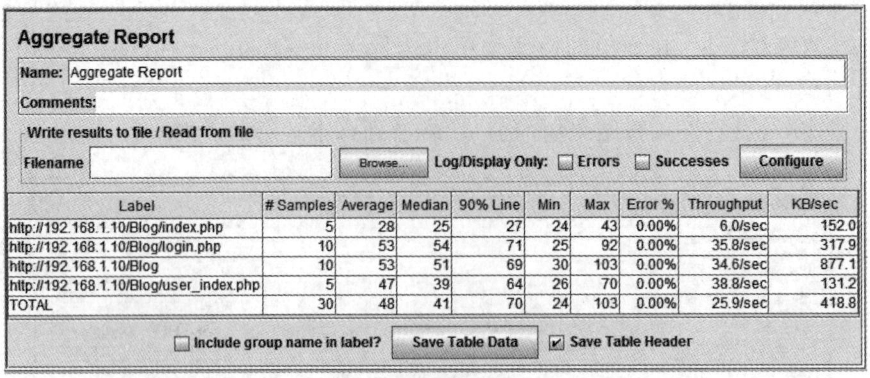

Label	# Samples	Average	Median	90% Line	Min	Max	Error %	Throughput	KB/sec
http://192.168.1.10/Blog/index.php	5	28	25	27	24	43	0.00%	6.0/sec	152.0
http://192.168.1.10/Blog/login.php	10	53	54	71	25	92	0.00%	35.8/sec	317.9
http://192.168.1.10/Blog	10	53	51	69	30	103	0.00%	34.6/sec	877.1
http://192.168.1.10/Blog/user_index.php	5	47	39	64	26	70	0.00%	38.8/sec	131.2
TOTAL	30	48	41	70	24	103	0.00%	25.9/sec	418.8

图 10-37　聚合报告

Median：50%的请求所用的时间不超过该值。

90% Line：90%的请求所用的时间不超过该值。

Min：最小响应时间。

Max：最大响应时间。

Error %：错误率。

Throughput：吞吐量，即每秒多少请求。

KB/sec：吞吐量，每秒多少 KB。

3）聚合图(Aggregate Graph)

Aggregate Graph 使测试人员可以查看测试计划中所有的取样(Sampler)的响应时间的均值，并可以将数据保存为文本格式和图像格式。聚合图的详细内容如图 10-38 和图 10-39 所示。

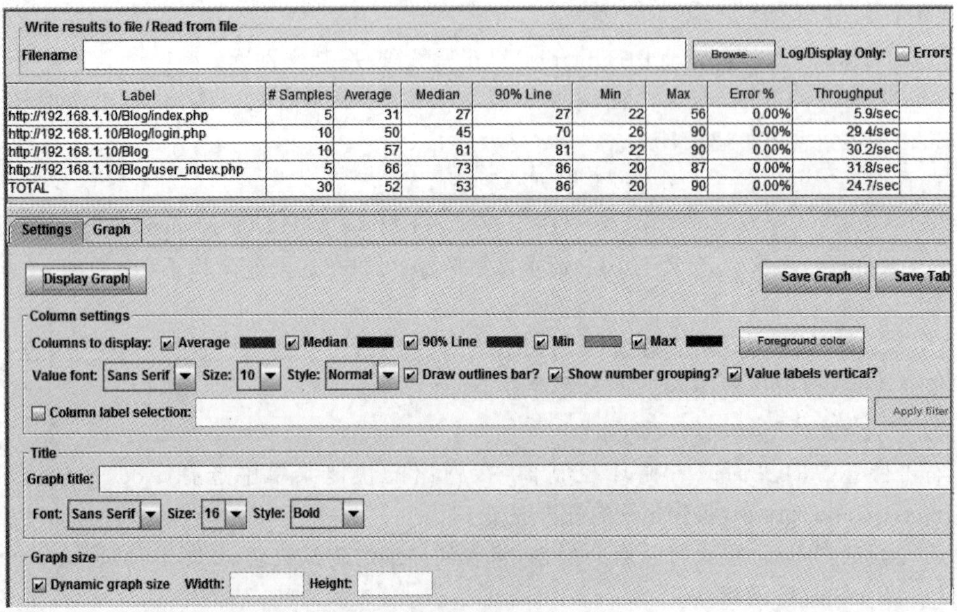

Label	# Samples	Average	Median	90% Line	Min	Max	Error %	Throughput
http://192.168.1.10/Blog/index.php	5	31	27	27	22	56	0.00%	5.9/sec
http://192.168.1.10/Blog/login.php	10	50	45	70	26	90	0.00%	29.4/sec
http://192.168.1.10/Blog	10	57	61	81	22	90	0.00%	30.2/sec
http://192.168.1.10/Blog/user_index.php	5	66	73	86	20	87	0.00%	31.8/sec
TOTAL	30	52	53	86	20	90	0.00%	24.7/sec

图 10-38　聚合图(1)

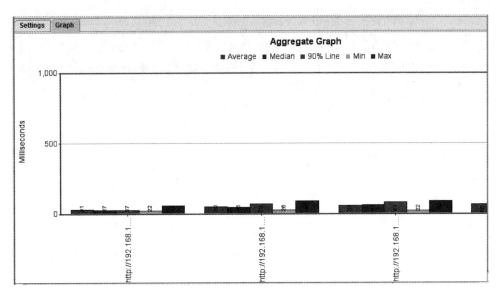

图 10-39　聚合图（2）

使用聚合图需要注意下列两点。

（1）Aggregate Graph 通过每一个取样器（Sampler）的名字进行归类，所以在录制完成脚本后，要根据统计需要重新对各 Sampler 命名以保证数据准确。

（2）Aggregate Graph 在每次执行测试计划的时候不能自动清空，可单击工具栏上的 Clear All 图标，清空数据。如不清空会造成测试结果数据的累加，所以需要测试人员在执行测试计划前手动清空其中的数据。

10.3.4　Badboy 录制脚本

Badboy 是一款免费 Web 自动化测试工具。利用它可以很方便地录制脚本，并且录制的脚本可以直接保存为 JMeter 可用的文件。

使用 Badboy 录制脚本，需要下载和安装 Badboy。Badboy 的下载地址为 http://www.badboy.com.au/。安装 Badboy 如同一般的 Windows 应用程序一样，按照提示一步步操作即可安装成功。

安装完成后，打开 Badboy，其录制初始界面如图 10-40 所示。

使用 Badboy 录制脚本的步骤如下。

1．录制脚本

打开 Badboy，默认启动就已经是录制模式了。在地址栏中输入被测试项目的地址，如"http://jmeter.apache.org/index.html"，按回车键，Badboy 将自动打开网页。Badboy 的右侧窗格将显示网站页面。对网站进行操作，工具就会记录所有请求。录制界面如图 10-41 所示。

录制完成后，单击工具栏上的红色按钮，结束录制。在左边窗格中，以树的形式显示录制的脚本，单击脚本左边的"＋"，将看到详细的信息，如图 10-42 所示。

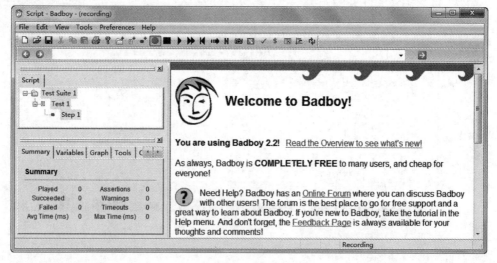

图 10-40　初始界面

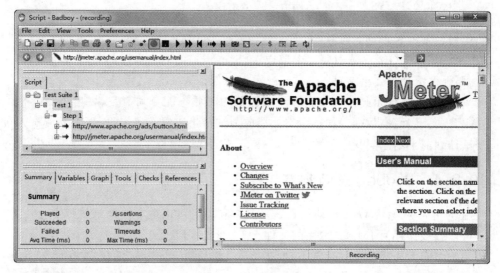

图 10-41　录制脚本

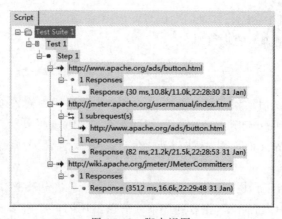

图 10-42　脚本视图

2. 保存脚本

选择菜单栏上的 File→Export to Jmeter…命令,将弹出文件保存窗口,设置要存储的文件名称,文件后缀名.jmx,将文件保存到相应的路径下。

3. 打开脚本

启动 JMeter,选择菜单栏上的 File→Open 命令,选择刚才保存的文件(.jmx 类型),将文件导入,如图 10-43 所示。

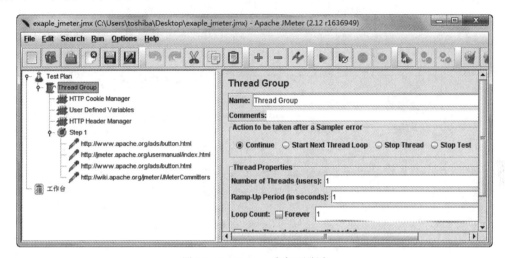

图 10-43　JMeter 中打开脚本

【注意】　录制的脚本一定要添加 HTTP Cookie Manager,否则脚本运行失败。

10.3.5　JMeter 性能测试案例

下面以 LxBlog 博客系统登录模块为例,介绍 JMeter 测试过程。

1. 录制脚本

打开 Badboy,在地址栏中输入被测试项目的地址"http://192.168.1.10/Blog/index.php",按回车键,Badboy 将自动打开网页。在网站中,进行登录操作:输入用户名、密码和验证码,单击"登录"按钮,进入博客系统。单击"相册"链接,查看照片,然后退出登录。在博客系统的页面中操作完成后,单击 Badboy 的红色按钮,停止录制。然后回放脚本,脚本执行通过,如图 10-44 所示。

2. 增强脚本

为了模拟不同的用户登录系统,在此需要参数化用户名和密码。

在脚本框格下面的信息窗格中,单击 Variables 标签,然后在空白处右击,在弹出的快捷菜单中选择 Add Variable 命令,将弹出 Variable Properties 对话框,如图 10-45 所示。

在 Enter a name for the variable:文本框中,输入参数的名称(如 name),在 Current

图 10-44　使用 Badboy 录制脚本

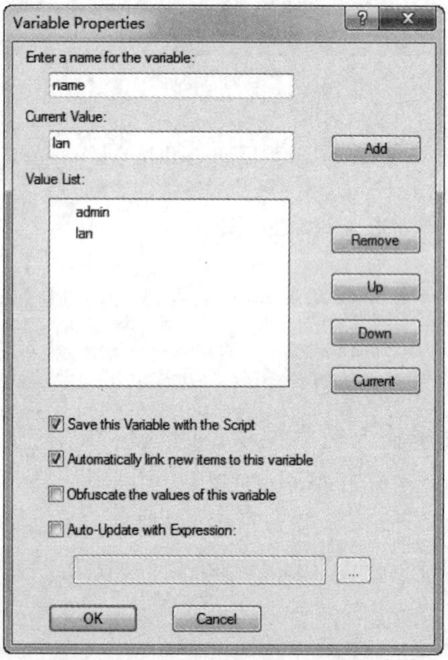

图 10-45　Variable Properties 对话框

Value 文本框中输入参数的值（如 lan），然后单击 Add 按钮，刚输入的参数值将添加到 Value List 列表中。如果要继续添加参数的值，在 Current Value 文本框中输入新的值，单击 Add 按钮，新的值将添加在 Value List 中。添加完参数的值后，选择 Save this Variable with the Script 和 Automatically link new items to this variable 复选框。然后单击 OK 按钮。

在本例中，为用户名和密码分别添加参数：name 和 password。

在脚本中，找到登录页面（/blog/login.php），展开脚本树，选中 pwtypev=admin，右击，在弹出的快捷菜单中选择 Properties 命令，将弹出 Item Properties 对话框，如图 10-46 所示。在 Value 文本框中，删除以前的值，输入之前新建的参数：${name}。

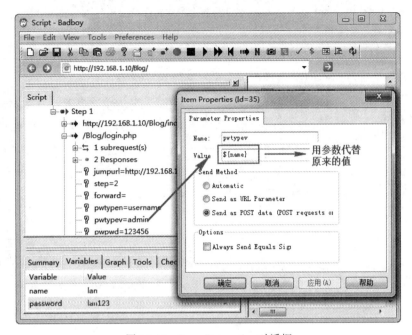

图 10-46　Item Properties 对话框

在脚本树中，选中 pwpwd=123456，进行上面类似的操作，在 Value 文本框中，删除以前的值，输入之前新建的参数：${password}。

在 Script 窗格中，选中 Step1，右击，在弹出的快捷菜单中选择 Properties 命令，将弹出 Item Properties 对话框，如图 10-47 所示。选择 For each value of variable 选项，在下拉列表中选择 name。脚本执行时将以 name 参数中的值进行迭代。

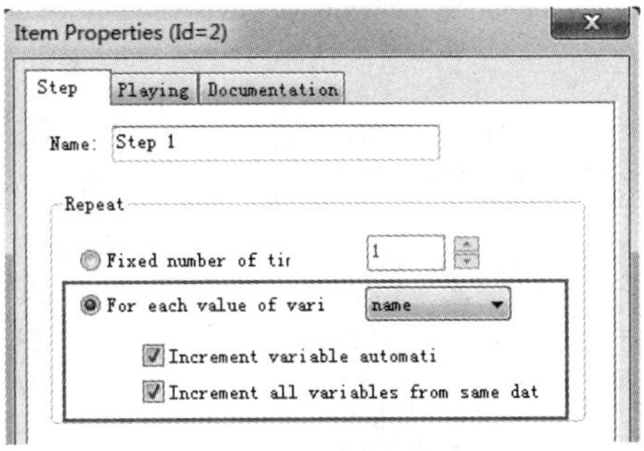

图 10-47　Item Properties 对话框

回放脚本，检查脚本是否能够正常回放。

3．保存脚本

选择菜单栏上的 File→Export to Jmeter 命令，将弹出文件保存窗口，设置要存储的文件名称,将文件保存到相应的路径下。

4. JMeter 中执行测试

1) 导入脚本

启动 JMeter(在 C:\apache-jmeter-2.12\bin 中,执行 jmeter.bat,即可启动 JMeter),选择 File→Open 命令,选择刚才保存的文件(.jmx 类型),将文件导入进来。单击脚本中的 http://192.168.1.10/Blog/login.php,在右侧窗格中将看到 HTTP 请求的详细信息,在 Parameters 中,可以看到之前参数化的信息,如图 10-48 所示。

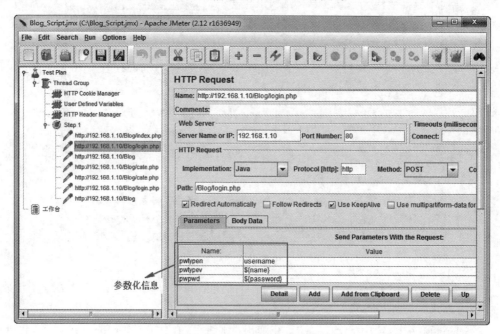

图 10-48　HTTP Request 信息

单击 Thread Group,在右侧窗格中设置 Thread Properties(线程的属性)。设置 Number of Threads(users)(线程数)、Ramp-UP Period(in seconds)(启动时间)和 Loop Count(循环次数),如图 10-49 所示。

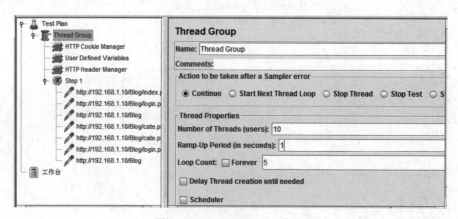

图 10-49　Thread Group 信息

2）添加监听器

选中 Thread Group，右击，在弹出的快捷菜单中选择 Add→Listener→View Results Tree 命令，在脚本的下面将增加一个图标（View Results Tree）。同样可以继续添加监听器：Aggregate Report 和 Graph Results，如图 10-50 所示。

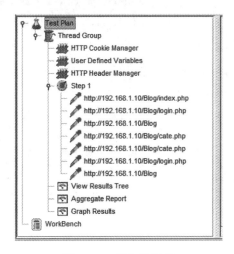

图 10-50　添加监听器

3）执行测试

单击 JMeter 工具栏上的绿色三角形图标，JMeter 将自动执行脚本，并记录测试数据。

4）查看结果

单击左侧窗格的脚本树中的 Aggregate Report，将在右侧窗格中显示聚合报告的内容，如图 10-51 所示。

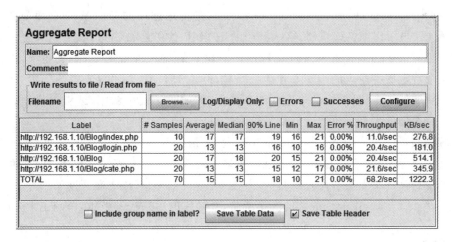

图 10-51　Aggregate Report

单击左侧窗格的脚本树中的 View Results Tree，将在右侧窗格中显示 View Results Tree 的内容，如图 10-52 所示。

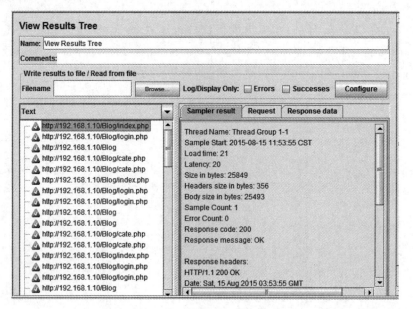

图 10-52　View Results Tree

10.4　Web 系统安全性测试

10.4.1　Web 常见攻击

1. 跨站点脚本攻击

跨站点脚本攻击（Cross-Site Scripting，XSS）是指恶意攻击者往 Web 页面中插入恶意 HTML 代码，当用户浏览该页时，嵌入其中的 HTML 代码会被执行，从而达到恶意攻击用户的特殊目的。Web 页面经常在应用程序中对用户的输入进行回显，一般而言，在预先设计好的某个特定域中输入的纯文本才能被回显，但是 HTML 并不仅支持纯文本，还可以包含多种客户端的脚本代码，以此来完成许多操作，例如验证表单数据，或者提供动态的用户界面元素。这样就为恶意攻击者提供了可乘之机。

XSS 漏洞可能造成的后果包括窃取用户会话，窃取敏感信息，重写 Web 页面，重定向用户到钓鱼网站等，尤为严重的是，XSS 漏洞可能使得攻击者能够安装 XSS 代理，从而使攻击者能够观察到该网站上所有用户的行为，并能操控用户访问其他的恶意网站。

目前，跨站点脚本攻击是最大的安全威胁，其导致的后果极其严重，影响也十分广泛。

2. SQL 注入

SQL 注入（SQL Injection）就是攻击者把 SQL 命令插入 Web 表单的输入域或页面请求的查询字符串，欺骗服务器执行恶意的 SQL 命令以达到对数据库的数据进行操控。如果应用程序使用权限较高的数据库用户连接数据库，那么通过 SQL 注入攻击很可能就直接得到系统权限，控制服务器操作系统，获取重要信息。

SQL 注入攻击的特点是攻击耗时少、危害大。SQL 注入可能带来的风险如下。

(1) 探知数据库的结构,为进一步发动攻击做准备。

(2) 窃取数据,泄露数据库内容。

(3) 取得系统更高权限后,可以增加、删除和修改数据库内部表结构和数据。

(4) 执行操作系统命令,进而控制服务器。

(5) 在服务器上挂上木马,影响所有访问该服务器的主机。

SQL 注入是前几年国内最流行的 Web 攻击方式,国内大部分的网站被入侵都是 SQL 注入攻击造成的。近两年,SQL 注入漏洞研究已经从显示的 URL 直接注入表单,再到 HTTP 头的各个字段的 SQL 注入。SQL 注入根据应用程序和使用数据库的不同,攻击的方式也存在各种差别。

常见的 SQL 攻击的过程如图 10-53 所示。

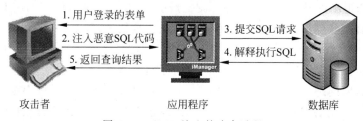

图 10-53　SQL 注入的攻击过程

(1) 应用程序展示给攻击者一个用户登录的表单。

(2) 攻击者在表单中注入恶意 SQL 代码。

(3) 应用程序根据用户输入形成一个包含攻击的 SQL 查询,并向数据库提交。

(4) 数据库解释执行包含攻击的 SQL 查询并向应用程序返回查询结果。

(5) 应用程序向攻击者返回查询结果。

3. 跨站请求伪造

跨站请求伪造(Cross-Site Request Forgery,CSRF)是一种对网站的恶意利用,可以在受害者毫不知情的情况下以受害者名义伪造请求发送给受攻击站点,从而在未授权的情况下执行在权限保护之下的操作,具有很大的危害性。

OWASP 对 CSRF 的定义为:CSRF 攻击迫使通过验证的终端用户在毫无察觉的情况下向 Web 应用提交不必要的动作。其攻击过程简单地说,攻击者在社会工程帮助下(如通过电子邮件/聊天发送的连接),伪造一个合法用户请求,该请求不是该用户想发起的请求,而对服务器或服务来说这个请求是完全合法的,但是却完成了一个攻击者所期望的操作,例如添加一个用户到管理者的群组中,或将一个用户的积分转到另外的一个账户中。一个成功的 CSRF 攻击的目标是普通用户时,它可能会危害终端用户的数据和操作。如果 CSRF 攻击的目标是管理员用户时,它可能会损害整个 Web 应用程序。

CSRF 攻击原理比较简单,如图 10-54 所示。其中网站 A 为存在 CSRF 漏洞的网站,网站 B 为攻击者构建的恶意网站,用户 C 为网站 A 的合法用户。

(1) 用户 C 打开浏览器,访问受信任网站 A,输入用户名和密码请求登录网站 A。

(2) 在用户信息通过验证后,网站 A 产生 Cookie 信息并返回给浏览器,此时用户登

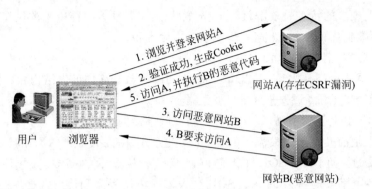

图 10-54　CSRF 攻击原理

网站 A 成功,可以正常发送请求到网站 A。

(3) 用户未退出网站 A 之前,在同一浏览器中,打开一个新页访问网站 B。

(4) 网站 B 接收到用户请求后,返回一些攻击性代码,并发出一个请求要求访问第三方站点 A。

(5) 浏览器在接收到这些攻击性代码后,根据网站 B 的请求,在用户不知情的情况下携带 Cookie 信息,向网站 A 发出请求。网站 A 并不知道该请求其实是由 B 发起的,所以会根据用户 C 的 Cookie 信息以 C 的权限处理该请求,导致来自网站 B 的恶意代码被执行。

4. 拒绝服务攻击

DoS(Denial of Service)即拒绝服务。造成 DoS 的攻击行为称为 DoS 攻击(拒绝服务攻击)。拒绝服务攻击是攻击者利用大量的数据包"淹没"目标主机,耗尽可用资源乃至系统崩溃,而无法对合法用户做出响应。Web 应用程序非常容易遭受拒绝服务攻击,这是由于 Web 应用程序本身无法区分正常的请求通信和恶意的通信数据。

分布式拒绝服务攻击(Distributed Denial of Service,DDoS)是攻击者利用网络上成百上千的代理端机器(傀儡机)——被利用主机,对攻击目标发动威力巨大的拒绝服务攻击。其目标是"瘫痪敌人",而不是传统的破坏和窃密。

攻击者在客户端通过 Telnet 之类的常用连接软件,向主控端(Master)发送对目标主机的攻击请求命令。主控端侦听接收攻击命令,并把攻击命令传到代理端,代理端是执行攻击的角色,收到命令立即发起 Flood 攻击。分布式拒绝服务攻击的原理如图 10-55 所示。

常见的拒绝服务攻击如下。

1) SYN Flood

SYN Flood(SYN 洪水攻击)是当前最流行的拒绝服务攻击方式之一。它是利用 TCP 协议缺陷,发送大量伪造的 TCP 连接请求,使被攻击方资源耗尽(CPU、内存等资源)的攻击方式。

2) UDP 洪水攻击

攻击者利用简单的 TCP/IP 服务,如 Chargen 和 Echo 来传送毫无用处的占满带宽的数据。通过伪造与某一主机的 Chargen 服务之间的一次 UDP 连接,回复地址指向开着 Echo 服务的一台主机,这样就生成在两台主机之间存在很多的无用数据流,这些无用数据流就会导致带宽的服务攻击。

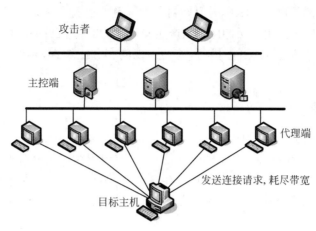

图 10-55　DDoS 攻击原理

3）IP 欺骗拒绝服务攻击

IP 欺骗性攻击是利用 RST 位来实现的。假设有一个合法用户已经同服务器建立了正常的连接，攻击者构造攻击的 TCP 数据，伪装自己的 IP 与合法用户的 IP 一致，并向服务器发送一个带有 RST 位的 TCP 数据段。服务器接收到这样的数据后，认为从合法用户发送的连接有错误，就会清空缓冲区中建立好的连接。这时，如果合法用户再发送合法数据，服务器就已经没有这样的连接了，该用户就必须重新开始建立连接。攻击时，攻击者会伪造大量的 IP 地址，向目标发送 RST 数据，使服务器不对合法用户服务，从而实现了对受害服务器的拒绝服务攻击。

4）Smurf 攻击

Smurf 是一种具有放大效果的 DoS 攻击，具有很大的危害性。这种攻击形式利用了 TCP/IP 中的定向广播的特性。Smurf 攻击过程中有三个角色：受害者、帮凶（放大网络，即具有广播特性的网络）和攻击者。攻击者用广播的方式发送回复地址为受害者地址的 ICMP 请求数据包，由于广播的原因，每个收到这个数据包的主机都进行回应，大量的回复数据包发给受害者，从而导致受害主机不堪重负而崩溃。

如果在网络内检测到目标地址为广播地址的 ICMP 包，证明内部有人发起了这种攻击（或者是被用作攻击，或者是内部人员所为）。如果 ICMP 包的数量在短时间内上升许多（正常的 ping 程序每隔一秒发一个 ICMP echo 请求），证明有人在利用这种方法攻击系统。为了防止被攻击，在防火墙上过滤掉 ICMP 报文，或者在服务器上禁止 ping，并且只在必要时才打开 ping 服务。

5）Land 攻击

Land 攻击是用一个特别打造的 SYN 包，它的源地址和目标地址都被设置成某一个服务器地址。此举将导致接收服务器向它自己的地址发送 SYN＋ACK 消息，结果这个地址又发回 ACK 消息并创建一个空连接。被攻击的服务器每接收一个这样的连接都将保留，直到超时，这将耗费系统大量资源。预防 Land 攻击最好的办法是配置防火墙，对那些在外部接口入站的含有内部源地址的数据包进行过滤。

6）ping 洪流攻击

由于在早期的阶段，路由器对包的最大尺寸都有限制。许多操作系统对 TCP/IP 栈的实现在 ICMP 包上都是规定 64KB,并且在对包的标题头进行读取之后,要根据该标题头中包含的信息来为有效载荷生成缓冲区。当产生畸形的,声称自己的尺寸超过 ICMP 上限的包也就是加载的尺寸超过 64KB 上限时,就会出现内存分配错误,导致 TCP/IP 堆栈崩溃,致使接收方死机。

5. Cookie 欺骗

为了方便用户浏览或准确收集访问者信息,很多网站都采用了 Cookie 技术。Cookie 是 Web 服务器存放在客户端计算机的一些信息,主要用于客户端识别或身份识别等。

Cookie 欺骗是攻击者通过修改存放在客户端的 Cookie 来达到欺骗服务器认证目的。Cookie 欺骗实现的前提条件是服务器的验证程序存在漏洞,并且冒充者要获得被冒充的人的 Cookie 信息。

实现基于 HTTP Cookie 攻击的前提是目标系统在 Cookie 中保存了用户 ID、凭证、状态等其他可以用来进行攻击的信息。通常的攻击方式有以下三种。

(1) 直接访问 Cookie 文件查找想要的机密信息。

(2) 在客户端和服务端进行 Cookie 信息传递时进行截取,进而冒充合法用户进行操作。

(3) 攻击者修改 Cookie 信息(逻辑判断信息、数字类型信息),在服务端接收到客户端获取的 Cookie 信息的时候,就会对攻击者伪造过的 Cookie 信息进行操作。

获取 Cookie 信息的主要途径如下。

(1) 直接读取磁盘的 Cookie 文件。

(2) 使用网络嗅探器来获取网络上传输的 Cookie。

(3) 使用一些 Cookie 管理工具获取内存或者文件系统中的 Cookie。

(4) 使用跨站脚本来盗取 Cookie。

6. 缓冲区溢出

缓冲区溢出是指当计算机向缓冲区内填充数据时超过了缓冲区本身的容量,部分数据就会溢出到堆栈中。缓冲区溢出攻击是攻击者在程序的缓冲区中写超出其长度的内容,造成缓冲区的溢出,从而破坏程序的堆栈,使程序转而执行攻击者预设的指令,以达到攻击的目的。

缓冲区溢出攻击可以导致程序运行失败、系统崩溃。更为严重的是,可以利用它执行非授权指令,甚至可以取得系统特权,进而进行各种非法操作。

造成缓冲区溢出问题通常有以下两种原因。

一是设计空间的转换规则的校验问题。即缺乏对可测数据的校验,导致非法数据没有在外部输入层被检查出来并丢弃。非法数据进入接口层和实现层后,由于它超出了接口层和实现层的对应测试空间或设计空间的范围,从而引起溢出。

二是局部测试空间和设计空间不足。当合法数据进入后,由于程序实现层内对应的测试空间或设计空间不足,导致程序处理时出现溢出。

7. XML 注入

和 SQL 注入原理一样,XML 是存储数据的地方,如果在查询或修改时,没有做转义,直接输入或输出数据,都将导致 XML 注入漏洞。攻击者可以修改 XML 数据格式,增加新的 XML 节点,对数据处理流程产生影响。

8．文件上传漏洞

Web 应用程序在处理用户上传的文件时,没有判断文件的扩展名是否在允许的范围内,或者没检测文件内容的合法性,就把文件保存在服务器上,甚至上传带木马的文件到 Web 服务器上,导致黑客直接控制 Web 服务器。

9．目录遍历漏洞

由于变量过滤不严与服务器的配置失误,导致黑客利用该文件的文件操作函数对任意文件进行访问。如果存在目录遍历漏洞,攻击者就可以获取数据库链接文件源码,获得系统敏感文件内容,甚至对文件进行写入、删除等操作。

10.4.2　Web 安全测试简介

安全性测试(Security Testing)是有关验证应用程序的安全服务和识别潜在安全性缺陷的过程。安全性测试的目的是查找程序设计中存在的安全隐患,并检查应用程序对非法入侵的防范能力。系统要求的安全指标不同,其安全测试策略也不同。

Web 安全测试方法主要包括功能验证、漏洞扫描、模拟攻击和侦听技术。

1．功能验证

功能验证是采用软件测试当中的黑盒测试方法,对涉及安全的软件功能,如用户管理模块、权限管理模块、加密系统、认证系统等进行测试,主要验证上述功能是否有效,具体方法可使用黑盒测试方法。

2．漏洞扫描

漏洞扫描通常借助于特定的漏洞扫描器来完成。漏洞扫描器是一种自动检测远程或本地主机安全性弱点的程序。漏洞扫描可以用于日常安全防护,也可以作为对软件产品或信息系统进行测试的手段,可以在安全漏洞造成严重危害前,发现漏洞并加以防范。

目前 Web 安全扫描器针对 XSS、SQL injection、OPEN redirect、PHP File Include 漏洞的检测技术已经比较成熟。商业软件 Web 安全扫描器有 IBM Rational AppScan、WebInspect、Acunetix WVS 等。免费的扫描器有 W3af、Skipfish 等。

测试时,可以先对网站进行大规模的扫描操作,工具扫描确认没有漏洞或者漏洞已经修复后,再进行手工检测。

3．模拟攻击

模拟攻击是使用自动化工具或者人工的方法模拟黑客的攻击方法,对应用系统进行攻击性测试,从中找出系统运行时所存在的安全漏洞,验证系统的安全防护能力。这种测试的特点是真实有效,一般找出来的问题都是正确的,也是较为严重的。但模拟攻击测试有一个致命的缺点就是模拟的测试数据只能到达有限的测试点,覆盖率很低。

模拟攻击测试的内容包括冒充、重演、消息篡改、拒绝服务、内部攻击、外部攻击、木马等。

4. 侦听技术

侦听技术实际上是在数据通信或数据交互过程,对数据进行截取分析的过程。目前最为流行的是网络数据包的捕获技术,通常称为 Capture,黑客可以利用该项技术实现数据的盗用,而测试人员同样可以利用该项技术实现安全测试。该项技术主要用于对网络加密的验证。

10.4.3 Web 安全测试工具

常用的安全测试工具有 HP 公司的 WebInspect,IBM 公司的 Rational AppScan,Google 公司的 Skipfish,Acunetix 公司的 Acunetix Web Vunlnerability Scanner 等。还有一些免费或开源的安全测试工具,如 WebScarab、Websecurify、Firebug、Netsparker、Wapiti 等。

1. WebInspect

HP WebInspect 是建立在 Web 2.0 技术基础上,可以对 Web 应用程序进行网络应用安全测试和评估。WebInspect 提供了快速扫描功能,并能进行广泛的安全评估,并给出准确的 Web 应用程序安全扫描结果。它可以识别很多传统扫描程序检测不到的安全漏洞。利用创新的评估技术,例如同步扫描和审核(Simultaneous Crawl and Audit,SCA)及并发应用程序扫描,可以快速而准确地自动执行 Web 应用程序安全测试和 Web 服务安全测试。

WebInspect 的主要功能如下。

(1) 利用创新的评估技术检查 Web 服务及 Web 应用程序的安全。
(2) 自动执行 Web 应用程序安全测试和评估。
(3) 在整个生命周期中执行应用程序安全测试和协作。
(4) 通过最先进的用户界面轻松运行交互式扫描。
(5) 利用高级工具(HP Security Toolkit)执行渗透测试。

网站地址为 http://www8.hp.com/cn/zh/software-solutions/enterprise-software-products-a-z.html?view=list。

2. AppScan

Rational AppScan 是 IBM 公司推出的一款 Web 应用安全测试工具,是对 Web 应用和 Web Services 进行自动化安全扫描的黑盒工具。它不但可以简化企业发现和修复 Web 应用安全隐患的过程,还可以根据发现的安全隐患,提出针对性的修复建议,并能形成多种符合法规、行业标准的报告,方便相关人员全面了解企业应用的安全状况。

Rational AppScan 采用黑盒测试的方式,可以扫描常见的 Web 应用安全漏洞,如 SQL 注入、跨站点脚本攻击、缓冲区溢出等安全漏洞的扫描。Rational AppScan 还提供了灵活报表功能。在扫描结果中,不仅能够看到扫描的漏洞,还提供了详尽的漏洞原理、修改建议、手动验证等功能。AppScan 支持对扫描结果进行统计分析,支持对规范法规遵循的分析,并提供 Delta AppScan 帮助建立企业级的测试策略库比较报告,以比较两次检测的结果,从而作为质量检验的基础数据。

网站地址为 http://www.ibm.com/developerworks/cn/downloads/r/appscan/learn.html。

3. Acunetix Web Vulnerability Scanner

Acunetix Web Vulnerability Scanner 是一个网站及服务器漏洞扫描软件,它包含收费和免费两种版本。Acunetix Web Vulnerability Scanner 的功能如下。

(1) 自动的客户端脚本分析器,允许对 Ajax 和 Web 2.0 应用程序进行安全性测试。

(2) 先进且深入的 SQL 注入和跨站脚本测试。

(3) 高级渗透测试工具,例如 HTTP Editor 和 HTTP Fuzzer。

(4) 可视化宏记录器,可帮助用户轻松测试 Web 表格和受密码保护的区域。

(5) 支持含有 Capthca(验证码)的页面,单个开始指令和 Two Factor(双因素)验证机制。

(6) 丰富的报告功能。

(7) 高速的多线程扫描器轻松检索成千上万个页面。

(8) 智能爬行程序检测 Web 服务器类型和应用程序语言。

(9) Acunetix 检索并分析网站,包括 Flash 内容、SOAP 和 Ajax。

(10) 端口扫描 Web 服务器并对在服务器上运行的网络服务执行安全检查。

网站地址为 http://www.acunetix.com/。

4. Nikto

Nikto 是一款开源的(GPL)Web 服务器扫描器。它可以对 Web 服务器进行全面的多种扫描,包含超过 3300 种有潜在危险的文件 CGIs,超过 625 种服务器版本,以及超过 230 种特定服务器问题。

网站地址为 http://www.cirt.net/nikto2。

5. WebScarab

WebScarab 是由开放式 Web 应用安全项目(OWASP)组开发的,用于测试 Web 应用安全的工具。

WebScarab 利用代理机制,可以截获 Web 浏览器的通信过程,获得客户端提交至服务器的所有 HTTP 请求消息,还原 HTTP 请求消息(分析 HTTP 请求信息)并以图形化界面显示其内容,并支持对 HTTP 请求信息进行编辑修改。

网站地址为 https://www.owasp.org/index.php/Category:OWASP_WebScarab_Project。

6. Websecurify

Websecurify 是一款开源的跨平台网站安全检查工具,能够精确地检测 Web 应用程序安全问题。

Websecurify 可以用来查找 Web 应用中存在的漏洞,如 SQL 注入、本地和远程文件包含、跨站脚本攻击、跨站请求伪造、信息泄露、会话安全等。

网站地址为 http://www.websecurify.com/。

7. Wapiti

Wapiti 是一个开源的安全测试工具,可用于 Web 应用程序漏洞扫描和安全检测。Wapiti 是用 Python 编写的脚本,它需要 Python 的支持。Wapiti 采用黑盒方式执行扫描,而不需要扫描 Web 应用程序的源代码。Wapiti 通过扫描网页的脚本和表单,查找可以注入数据的地方。Wapiti 能检测以下漏洞:文件处理错误;数据库注入(包括 PHP/JSP/ASP SQL 注入和 XPath 注入);跨站脚本注入(XSS 注入);LDAP 注入;命令执行检测(如 eval()、system()、passtru()等);CRLF 注入等。

Wapiti 被称为轻量级安全测试工具,因为它的安全检测过程不需要依赖漏洞数据库,因此执行的速度会更快些。

网站地址为 http://sourceforge.net/projects/wapiti/。

8. Firebug

Firebug 是浏览器 Mozilla Firefox 下的一款插件,它集 HTML 查看和编辑、JavaScript 控制台、网络状况监视器于一体,是开发 JavaScript、CSS、HTML 和 Ajax 的得力助手。Firebug 如同一把精巧的瑞士军刀,从各个不同的角度剖析 Web 页面内部的细节层面,给 Web 开发者带来很大的便利。Firebug 也是一个除错工具,用户可以利用它除错、编辑、甚至删改任何网站的 CSS、HTML、DOM 以及 JavaScript 代码。

10.4.4 AppScan

1. AppScan 简介

IBM Rational AppScan 是一种自动化 Web 应用程序安全性测试引擎,能够连续、自动地审查 Web 应用程序,测试安全性问题,并生成包含修订建议的行动报告,简化修复过程。

IBM Rational AppScan 提供下列功能。

(1) 核心漏洞支持。包含 WASC 隐患分类中已识别的漏洞,如 SQL 注入、跨站点脚本攻击和缓冲区溢出。

(2) 广泛的应用程序覆盖。包含集成 Web 服务扫描和 JavaScript 执行(包括 Ajax)与解析。

(3) 自定义和可扩展功能。AppScan eXtension Framework 运行用户社区共享和构建开源插件。

(4) 高级补救建议。展示全面的任务清单,用于修订扫描过程中揭示的问题。

(5) 面向渗透测试人员的自动化功能。高级测试实用工具和 Pyscan 框架作为手动测试的补充,提供更强大的力量和更高的效率。

(6) 法规遵从性报告。40 种开箱即用的遵从性报告,包括 PCI Data Security Standard、ISO 17799 和 ISO 27001 以及 Basel Ⅱ。

2. AppScan 扫描原理

AppScan 扫描包括三个阶段：探测阶段、测试阶段、扫描阶段。

1）探测阶段

在探测阶段，AppScan 将模仿一个用户对被访问的 Web 应用或 Web 服务站点进行探测访问，通过发送请求对站点内的链接与表单域进行访问或填写，以获取相应的站点信息。然后，AppScan 的分析器将会对已发送的每一个请求后的响应做出判断，查找出可能潜在风险的地方，并针对这些可能会隐含风险的响应，确定将要自动生成的测试用例。探测过程中所采用的测试策略可以选择默认的或自定义的，用户可根据测试需求采用不同的测试策略。测试策略库是 AppScan 内置的，用户可以定义适当的组合，来检测可能存在的安全隐患。

AppScan 测试策略库是针对 WASC 和 OWASP 这两大安全组织所认为的安全风险定制的。测试策略库就如同病毒库一般，时刻保持着最新的状态，可以通过对策略库的更新，来检测最近发现的 Web 漏洞。

探测阶段完成后，这些高危区域是否真的隐含着安全缺陷或应做更好的改良，以及这些隐含的风险是处于什么程度，需要在测试执行完成后，才能最终得出结论。

2）测试阶段

探测阶段后，AppScan 已经分析出可能潜在安全风险的站点模型，并知道需要生成多少测试用例，此阶段主要是生成这些已经计划好的测试用例。AppScan 是通过测试策略库中对相应安全隐患的检测规则而生成对应的测试输入，这些测试输入，将在扫描执行阶段对系统进行验证。通常对一个系统的测试，将会生成上万甚至几十万上百万的测试用例输入。

3）扫描阶段

扫描阶段，AppScan 才真正地工作起来。它把测试阶段的测试用例产生的服务请求陆续地发送出去，然后再检测分析服务的响应结果，从而判断该测试用例的输入是否造成了安全隐患或安全问题。接着再通过测试用例生成的策略，找出该安全问题的描述，以及该问题的解决方案，同时还报告相关参数的请求发送以及响应结果。

扫描阶段完成以后，AppScan 将统计相应的安全问题的检测结果，可以再进行检测结果的报告导出等，继而对检测出的问题进行逐个的分析，并可依据报告对问题进行修复或改良。

AppScan 安全测试模式如图 10-56 所示。

3. AppScan 典型工作流程

AppScan 是一个交互式的工具，其测试范围和测试程度取决于用户对它进行的相应配置。因此，在使用 AppScan 之前，应先对其进行相应的配置，以满足用户不同范围和程度的需求。当然，用户也可以通过默认的内置定义进行测试，此时 AppScan 将会按照默认的设置进行测试。

通常情况下，AppScan 操作流程如图 10-57 所示。

1）Template Selection（模板选择）

可以预先定义一套模板，或者选择系统默认的设置模板。预定义模板可以通过先选择

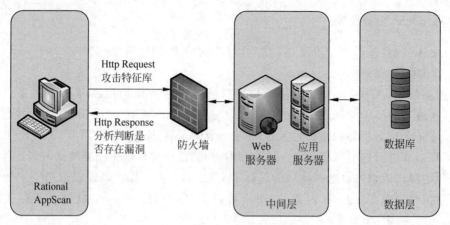

图 10-56　AppScan 安全测试模式

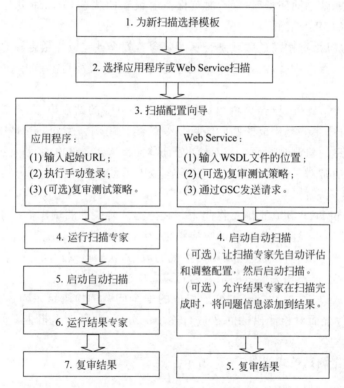

图 10-57　AppScan 基本工作流程

默认模板，完成向导后先暂时不执行测试，然后再对当前的扫描任务进行自定义，定义为想要的模板样式，在 Scan Configuration 中选择另存，保存模板。在创建新的扫描时，就可以选择这个定义好的扫描模板。

2）Application or Web Service Scan(选择应用或 Web Service 扫描)

打开配置向导，根据需要选择测试的对象是 Web 应用程序还是 Web Service。

3）Scan Configuration(扫描配置)

在进行扫描配置时，需要设置将要访问的应用或服务，设置登录验证，选择测试策略。

也可以使用默认的配置或加载修改适合需要的配置。

扫描 Web 应用步骤如下。

① 填入开始的 URL。

② (推荐)手动执行登录指南。

③ (可选)检查测试策略。

扫描 Web Service 的步骤如下。

① 输入 WSDL 文件位置。

② (可选)检查测试策略。

③ 在 AppScan 录制用户输入和回复时,用自动打开的 Web 服务探测器接口发送请求到服务端。

4) 运行扫描专家(可选,仅 Web 应用)

(1) 打开扫描专家来检查用户为应用扫描配置的效果。

(2) 复审建议的配置更改,并选择性地应用这些更改。

【注】 启动扫描时,可以配置"扫描专家"以执行分析,然后在开始扫描时应用它的部分建议。

5) 启动自动扫描

6) 运行结果专家(可选)

运行结果专家以处理扫描结果,并向"问题信息"选项卡添加信息。

7) 复审结果

复审结果用于评估站点的安全状态。还可以执行下列操作。

(1) 为没有发现的链接额外执行手工扫描。

(2) 打印报告。

(3) 复审修复任务。

思考题

1. 什么是兼容性测试?兼容性测试需要考虑哪些方面?

2. 什么是响应时间?在 Web 系统中,哪些因素会影响系统的响应时间?

3. 请列举你在安装和卸载软件时遇到的各种问题(至少写出 3 种),并简要说明安装/卸载测试需要进行哪些测试?

4. 列举你在使用软件时遇到的不同类型的问题(至少写出 5 种),并针对每种问题说明进行哪种类型的测试可以发现此类问题。

5. 对 Web 系统进行系统级测试,需要进行哪些类型的测试(写出 5 种)?请简述各测试类型的作用。

6. Web 系统中,响应时间指什么?测试某网站注册页面的响应时间,请分析哪些因素会影响到响应时间。

7. JMeter 由哪几部分组成?请简述各部分的功能。

8. JMeter 录制的脚本内容是什么?JMeter 如何模拟大量的用户?

9. 简述使用 JMeter 进行负载测试的工作步骤。

第11章 软件测试实验指导

11.1 软件过程管理实验

1. 实验目的

(1) 掌握软件测试管理的流程；
(2) 能用软件测试管理工具进行测试流程管理。

2. 实验环境

Windows 环境，TestLink 或其他测试管理软件，Office 办公软件。

3. 实验内容

(1) 选择一款软件测试管理工具，建立测试管理环境，并熟悉该测试工具的测试管理流程和业务功能；
(2) 通过一个待测试软件，完整地实施测试管理流程；
(3) 针对待测试软件，撰写测试计划。

4. 实验步骤

(1) 安装测试管理工具，如 TestLink；
(2) 熟悉测试工具管理流程和业务功能；
(3) 针对待测试软件，在测试管理系统中进行管理；
(4) 撰写实验报告。

5. 实验思考题

(1) 软件测试流程是什么？如何有效地开展软件测试过程管理？
(2) 做好测试计划工作的关键是什么？
(3) 在测试管理中，需要收集哪些测试数据？如何对这些数据进行分析？

11.2 软件缺陷管理实验

1. 实验目的

（1）掌握缺陷管理的流程；
（2）能用缺陷管理工具进行缺陷管理。

2. 实验环境

Windows 环境，Mantis 或其他缺陷管理软件，Office 办公软件。

3. 实验内容

（1）选择一款缺陷管理工具，建立缺陷管理环境，并熟悉其缺陷管理流程和业务功能；
（2）通过一个待测试软件，完整地实施缺陷管理流程；
（3）针对待测试软件，撰写缺陷报告。

4. 实验步骤

（1）安装缺陷管理工具，如 Mantis；
（2）熟悉缺陷管理工具的缺陷管理流程和业务功能；
（3）针对待测试软件，在缺陷管理系统中进行缺陷管理；
（4）撰写实验报告。

5. 实验思考题

（1）如何有效管理和跟踪缺陷？
（2）如何提交高质量的软件缺陷？
（3）缺陷管理中，需要收集和统计哪些信息？从哪些角度去分析缺陷？

11.3 软件静态测试实验

1. 实验目的

（1）掌握静态测试技术：走查、桌面检查、代码审查等；
（2）熟练使用静态测试工具 Checkstyle、FindBugs 等进行测试。

2. 实验环境

Windows 环境，Eclipse、Checkstyle、FindBugs 等测试环境，Office 办公软件。

3. 实验内容

1）题目一：选择排序
设计一个选择排序算法，将输入的一组数据按从小到大的顺序进行排序。

2) 题目二：三角形问题

输入三个整数，将这三个数作为一个三角形的三条边，程序打印输出三角形的形状（判断三角形是等边三角形，或等腰三角形，或一般三角形，或不能构成三角形）。

3) 题目三：日期问题

输入三个数 month、day、year（month、day 和 year 均为整数值，并且满足 1≤month≤12 和 1≤day≤31），分别作为输入日期的月、日、年，通过程序输出该输入日期在日历上隔一天的日期。例如，输入为 2004 年 11 月 29 日，则该程序的输出为 2004 年 12 月 1 日。

4. 实验步骤

(1) 根据题目要求，用 Java 或者 C++ 语言编码实现各题目要求的功能；
(2) 针对程序源码，使用静态测试技术，进行代码检查；
(3) 使用静态测试工具，进行测试；
(4) 分析测试结果。

11.4 软件单元测试实验

1. 实验目的

(1) 能熟练应用白盒测试技术（如逻辑覆盖法、基路径测试法、数据流测试法）进行测试用例设计，并对测试用例进行优化设计；
(2) 能熟练运用单元测试工具 JUnit 或者 CppUnit；
(3) 使用单元测试工具进行单元测试。

2. 实验环境

Windows 环境，JUnit 或者 CppUnit 测试环境，Office 办公软件，C/C++ 或 Java 编程环境。

3. 实验内容

(1) 题目一：选择排序；
(2) 题目二：三角形问题；
(3) 题目三：日期问题。

4. 实验步骤

(1) 针对静态测试实验中的程序源码，使用白盒测试技术，设计测试用例；
(2) 使用 JUnit（针对 Java 程序）或 CppUnit（针对 C++程序）进行单元测试；
(3) 分析测试结果和代码覆盖率；
(4) 撰写实验报告。

5．实验思考题

（1）针对被测试代码，如何选择合适的白盒测试技术？
（2）设计测试用例时，如何提高代码覆盖率？

11.5 软件功能测试实验

1．实验目的

（1）能熟练应用黑盒测试技术进行测试用例设计；
（2）对测试用例进行优化设计；
（3）能熟练运用功能测试工具 UFT（HP Unified Functional Testing）或者 Selenium；
（4）使用功能测试工具执行测试。

2．实验环境

Windows 环境，UFT（HP Unified Functional Testing）或者 Selenium 自动化测试工具，Windows 环境，Office 办公软件，C/C++或 Java 或 PHP 编程环境。

3．实验内容

1）题目一：选择排序
根据下面给出的规格说明，利用等价类划分的方法，给出足够的测试用例。
某选择排序算法其功能是将输入的一组数据按从小到大的顺序进行排序。
2）题目二：三角形问题
根据下面给出的规格说明，利用等价类划分的方法，给出足够的测试用例。
一个程序读入三个整数。把此三个数值看成是一个三角形的三个边。这个程序要打印出信息，说明这个三角形是三边不等的、是等腰的、还是等边的。
3）题目三：日期问题
根据下面给出的规格说明，利用基于判定表的方法，给出足够的测试用例。
输入三个数 month、day、year（month、day 和 year 均为整数值，并且满足 $1 \leqslant month \leqslant 12$ 和 $1 \leqslant day \leqslant 31$)，分别作为输入日期的月、日、年，通过程序输出该输入日期在日历上隔一天的日期。例如，输入为 2004 年 11 月 29 日，则该程序的输出为 2004 年 12 月 1 日。
4）题目四：网页测试
选择网站的一个页面，根据页面特点，选择相应的方法设计测试用例，然后使用自动化测试工具对其进行测试。

4．实验步骤

（1）根据黑盒测试技术设计测试用例，主要考虑等价类划分、边界值分析测试技术或基于判定表的测试技术；
（2）根据所学知识确定优化策略（原则：用最少的用例检测出更多的缺陷、软件测试的

充分性与冗余性考虑),设计两套测试用例集;

(3) 使用自动化测试工具或者手动测试方法,分别执行两套测试用例集。

5. 实验要求

(1) 根据题目要求编写测试用例;
(2) 实验结果要求给出两套测试用例集测试效果比较;
(3) 撰写实验报告。

6. 实验思考题

(1) 在实际的测试中,如何设计测试用例才能达到用最少的测试用例检测出最多的缺陷?

(2) 在进行用例设计时,如何考虑软件测试用例的充分性和减少软件测试用例的冗余性?

(3) 根据被测试对象,如何选择测试用例设计技术?

(4) 对同一个程序分别使用白盒测试技术和黑盒测试技术进行测试,分析这两种技术设计测试用例的差异,并体会各自的优缺点。

11.6 软件性能测试实验

1. 实验目的

(1) 掌握性能测试的流程;
(2) 能用性能测试工具对 Web 应用程序进行性能测试;
(3) 理解性能指标,能对测试数据进行简单分析。

2. 实验环境

Windows 环境,LoadRunner、JMeter 或者其他性能测试工具,Office 办公软件。

3. 实验内容

(1) 请选择一种性能测试工具,建立性能测试环境,并熟悉该测试工具的测试流程和业务功能;

(2) 通过一个待测试软件,完整地实施性能测试流程;

(3) 针对待测试软件,撰写性能测试报告。

4. 实验步骤

(1) 安装性能测试工具,如 JMeter;
(2) 熟悉性能测试工具的测试流程和业务功能;
(3) 针对待测试软件,实施性能测试,收集测试数据,并对测试数据进行分析;
(4) 撰写性能测试报告。

5．实验思考题

（1）简述性能测试的流程。
（2）什么是场景？性能测试中如何设置场景？
（3）响应时间和吞吐量之间的关系是什么？
（4）如何识别性能瓶颈？
（5）以线程方式运行虚拟用户有哪些优点？

11.7 软件系统测试实验

实验分小组进行，每组 2～4 人，分别完成 Web 系统测试的相关任务。
选择一个 Web 网站，或者下载 Web 应用程序源码，在本地搭建一个 Web 系统，完成下面实验内容。

1．对被测试系统进行分析，制定测试计划

2．进行功能测试

选择网站的几个业务功能，对其进行功能测试。要求：
（1）编写测试用例；
（2）用 UFT 或其他自动化测试工具进行测试。

3．进行性能测试

选择几个业务功能，对其进行性能测试。要求使用 LoadRunner 或 JMeter 进行并发测试和压力测试。测试过程中，需要详细描述测试过程，其中包括：
（1）设计测试；
（2）录制脚本，并增强脚本（添加事务、参数化、思考时间、集合点等）；
（3）设计测试场景；
（4）执行场景，并记录测试数据；
（5）分析测试数据，对系统性能进行评价。

4．进行链接测试（选做）

使用链接测试工具对网站进行测试，找出里面的错误链接、空链接等。

5．进行安全性测试（选做）

使用安全测试工具对网站进行扫描，找出系统的安全漏洞。

6．进行兼容性测试（选做）

对网站进行操作系统、浏览器、分辨率的兼容性测试。

7. 撰写实验报告

实验报告包括下列内容：
(1) 测试计划：测试需求、测试策略、测试资源；
(2) 测试设计：测试用例设计、测试脚本开发、测试场景设计；
(3) 测试执行：采用手动或自动化工具执行测试，记录测试结果；
(4) 测试分析：对测试结果和测试数据进行分析，评价系统功能和性能特性。

附录 A
软件测试文档模板

1. 测试计划模板

测试计划模板如附表 A-1 所示。

附表 A-1　测试计划模板

<table>
<tr><td colspan="4" align="center">XXX 系统测试计划</td></tr>
<tr><td colspan="4">
作者：
发布日期：
文档版本：
文档编号：
修订记录
</td></tr>
<tr><td align="center">版　本</td><td align="center">日　期</td><td align="center">修 订 者</td><td align="center">说　明</td></tr>
<tr><td></td><td></td><td></td><td></td></tr>
<tr><td></td><td></td><td></td><td></td></tr>
<tr><td colspan="4">
1. 概述
1.1　编写目的
　　［简要说明编写此计划的目的。］
1.2　参考资料
　　［列出软件测试所需的资料，如需求分析、设计规范、用户操作手册、安装指南等。］
1.3　术语和缩写词
　　［列出本次测试所涉及的专业术语和缩写词等。］
1.4　测试种类
　　［说明本次测试所属的测试种类（单元测试、集成测试、系统测试、验收测试）及测试的对象。］
1.5　测试提交文档
　　［列出在测试结束后所要提交的文档。］
2. 系统描述
　　［简要描述被测软件系统，说明被测系统的输入、基本处理功能及输出，为进行测试提供一个提纲。］
</td></tr>
</table>

续表

3. 测试进度			
测 试 活 动	计划开始日期	实际开始日期	结束日期
制定测试计划			
设计测试			
…			
对测试进行评估			
产品发布			

4. 测试资源

4.1 测试环境

〔硬件环境：列出本次测试所需的硬件资源的型号、配置和厂家。

软件环境：列出本次测试所需的软件资源，包括操作系统和支持软件的名称和版本。〕

4.2 人力资源

〔列出在此项目的人员配备和工作职责。〕

4.3 测试工具

〔列出测试使用的工具。〕

用　途	工　具	生产厂商/自产	版　本

5. 系统风险和优先级

〔简要描述测试阶段的风险和处理的优先级。〕

6. 测试策略

〔测试策略主要提供对测试对象进行测试的推荐方法。

对于每种测试，都应提供测试说明，并解释其实施的原因。

制定测试策略时需要给出判断测试何时结束的标准。〕

7. 测试数据的记录、整理和分析

〔对本次测试得到数据的记录、整理和分析的方法和存档要求。〕

审核：

年 月 日

批准：

年 月 日

2．测试用例模板

测试用例模板如附表 A-2 所示。

附表 A-2 测试用例模板

用例编号		用例名称	
项目/软件		所属模块	
用例设计者		设计时间	
用例优先级		用例类型	
测试类型		测试方法	
测试人员		测试时间	
测试功能			
测试目的			
前置条件			

序 号	操 作 描 述	输 入 数 据	期 望 结 果	实 际 结 果	备 注
1.					
2.					
……					

3．测试报告模板

测试报告模板如附表 A-3 所示。

附表 A-3 测试报告模板

软件测试报告编写模板

作者：
发布日期：
文档版本：
文档编号：
修订记录

版　　本	日　　期	修　订　者	说　　明

第 1 章 引言

1.1 编写目的

［本测试报告的具体编写目的，指出预期的读者范围。］

1.2 项目背景

［对项目目的进行简要说明。］

1.3 系统简介

［对系统的结构进行简要描述。］

1.4 术语与缩写词

［列出本计划中使用的专用术语、缩略语全称及其定义。］

1.5 参考及引用的资料

［列出本计划各处参考的经过核准的全部文档和主要文献。］

续表

第 2 章 测试资源

2.1 测试时间

[简要说明测试开始时间与发布时间。]

2.2 测试人员

[列出项目参与人员的职务、姓名、Email 和电话。]

2.3 测试环境

2.3.1 硬件环境

[描述建立测试环境所需要的设备、用途及软件部署计划。]

2.3.2 软件环境

2.3.3 测试工具

[列出此项目测试使用的工具以及用途。]

第 3 章 测试内容与执行情况

3.1 测试对象

[对测试项目进行简要的说明。]

3.2 测试策略

[简要介绍测试中采用的方法和测试技术。]

3.3 测试用例设计

[简要介绍测试用例的设计方法。]

3.4 测试执行

[简要介绍测试执行情况。]

第 4 章 测试结果及缺陷分析

[汇总测试各种数据并进行度量,度量包括对测试过程的度量和能力评估、对软件产品的质量度量和产品评估。]

4.1 覆盖分析

4.1.1 需求覆盖分析

需求覆盖率是指经过测试的需求/功能和需求规格说明书中所有需求/功能的比值,通常情况下要达到 100% 的目标。根据测试结果,按编号给出每一测试需求的通过与否结论。

需求覆盖率=测试通过需求数/需求总数×100%

4.1.2 测试覆盖分析

[测试覆盖是指根据经过测试的测试用例和设计测试用例的比值,通过这个指标获得测试情况的数据。]

测试覆盖率=执行数/用例总数×100%

测试通过率=通过数/执行数×100%

4.2 缺陷统计与分析

[对测试过程中产生的缺陷进行统计和分析。]

4.2.1 缺陷统计

1. 所有缺陷列表

[列出测试过程中的所有 bug,并对其进行描述。]

2. 重要缺陷列表

[列出测试过程中产生关键的并且解决了的 Bug,对于重要的 Bug,需要对其产生的原因和解决方法进行分析说明。]

3. 未解决缺陷列表

[列出已经发现尚未被解决的 Bug,并对其进行描述,对于未解决的问题,需要在测试报告中详细分

续表

析产生的原因和避免的方法。]

4.2.2 缺陷分析
[对上述缺陷和其他收集数据进行综合分析。]

1. 缺陷综合分析

缺陷发现效率＝缺陷总数/执行测试用时

用例质量＝缺陷总数/测试用例总数×100％

缺陷密度＝缺陷总数/功能点总数

[缺陷密度可以得出系统各功能或各需求的缺陷分布情况,开发人员可以在此分析基础上得出哪部分功能/需求缺陷最多,从而在今后开发注意避免并注意在实施时予与关注。]

2. 测试曲线图

[描绘被测系统每工作日/周缺陷数情况,得出缺陷走势和趋向。]

4.3 性能数据与分析
[列出性能测试结果,并对测试结果进行分析说明,以说明是否符合软件需求。该部分也可以在性能测试报告中进行说明。]

4.3.1 性能数据
[记录测试输出结果,将测试结果的数据表格、数据图如实地反映到测试结果中,用于数据分析。]

4.3.2 测试结果
[记录测试输出结果,用于数据分析。]

1. 功能性
2. 易用性
3. 可靠性
4. 兼容性
5. 安全性

4.4 软件尺度
[软件质量量度的一个尺度总表,主要是对上述分析的一个总结。]

第5章 测试总结和建议

[对测试过程产生的测试结果进行分析之后,得出测试的结论和建议。这部分为测试经理、项目经理和高层领导最关心的部分,因此需要准确、清晰、扼要地对测试结果进行总结。]

5.1 软件质量
[说明该软件的开发是否达到了预期的目标,能否交付使用。]

5.2 软件风险
[说明测试后可能存在的风险,对系统存在问题的说明,描述测试所揭露的软件缺陷和不足,以及可能给软件实施和运行带来的影响。]

5.3 测试结论
[对测试计划执行情况以及测试结果进行总结。]

1. 测试计划执行是否充分(可以增加对安全性、可靠性、可维护性和功能性描述)
2. 对测试风险的控制措施和成效
3. 测试目标是否完成
4. 测试是否通过
5. 是否可以进入下一阶段项目目标

5.4 测试建议
[对软件的各项缺陷所提出的改进建议。]

1. 对系统存在问题的说明,描述测试所揭露的软件缺陷和不足,以及可能给软件实施和运行带来的影响

2. 可能存在的潜在缺陷和后续改进工作的建议						
3. 对缺陷修改和产品设计的建议						
4. 对过程管理方面的建议						

4. 缺陷报告模板

缺陷报告模板如附表 A-4 所示。

附表 A-4 缺陷报告模板

缺陷编号		缺陷类型		严重级别		缺陷状态	
项目名称		用例编号		软件版本			
测试阶段	□单元 □集成 □系统 □验收 □其他(　　)						
测试人		测试时间		可重现性	□是	□否	
缺陷原因	□需求分析　□概要设计　□详细设计　□设计样式理解　□编程 □数据库设计　□环境配置　□其他(　　)						
缺陷描述							
预期结果							
重现步骤							
错误截图							
备注							
以下部分由缺陷修改人员填写							
缺陷修改描述							
修正人		修正日期		确认人		确认日期	

附录 B 测试工具网址

1．测试管理工具

1）Quality Center
http://www8.hp.com/us/en/software/enterprise-software.html
2）IBM Rational TestManager
http://www.ibm.com/software/rational
3）TestLink
http://www.testlink.org/
4）SilkCentral Test Manager
http://www.borland.com/Products/Software Testing/Test-Management/Silk-Central

2．缺陷管理工具

1）ClearQuest
http://www.ibm.com/software/rational
2）Mantis
http://www.mantisbt.org/
3）Bugzilla
https://www.bugzilla.org/
4）JIRA
https://www.atlassian.com/software/jira

3．静态测试工具

1）PC-Lint
http://www.gimpel.com/html/index.htm
2）Checkstyle
http://checkstyle.sourceforge.net
3）Splint
http://www.splint.org/
4）FindBugs
http://findbugs.sourceforge.net/

4．单元测试工具

1) JUnit

http://junit.org/

2) CppUnit

http://sourceforge.net/projects/cppunit/

3) PurifyPlus

http://www.ibm.com/developerworks/cn/downloads/r/rpp/

4) DevPartner

http://www.borland.com/Products/Software-Testing/Automated-Testing/Devpartner-Studio

5．功能测试工具

1) Unified Functional Testing(原 QuickTest Professional)

http://www8.hp.com/us/en/software-solutions/unified-functional-automated-testing/index.html

2) Rational Robot

http://www.ibm.com/software/rational

3) SilkTest

http://www.borland.com/Products/Software-Testing/Automated-Testing/Silk-Test

4) QTester

http://qtester.fissoft.com/

5) QARun

http://www.compuware.com/

6) Selenium

http://www.seleniumhq.org/download/

6．性能测试工具

1) HP LoadRunner

http://www8.hp.com/us/en/software-solutions/loadrunner-load-testing/index.html?

2) IBM Performance Tester

http://www-03.ibm.com/software/products/zh/performance

3) Radview WebLOAD

http://www.radview.com/product/Product.aspx

4) Borland Silk Performer

http://www.borland.com/products/silkperformer/

5) Compuware QALoad

http://www.compuware.com/

6) Web Application Stress

http://www.microsoft.com/en-us/download

7）Apache JMeter

http://jakarta.apache.org/jmeter/usermanual/index.html

8）OpenSTA

http://www.opensta.org/download.html

7. 安全测试工具

1）WebInspect

http://www8.hp.com/cn/zh/software-solutions/enterprise-software-products-a-z.html?view=list

2）AppScan

http://www.ibm.com/developerworks/cn/downloads/r/appscan/learn.html

3）Acunetix Web Vulnerability Scanner

http://www.acunetix.com/

4）Nikto

http://www.cirt.net/nikto2

5）WebScarab

https://www.owasp.org/index.php/Category:OWASP_WebScarab_Project

6）Websecurify

http://www.websecurify.com/

参 考 文 献

[1] GB/T 15532—200X.计算机软件测试规范[S].
[2] 蔡建平,叶东升,等.软件测试技术与实践[M].北京：清华大学出版社,2018.
[3] 范勇,兰景英,李绘卓.软件测试技术[M].2版.西安：西安电子科技大学出版社,2017.
[4] 兰景英.软件测试实践教程[M].北京：清华大学出版社,2016.
[5] 兰景英,王永恒.Web应用程序测试[M].北京：清华大学出版社,2015.
[6] 杜庆峰.高级软件测试技术[M].北京：清华大学出版社,2011.
[7] 朱少民.软件测试方法和技术[M].2版.北京：清华大学出版社,2010.
[8] 宫云战,赵瑞莲,等.软件测试教程[M].北京：清华大学出版社,2008.
[9] 王柳人.软件测试技术及实战汇编[M].北京：清华大学出版社,2017.
[10] 杜庆峰.高级软件测试技术[M].北京：清华大学出版社,2011.
[11] 柳纯录.软件评测师教程[M].北京：清华大学出版社,2005.
[12] 郁莲.软件测试方法与实践[M].北京：清华大学出版社,2008.
[13] 蔡建平,倪建成,高仲合.软件测试实践教程[M].北京：清华大学出版社,2014.
[14] 软件质量度量.https://blog.csdn.net/itkbase/article/details/2286946,2008年04月12日.
[15] 软件质量模型的6大特性27个子特性.https://blog.csdn.net/abdstime/article/details/72781647,2017年05月27日.
[16] 软件缺陷度量.https://blog.csdn.net/xiaomi9024/article/details/75073086,2017年07月13日.
[17] 软件测试报告编写模板.捉虫师.https://www.jianshu.com/p/8f6739b9e9a5.
[18] 火龙果软件.软件测试管理.http://wenku.uml.com.cn/document.asp?fileid＝3974&partname＝％B2％E2％CA％D4.
[19] TestLink网站.http://sourceforge.net/projects/testlink/files/.
[20] 百度文库.详解CheckStyle的检查规则.http://wenku.baidu.com/link?url＝PEWdDlEEcfb_eL_MvooKdnPYs77MTqi_Gg6JQd-Bm8NZ-OrT1_IHFEYjfWsOqlDMfv2aPXnaZDSnH8Lt_5xiIs3naTpbxS2Jp7jDV4M13PS&qq-pf-to＝pcqq.c2c,2014.1.
[21] 百度文库.Mantis&Testlink安装配置.http://wenku.baidu.com/view/04f8646f783e0912a2162ad9.html,2013.4.
[22] 百度文库.TestLink使用手册.http://wenku.baidu.com/view/13a80d6aa5e9856a561260e1.html,2014.5.
[23] Figo.TestLink测试过程管理系统使用说明.http://wenku.baidu.com/link?url＝wx-44Vq4vEpWGOOVYj9ILZlulUiYDFEbCE5_siaZYdeZJ3g6vvudWNLbMnv5hXvpj0s-kN8_iHDObEx5JrgWKXl5-IPVEuJhMSHLPDwSH9i,2013.12.
[24] 高峻.开源测试管理工具Testlink安装全攻略.http://www.ltesting.net/ceshi/open/kycsglgj/testlink/2013/0624/206407.html,2013.6.
[25] 领测软件测试网.TestLink管理员手册.http://www.ltesting.net/ceshi/open/kycsglgj/testlink/2013/0806/206550.html,2013.8.
[26] 百度文库.TestLink预研报告.http://wenku.baidu.com/link?url＝fpb28lmJAtfT_eKJmVALx0pw1d7QlLf0aeedIf2CmR41SZWhT5z6HOfGuQdayPjpn6G2CNnIupBWKL-UEWxxOIYdPnODtezSPUzSCwiHr8i&qq-pf-to＝pcqq.c2c,2013.9.
[27] XAMPP网站.http://sourceforge.net/projects/testlink/files/latest/download?source＝files.

[28] Mantis 使用手册. www. mantis. org. cn.

[29] hannover. 软件测试工具汇总. http://www. cnblogs. com/hannover/archive/2011/11/02/2232376. html, 2011. 11.

[30] 星星的技术专栏. Chechstyle 介绍. http://blog. csdn. net/gtuu0123/article/details/6403994, 2011. 5.

[31] 阿蜜果. Java 代码规范、格式化和 checkstyle 检查配置文档. http://www. blogjava. net/amigoxie/archive/2014/05/31/414287. html, 2014. 5. 9.

[32] 百度文库. 详解 CheckStyle 的检查规则. http://wenku. baidu. com/link?url＝PEWdDlEEcfb_eL_MvooKdnPYs77MTqi_Gg6JQd-Bm8NZ-OrT1_IHFEYjfWsOqlDMfv2aPXnaZDSnH8Lt_5xiIs3naTp bxS2Jp7jDV4M13PS& qq-pf-to＝pcqq. c2c, 2014. 1.

[33] 黑暗浪子. CheckStyle 使用手册. http://darkranger. iteye. com/blog/657737, 2010. 5.

[34] 一路向北. FindBugs 在 Eclipse 中的应用. http://wenku. baidu. com/link?url＝T8LhzjwYWulGA Mulynax9lkUG7o2oVLMGKPhlzloVvwd0gfx_1xq0FrlAvC1BaDiZJngH4L-9t2Xe941D0kiOQVsM OlOKMBPnJwpAWfqwg7, 2010. 4.

[35] Chris Grindstaff. FindBugs 第 1 部分：提高代码质量. http://www. ibm. com/developerworks/cn/java/j-findbug1, 2004. 5.

[36] 百度文库. 测试覆盖率工具 EclEmma 使用培训. http://wenku. baidu. com/link? url＝4dELEaPJVsyMOd4nmagfLY6-PKViXix3SGDe3jplkwELispP210s3SGOHxzPAaWnrTzZ6BzyGRC5uBY1 w_SVBh0GDFkmbh_Ia4coYJCN_Eu.

[37] 道客巴巴在线文档. 单元测试利器 JUnit4[DB/OL]. http://www. doc88. com/p-9032693329608. html.

[38] [美]O'Reilly 著. 夏明新, 廖川, 张鹏飞译. JUnit 实战[M]. 2 版. 北京：人民邮电出版社. 2012. 4.

[39] 谢慧强. XP 单元测试工具 JUnit 源代码学习. http://www. soft6. com/tech/4/46854. html, 2007. 8.

[40] 百度文库. JUnit 使用指南及作业规范. http://wenku. baidu. com/link? url＝U8l6ch6z9URjq-JzFZyu7_WZzpgJDLukdZmO4g3pTzFY7bMSxY_eYrSJ4J1wKDZoKgKWjalQ62pV6JLk_AvJz6De8 AaEaCyLvP6EOS3_ZSm.

[41] 百度文库. Junit4 教程. http://wenku. baidu. com/view/a5852cc0bb4cf7ec4afed0be. html?re＝view.

[42] 软件测试之-单元测试. 印记嘟嘟. http://www. cnblogs. com/dulijuan/p/4523188. html, 2015. 5. 22.

[43] 迎风初开. 详细讲解单元测试的内容. http://www. 360doc. com/content/15/0928/16/839052_502033016. shtml, 2015-09-28.

[44] 系统测试策略. https://blog. csdn. net/u010781856/article/details/47781651, 2015 年 08 月 19 日.

[45] 系统测试流程. https://blog. csdn. net/zchtest/article/details/2061040, 2008 年 01 月 23 日.

[46] 百度百科. 系统测试, https://baike. baidu. com/item/系统测试/3073399?fr＝aladdin.

[47] 软件测试之-系统测试. 印记嘟嘟. https://www. cnblogs. com/dulijuan/p/4529057. html, 2015. 5. 25.

[48] 火龙果. 第 4 单元系统测试方法及实践. PPT, http://wenku. uml. com. cn/document. asp?fileid＝16167& partname＝%B2%E2%CA%D4, 2017. 4.

[49] 百度文库. 系统测试, https://wenku. baidu. com/view/c059e903a66e58fafab069dc5022aaea998f41ef. html?rec_flag＝default& sxts＝1545792608354.

[50] 文档测试. ValDC_Morning, https://blog. csdn. net/valdc_morning/article/details/77921657, 2017. 9.

[51] 百度百科. 可用性测试, https://baike. baidu. com/item/可用性测试/3466978.

[52] Firefox 官网. http://www. firefox. com. cn/download/.

[53] 丁秀兰. Web 测试中性能测试工具的研究与应用[D]. 太原理工大学, 2008. 5.

[54] 刘苗苗. Web 性能测试的方法研究与工具实现[D]. 西安理工大学, 2007. 1.

[55] 陈绿萍. 性能：软件测试中的重中之重[EB/OL]. http://www. 51. testing. com/tech/performance,

2003.08.2.
- [56] 杜香和.Web 性能测试模型研究[D].重庆.西南大学,2008.5.
- [57] 卢建华.基于 Web 应用系统的性能测试及工具开发[D].西安电子科技大学,2009.1.
- [58] 浦云明,王宝玉.基于负载性能指标的 Web 测[J].计算机系统应用,2010,19 卷 5 期,220-223.
- [59] HP LoadRunner 11 Tutorial.2010.
- [60] 刘德宝.Web 项目测试实战(DVD)[M].北京:科学出版社,2009.
- [61] 陈霁,李锋等.性能测试进阶指南:LoadRunner 11 实战[M].北京:电子工业出版社,2015.
- [62] JMeter User's Manual.http://jmeter.apache.org/usermanual/index.html.
- [63] OPEN 文档.JMeter 中文使用手册[DB/OL].http://www.open-open.com/doc/view/a87a0530fb4f4fa7bc73af33993943bb.
- [64] 百度文库.利用 JMeter 进行 Web 测试(badboy 录制脚本).http://wenku.baidu.com/link?url=XEUHcLKKQ6W0H2DsZuh-nUbhJ3DeRRbnnWBhs5sG9DnP8lWzRcc3F0KFmlyUjq7BhT1wPfvGu3n1--NdBPY2gHZ6YSo6EKMXS8zRcd4QW,2011.1.
- [65] Bayo Erinle.Performance Testing with JMeter2.9[M].Packt Publishing Ltd.,2013.6.
- [66] 百度文库.Win7 下搭建 JMeter.http://wenku.baidu.com/link?url=Xo29U77A7qrpho9BVo0vmHfxV8zin7Rq3onKagcXwzj77vbLKRH9kgibF9wUwOWLo5jc3vrHYmGBtoaGVdAHZkFnxl2xPdm1p4CTzuCfTTa,2012.8.
- [67] 邱勇杰.跨站脚本攻击与防御技术研究[D].北京交通大学,2010.6.
- [68] 梁新开.基于脚本安全的防御技术研究[D],杭州电子科技大学,2012.1.
- [69] SQL 注入攻击实现原理与攻击过程详解[[EB/OL]].http://database.ctocio.com.cn/391/9401391.shtml.
- [70] dodo.Web 的安全性测试要素[EB/OL].http://www.cnblogs.com/zgqys1980/archive/2009/05/13/1455710.html,2009.05.
- [71] 郑光年.Web 安全检测技术研究与方案设计[D],北京邮电大学,2010.6.
- [72] 王利青,武仁杰,兰安怡.Web 安全测试及对策研究[J],通信技术,2008 年第 6 期,第 41 卷,29-32.
- [73] 博客系统.http://www.onlinedown.net/soft/178921.htm.
- [74] 百度百科.http://baike.baidu.com.
- [75] 维基百科.http://zh.wikipedia.org.
- [76] 火龙果软件工程.http://www.uml.org.cn.
- [77] 51testing 软件测试网.http://www.51testing.com/html/index.html.

图书资源支持

感谢您一直以来对清华版图书的支持和爱护。为了配合本书的使用,本书提供配套的资源,有需求的读者请扫描下方的"书圈"微信公众号二维码,在图书专区下载,也可以拨打电话或发送电子邮件咨询。

如果您在使用本书的过程中遇到了什么问题,或者有相关图书出版计划,也请您发邮件告诉我们,以便我们更好地为您服务。

我们的联系方式:

地　　址:北京市海淀区双清路学研大厦 A 座 714

邮　　编:100084

电　　话:010-83470236　010-83470237

客服邮箱:2301891038@qq.com

QQ:2301891038(请写明您的单位和姓名)

资源下载:关注公众号"书圈"下载配套资源。

书圈

清华计算机学堂

观看课程直播